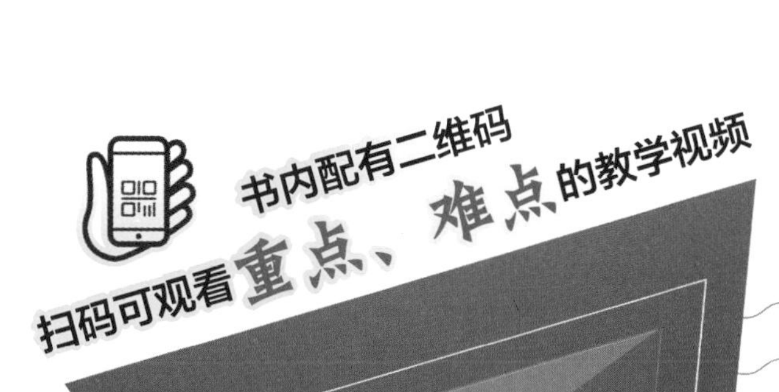

（第二版）

万用表检测电子元器件从入门到精通

王廷银　万　英　编著

内 容 提 要

本书系统全面地介绍了用万用表检测各种电子元器件的基本方法和实用技巧，全书分为入门篇和精通篇两篇，共十四章。入门篇详细介绍了万用表的基础知识，以及用万用表检测电阻器、电容器、电磁感应元件与继电器、晶体二极管、晶体三极管、晶闸管、场效应晶体管等的方法；精通篇重点介绍了用万用表检测光电器件、电声换能器件、滤波器与霍尔元件、集成电路、家用电器专用元器件、电动机等的方法。

本书适合作为从事电子硬件技术专业人员的参考资料，也可作为电子技术培训以及高等院校相关专业师生的课程教材。

图书在版编目（CIP）数据

万用表检测电子元器件从入门到精通 / 王廷银，万英编著．—2 版．—北京：中国电力出版社，2021.9
ISBN 978-7-5198-5799-8

Ⅰ．①万…　Ⅱ．①王…②万…　Ⅲ．①复用电表–检测–电子元件②复用电表–检测–电子器件
Ⅳ．①TN606

中国版本图书馆 CIP 数据核字（2021）第 142640 号

出版发行：中国电力出版社
地　　址：北京市东城区北京站西街 19 号（邮政编码 100005）
网　　址：http://www.cepp.sgcc.com.cn
责任编辑：刘　炽（liuchi1030@163.com）
责任校对：黄　蓓　常燕昆
装帧设计：张俊霞
责任印制：杨晓东

印　　刷：三河市航远印刷有限公司
版　　次：2014 年 2 月第一版　2021 年 9 月第二版
印　　次：2021 年 9 月北京第八次印刷
开　　本：787 毫米×1092 毫米　16 开本
印　　张：19.25
字　　数：462 千字
定　　价：88.00 元

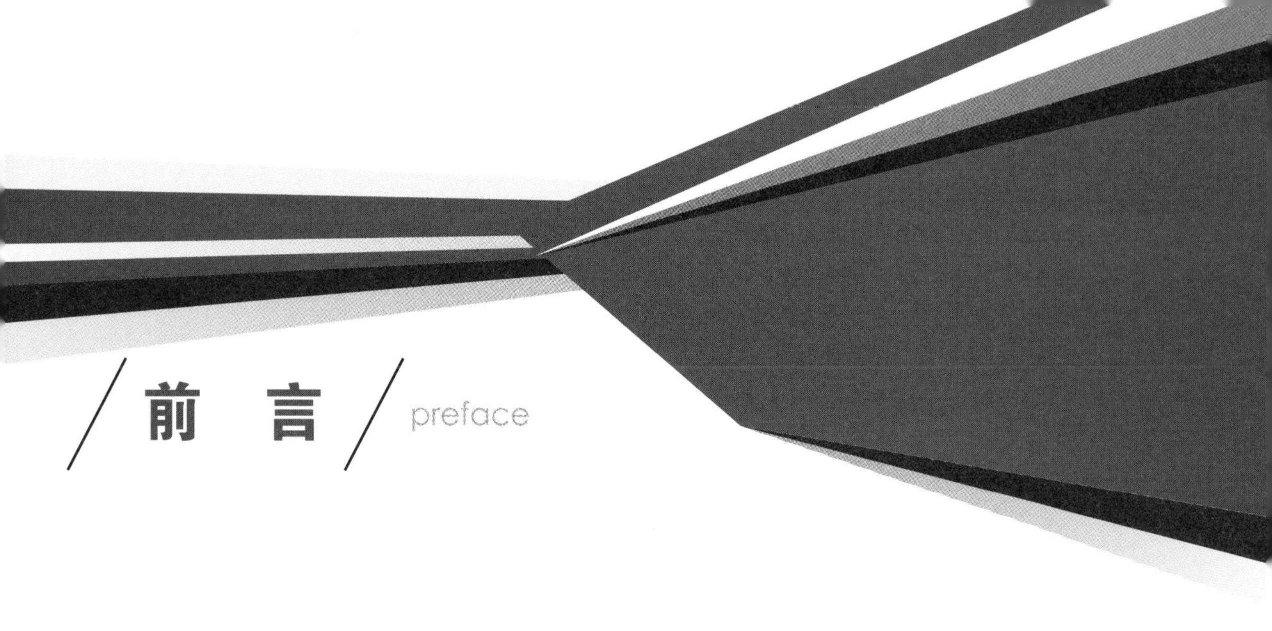

前　言

preface

电子技术是当今世界上应用范围最广、发展势头最强的科学技术之一，特别是芯片的飞速发展，使各类电器不断更新换代，集成化程度也越来越高。各种仪器设备及家用电器都是由具有不同功能的电子元器件组成的。电子技术人员、电子技术初学者和爱好者希望能快速了解各种电子元器件，特别是模块或集成电路的性能。本书编写的目的就是希望读者通过自学，结合多次的实践操作，能熟练掌握用万用表检测电子元器件和集成电路的方法。

万用表是目前最普及、最常用的工具类电子测量仪表之一，利用它可以实现多种测量任务，完成读者的一般测试和检修。本书在编写过程中，以从入门到精通使用万用表的实际技能为宗旨，满足行业人员的需求，系统地介绍了用万用表检测各种电子元器件的基本方法和技巧，力求做到涵盖面广、针对性强。在本书结构上，按照循序渐进的原则分为入门篇和精通篇，既考虑了初学者，又兼顾了有一定基础的人员的学习需求。入门篇详细介绍了万用表的基础知识，以及用万用表检测电阻器、电容器、电磁感应元件、继电器、晶体二极管、晶体三极管、晶闸管和场效应晶体管的方法；精通篇重点介绍了用万用表检测光电器件、电声换能器件、滤波器、霍尔元件、集成电路、家用电器专用元器件和电动机的方法。

本书对第一版的内容做了较多的更新，紧跟当前电子器件技术的发展，检测方法采用实操和实例相结合的方式，内容翔实、图文并茂、通俗易懂，具有很强的实用性、可读性和操作性，特别适合电工技术人员、电子维修人员和电子技术初学者阅读，也可作为院校电子技术和计算机的专业课程教材。

本书由福建师范大学王廷银主编，张先增、万英、何友武、阮美容、吴景润等参与编写。本书在编写过程中参阅了近年来出版的一些书籍和刊物，以及互联网上的一些资料，在此对这些作者表示衷心的感谢。感谢涛涛多媒体为本书制作视频。

由于编者水平有限，书中难免存在疏漏和不妥之处，欢迎广大读者和同仁批评指正。

编　者

目录 contents

精　通　篇

入门篇

第一章 万用表基础知识

万用表是目前最普及、最常用的一种可进行多种项目测量的便携式测量仪表，可代替某些专用仪器仪表完成多种电子及电工测量任务，实现一表多用。万用表操作简单、功能齐全、便于携带、价格低，已成为家电维修人员进行电子测量的必备工具。

第一节 万用表分类与技术特性

一、万用表分类

万用表通过挡位开关及量程切换开关的切换，便可比较精确地测量交流、直流电压，交流、直流电流和电阻的大小，有的万用表还有一些附加挡位，可以测试音频电平、阻抗、电容、电感、二极管、三极管电流放大倍数 h_{FE} 及线路的通断等。

万用表有指针式（模拟式）和数字式两类，常见的指针式万用表有 MF4 型、MF10 型、MF35 型、MF47 型、MF500 型等，常见的数字式万用表有 177C 型、179C 型、DT9205M 型、DT830B 型、DM8345 型、VC890 型等。万用表按测量精度可分为精密、较精密和普通三级，按灵敏度可分为高、较高、低三挡，按体积可分为大、中、小三种。

指针式万用表使用方便、价格便宜、性能稳定，不易受外界环境和被测信号的影响，可直观地观察到测量的变化趋势。数字式万用表测试精度高、测量范围宽、显示清晰、读数准确，还能准确地进行电容量和小电阻的测量。这两类万用表各有所长，在使用的过程中不能完全替代，可取长补短，配合使用。

二、万用表技术特性

1 指针式万用表技术特性

（1）准确度等级。按万用表的测量准确度大小所划分的级别，称为万用表准确度等级。它反映了仪表在规定的正常测量条件下所具有的测量误差的大小，准确度越高测量误差越小。万用表准确度等级主要有 1.0、1.5、2.5、5.0 级，国产万用表中的 MF18 型准确度最高（1.0 级），可供实验室使用。

（2）灵敏度。指针式万用表的灵敏度包括表头灵敏度、直流电压灵敏度、交流电压灵敏度三个指标。

1）表头灵敏度。表头灵敏度指万用表表头指针满偏时流过的电流值，一般为 10～200μA，电流值越小，表头灵敏度越高。

2）直流电压灵敏度。直流电压灵敏度的数值一般标在仪表盘上，单位为 kΩ/V，称为每伏千欧数。此数值等于直流电压挡的等效内阻与满量程电压的比值，一般用万用表表头灵敏度倒数来表示。以 MF47 型万用表为例，其表头灵敏度为 50μA，其倒数为 20kΩ/V，则 MF47 型万用表的直流电压灵敏度为 20kΩ/V。万用表的直流电压灵敏度越高，其内阻越高，对测量结果的影响越小。低灵敏度的万用表仅适用于电工测量。

3）交流电压灵敏度。交流电压灵敏度的计算方法和直流电压灵敏度一样，但要考虑交流量变换为直流量这个过程。MF47 型万用表将交流电压进行整流后变成直流电压，可根据直流电压的大小来测量交流电压，MF47 型万用表的交流电压灵敏度为 9kΩ/V。

（3）测量功能。普通指针式万用表大多只能测量电压、电流和电阻，因此亦称 V－A－Ω 三用表。近年问世的新型指针式万用表，如 MF70、MF79、MF104、MF116 型，包括 MF47 型也增加了许多实用的测试功能，如测量电容、电感、晶体管参数、电池容量、音频功率、直流高压、交流高压及检查线路通断（蜂鸣器挡）等。有的万用表还设计了信号发生器，为家电维修提供了方便。下面列出万用表的测试功能及测量范围，其中电阻挡为有效量程。测量范围（有效量程）后括弧内的数值是少数万用表所能达到的指标。

1）基本功能。直流电压（DCV）：0～2500V（0～2.5kV，0～25kV）；交流电压（ACV）：0～2500V（0～2.5kV）；直流电流（DCA）：0～500 mA（0～10A）；电阻（Ω）：0～20MΩ（0～200MΩ）；音频电平（dB）：－10～＋22dB。

2）扩展功能。电容（C）：1000pF～1μF（0～100000μF）；电感（L）：0～1H（20～1000H）；晶体管（hFE）：0～1000；音频功率（P）：0.1～12W，扬声器阻抗 8Ω；电池负载电压（BATT）：1.2～3.6V，电池负载 8～12Ω；蜂鸣器（BZ）：被测线路电阻小于 1～10Ω时发声；交流大电流测量功能（ACA）：6A/15A/60A/150A/300A（如 7010 型万用表）。

2　数字式万用表技术特性

（1）准确度。数字式万用表有很高的准确度，以 DCV 挡的基本误差为例，量程为 200mV～200V 的准确度为±（0.5%＋3），量程为 1000V 的准确度为±（0.8%＋10）。

（2）数字显示。数字式万用表采用数字显示，使测量结果一目了然，不仅能准确读数，还能缩短测量时间。许多新型数字式万用表增加了标志符（如测量项目、单位、特殊标记等）显示功能，使读数更直观。

（3）分辨力。分辨力是数字式万用表的一项性能参数，表示该表可显示的最小被测量值的可表达程度。随着量程的转换，分辨力也相应变化，量程越小分辨力越高，量程越大分辨力越低。

（4）测量速率。数字式万用表在每秒钟内对被测电量的测量次数叫测量速率，完成一次测量过程所需时间叫测量周期，它与测量速率成倒数关系。$3\frac{1}{2}$位和$4\frac{1}{2}$位数字式万用表的测量速率一般为 2～5 次/s，$5\frac{1}{2}$～$7\frac{1}{2}$位数字式万用表可达每秒几十至几百次。

（5）测试功能。数字万用表可以测量交流电压和电流、直流电压和电流、电阻、电容、晶体管放大倍数、频率、周期、电路通断等。新开发的智能数字万用表还增加了测量真有效值（TRMS）、最小值（MIN）、最大值（MAX）、平均值（AVG）、温度，设定上下限，自动校准等功能，以满足各种测量需要。

（6）输入阻抗。普通数字式万用表直流电压挡输入阻抗为 10MΩ，智能数字万用表可达 10000MΩ以上。

（7）功耗。数字万用表功耗低、耗电小，普通数字式万用表功耗为 30～40mW，可采用 9V 叠层电池供电。

（8）保护电路。数字式万用表具有较完善的过电流、过电压保护功能，过载能力强。使用中只要不超过极限值，即使出现误操作也不会损坏交直流转换器。但应尽量避免误操作，以免损坏外围元件（如熔丝管）。

（9）抗干扰能力。数字式万用表电路普遍采用积分式 A/D 转换原理，能有效地抑制串模干扰，对共模干扰也有很强的抑制作用。

第二节　万用表结构

一、指针式万用表结构

指针式万用表种类很多，功能各异，但它们的结构和原理基本相同。从外观上看由外壳、表头、表盘、机械调零旋钮、电阻挡调零电位器、转换开关、表笔及其插孔等组成，而内部则是由电池、电阻器、电容器、二极管、三极管、集成电路等元器件组成的测量电路，MF47 型指针式万用表外形如图 1－1 所示。

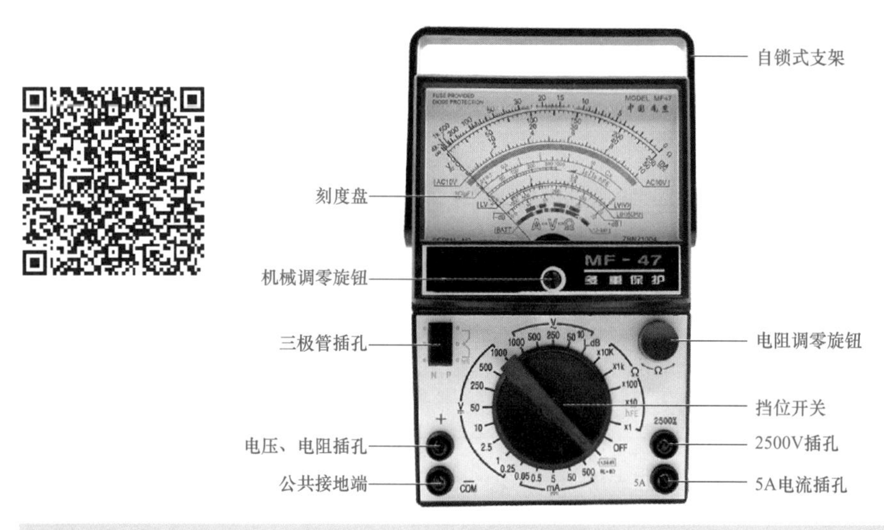

图 1－1　MF47 型指针式万用表外形

1　表头

测量采用高灵敏表头，性能稳定，并置于单独的表壳之中，可保证密封性和延长使用寿命，表头罩采用塑料框架和玻璃相结合的新颖设计，避免静电的产生，提高保持测量精度。

2　表盘

标度盘与开关指示盘印制成红、绿、黑三色。颜色分别按交流红色、晶体管绿色、其余黑色对应制成，使用时读取示数便捷。标度盘共有六条刻度，第一条专供测电阻用；第二条供测交直流电压、直流电流用；第三条供测晶体管放大倍数用；第四条供测量电容用；第五条供测电感用；第六条供测音频电平用。标度盘上装有反光镜，消除视差，如图1-2所示。

图1-2　万用表表盘

3　测量电路

测量各种不同电量时，通过万用表的测量电路转换适合表头指示的直流电流信号，包括将大电流转换成表头所允许流过的小电流。万用表的测量电路实质上就是多量程直流电流表、多量程直流电压表、多量程整流式交流电压表及多量程欧姆表等几种电路的组合。

4　转换开关

转换开关用以切换测量电路。万用表型号不同，转换开关的工作方式也不同，有的功能开关、量程开关合二为一个开关，有的功能开关、量程开关分离，有的功能开关、量程开关交互使用。有些万用表还设有专用插孔，与功能转换开关配合使用，以完成某些专项测量。

5　机械调零旋钮和电阻挡调零旋钮

机械调零旋钮用以调整表头指针静止时的位置。万用表不做任何测量时，表头指针应指在表盘刻度线左端“0”位上，否则应调节机械调零旋钮（或螺钉）使其到位。

使用电阻挡时，当两表笔短接，表头指针应指在欧姆（电阻）挡刻度线右端“0”位上，否则应调整电阻挡调零旋钮使其到位。需要注意，每转换一次电阻量程，都要调整该旋钮，使指针指在“0”位上，以减小测量误差。

6　表笔插孔

不同的万用表，其正、负表笔插孔的表示方式也不同。有的直接用“＋”和“－”表示，有的用“＋”和“*”表示，有的用“＋”和“COM”表示。测量时红表笔应插在“＋”孔，黑表笔应插在“－”或“*”“COM”孔。

使用交、直流“2500V”测试量程时，红表笔应插在2500V处专用高压插孔内。使用音频电平测试量程时，红表笔应插在“＋”插孔内。

二、数字式万用表结构

数字式万用表采用了大规模集成电路和液晶数字显示技术，与指针式万用表相比，其结构和工作原理都发生了根本的变化。数字式万用表主要由测量电路、液晶显示器、量程转换开关和插孔等组成，VC890C^{+}型数字式万用表外形如图1－3所示。

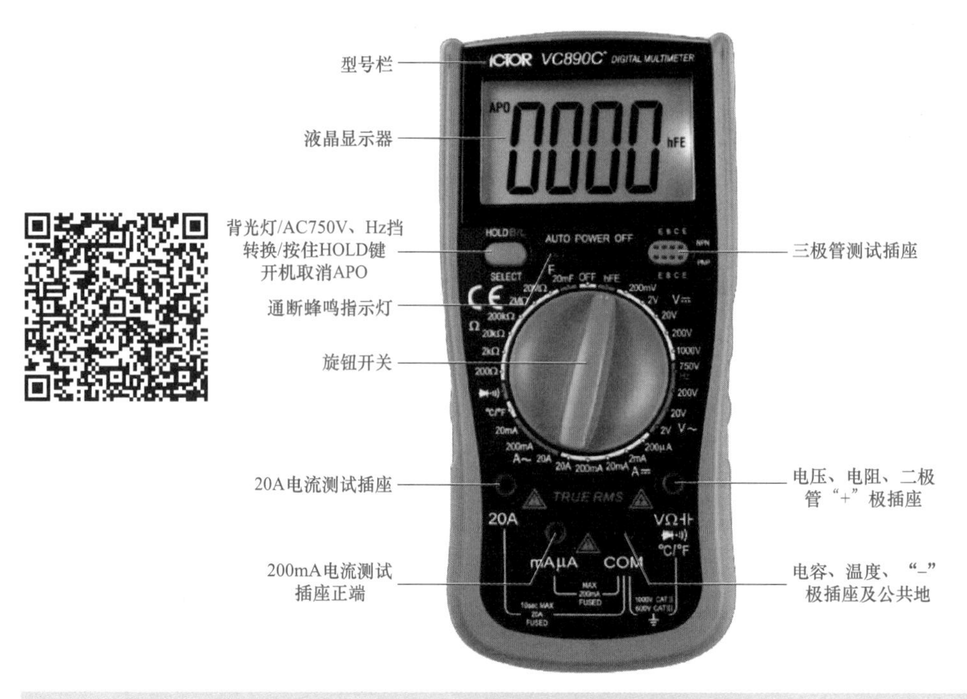

图1－3　VC890C^{+}型数字式万用表外形

1　测量电路

数字式万用表测量电路主要由信号调节器和数字式电压表（DVM）两部分组成。信号调节器的作用是把各种被测量参量（如电压、电流、电阻及其他电参量）通过一定的转换器变换成直流电压，它包含信号衰减器、交流电压/直流电压转换器（AC/DC）、直流电流/直流电压转换器（I/DC）、直流电阻/直流电压转换器（Ω/DC）和转换开关。数字式万用表的电压挡电路由A/D转换器、计数器与显示器组成。A/D转换器将模拟量转换成数字量，其输出即为计数器的脉冲输入，最后由显示器显示结果值。

2　液晶显示器（LCD）

液晶显示器成本低、体积小、功耗低，在数字式万用表上得到了广泛应用。不同厂家生产的数字式万用表的液晶显示器所显示的内容也不同，主要有测量项目、测量数字、计量单位、状态等，除数字显示以外，其他内容的显示都是以字母或符号表示。液晶显示屏上可直接读出测试结果和单位，避免使用指针表式万用表时人为的读数误差及测量结果的换算。

3　转换开关

数字式万用表量程转换开关在表的中间，量程开关和功能开关合为一个开关，量程挡的首位数几乎都是 2，如 200Ω、2V、20μF、20mA 等。若测量结果只显示“半位”上的读数“1”，表示被测量超过了该量程的测量范围（溢出），说明量程选得太小，应换高的量程。注意，测量电压或电流时，在不能确定被测数值范围的情况下，应首选高挡位。

4　插孔

表笔插孔一般有 4 个，标有“COM”的为公共插孔，应插入黑表笔，标有“VΩ⊣⊢”的应插入红表笔，以进行测量电阻、交直流电压、二极管正向压降以及电路通断。测量交直流电流还有“20A”和“mA/μA”两个插孔，应插入红表笔，供不同量程挡选用。

第三节　指针式万用表使用方法与注意事项

一、指针式万用表使用方法

1　调机械零点

使用前，如果万用表指针不指在刻度尺的零位，必须用螺钉旋具慢慢转动机械调零螺钉，使指针指在零位，然后将红表笔插在“＋”插孔内，黑表笔插在“－”插孔内，再选择合适的量程进行测量，如图 1－4 所示。

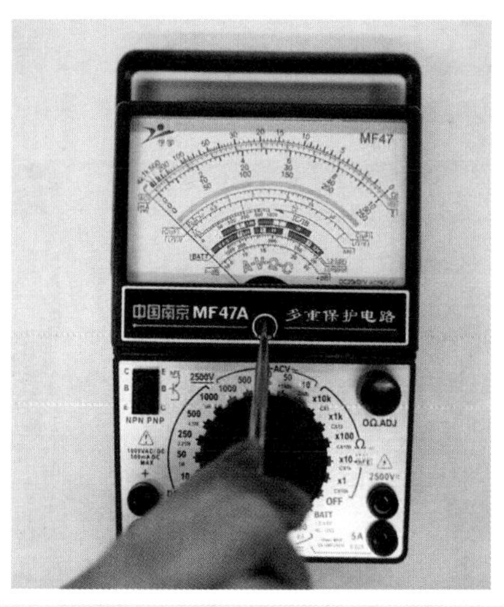

图 1－4　指针万用表机械调零

2　直流电流测量

测量直流电流 0.05～500mA 时，先将转换开关旋到标有“DCmA”处，再选择适当量程，如图 1－5 所示。如果要测量 5A 电流时，红表笔插入标有“5A”处，而后将测试笔串接于待测电路中。如果事先不知道待测电流在哪一个量程范围之内，应按从高量程到低量程的原则选用量程挡，直至指针偏转在有效的范围内。

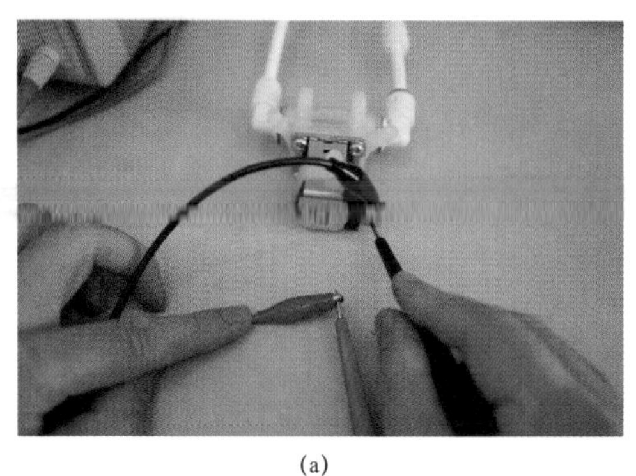

(a)

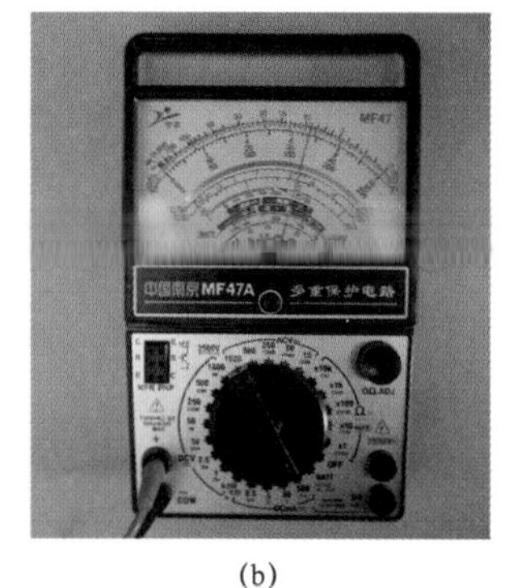

(b)

图 1-5 指针万用表测量直流电流
（a）测量直流电流；（b）直流电流示数

测量时，将被测电路的某一点断开，将两只表笔串接在电路中，注意红表笔接电流流入的一端（正极），黑表笔接电流流出的一端（负极）。如果测量前分不清电流的方向，可先将一只表笔接好，用另一只表笔在待测点上快速轻触一下，如果表针向左偏转，说明接法有误，应将红、黑表笔交换插孔再测量。测量时要特别注意，由于万用表的内阻较小，切勿将两支表笔直接接触电源的两极，否则会烧坏表头。

3 交流电压测量

测量交流电压 10～1000V 时，先将转换开关旋到标有“ACV”处，再选择适当量程，如图 1-6 所示；测量 2500V 交流电压时，转换开关旋到交流电压 1000V 的位置上，红表笔插入标有“2500V”的插孔中，而后将测试笔跨接于被测电路两端。

(a)

(b)

图 1-6 指针万用表测量交流电压
（a）测量交流电压；（b）交流电压示数

4 直流电压测量

测量直流电压 0.25～1000V 时，先将转换开关旋到标有“DCV”处，再选择适当量程，如图 1－7 所示；测量 2500V 直流电压时，转换开关旋到直流电压 1000V 的位置上，红表笔插入标有“2500V”的插孔中，而后将测试笔跨接于被测电路两端。

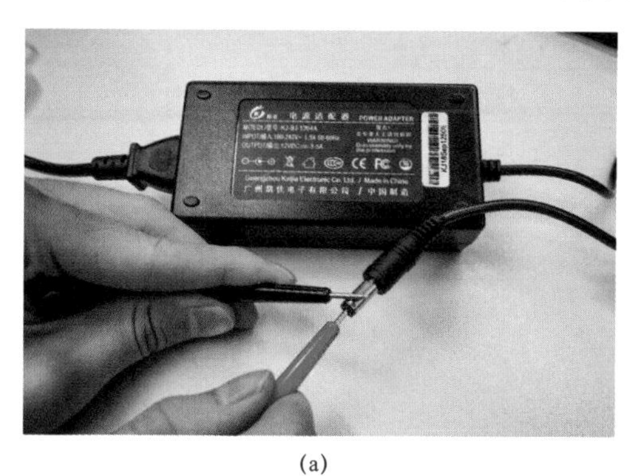

(a)

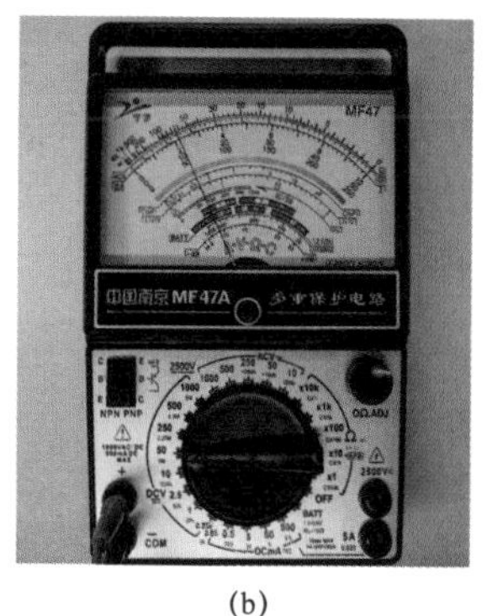

(b)

图 1－7　指针万用表测量直流电压

（a）测量直流电压；（b）直流电压示数

5　电阻测量

万用表电阻挡都设有多挡量程，通常有 R×1Ω、R×10Ω、R×100Ω、R×1kΩ挡，有的还设有 R×10kΩ、R×100kΩ等挡。测量前，将转换开关旋到标有“Ω”的适当倍率位置上，然后将红、黑两表笔短接，同时调节电阻挡调零旋钮，使指针指在电阻挡刻度线的“0”位上。再将两表笔分别触及电阻两端，将读数乘以倍率数即为所测电阻值，如图 1－8 所示。

(a)

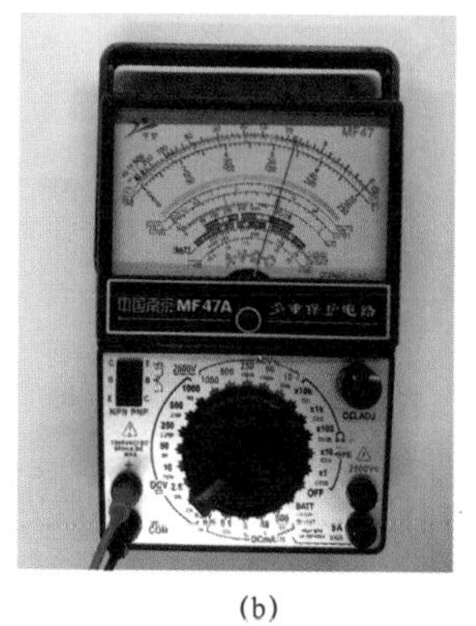

(b)

图 1－8　指针万用表测量电阻

（a）测量电阻；（b）电阻示数

6　音频电平测量

在一定的负荷阻抗上，音频电平用来测量放大器的增益和线路输送的损耗。测量单位以分贝来表示，音频电平以交流 10V 为基准刻度，如指示值大于＋22dB 时，可在 50V 挡位以上各量限测量，按表 1－1 对应的各量限的增加值进行修正。测量方法与交流电压基本相似，转动转换开关至相应的交流电压挡，并使指针有较大的偏转。如被测电路中带有直流电压成分时，可在“＋”插座中串接一只 0.1μF 的隔直电解电容。

表 1－1　　各量限的刻度增加值

量程	满量程	按电平刻度增加值（dB）	
10	22.2184875	0	0
50	36.19788758	13.97940009	≈14
250	50.17728767	27.95880017	≈28
500	56.19788758	33.97940009	≈34
1000	62.2184875	40	40

7　晶体管放大倍数测量

功能转换开关旋至 hFE 挡，将待测三极管引脚正确插入“NPN”（测 NPN 三极管）或“PNP”（测 PNP 三极管）的 E、B、C 插孔中，即可测出三极管的放大倍数 β，如图 1－9 所示。

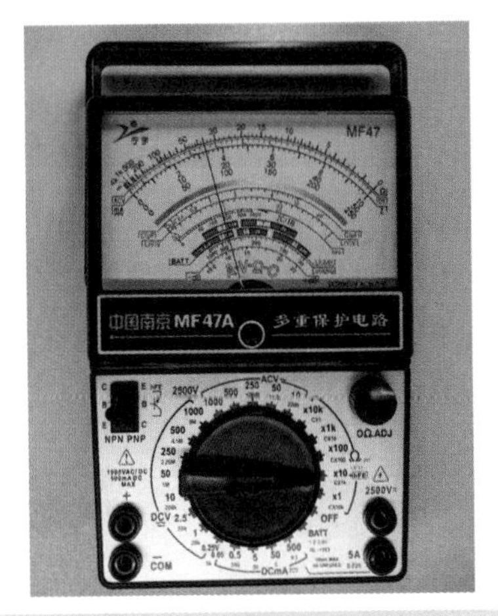

图 1－9　指针万用表测量三极管放大倍数

8　电池电量测量

测量电池电量时，应使用 BATT 挡和刻度线，该挡位可测量 1.2～3.6V 的各类电池（不包括纽扣电池）容量。负载电阻 R_L=12Ω。测量时将电池按正确极性搭在两根表棒上，观察表盘上 BATT 对应刻度，分别为 1.2、1.5、2、3、3.6V 刻度。蓝色区域表示电池电力充足，“？”区域表示电池尚能使用，红色区域表示电池电力不足。测量纽扣电池及小容量电池时，可用直流 2.5V 电压挡（R_L=50kΩ）进行测量。

二、指针式万用表使用注意事项

（1）使用万用表之前，应熟悉各转换开关、旋钮（按键）、测量插孔（接线柱）、专用插口及仪表附件（高压探头等）的作用，了解每条刻度线所对应的测试量。

测量前应明确测什么和怎样测，然后将挡位开关或量程开关旋至相应的测量项目和量程挡。若预先无法估计被测电压或电流大小，应先将其旋到最高量程挡，再逐渐降低到合适的挡位，使指针在刻度线起始位的 20%～80%范围内即可（此范围内读数准确）。

每次测量前，必须核对测量项目及量程开关是否旋对位置，避免因误用电流挡或电阻挡测量电压而损坏万用表。

（2）万用表可水平放置和竖直放置，不按规定要求放置会引起测量误差。按规定的要求放置后，当指针不指在零位时，应调节调零旋钮，使指针归零。读数时视线应正对着指针，以免产生视差。若表盘上装有反射镜，则眼睛看到的指针应与镜里的影子重合。

（3）测量电压时注意事项。

1）应将万用表并联在被测电路两端。测直流电压时要注意正、负极性，防止指针反向偏转打弯。如果不知道极性，可用前述试测方法测量，如果有数字式万用表，最好用数字式万用表测量。

2）电压挡的基本误差均以满量程的百分数来表示，因此，测量值越接近满刻度值，误差越小。一般来说，所选量程应尽量使指针偏转在满刻度的$\frac{1}{2}$以上。

3）当被测电压高于 100V 时必须注意安全，要养成单手操作的习惯。事先把一个表笔固定在被测电路的公共端，手拿另一个表笔碰触测试点，这样可精力集中，避免只顾看读数而不小心触电。测量 1000V 以上的高电压时，应把插头插牢，避免因插头接触不良而打火，或因插头脱落而引起事故。

测量高电压时，要使用高压探头，以确保安全。高压探头有直流和交流之分，其内部均有衰减器，可将被测电压衰减 10 倍或 100 倍。高压探头顶部均带有弯钩或鳄鱼夹，以便于固定。严禁在测较高电压（如交流 220V 以上）时转动量程开关，以免产生电弧，烧坏转换开关触点。

4）测量高内阻电源电压时，应尽量选择较高的电压量程，以提高电压挡的内阻，这样指针偏转角度虽然减小了，但测量结果较真实。

5）若误用直流电压挡去测交流电压，指针不动或稍有摆动而不偏转。若误用交流电压挡去测直流电压，读数会偏高 1 倍。

（4）测量电流时注意事项。

1）在测量电流时，应将万用表与被测电路串联，切勿将两只表笔跨接在被测电路的两端，以防止万用表损坏。

2）测量直流电流时，应注意电流的正、负极性。若电源内阻和负载电阻都很小，应尽量选择较大的电流量程，以降低电流挡内阻，减小对被测电路的影响。

（5）测量电阻时注意事项。

1）测量电阻时，要将两只表笔并接在电阻两端。严禁在被测线路带电的情况下测量电阻，因为这相当于接入一个外部电压，使测量结果不准确，且容易损坏万用表，甚至可能发生触电危险。

2）每次更换电阻挡时，应重新调整欧姆挡零点。若连续使用 R×1Ω挡的时间较长，也应重新调整零点。当 R×1Ω挡不能调整到零点时，应立即更换电池，且要注意电池的极性，如果手头没有新电池可更换，应将测量值减去零点误差。

3）电阻挡的刻度非线性，越靠近高内阻端刻度越密，读数误差越大，因此测量中应使指针在中间值附近，这时误差最小。

4）在用电阻挡测量电解电容时，必须先将电解电容正、负极短路放电，以防大电容上积存的电荷经万用表泄放而烧毁表头。由于万用表 R × 10Ω挡采用 1.5V 和 9V 两块电池串联，因此不宜采用此挡测量耐压很低（6V）的小电解电容。

5）测量二极管、三极管、稳压管、场效应管等有极性元器件的等效电阻时，必须注意两表笔的极性。在电阻挡上，黑表笔接内部电池的正极，红表笔接电池的负极，一旦两表笔的极性接反，测量结果会不同。

采用不同量程测量其等效电阻时，测量的结果也不同，这是正常现象，这是因为非线性器件对不同的测试电流呈现出不同的等效电阻。

6）用高阻挡测量大电阻时，不能用手捏住表笔的导电部分，以免对测量结果产生影响。

7）测量中勿使两表笔相碰（短路），工作台上乱放杂物也很容易造成表笔短路，这样会空耗电，缩短电池使用寿命。

（6）测量音频电平时注意事项。

我国通信线路过去采用特性阻抗为 600Ω的架空明线，通信终端设备及测量仪表的输入、输出阻抗均按 600Ω设计，所以万用表电平刻度是以交流 10V 挡为基准并按 600Ω负载特性绘制而成。零电平表示在 600Ω阻抗上产生 1mW 的电功率，它所对应的电压为 0.775V。测量电平与测量交流电压的原理是相同的。若被测电路的负载 R 不等于 600Ω，应按下式进行修正：实际分贝值=万用表分贝读数＋10×lg（600/R）。

第四节 数字式万用表使用方法与注意事项

一、数字式万用表使用方法

1 电阻测量

数字式万用表测量电阻时，在任何挡位都无需调零。红表笔插“VΩ⊣⊢”插孔，黑表笔插“COM”插孔，功能转换开关旋至“Ω”挡相应的量程，然后将两表笔跨接在被测电阻上，如图 1－10 所示。如果被测电阻超出所选择量程的最大值，显示屏显示“0L”，此时应选择更高的量程。对于大于 1MΩ的电阻，要过几秒钟读数才能稳定，这是正常现象。

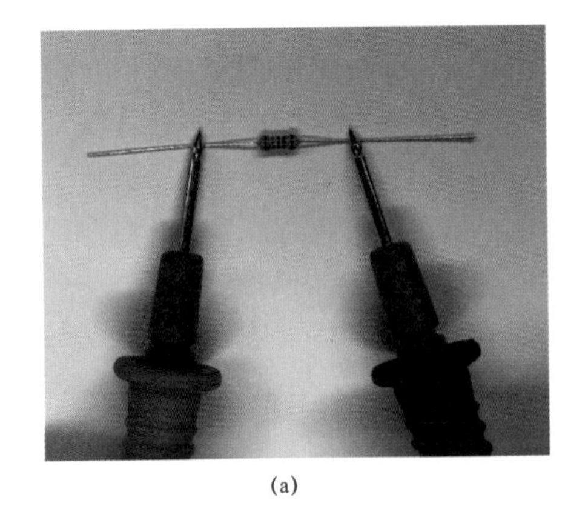

(a)

(b)

图 1－10 数字万用表测量电阻

（a）测量电阻；（b）电阻示数

2 直流电压测量

测量直流电压时，红表笔插“VΩ”插孔，黑表笔插“COM”插孔，功能转换开关旋至与被测直流电压相应的量程（量程选用与指针式万用表相同），然后将测试笔跨接在被测电路上，如图1－11所示。当被测电压极性接反时，数值前面会显示“－”，此时不必调换表笔重测。如果只显示“0L”，表示被测电压超过了该量程的最高值，应选用更高的量程。

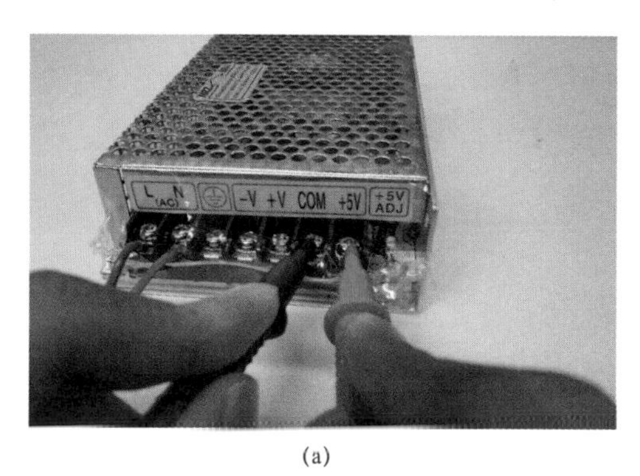

(a)

(b)

图1－11　数字万用表测量直流电压
（a）测量直流电压；（b）直流电压示数

3 交流电压测量

测量交流电压时，红表笔插“VΩ”插孔，黑表笔插“COM”插孔，功能转换开关旋至与被测交流电压相应的量程，其他方法与测直流电压基本相同，如图1－12所示。

(a)

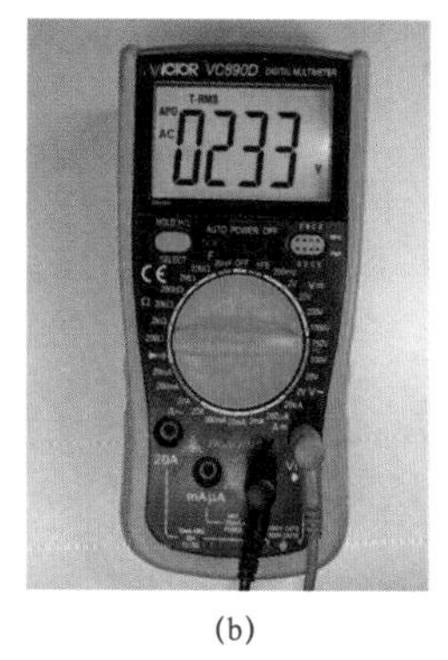

(b)

图1－12　数字万用表测量交流电压
（a）测量交流电压；（b）交流电压示数

4 直流电流测量

测量直流电流时，黑表笔插“COM”插孔，测量电流的最大值不超过200mA时，红表笔插“mA”插孔；测量电流的最大值超过200mA时，红表笔插“20A”插孔。将功能转换开关旋至与被测直流电流相应的量程，两表笔串联接入被测电路中，便可进行测量，如

图 1－13 所示。在测量 20A 时要注意，连续测量大电流会使电路发热，影响测量精度，甚至损坏仪表。

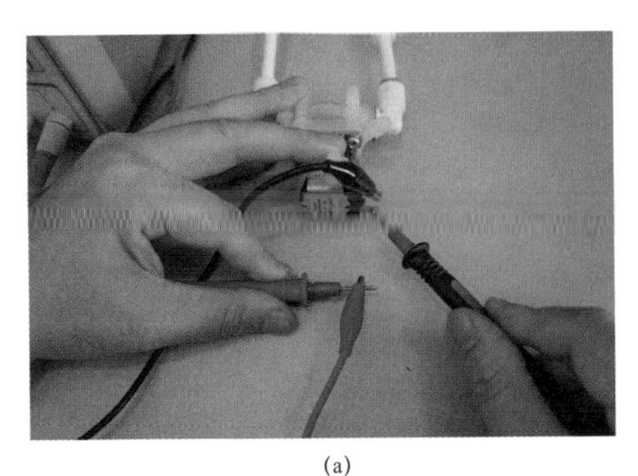

(a)

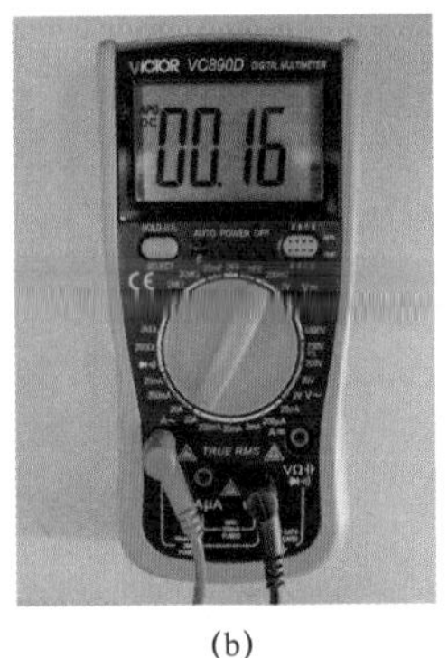

(b)

图 1－13　数字万用表测量直流电流

（a）测量直流电流；（b）直流电流示数

5　交流电流测量

测量交流电流时，功能转换开关旋至交流电流相应的量程，其他方法与测直流电流的基本相同，如图 1－14 所示。

(a)

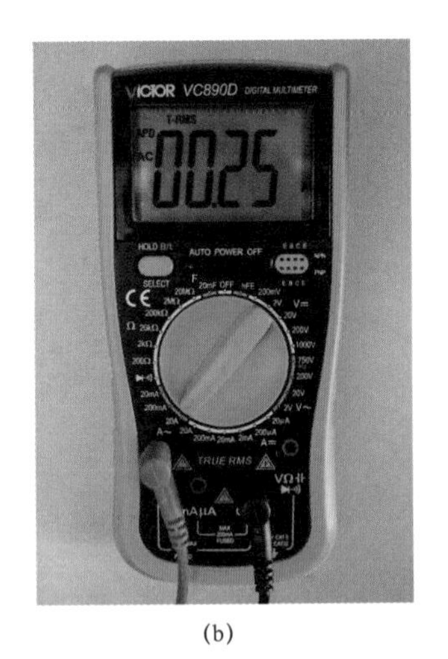

(b)

图 1－14　数字万用表测量交流电流

（a）测量交流电流；（b）交流电流示数

6　电容测量

测量电容时，功能转换开关旋至电容量程，红表笔插入测量插孔“VΩ⊣⊢”中，黑表笔插“COM”接口，两表笔连接电容，便可显示测量结果，如图 1－15 所示。注意，在测试电容容量之前，必须对电容充分放电，防止损坏仪表。

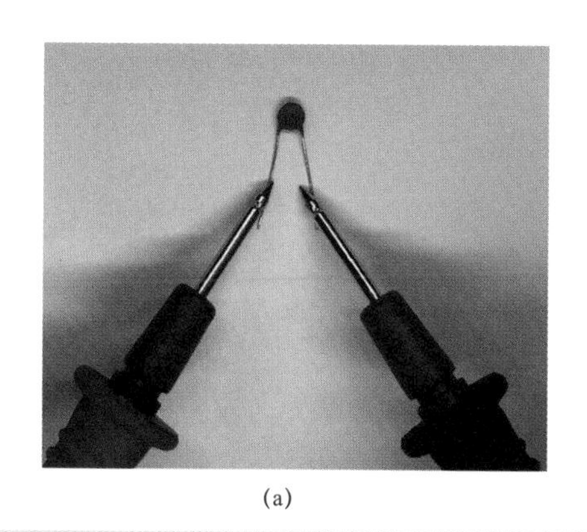

(a)

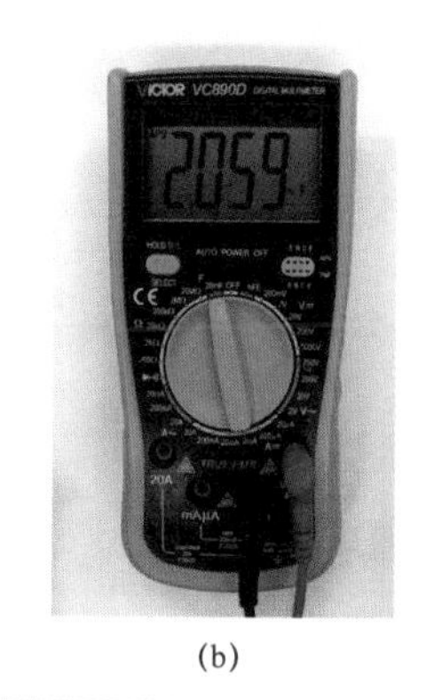

(b)

图 1－15 数字万用表测量电容
（a）测量电容；（b）电容示数

7 晶体管放大倍数测量

测量晶体管放大倍数时，功能转换开关旋至 hFE 挡，将待测三极管正确插入“NPN”（测 NPN 三极管）或“PNP”（测 PNP 三极管）插孔中，即可测出三极管的放大倍数 β，如图 1－16 所示。

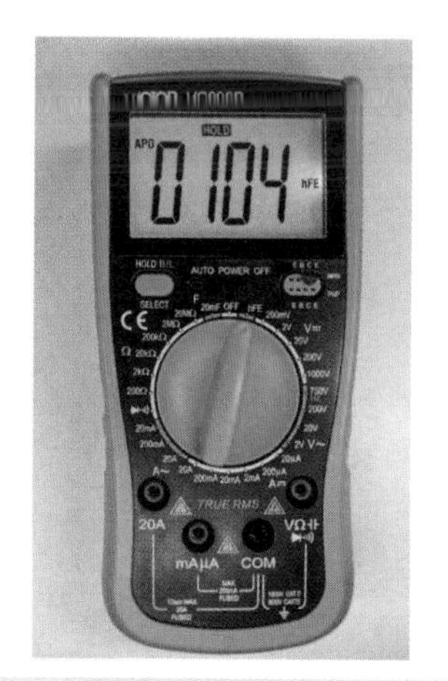

图 1－16 数字万用表测量三极管放大倍数

8 蜂鸣器功能测量

检测电路通断状态时，可用蜂鸣器挡，将功能转换开关旋至“→|○)))”挡，红表笔插“VΩ⊣⊢”插孔，黑表笔插“COM”插孔，两表笔接入被测器件，如图 1－17 所示。若两表笔之间电路阻值小于 50Ω（不同型号的万用表其发声阈值不同），蜂鸣器则发出蜂鸣声，说明电路处于通路状态，反之表示电路电阻大于 50Ω。

9 二极管测量

测量二极管时，将功能转换开关旋至“→|○)))”挡位上（开机默认二极管挡），红表笔插入测量插孔“VΩ⊣⊢”中（注意红表笔极性为“＋”极），黑表笔插“COM”接口，红、黑

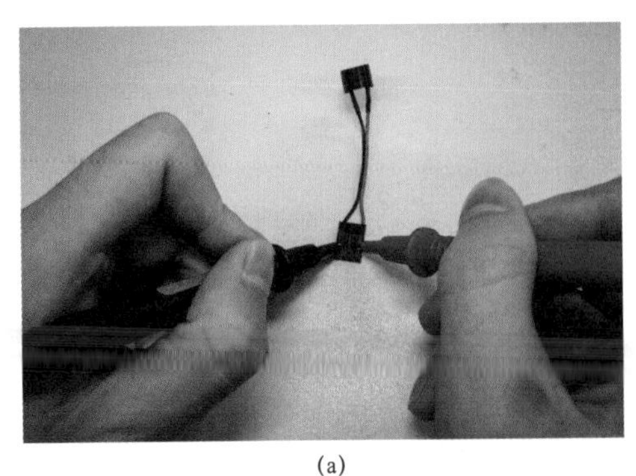

(a)

(b)

图 1－17　数字万用表使用蜂鸣器挡

（a）测量蜂鸣器电路通断情况；（b）电阻示数

表笔分别接二极管两端，如图 1－18 所示。如果显示“0L”（溢出），表示所测为二极管的反向压降，交换表笔再测量，这时显示的数值为二极管的正向压降值（单位为 V）。

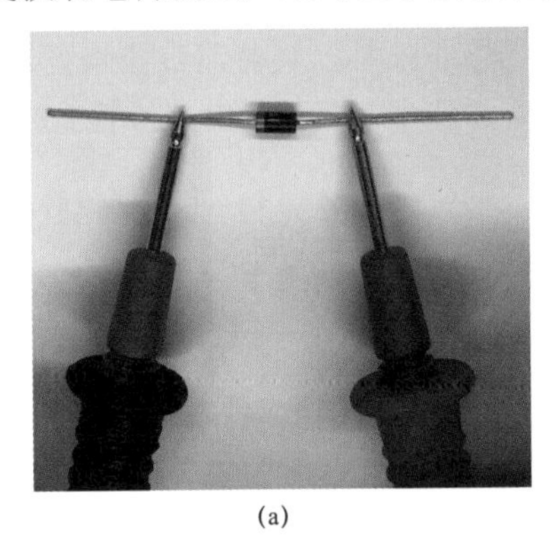

(a)

(b)

图 1－18　数字万用表测量二极管正向压降

（a）测量二极管正向压降；（b）电压示数

二、数字式万用表使用注意事项

数字式万用表属于精密电子仪器，尽管有比较完善的保护电路和较强的过载能力，使用时仍应力求避免误操作。使用时应注意以下几个方面：

1　全面了解万用表性能

（1）使用前要认真阅读使用说明书，熟悉电源开关、量程（功能）开关、功能键、专用插座、旋钮的作用和使用方法，熟悉万用表的极限参数及各种显示（如过载显示、正负极性显示、表内电池低电压显示等）符号的意义，熟悉各种声、光信号的意义。

（2）有些数字式万用表有自动关机功能，当万用表停止使用 20min 左右时，会自动切断主电源，进入低功耗备用状态，显示屏没有任何显示，需要将量程开关旋转至“OFF”挡位后再次旋转到所需功能挡位。

（3）新型数字式万用表大多带读数保持键“HOLD”，按下此键即可将读数保持下来，供读数或记录用。连续测量时不要使用此键，否则不能正常采样刷新显示值。刚开机时若固定显示某一数值且不随测量变化，就是误按“HOLD”键造成的，松开此键即可转入正常测量状态。

（4）由于欧美国家大多采用60Hz交流电，因此进口数字式万用表抗60Hz干扰的能力强，而对50Hz的抑制能力较差，可改变A/D转换器的时钟频率，使正向积分时间恰好等于20ms（即50Hz的周期）的整倍数，即可正常使用。

（5）数字式万用表不能反映连续变化量。其测试过程：采样→A/D转换→计数显示，因此不能反映电量的连续变化过程。如果要检查电解电容的充放电过程，应用指针式万用表。用数字式万用表检测触发器是否连续翻转也不直观。

（6）数字式万用表的频率特性较差，一般只能测出45Hz～1kHz的低频信号，工作频率超过2kHz则测试误差迅速增大。如需要测试高频信号，应选用配有高频测试头的机型。

2 测量前

首先要明确测什么和怎样测，然后再选择相应的测量项目和合适的量程。尽管数字万用表内部有比较完善的保护电路，仍要避免误操作，如用电流挡测电压、用电阻挡测电压或电流、用电容挡测带电的电容等，都可能损坏万用表。

万用表开机后不显示任何数字，首先应检查9V层叠电池及引线。开机后显示低电压符号，应及时更换电池。更换电池时，要先关闭电源开关，并注意电池的极性。更换熔丝管时，其规格应与原来的一致。

3 测量电压时注意事项

（1）数字式万用表具有自动转换并显示极性功能，测量直流电压时表笔与被测电路并联不必考虑正、负极性。

（2）如无法估计被测电压大小，应选择最高量程试测一下，再根据情况选择合适的量程。若测量时显示屏只显示“1”，其他位消隐，则说明仪表已超量程，应选择更高的量程。

（3）VC890型数字式万用表的最高输入电压，直流挡一般为1000V，交流挡为750V。当被测交流电压上叠加有直流分量时，二者电压之和不得超过交流电压挡的最高输入电压，必要时可在外部加隔直电容，使直流分量不能进入万用表。

（4）数字式万用表电压挡输入电阻很高，一般为10MΩ。当两表笔开路时，外界干扰信号很容易从输入端引入，使显示屏在低位上出现没有规律的数字，这属于正常现象。

干扰源包括正在工作的电风扇、电冰箱、空调器、电视机、荧光灯及电火花等。上述干扰均属于高内阻信号，只要被测电压源的内阻较低，干扰信号即被短路，不影响测量。但被测电压很低，其内阻又超过1 MΩ，万用表仍会引入外界干扰。必要时可将表笔线改成屏蔽线，并将屏蔽层与“COM”插孔一同接大地，以消除干扰。

（5）误用“ACV”挡测直流电压，或用“DCV”挡测交流电压，会显示“000”或在低位上显示出现跳数现象，后者因外界干扰信号的输入引起，属于正常现象。

（6）不得使用万用表的直流电压挡来检测自身9V层叠电池的电压。

4 测量电流时注意事项

（1）测量电流时，一定要注意将两表笔串接在被测电路的两端，不必考虑极性，因为数字式万用表可自动转换并显示电流极性。

（2）被测电流源内阻很低时，应尽量选择较高的电流量程，以减小分流电阻上的压降，提高测量准确度。

（3）输入电流超过 200mA，应将红表笔插“20A”插孔。该插孔一般未加保护电路，要求测量大电流的时间不得超过 10s，以免分流电阻发热后阻值改变，影响测量准确性。

5 测量电阻时注意事项

（1）测量电阻、检测二极管及检查线路通断时，红表笔应插“V·Ω”插孔或“mA/V/Ω”插孔，带正电；黑表笔插“COM”插孔，带负电。检测电解电容、二极管、晶体管、发光二极管、稳压管等有极性的元器件时，必须注意表笔的极性。

（2）严禁在带电的情况下测量电阻，也不允许直接测量电池的内阻，因为这相当于给万用表加了一个输入电压，不仅使测量结果失去意义，而且容易损坏万用表。

（3）数字式万用表电阻挡所提供的测试电流较小，测二极管正向电阻时要比用指针式万用表测得的值高出几倍，甚至几十倍，这是正常现象。此时可改用二极管挡测 PN 结的正向压降，以获得准确结果。

（4）用 200Ω电阻挡测低值电阻时，应先将两表笔短路，测出两表笔引线电阻（一般为 0.1～0.3Ω），再把测量结果减去此值，才是实际值。对于 2kΩ～20MΩ挡，表笔引线电阻可忽略不计。

（5）由于测试电压和测试电流不相同，在用不同电阻挡测同一只非线性元器件（如热敏电阻、半导体二极管）时，测得的电阻值会有差异，这属正常现象。

（6）不能用数字式万用表测人体等效电阻。人体与地之间存在分布电容，人体上能感应出较强的 50Hz 交流干扰信号，有时可达几伏至十几伏，这样两手握住两支表笔时，极有可能造成量程越限。同样，测元器件电阻时，手也不能碰触表笔。

6 使用其他功能时注意事项

（1）测量有极性的电解电容时，电容插座的极性应与被测电容的极性保持一致。测量之前必须将电容短路以充分放电，否则电容器内储存的电荷会击穿表内集成电路。

（2）使用 hFE 插口测量小功率晶体管的电流放大系数时，管子的三个电极和所选择的挡位（PNP 挡、NPN 挡）不得搞错。因测试电压较低，hFE 插口提供的基极电流很小（一般为 10μA），被测管工作在低电压、小电流条件下，测量结果仅供参考。

（3）数字式万用表的测温挡（TEMP）一般需配镍铬－镍铝或镍铬－镍硅热电偶，分辨力为 1℃，测量准确度为±1.0%～±1.5%。VC890C$^+$型数字万用表的测温范围－40～1000℃，可直接从屏幕上读取温度值。

第五节 万用表选用与合理使用

一、万用表选用

万用表的型号很多，而不同型号之间功能有差异。一般来说，精度、灵敏度高、功能多、体积大的万用表质量高、价格贵。因此在选用万用表时，要注意以下几个方面：

（1）如果工作主要是弱电方面的，比如家电维修等，那么在选用万用表时一定要注意万用表的灵敏度不能低于 20kΩ/V，否则在测试直流电压时，万用表对电路的影响太大，测试数据不准；直流电压最好有 100V 挡；如果需要经常上门修理，应选外形稍小一些的万用表，不经常上门的可选最常用的 MF47 型万用表。

（2）如果工作主要是强电方面的，比如检修电气设备、三相交流电动机等，选用的万用表一定要有交流电流挡。

（3）指针式万用表应注意检查表头。机械调零后，表在水平、垂直方向上小幅度来回晃动时，指针不应有明显的摆动；表水平放置和竖直放置时，表针偏转不应超过一小格；表旋转 360° 时，指针应始终在零位附近摆动。达到上述要求，说明表头在平衡和阻尼方面正常。

二、万用表合理使用

指针式和数字式万用表在结构和原理上不同，决定了它们在性能上各有差异，因此应根据实际需要合理地选用不同类型的万用表，并注意取长补短，配合使用。

1　宜使用数字式万用表的场合

（1）在线测量电压时，万用表内阻越高越好，这样对电路的影响就越小，因此数字式万用表为首选，对于精度要求较高的测量尤其如此，如测量高频电路的调谐电压、开关电源的振荡管、数字输出电路等。

（2）测量小电阻时宜用数字式万用表，因其输入阻抗高，对输入信号无衰减作用。测量大电阻时，指针式万用表完全能胜任。但对精度要求较高的电阻，如测量限流电阻、采集电路的低阻值元器件等，则只能使用数字式万用表。

（3）要准确测量电容容量，只能使用数字式万用表。指针式万用表电阻挡测量电容容量时，只能靠经验或对比粗略判断其容量，对几百皮法以下的电容万用表在 R×10kΩ挡时毫无反应，对 2000pF 以上的电容万用表只能用 R×10kΩ挡测量，通过指针摆动来判断电容容量的有无。在测试电容的耐压或软击穿时，指针式万用表 R×10kΩ挡电池电压较高，接近有些电容的工作条件，容易损坏电容。

2　宜使用指针式万用表的场合

（1）要判断电容是否漏电，使用指针式万用表比较方便。

（2）数字式万用表测试一些连续变化的电量和过程，如测量电容的充、放电过程，热敏电阻、光敏二极管等，不如指针式万用表方便、直观。

（3）两种万用表都能测试二极管和三极管。数字式万用表能准确测出 PN 结的压降，也能较准确地测量出小功率三极管的 h_{FE} 值。但估测二极管、三极管的耐压和穿透电流时宜用指针式万用表。测量发光二极管时，使用数字万用表既能判断其好坏，又能够判断其正、负极。

（4）用电阻法测量集成电路和厚膜电路时宜用指针式万用表。

第二章 电阻器

电子在物体内定向运动时会遇到阻力，物体的这种物理性质就称为电阻，其电阻的大小与所用材料及几何尺寸有关。在电路中，应用了电阻这种物理性质的元件就叫作电阻器。电阻器通常可分为固定电阻器、可变电阻器（电位器）、敏感电阻器三大类。

第一节 固定电阻器

一、固定电阻器分类及特性

1 固定电阻器分类

固定电阻器简称固定电阻或电阻，是在电子电路中应用最多的元件。固定电阻可按薄膜电阻器、线绕电阻器、实心电阻器分类，如图 2－1 所示。

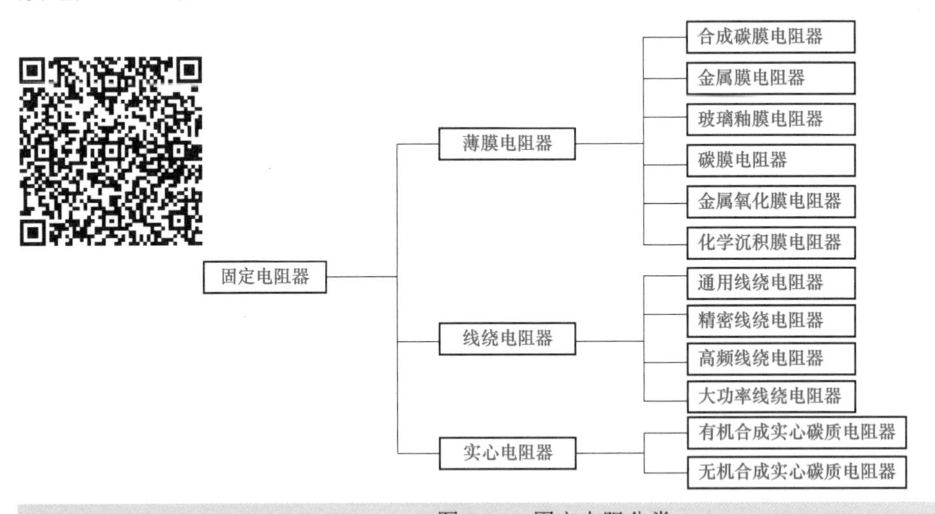

图 2－1 固定电阻分类

固定电阻器在电路中常用字母 R 表示，其外形及电路中符号如图 2－2 所示。电阻值的基本单位为欧姆（Ω），常用单位为千欧（kΩ）、兆欧（MΩ），其换算公式为：

$$1k\Omega=10^3\Omega \quad 1M\Omega=10^3k\Omega=10^6\Omega$$

2 常用固定电阻器特性

（1）碳膜电阻器。碳膜电阻器是用有机黏合剂将碳墨、石墨和填充料配成悬浮液涂覆于绝缘基体上，经加热聚合而成。气态碳氢化合物在高温和真空中分解，碳沉积在瓷棒或者瓷管上，形成一层结晶碳膜。通过改变碳膜厚度和用刻槽的方法变更碳膜的长度，可以

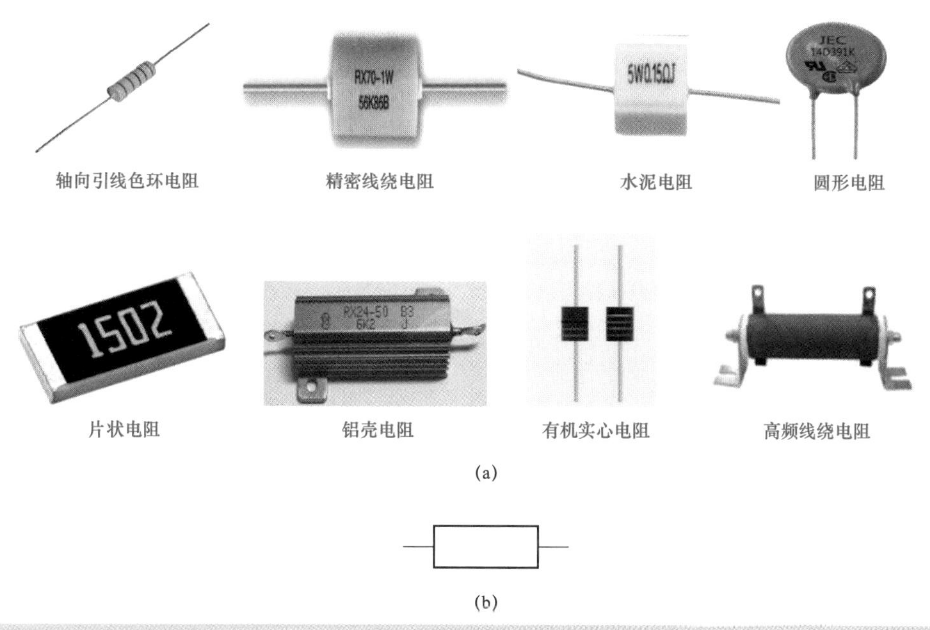

图 2-2　固定电阻外形及符号
(a) 外形；(b) 符号

得到不同的阻值。碳膜电阻器成本较低，电性能和稳定性较差，一般不适于作通用电阻器。但由于它容易制成高阻值的膜，所以主要用作高阻高压电阻器，其用途同高压电阻器。它可用于要求不高的家用电器及各种交、直流电路中，而 RT13、RT14、RT15 型等高精度、体积小的碳膜电阻器，可用于计算机电路中。

碳膜电阻器的引线有轴向引线、径向引线以及无引线等几种形式，产品型号为 RT，R 代表电阻器，T 代表材料是碳膜。它阻值范围广（10Ω～10MΩ）、稳定性好、受电压和频率影响小、温度系数为负值、价格便宜、产量大。一般额定功率有 0.125、0.25、0.5、1、2、5、10W 等，精度等级为±5%、±10%、±20%，常用的型号有 RT－0.25、RT－0.5、RT－1、RT－2 等普及型。

（2）金属膜电阻器。金属膜电阻器同样是利用真空喷涂技术在瓷棒表面喷涂膜层，只是将碳膜换成金属膜（如镍铬或类似的合金），并在金属膜上刻槽来改变金属膜厚度以做出不同阻值。最后在瓷棒的两端镀上贵金属，并在其表面涂上环氧树脂密封保护而成的。它可作为高精密度和高稳定性的电阻，广泛应用于高级音响器材、计算机、精密仪器仪表、标准计量、国防及太空设备等方面。

金属膜电阻器的引线有轴向引线、无引线等几种形式，产品型号为 RJ，R 代表电阻器，J 代表材料是金属膜。它阻值精度高、体积小、噪声低、温度系数小、工作温度范围宽（－55～＋125℃）、耐高温、稳定性好，但成本较高、价格较贵。一般额定功率有 0.125、0.25、0.5、1、2、5、10W 等，阻值范围在 10Ω～10MΩ之间，常用的型号有 RJ13、RJ14、RJ15、RJ16、RJ17、RJ18、RJ24、RJ25 等。

（3）金属氧化膜电阻器。金属氧化膜电阻器是利用高温燃烧技术，以化学反应形式在炽热的玻璃或瓷棒上烧附一层以二氧化锡为主体的金属氧化薄膜，并在金属氧化薄膜上刻槽做出不同阻值，最后在外层喷涂上不燃性涂料而成的。它目前广泛用于高温环境、有过载要求的电路中，如彩电的行、场扫描电路和电源电路以及电力自动化控制设备中。

金属氧化膜电阻器多为轴向引线，产品型号为RY，R代表电阻器，Y代表材料是氧化膜。它具有较好的抗氧化性和热稳定性，且耐高温（可在140～235℃之间短时超负荷使用），工作温度范围宽（－55～＋200℃），化学稳定性好，有极好的脉冲、高频过负荷能力，但这种电阻器的电阻率较低，阻值范围较小，因此应用范围受到限制，主要是用来补充金属膜电阻器低阻值电阻的不足。一般额定功率为1/8～10W，阻值范围在10Ω～200kΩ之间，小功率电阻器的阻值不超过100kΩ，常用的型号有RY15、RY16、RY17、RY26、RY27、RY28、RYG（功率型）等。

（4）合成膜电阻器。合成膜电阻器也称漆膜电阻器，是以有机树脂黏合剂将导电材料碳黑、石墨以及填充配料混合制成导电悬浮液，并均匀涂覆在陶瓷绝缘基体上，经加热聚合而成。它主要用于微电流测试、测湿仪表、高阻电阻箱、负离子发生器等仪器仪表中。

合成膜电阻器的引线有轴向引线、径向引线等几种形式，产品型号为RH，R代表电阻器，H代表材料是合成膜。它生产工艺简单、价格便宜。高阻型阻值范围最高可达10Ω～106MΩ，允许误差为±5%、±10%。高压型阻值范围最高可达47Ω～103MΩ，耐压分10kV和35kV两挡。常用的型号有高阻型RHZ－0.25、RHZ－0.5、RHZ－1等。

由于其导电层呈现颗粒状结构，所以其噪声大、精度低、电性能和稳定性较差、高频特性差、抗湿性差，一般不适于作通用电阻器。但由于它容易制成高阻值的膜，所以主要用作高阻型和高压型电阻器，有的还用玻璃壳封装制成真空兆欧电阻器。

（5）金属玻璃釉电阻器。金属玻璃釉电阻器又称金属陶瓷电阻器或厚膜电阻器，是用有机树脂黏合剂将金属或金属氧化物粉末与玻璃釉粉按一定比例混合后制成浆料，用丝网印刷技术印刷在陶瓷基片上，再通过烧结技术在陶瓷基片上形成电阻膜而成的。它广泛用于可靠性高、耐热性能好的彩色监视器及各种交直流、脉冲电路中，小型金属玻璃釉电阻器还可用于电子表中。

金属玻璃釉电阻器多为轴向引线，产品型号为RI，R代表电阻器，I代表材料是玻璃釉膜。金属玻璃釉电阻器稳定性好、防潮性能好、耐高温性能好、耐高压、过负荷能力强、温度系数小、噪声小、阻值范围最高可达4.7Ω～200MΩ。

常用的型号有RI40、RI42、RI80高阻型、RI80高压型等，其中RI80高压型耐压可达15kV（额定功率3W）和50kV（额定功率6W）。

（6）线绕电阻器。线绕电阻器是用高电阻率的镍铬、锰铜等合金丝绕在陶瓷、胶木等绝缘骨架上，并在外层涂以耐热的珐琅或玻璃釉加以保护而成的。电阻丝在绝缘骨架上根据需要可以绕制一层，也可绕制多层或采用无感绕法等，电阻值分固定式和可调式两种。它广泛用于仪器仪表、电阻箱、医疗设备中，也可用在电源电路中作限流电阻。

线绕电阻器的引线有轴向引线、径向引线等几种形式，产品型号为RX，R代表电阻器，X代表线绕。它具有高精度（可达±0.01%）、耐高温（300℃能连续工作）、大功率（可达0.5～200W）等特点，且工作时噪声小、稳定可靠、能承受较大负载。但它价格较贵、体积大、阻值较低（大多在100kΩ以下），其分布电容和电感系数都比较大，不能在高频电路中使用。常用的型号有RX20、RX21、RX22型被釉线绕电阻器，RX25型涂漆线绕电阻器，RX24型功率型线绕电阻器，RX10、RX12型精密线绕电阻器。

（7）方形线绕电阻器。方形线绕电阻器又称钢丝缠绕电阻器或水泥电阻器，它是采用镍、铬、铁等电阻较大的合金电阻丝绕在无碱性耐热瓷体上，再把线绕电阻体放入瓷器框内，用特殊不燃性耐热水泥填充密封而成。它大多在计算机、仪器仪表以及彩电的电源和行、场扫描电路中用作限流电阻。

方形线绕电阻器多为径向引线，它绝缘性能好、散热好、阻值精确、噪声小，可以承受较大的功率消耗。但是它成本较高、阻值小、损坏率较高，亦因存在电感不适宜在高频的电路中使用。常用的型号有 RX27－1（功率 2～15W、阻值 0.1Ω～2.2kΩ）、RX27－3（功率 5～15W、阻值 0.1Ω～2.7kΩ）、RX27－4（功率 10～40W、阻值 0.1Ω～4.3kΩ）等。

（8）片状电阻器。片状电阻器是金属玻璃铀电阻的一种形式，它是在高纯陶瓷（氧化铝）的基板两端绕上导电性能极好的电极，然后将高可靠的钌系列玻璃铀材料经过高温烧结成电阻体，通过改变金属玻璃釉的成分，可以得到不同的电阻值。为了保证可焊性，电阻的两端头采用了电镀镍锡层。它广泛应用于混合厚膜、薄膜集成电路、移动通信设备、计算机主板、电子钟表、照相机、家用电器、医疗电子产品或军用设备中。

片状电阻器是无引线或短引线的微型元器件，目前没有统一的产品型号，大多是沿用金属玻璃釉电阻器的代号 RI。它具有精度高、体积小、质量轻、电性能稳定、可靠性高、阻值范围广（1.2Ω～2.22MΩ）、高频特性优越、装配成本低并与自动装贴设备匹配等特点，其额定功率有 0.125W、0.1W、0.068W 等，使用电压为 100～200V，最高电压可达 200～400V，使用温度范围为－55～＋125℃。它表面层标有三位数字，前两位表示阻值的有效数字，第三位表示 0 的个数，用 R 表示小数点。如 100 表示 10Ω，103 表示 10kΩ，105 表示 1MΩ，4R7 表示 4.7Ω。

片状电阻器一般为黑色，但线路板上常有一种颜色不为黑色，且标注为“0”或“000”甚至无标注的片状元件，但它不是电阻，而是一种桥接元件（也称跨接线电阻或零阻值电阻）。它是用来代替导线起连接作用的，允许流过的电流最大为 2A。需要注意的是：桥接元件的阻值并不为零，一般在 0.03Ω左右，最大为 0.05Ω，因此不能用于地线间的跨接，以免造成干扰。

（9）化学沉积膜电阻器。化学沉积膜电阻器是用单纯的化学反应在基体上沉积一层电阻膜而制成（如镍－磷合金膜电阻器）。它的工艺特点是将基体经过敏化、活化处理后，再进行化学沉积制成电阻膜，膜电阻为 $0.01\Omega/m^3$～$1M\Omega/m^3$。这种电阻器的优点是生产效率高、设备简单，可以沉积任何形状的基体。但重复性差，薄膜易受潮气和电解腐蚀的影响，所以需要外加可靠的保护层。

3　固定电阻器

电阻器是构成电子电路的基本元件，在电路中可以用作分压器、分流器和负载电阻。它与电容器一起可以组成滤波器及延时电路；在电源电路或控制电路中用作取样电阻；在半导体晶体管电路中用作偏置电阻确定工作点；用电阻进行电路的阻抗匹配；用电阻进行降压或限流；在电源电路中作为去耦电阻使用等。

（1）分流作用。从欧姆定律 $I=\frac{U}{R}$ 可知，当电压 U 一定时，流过电阻的电流 I 与阻值 R 成反比。因此，选择适当阻值的电阻，将它与其他元器件并联，即可从总电流中分支一部分电流，从而降低了流经这些元器件的电流。

（2）降压作用。当电流流过电阻时，必然会在电阻上产生一定的压降，压降的大小等

于阻值 *R* 与电流 *I* 的乘积，即 $U=IR$。因此，将电阻与其他元器件串联，即可使较高的电源电压降压后，为元器件或电路提供合适的工作电压。

（3）限流作用。为限制某个元器件的工作电流，可用电阻与它串联，如稳压管通常都接有限流电阻，以确保元器件的电流在安全范围内。

（4）负载作用。通过电阻建立电路中所需要的电压或电流，如用适当阻值的电阻，为三极管放大电路建立合适的静态工作点。

（5）匹配作用。利用电阻器可组成阻抗匹配衰减器，将它接在特性阻抗不同的两个网络中间，可以起到匹配阻抗的作用。

（6）RC 电路延时作用。电阻在与电容组成的 RC 电路中，改变电阻阻值即可改变 RC 电路的时间常数，起到延时作用。

（7）隔离作用。在电路的 A、B 两点之间接入电阻 *R*，电阻 *R* 就将 A、B 两点隔开。

二、固定电阻器技术参数及规格标注

1 固定电阻器技术参数

（1）固定电阻标称阻值与允许偏差。为了便于固定电阻的大规模生产，国家规定了一系列阻值作为电阻的标称阻值。表 2－1 列出普通电阻（包括固定电阻、电位器）标称阻值系列，一般电阻的实际阻值不可能做到与它的标称阻值完全一样，二者存在偏差，最大允许偏差阻值除以该电阻标称阻值的百分数，称为电阻偏（误）差。普通电阻偏差分为±5%、±10%、±20%三种，用Ⅰ、Ⅱ、Ⅲ表示。精密电阻的偏差分为±2%、±1%、±0.5%，用 0.2、0.1、0.05 表示。

表 2－1　　　　普通电阻标称阻值

标称值系列	允许偏差	电阻器标称阻值（Ω）							
E24	Ⅰ级（±5%）	1.0	1.1	1.2	1.3	1.5	1.6	1.8	2.0
		2.2	2.4	2.7	3.0	3.3	3.6	3.9	4.3
		4.7	5.1	5.6	6.2	6.8	7.5	8.2	9.1
E12	Ⅱ级（±10%）	1.0	1.2	1.5	1.8	2.2	2.7	3.3	3.9
		4.7	5.6	6.8	8.2	—	—	—	—
E6	Ⅲ级（±20%）	1.0	1.5	2.2	3.3	3.9	4.7	5.6	8.2

（2）固定电阻额定功率。电阻额定功率是指在一定使用条件下，电阻所能承受的而不致被烧毁的最大功率，它根据电阻本身的阻值、所通过的电流和两端所加的电压确定。常用电阻额定功率系列见表 2－2。

表 2－2　　　　常用电阻额定功率

名称	型号	额定功率（W）	最大直径（mm）	最大长度（mm）
超小型碳膜电阻	RT13	1/8	1.8	4.1
高要求碳膜电阻	RT14	1/4	2.5	6.4

续表

名称	型号	额定功率（W）	最大直径（mm）	最大长度（mm）
小型碳膜电阻	RTX	1/8	2.5	6.4
普通碳膜电阻	RT	1/4	5.5	18.5
金属膜电阻	RJ	1/4	2.2	7.0
片状电阻		1/20	2（长）	1.25（宽）

2 固定电阻规格标注

（1）电阻阻值与允许偏差标注。

1）阻值直标法。国产电阻常用直标法，即先标上标称值，后面跟上误差等级，如 2.2kΩ Ⅰ、4.7kΩⅡ等（其中Ⅰ级允许偏差为±5%，Ⅱ级为±10%）。

2）IEC（国际电工委员会）代号表示法。阻值一般直接标注在电阻上（黑底白字），通常用 3～4 位数表示，最后 1 位表示阻值倍率，其余表示阻值的有效数字，如图 2－3 所示。

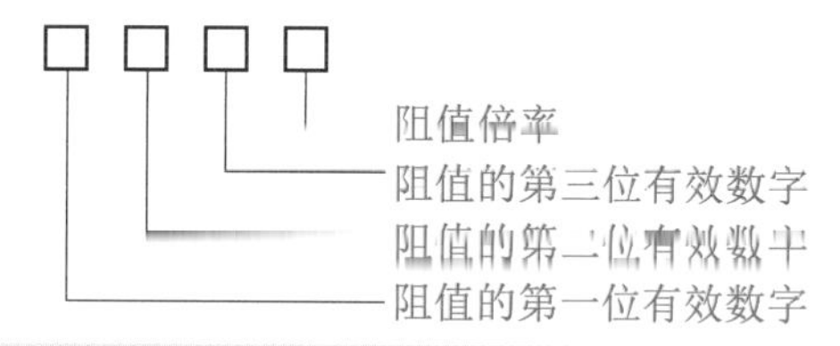

图 2－3 IEC 代号表示法

例如，203 表示阻值= 20×10^3Ω=20kΩ，4501 表示阻值=450×10^1Ω=4.5kΩ。

当阻值小于 10Ω时，以“×R×”表示，将 R 看作小数点，如 2R2 表示 2.2Ω，R22 表示 0.22Ω。

国外电阻值后用字母表示允许偏差等级，其中 B、C、D、F 级为精密电阻，G、J、K、M、N 级为普通电阻，具体含义见表 2－3。例如，9R1k 表示标称阻值为 9.1Ω，允许偏差±10%。

表 2－3 允许偏差的字母含义

字 母	允许误差（%）	字 母	允许误差（%）
W	±0.05%	G	±2%
B	±0.1%	J	±5%
C	±0.25%	k	±10%
D	±0.5%	M	±20%
F	±1%	N	±30%

3）阻值色标法。色标法是目前国际通用的表示法，即将电阻类别及其主要参数的数值用相应的颜色（色环或色点）标在电阻上。一般精密电阻色环为 5 环，普通电阻为 4 环。图 2－4 是电阻的四色环色标法和五色环色标法，表 2－4 是电阻值允许误差与字母对照表。

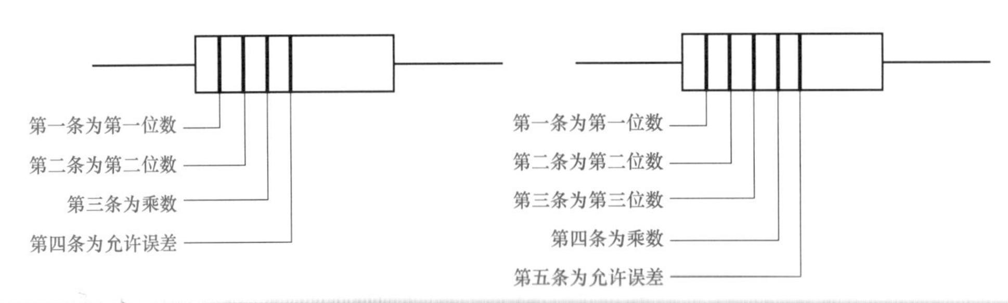

图 2-4　电阻的四色环色标法和五色环色标法

表 2-4　　电阻值允许误差与字母对照表

颜色	有效数字	倍率	允许误差（%）	颜色	有效数字	倍率	允许误差（%）
棕色	1	10^1	±1%	灰色	8	10^8	—
红色	2	10^2	±2%	白色	9	10^9	±50%～±20%
橙色	3	10^3	—	黑色	0	10^0	—
黄色	4	10^4	—	金色	—	10^{-1}	±5%
绿色	5	10^5	±0.5%	银色	—	10^{-2}	±10%
蓝色	6	10^6	±0.2%	无色	—	—	±20%
紫色	7	10^7	±0.1%				

在识别色环时应注意，靠近电阻一端的为第一色环，也就是电阻值的第一位有效数字，其余有效数字沿着电阻体以此类推。若色环均匀分布在电阻体上，则色环可用如下方法识别：由于金、银色环在阻值有效数字中没有含义，只表示允许偏差，因此，金色和银色环必定为最后色环。有时 4 条色环的电阻只有 3 条色环，其原因是：允许偏差为±20%时，表示此值的这条色环颜色就是电阻本身的颜色，这种表示法仅用于普通电阻。

（2）电阻额定功率标注。电路图中对电阻功率有要求的，有的在电阻上直接标出数值，有的用符号表示，如图 2-5 所示。不做标注的表示该电阻工作中功耗很小，在 1W 以下，在使用时可不必考虑其功率。

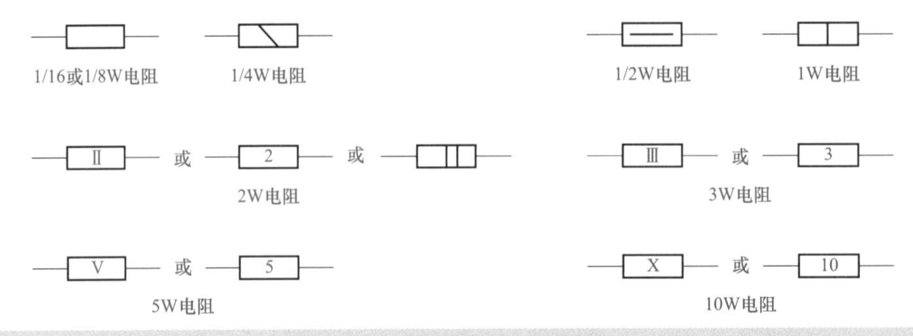

图 2-5　电阻额定功率标注

三、固定电阻器检测

电阻在使用前要进行检测，看其阻值与标称值是否相符，偏差是否在允许范围内。电阻检测分非在路和在路两种，无论哪一种检测，都应根据对被测电阻的估值（如色环、直接标注的阻值）选择合适的量程。

1 固定电阻器非在路检测

（1）非在路检测方法。非在路检测是指电阻和电路脱离（至少电阻的一根引脚脱离电路板）时进行的检测。

检测时，把两表笔分别接电阻两引脚，如图 2－6 所示，测得的阻值 R' 即为这一电阻的实际值。如果知道此电阻标称值 R，就可判断其性能好坏：若 $R' \approx R$，说明此电阻是好的；若 $R' << R$，说明已损坏；若 $R' \approx 0\Omega$，说明已短路；若 $R' >> R$，说明已开路。

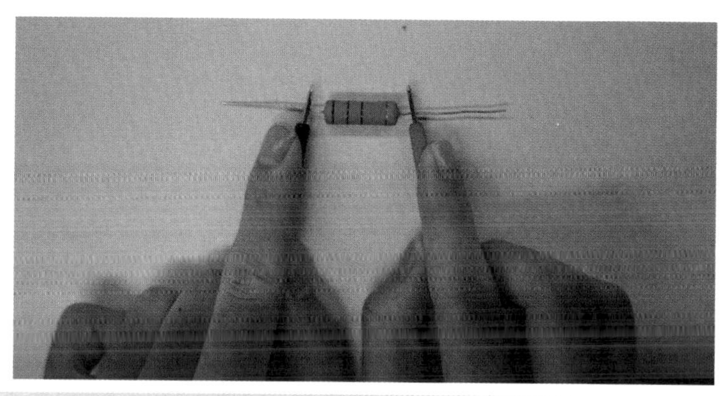

图 2－6 固定电阻非在路检测

（2）检测注意事项。

1）选择电阻挡量程。电阻挡量程选得是否合适，将直接影响测量精度。其原因是电阻挡的刻度呈非线性，越靠近高阻（左）端刻度越密，读数误差也相应增大。因此，为了提高测量时的精确度，应当使电表的指针尽可能地位于刻度线的 0 刻度至 2/3 量程这一段位置上。

例如，若被测电阻器的阻值为几千欧至几十千欧，可用 R×1kΩ挡；若为几欧至几十欧时，可选用 R×1Ω挡；若为几十欧至几百欧时，可选用 R×10Ω挡；若为几千欧至几十千欧时，可选用 R×1kΩ挡；若为几千欧以上时，应选用 R×10kΩ挡。

2）机械调零。检查在万用表两表笔未短接时，指针是否在零位（万用表左边的零位置）。如不在零位，可旋转机械调零钮，将指针调至零位，这种方法一般称为机械调零。

3）电阻挡调零。在选择了适当的电阻挡量程后，将万用表的两只表笔短接，调节表盘上的调零旋钮，使表头指针指向零。为了提高测量时的精确度，每次更换欧姆挡量程后，都要重新进行调零。若调零旋钮已调到极限位置，但是指针不指向零，这时应考虑更换电池。若手头无新电池，而又希望继续测量，则可用“差值法”（即从测量值中减去欧姆挡调零时的开始值，所得到的值就是被测电阻的实际阻值）测量几十欧以上的电阻值。

4）合理检测。当被测电阻的阻值较大时，不能用手同时接触被测电阻两个引脚，否则人体电阻会与被测电阻并联影响测量结果。尤其是测几百千欧的大阻值时，手最好不要接触电阻体的任何部分，要放在桌子上进行测量。对于几欧姆的小电阻，表笔与电阻引线应接触良好，必要时可将电阻两引线上的绝缘物（氧化物、油漆等）刮掉后检测。

2　固定电阻器在路检测

（1）在路检测方法。在路检测是指电阻两端都焊在电路板上时进行的检测，此方法只能大致判断电阻的好坏，而不能测出电阻的阻值。但这种方法方便、迅速，是维修人员判断故障的常用方法。

检测时，把两个表笔分别接在电阻的两引脚焊点上，如图 2－7 所示，测得一次阻值。然后两个表笔互换再测一次（目的是排除电路中晶体管 PN 结的正向电阻对检测的影响），把两次测量中较大的阻值定为 R'，阻值 R' 基本上就是被测电阻的实际阻值。如果知道此电阻标称阻值 R，则可判断其性能好坏：

1）$R' \gg R$，说明此电阻已损坏，原因是此电阻已开路或存在阻值增大现象（普通电阻此现象少见）。

2）若 $R' \approx R$，说明此电阻是好的。

3）若 $R' \approx 0\Omega$，说明有两种情况：一是此电阻已短路；二是与此电阻有并（串）联电感元件，但不能判断电阻已损坏。此时，应把电阻的一根引脚脱离电路板后再检测。

4）若 $0 \ll R' \ll R$，说明与此电阻有并（串）联比此电阻值更小的元件，但不能说明此电阻已损坏（因有阻值变小现象）。此时，应把电阻的一根引脚脱离电路板后再检测。

(a)

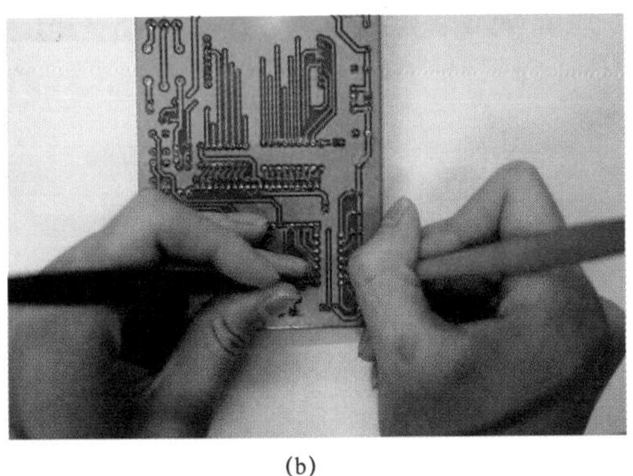

(b)

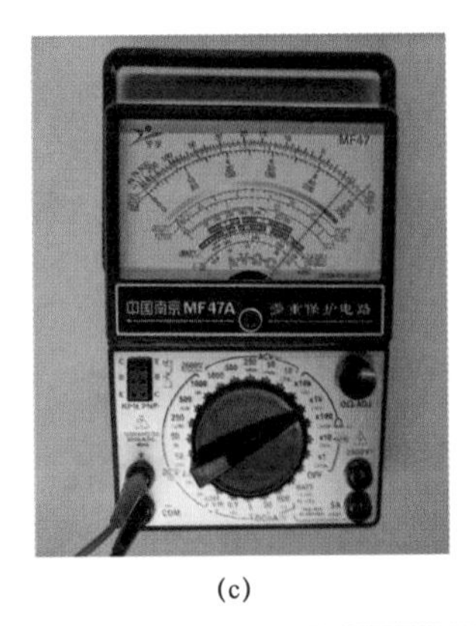

(c)

图 2－7　固定电阻在路检测

（a）含碳膜电阻的电路板；（b）万用表接在碳膜电阻的两引脚焊点上；（c）碳膜电阻在路测量结果

（2）检测注意事项。

1）电路板不得带电检测，电容储能元件也应进行放电，否则，不但测不准，而且极易损坏万用表。通常，需对电路进行详细分析后，估计某一电阻有可能损坏时，才能进行在路检测。

2）在路检测在排除电器设备故障时可节省时间，但在发现电路的故障后，仍需将电阻器拆下或断开一头，再进行准确测量。就是说，开始可用在路检测来判断故障，而后再用非在路检测来进行验证。

第二节　电位器

一、电位器分类及特性

电位器是一种阻值连续可调的电阻，通常由电阻体、滑动触头（动接点）及三个引脚焊片组成。滑动触头在电阻体上滑动，可获得与电位器外加输入电压和可动臂转角成一定关系的输出电压，即通过调节电位器转轴，其输出电位发生改变。一般电阻体与滑动触头密封在金属或塑料壳体内，而引脚焊片在壳体外部，便于与外部电路连接。

1　电位器分类

电位器种类很多，各有特点。电位器根据制造材料、用途及调节方式和阻值变化规律，可分为很多种类型，其外形及电路中符号如图 2-8 所示。

图 2-8　电位器外形及符号

（a）外形；（b）符号

2　常用电位器特性

（1）合成膜电位器。合成膜电位器的电阻体是用经过研磨的炭黑、石墨、石英等材料涂敷于基体表面上，经加温聚合后形成碳膜片，再与其他零件组合而成的。它具有阻值变化连续、分辨率高（理论上为无穷大）、成本低、工艺简单、寿命较长等优点，广泛用于家用电器和普通型仪器仪表电路中。其缺点是对温度和湿度的适应性差，滑动噪声大，阻值稳定性差，精度较低，低于100Ω的电位器制造比较困难。

合成膜电位器产品型号为WH，W代表电位器，H代表合成膜。其阻值范围为100Ω～4.7MΩ，阻值精度一般为±20%左右，功率范围在0.125～2W之间，若要做到3W，体积显得很大。

（2）有机实心电位器。有机实心电位器是一种新型电位器，它是由导电材料、有机填料和热固性树脂配成的有机电阻粉，采用加热塑压的方法将其压在绝缘体的凹槽内，形成实心电阻体而成的。它具有耐热性好、功率大、可靠性高、耐磨性好、寿命长等优点，可在小型化、高可靠、高耐磨性的电子设备以及交、直流电路中用作调节电压和电流。其缺点是温度系数大、滑动噪声大、耐潮性能差、工艺复杂、耐压低。

有机实心电位器产品型号为WS，W代表电位器，S代表有机实心。其阻值范围为47Ω～4.7MΩ，功率范围在0.25～2W之间，阻值精度为±5%、±10%和±20%。

（3）线绕电位器。线绕电位器是将康铜丝或镍铬合金丝作为电阻体，并把它绕在绝缘骨架上制成的，中心抽头的簧片在电阻体上滑动以改变阻值，其产品型号为WX，W代表电位器，X代表线绕。它具有接触电阻小、精度高（0.1%）、温度系数小、稳定性好、耐高温，耐高压、额定功率比较大（最高可达100W以上）等优点，主要用作分压器、变阻器、仪器中调零和工作点设定等，由于绕组存在分布电容和分布电感，因此不宜用于高频电路。其缺点是分辨率差、阻值范围不够宽、高频特性差、体积较大、价格较高等。

（4）多圈电位器。多圈电位器是指其动触头从电阻体的一端滑动到电阻体的另一端时，必须旋动手柄轴多圈，才能实现全范围的电阻调节。多圈电位器属于精密电位器，它分带指针和不带指针等形式，调整圈数有5圈和10圈等。它除了具有线绕电位器的特点外，还具有线性优良、可进行精细调整等优点，广泛用于精密、细微的电阻或电压调整。

（5）微调电位器。微调电位器是一种不带外露转轴的小型电位器，通常需将小螺钉旋具插入电位器上面的扁长形孔中，左右旋转调节螺钉以改变阻值。在电子设备中它一般用来调整电压或电流，调整后通常不再改变（用漆封固调节螺钉）。

（6）同轴双连电位器。通常是将两个规格相同的电位器装在同一转轴上，调节转轴时，两个电位器的滑动触点同步转动，可以用来调节2个声道音量平衡。当转轴旋在中间位置时，其中一联电位器的中间脚对左边脚的阻值是零（应急时就把电路板上这两个脚的焊盘用铜线短路），而另一联电位器的中间脚对右边脚的阻值是零（应急时就把电路板上这两个脚的焊盘用铜线短路），这个只能用同样的电位器来换，没有其他电位器可以替代。

（7）带开关电位器。带开关电位器的电阻器有两个固定端，通过手动调节转轴或滑动手柄改变电阻上动触点的位置，改变动触点与固定端之间的电阻值，从而改变电压和电流的大小。开关电位器基本上是一个滑动变阻器，它通常用于扬声器音量开关和激光头功率调节。

（8）直滑式电位器。骨架和基体通常用绝缘性能良好的材料制成，要求耐热、耐潮、电绝缘性好、化学稳定性和导热性好，并具有一定的机械强度。直滑式电位器的外形一般为长方形，调节电阻时滑动片在电阻体上做直线运动，常用于音量调节、画面质量等控制。

3 电位器作用

（1）用作可变电阻。若将电位器 RP 的一个固定端与滑动端连接，这时电位器就是一个两端器件，相当于一个可调电阻。转动电位器转轴，在电位器滑动触点的整个转动过程中便可得到平滑连续可调的阻值。

（2）调节电压大小。一端接输入电压，中间端接输出，余下端接地，这时，电位器就是一个四端器件。转动电位器转轴，在输出端就可得到平滑连续变化的输出电压 U_0。

二、电位器技术参数及规格标注

1 电位器技术参数

（1）标称阻值和允许偏差。电位器标称阻值和允许偏差含义与固定电阻基本相同。区别是电位器的标称阻值采用的是 E12 和 E6 两个系列。允许偏差，线绕电位器有±1%、±2%、±5%、±10%等，非线绕电位器有±5%、±10%、±20%等。

（2）额定功率。额定功率是指在一定的条件下电位器长期使用允许承受的最大功率。电位器功率越大，允许流过的电流也越大。

电位器功率也要按国家标称系列进行标注，并且对非线绕和线绕电位器标注有所不同，非线绕电位器的标称系列有 0.25、0.5、1、1.6、2、3、5、30W 等，线绕电位器的标称系列有 0.05、0.1、0.25、2、3、5、10、16、25、40、63、100W 等。从标称系列可以看出，线绕电位器功率可以做得更大。

（3）阻值最大值和最小值。每个电位器外壳上都标有标称阻值，这是电位器的最大阻值。最小电阻值又称零位电阻，由于滑动触头存在接触电阻，因此最小电阻不可能为零，但要求越小越好。

（4）阻值变化（分布）特性。为了满足各种不同的用途，电位器阻值变化规律，一般有直线（X）型、指数（Z）型和对数（D）型。

除了上述参数外，电位器还有符合度、线性度、分辨率、平滑性、动态噪声等参数，但一般选用电位器时可不考虑这些参数。

2 电位器规格标注

电位器型号标注一般采用直接法，把材料性能、额定功率和标称阻值直接印制在电位器的外壳上，如图 2-9 所示。

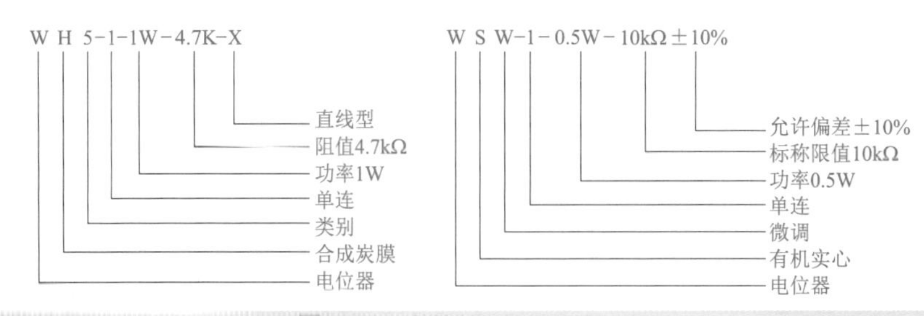

图 2-9　电位器型号标注示例

三、电位器检测

1　普通电位器检测

为了保证电路正常工作，电位器在使用前或在其使用过程中，应进行检测，以确保具有良好的质量，用万用表检测电位器的方法如图 2-10 所示。

A、B、C 为电位器三个引出端，其中 B 端为中间滑动触头。检测时，将万用表置电阻挡，红、黑表笔与电位器 A、C 端接触，万用表指示的阻值（最大值）应与电位器外壳上的标称值一致，如果相差很大，说明电位器已损坏。

检测滑动触头接触情况时，万用表置电阻挡，一表笔接 A 端，另一表笔接 B 端，慢慢将转轴从一端转至另一端，电位器阻值应从零（或标称值）连续变化到标称值（或零），整个过程指针不应有任何跳动现象，否则表明电位器滑动触头接触不良。

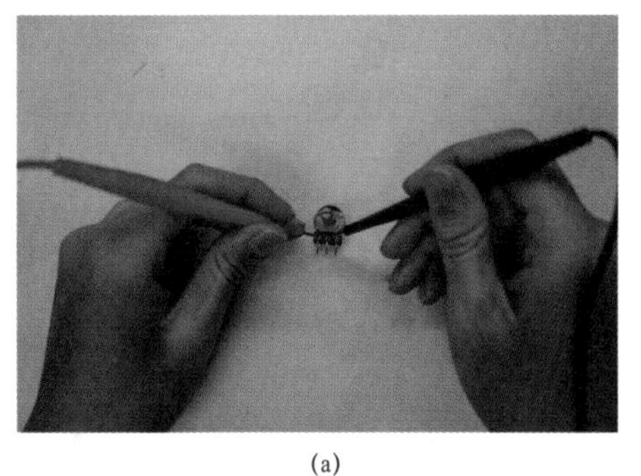

(a)

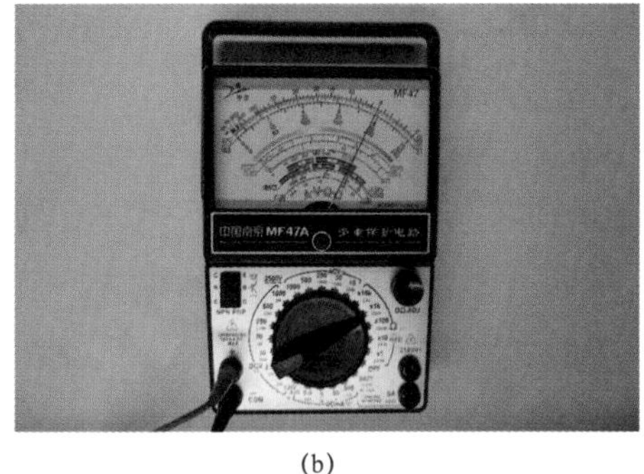

(b)

(c)

图 2-10　电位器检测

（a）万用表检测普通电位器；（b）未转动转轴时的电位器阻值示数；（c）逆时针转动转轴后的电位器阻值示数

2　双联电位器同步性能检测

双联电位器是两个电位器同装在一个轴上，当调整转轴时，两个电位器的触点同时转动。例如，立体声音响设备中，两个声道的音量和音调的调节要求同步时，便要选用双联电位器。如 WH134－K2 型就是双联同轴带开关电位器。

有的双联电位器是异步异轴，即两个轴采用同心轴，互不干扰，各轴调节自己所关联的触点。如 WH134－3 型就为双联异轴无开关电位器。

对于双联或多联电位器，除了进行普通电位器的检测外，还应检测其同步性能。检测时，可在电位器滑动触头移动的整个过程中选择 4～5 个间距分布较均匀的检测点，在每个检测点上分别测双联或多联电位器中每个电位器阻值，检测方法如图 2－11 所示。

正常时无论转轴旋转到什么位置，$R_{B'C'}$都应该等于 R_{BC}，误差一般为 1%～5%，否则说明同步性能差。

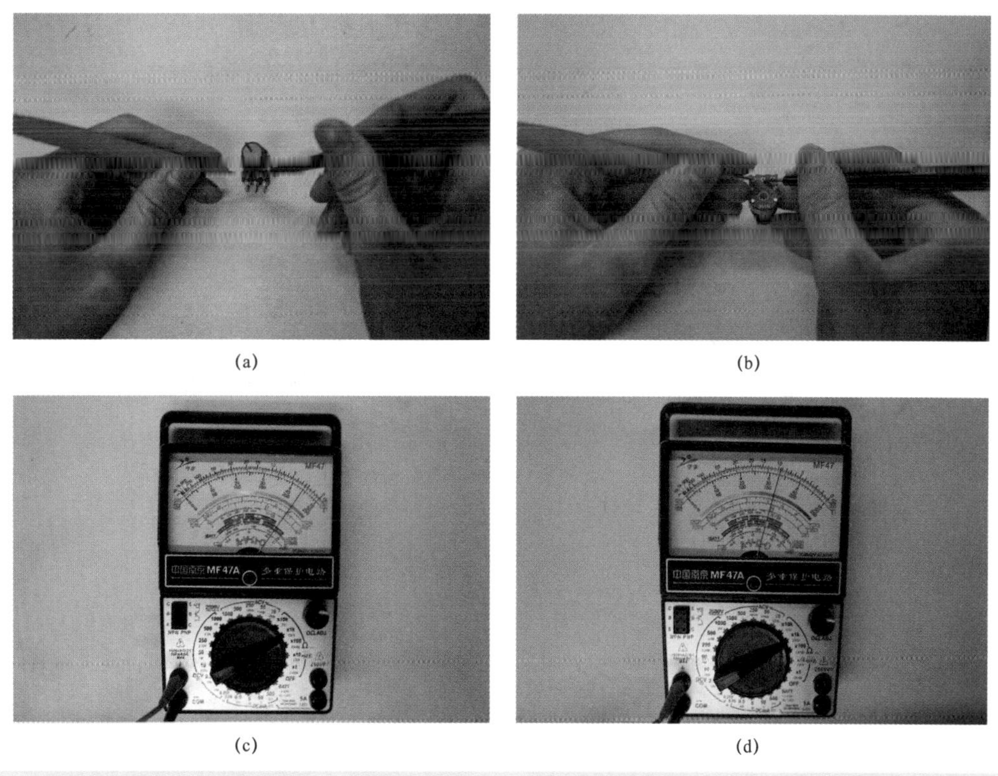

(a)　(b)　(c)　(d)

图 2－11　双联电位器同步性能检测

（a）万用表检测双联电位器的上电位器；（b）万用表检测双联电位器的下电位器；
（c）未转动转轴时上、下电位器的阻值示数；（d）转轴顺时针转动后的上、下电位器的阻值示数

3　数字电位器检测

（1）数字电位器特性及作用。数字电位器又称数控可编程电阻器，是采用 CMOS 工艺制成的数字、模拟混合信号处理集成电路，能在数字信号的控制下自动改变滑动触头位置，从而获得所需的阻值。它具有调节精度高、无噪声、耐震动、工作寿命极长、体积小、无

机械磨损、数据可读写、具有配置寄存器及数据寄存器等特点，已在自动检测与控制、智能仪器仪表、消费类电子产品及音频系统等许多领域得到了成功应用。但是，数字电位器存在固有的额定阻值误差大、温度系数大、通频带较窄、滑动端允许电流小（一般1～3mA）等不足，这在很大程度上限制了它的应用。

数字电位器种类繁多，功能各异。按照芯片内部所包含数字电位器的个数，可分为单路、双路、四路、六路等；按电阻值变化特性，可分为线性、非线性（对数型、指数型）。按串行接口总线，可分为I^2C总线、SPI总线、单线总线等。常用数字电位器内部抽头数量有32、64、128、256、512、1024六种。抽头数量越多，调节精度越高，输出电阻误差越小。有的还带温度补偿电路及基准电压源。同一型号的数字电位器有多种规格，如美国Xicor公司生产的X9313系列有X9313Z（1kΩ）、X9313W（10kΩ）、X9313U（50kΩ）、X9313T（100kΩ）型4种规格，其引脚排列如图2－12所示。

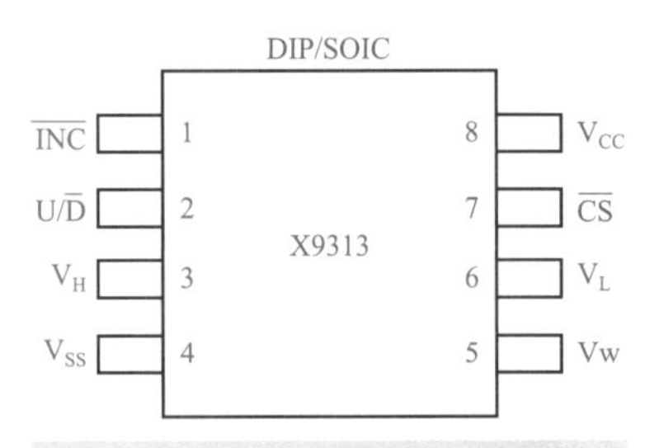

图2－12 数字电位器引脚排列

（2）数字电位器检测方法。下面以X9313W（10kΩ）型数字电位器为例，介绍用万用表检测的方法，如图2－13所示。将X9313W型接上5V电源，万用表置R×1kΩ挡，先测量V_H和V_L两端间的阻值R，应为10×（1±20%）kΩ；然后再测V_W和V_L、V_W和V_H两端间阻值，两者之和应等于R值。

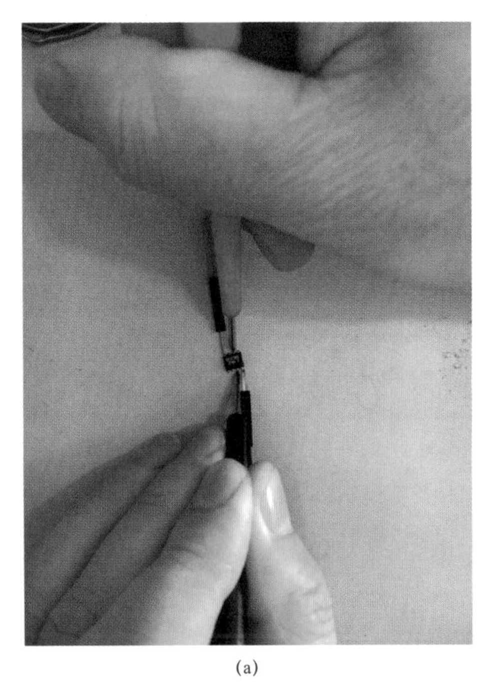

(a)

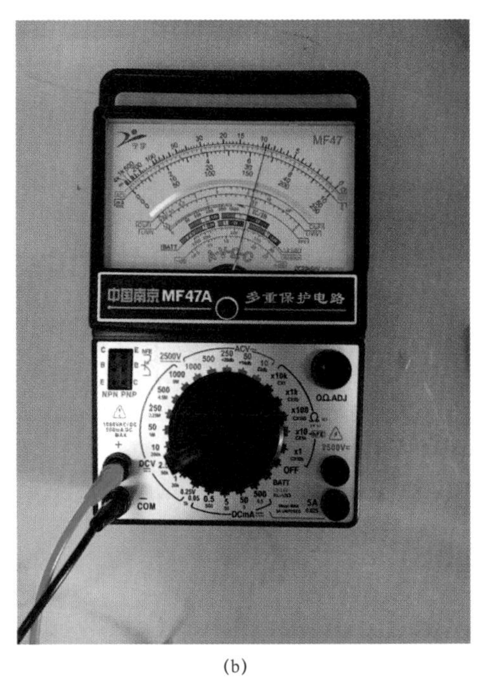

(b)

图2－13 数字电位器检测
（a）万用表检测数字电位器；（b）数字电位器V_H和V_L两端的阻值示数

第三节 敏感电阻器

一、热敏电阻器

1 热敏电阻器特性及作用

热敏电阻通常是由对温度极为敏感、热惰性很小的锰、钴、镍的氧化物烧成半导体陶瓷材料制成的一种非线性电阻，其阻值会随温度的变化而变化。热敏电阻按温度系数分为负温度系数（NTC）、正温度系数（PTC）和临界温度系数三类。正温度系数电阻的阻值随温度升高而增大，负温度系数电阻的阻值随温度升高而减小，临界温度系数电阻的阻值在临界温度附近时基本为零。

热敏电阻器大多为直热式，即热源是由电阻器本身通过电流时发热而获取的。此外还有旁热式，需外加热源。常见的热敏电阻器有片状、珠状、薄膜状等，其外形如图 2－14 所示。

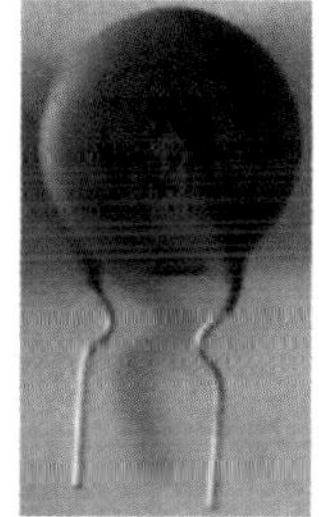
片状阻体

珠状阻体

薄膜状阻体

线状阻体

图 2－14 热敏电阻器外形

目前应用最广泛的是负温度系数热敏电阻器（NTC），它又可分为测温型、稳压型、普通型。其种类很多且形状各异，常见的有管状、圆片形等。国产 NTC 产品有 MF51～MF57（用于温度检测）、MF11～MF17（用于温度补偿、温度控制）、MF21～MF22（用于电路稳压）、MF31（用于微波功率测量）等系列。

正温度系数热敏电阻器（PTC）的应用范围也越来越广，除用于温度控制和温度测量电路外，还大量应用于彩色电视机的消磁电路及电冰箱、电驱蚊器、电熨斗等家用电器电路中。国产 PTC 产品有 MZ41～MZ42（用于吹风机、驱蚊器、卷发器等）、MZ01～MZ04（用于电冰箱的压缩机启动电路）、MZ71～MZ75（用于彩色电视机的消磁电路）、MZ61～MZ63（用于电动机过热保护）、MZ2A～MZ2D（用于限流电路）等系列。

2 热敏电阻器检测方法

热敏电阻标称阻值是在温度为 25℃的条件下，用专用仪器测得的。在业余条件下，也可用万用表电阻挡进行检测，但万用表检测时由于工作电流较大而形成热效应，往往使测得的值与标称阻值不相符。如果只要求粗测一下热敏电阻的阻值，以判断其类型和能否正常工作，则可用万用表按以下方法进行检测：

（1）常温检测。将万用表置电阻挡，两表笔接触热敏电阻两引脚，如图 2－15（a）所示，万用表读数为被测热敏电阻常温下的阻值，如图 2－15（b）所示。在正确选用电阻挡的前提下，若读数为零或无穷大，说明热敏电阻已损坏。

（2）高温检测。将电烙铁作为热源靠近 NTC 热敏电阻后，万用表显示的阻值较常温阻值减小，如图 2－15（c）所示，移开电烙铁阻值恢复到常温阻值，表明热敏电阻是好的。

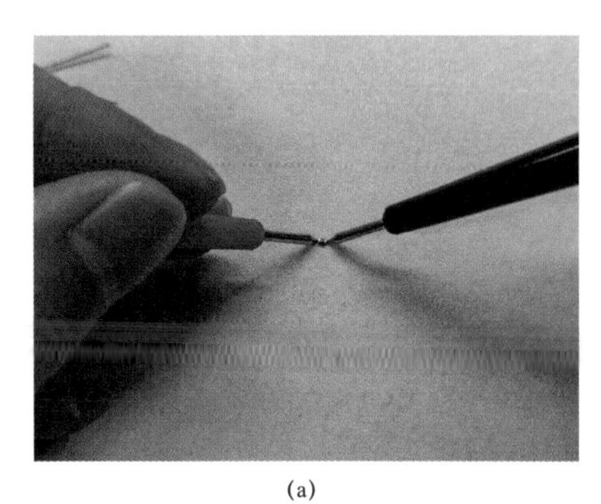

(a)

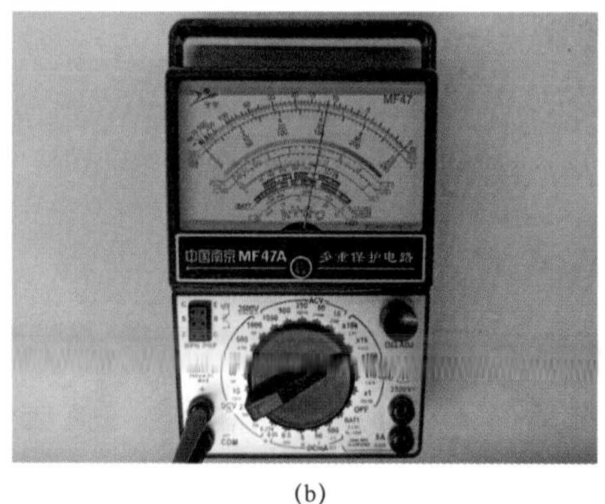

(b)

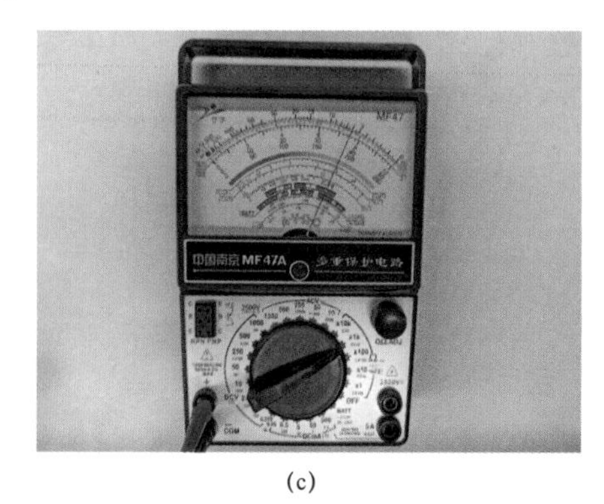

(c)

图 2－15　热敏电阻检测

(a) 万用表检测 NTC 热敏电阻；(b) 常温下 NTC 热敏电阻的阻值示数；(c) 高温下 NTC 热敏电阻的阻值示数

（3）低温检测。用万用表夹夹住热敏电阻两引脚，将热敏电阻放入电冰箱内。正常时，负温度系数的热敏电阻，万用表显示的阻值比常温阻值明显增大；正温度系数的热敏阻值，万用表显示的阻值比常温阻值明显下降。

3　检测注意事项

（1）当体温高于环境温度时，用手捏住热敏电阻，应能观察到电阻读数的变化。

（2）每次检测热敏电阻应在其温度降到室温后进行。

二、压敏电阻器

1　压敏电阻器特性及作用

压敏电阻是电压敏感电阻器的简称，是一种非线性电阻元件。压敏电阻阻值与两端施加的电压大小有关，当加到压敏电阻器上的电压在其标称值以内时，电阻器的阻值呈现无穷大状态，几乎无电流通过。当压敏电阻器两端的电压略大于标称电压时，压敏电阻迅速击穿导通，其阻值很快下降，使电阻器处于导通状态。当电压减小至标称电压以下时，其阻值又开始增加，压敏电阻又恢复为高阻状态。当压敏电阻器两端的电压超过其最大限制电压时，它将完全击穿损坏，无法自行恢复。

压敏电阻器性优价廉，体积小，具有工作电压范围宽（6～3000V，分若干挡）、对过压脉冲响应快（几纳秒至几十纳秒）、耐冲击电流的能力强（可达 100A～20kA）、漏电流小（低于几微安至几十微安）、电阻温度系数小（低于 0.05%/℃）等特点，是一种理想的保护元件，广泛地应用在家电及其他电子产品中，常被用于构成过压保护电路、消噪电路、消火花电路、防雷击保护电路、浪涌电压吸收电路和保护半导体元器件中。

国产压敏电阻有 MYL、MYH 及 MYG 等系列，每种产品又分为多种规格，常见标称电压有 6、18、22、24、27、33、39、47、56、82、100、120、150、200、216、240、250、270、283、360、470、850、900、1100、1500、1800、3000V 等。

2　压敏电阻器检测方法

万用表对压敏电阻的检测方法如下：

（1）绝缘电阻检测。将压敏电阻从电路中取下，用指针式万用表 R×10kΩ挡，测量其阻值，检测方法如图 2－16 所示。交换表笔再测一次，若两次测得的阻值均为无穷大，表明压敏电阻合格；若指针偏转，则压敏电阻漏电流大，不合格。

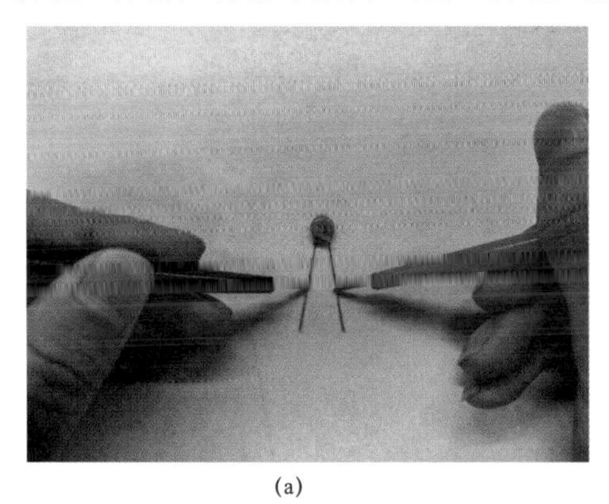

(a)

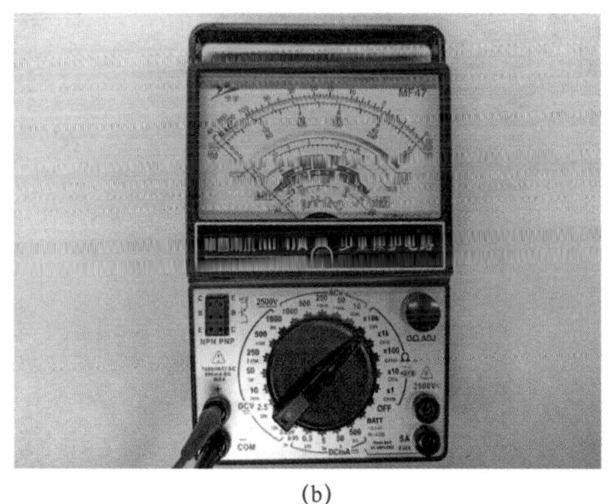

(b)

图 2－16　压敏电阻绝缘电阻检测

(a) 万用表检测压敏电阻；(b) 压敏电阻阻值示数

（2）标称电压检测。现以测试标称电压为 470V（7D471K）的压敏电阻为例说明，其检测电路如图 2－17 所示，图中电源为 0～470V（高于 470V 亦可）可调直流电源。逐渐加大电源电压，刚开始时电流表（可用万用表 10mA 挡代用）无指示，当电压增加到某一数值后，电流表指示明显增加，这时电源电压应是压敏电阻标称电压，否则说明压敏电阻性能欠佳。

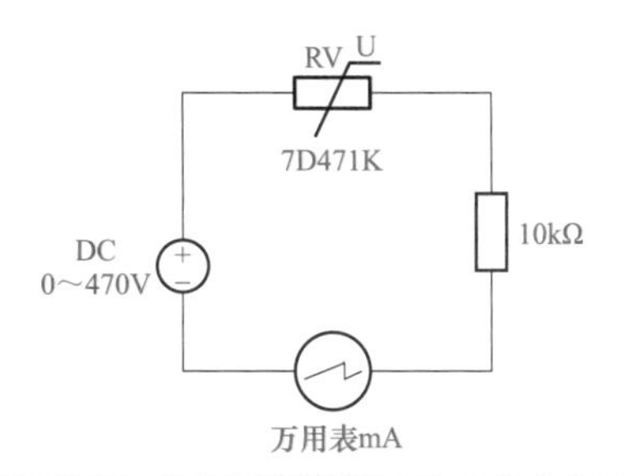

图 2－17　压敏电阻标称电压检测电路

三、光敏电阻器

1　光敏电阻器特性及作用

光敏电阻器是利用半导体材料（硫化镉晶体）的光电导效应制成的一种阻值随入射光的强弱而变化的特殊电阻，其特点是内部的光敏层对光线非常敏感，当光线照射弱时电阻增大，当光线照射强时电阻迅速减小。由于不同半导体材料制成的光敏电阻有不同的光谱特性，故光敏电阻有可见光（硫化镉晶体）、红外光（砷化镓晶体）和紫外光光敏电阻（硫化锌晶体）三种，它们广泛应用于光的测量、光的控制和光电转换等领域，如各种光电自动控制系统（如路灯自动控制、电视机亮度自动调整等）、紫外线探测器、红外光夜视器、无损探伤器等。

光敏电阻由光敏层、玻璃基片（或树脂防潮膜）和电极等组成，并采用环氧树脂或金属封装将其装入具有透光镜的密封壳体内，以免受潮影响其灵敏度。光敏层通常都制成薄片结构，以便吸收更多的光能。光敏电阻受光照射时的电阻称为亮阻，其值在20kΩ以内；没有光照射时的电阻称为暗阻，其值大于100MΩ。

2　光敏电阻器检测

通常可用万用表电阻挡对光敏电阻的暗阻和亮阻进行检测。

（1）亮阻检测。测试亮阻时，先在透光状态下或用手电筒照射光敏电阻的受光窗口，见图2－18（a）。然后将万用表置R×1kΩ挡测其电阻值，此时万用表读数即为亮阻，见图2－18（b），阻值通常为数千欧或数十千欧。亮阻越小，说明光敏电阻性能越好，若此值很大或为无穷大，说明光敏电阻内部已开路损坏，不能使用。

（2）暗阻检测。测试暗阻时，先用黑纸片遮住光敏电阻的受光窗口或用不透明的遮光罩将光敏电阻盖住，见图2－18（c）。然后将万用表置R×1kΩ测其电阻值，见图2－18（d），此时万用表读数即为暗阻。暗阻越大，说明光敏电阻性能越好，若此值很小或接近于零，说明光敏电阻已损坏，不能继续使用。

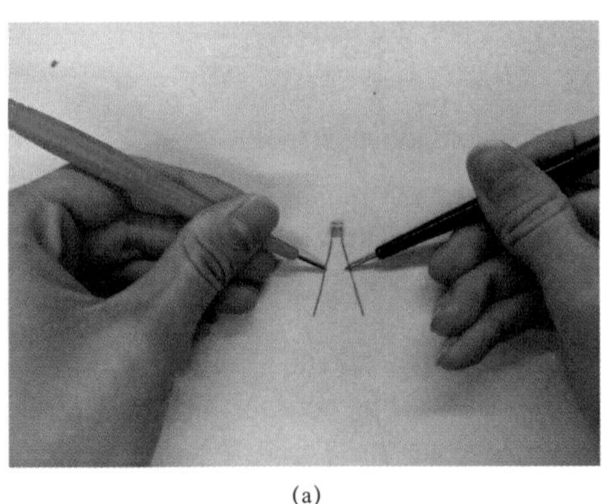

(a)

(b)

图2－18　光敏电阻检测（一）
（a）万用表检测光敏电阻的亮阻；（b）光敏电阻的亮阻阻值示数

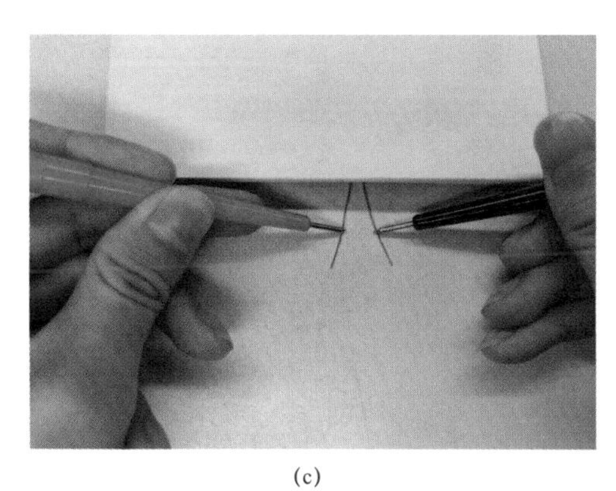
(c)

(d)

图 2－18　光敏电阻检测（二）
（c）万用表检测光敏电阻的暗阻；（d）光敏电阻的暗阻阻值示数

（3）检测注意事项。测试时注意，不可用手接触光敏电阻引脚，以免使阻值减小。

四、湿敏电阻器

1　湿敏电阻器特性及作用

湿敏电阻的阻值随环境相对湿度的变化而变化，按其材料可分为硅、陶瓷、氧化锂、高分子聚合物湿敏电阻，按其阻值变化特性，可分为正湿度特性、负湿度特性湿敏电阻。正湿度特性电阻阻值随湿度增大而增大；负湿度特性湿敏电阻阻值随湿度增大而减小。

湿敏电阻一般由感湿层、基体和电极引线三部分组成。湿敏电阻型号很多，湿敏电阻的型号可分为三个部分，第一部分用字母表示主称，第二部分用字母表示用途或特征，第三部分用数字表示序号，常用的有 MS01、SM－1、SM－C－1、MSC3、YSH、ZHC 型等。

2　湿敏电阻器检测方法

用万用表检测湿敏电阻器的方法如图 2－19 所示。

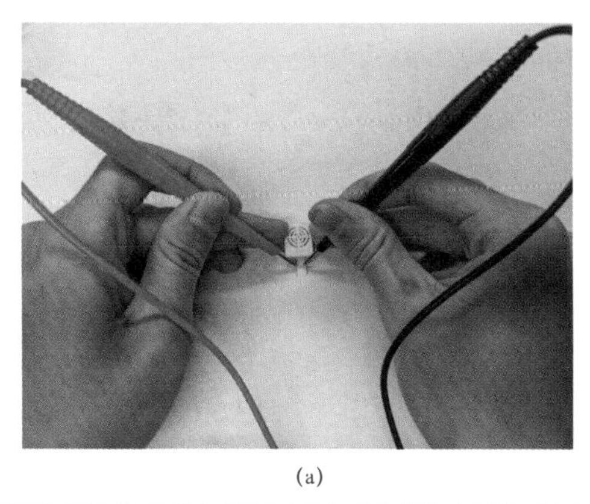
(a)

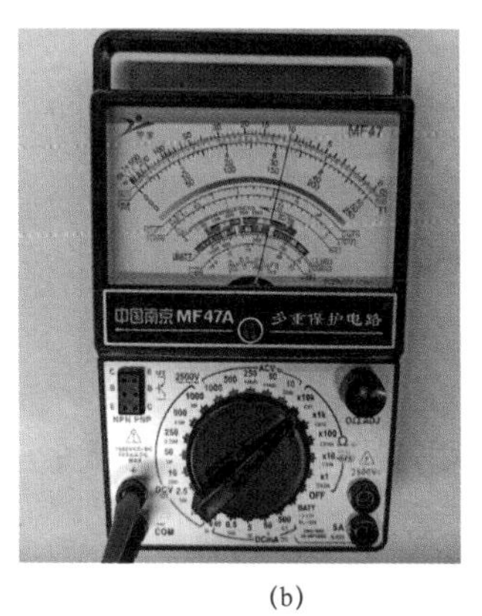

(b)

图 2－19　湿敏电阻检测（一）
（a）干燥时万用表检测湿敏电阻；（b）干燥时湿敏电阻的阻值示数

(c)

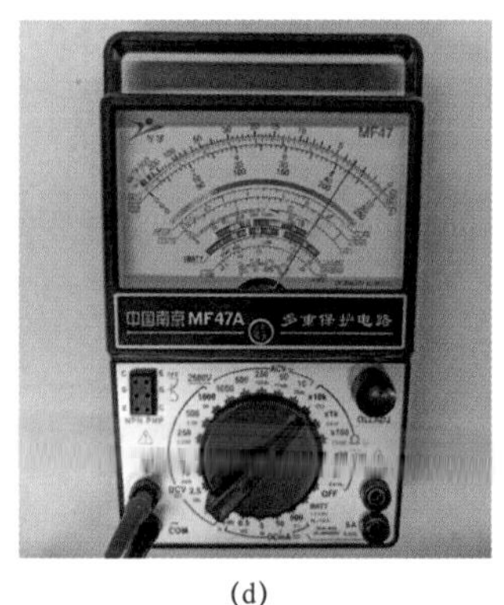

(d)

图 2－19　湿敏电阻检测（二）

(c) 浸水后万用表检测湿敏电阻；(d) 浸水后湿敏电阻的阻值示数

将万用表置电阻挡（具体挡位视湿敏电阻器阻值大小确定），将湿敏电阻贴近水面（此处湿度较大），万用表指示值在数分钟后有明显变化，阻值不变说明已损坏。

五、熔断电阻器

1　熔断电阻器特性及作用

熔断电阻器简称熔断电阻，俗称保险电阻或可熔断电阻，兼有电阻和熔断器的双重功能。在正常工作时，它相当于一只小电阻。当电路发生故障，电流增大并超过其熔断电流时，就迅速工作，起到过电流保护作用。目前，彩色电视机广泛使用熔断电阻作为低压电源的保护装置。

熔断电阻器分为两种，一种为负温度系数，属于不可修复型。其特点是当在它的两端电压增大到某一特定值时，过电流使其表面温度达到 500～600℃，阻值急剧减小，电阻层剥落而熔断，熔断后不可重复使用。另一种是正温度系数的，属于可修复型，也称为自恢复熔断电阻，其特点是当它的两端电压超过额定值时，其阻值急剧增大，使电路处于开路状态，电路恢复正常后，它又处于正常导通状态。

目前多采用不可修复型熔断电阻，其功率一般为 0.125～3W，阻值为零点几欧至几十欧，最高可达几千欧。熔断电流从几十毫安到几安，熔断时间从几秒至几十秒。熔断电阻器多为灰色，其外形有引脚状、贴片状等，见图 2－20（a），常用符号见图 2－20（b）。

常用的国产金属膜熔断电阻器有 RJ90－A、RJ90－B 系列和 RF10、RF11 系列。

RJ90－A 系列有 0.5、1、2、3W 四种规格。阻值范围在 0.22Ω～5.1kΩ，均采用腰鼓形封装外形，属于涂覆型（电阻膜外涂覆阻燃漆）熔断电阻器。

RJ90－B 系列为陶瓷封装型熔断电阻器，也分 0.5、1、2、3W 四种规格。其中 0.5W 熔断电阻器封装外形为圆柱形。

RF10 系列熔断电阻器为涂覆型色环金属膜熔断电阻器，有 0.25、0.5、1、2W 四种规格，阻值范围为 0.33Ω～10kΩ。

RF11 系列熔断电阻器为陶瓷外壳金属膜熔断电阻器，有 0.5、1、2、3W 四种规格，阻值范围与 RF10 系列相同，其封装外形有圆柱形和长方形两种形式。

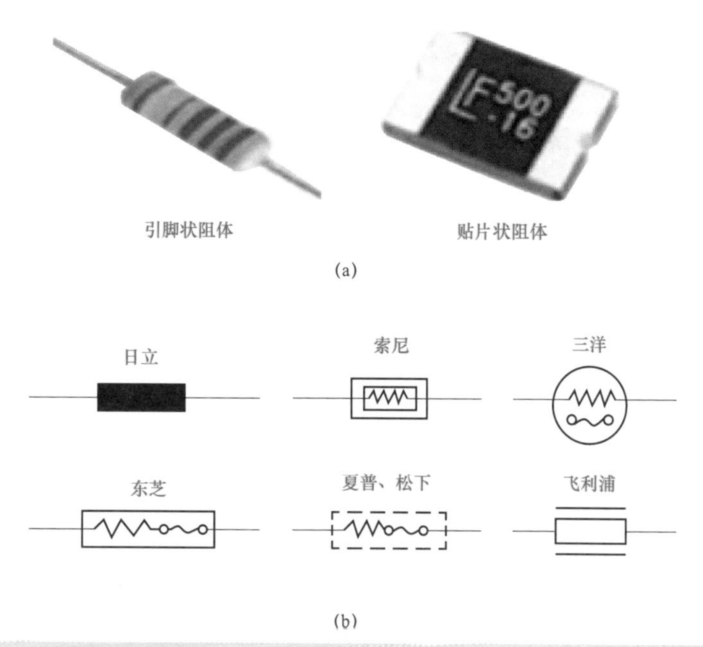

(a)

(b)

图 2－20　熔断电阻器外形及常用符号

(a) 外形；(b) 常用符号

2　熔断电阻器检测方法

在电路中，当熔断电阻熔断开路后，可根据经验做出判断：若熔断电阻表面发黑或烧焦，可断定为因过电流而烧断；对于表面无痕迹的熔断电阻可用万用表 R×1Ω挡检测，检测方法如图 2－21 所示。

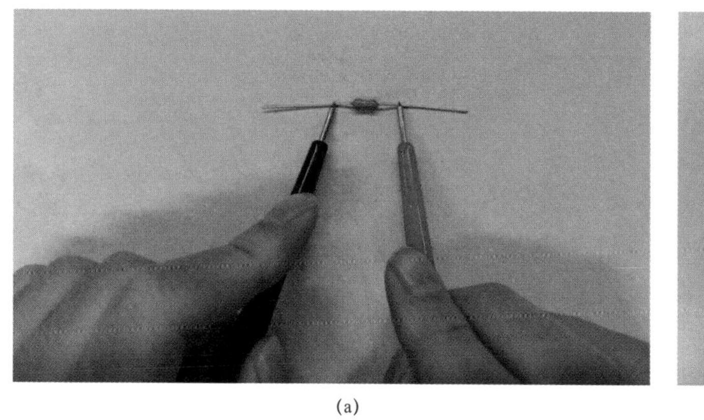

(a)　　(b)

图 2－21　熔断电阻器检测

(a) 万用表检测熔断电阻；(b) 熔断电阻阻值示数

为保证检测准确，应将熔断电阻一端从电路上焊下。若测得的阻值为无穷大，说明已开路，若阻值与标称值相差甚远，表明变值，不宜使用。

可用万用表测试它的阻值特性：将万用表表笔接熔断电阻两端，同时用手捏住它，使其温度升高，阻值迅速增大则为正温度系数熔断电阻，阻值迅速减小则为负温度系数熔断电阻。

第三章 电容器

电容器简称电容，是一种能储存电荷或电场能量的元件，也是最常用的电子元件之一。电容是由两块金属（电）极板，中间夹一层绝缘材料（如云母、空气、电解质等）构成的，绝缘材料不同，构成电容的种类也不同。电容按照结构及电容量是否能调节可分为固定电容、可变电容和微调电容三大类，电容器在调谐、旁路、耦合、滤波等电路中起着重要的作用。

第一节 固定电容器

一、固定电容分类及特性

1 固定电容分类

固定电容种类很多，按电介质可分为五大类，如图 3-1 所示。按是否有极性可分为无极性电容和有极性电容两大类。

常见无极性电容有纸介电容、油浸纸介密封电容、金属化纸介电容、云母电容、薄膜电容、陶瓷电容、玻璃釉电容等。有极性电容按正极材料可分为铝电解电容器、钽电解电容、钽铌合金电解电容器。有极性电容的两条引线，分别引出电容的正极和负极，正极为粘有氧化膜的金属基板，负极通过金属极板与电解质（固体和非固体）相连接。

电容在电路中的文字符号常用字母 C 表示，无极性电容的外形及电路符号如图 3-2 所示，有极性电容的外形及电路符号如图 3-3 所示。电容的基本单位为 F（法拉），常用单位为 mF（毫法）、μF（微法）、nF（纳法）、pF（皮法），它们与 F 的换算关系为：

$$1\text{mF}=10^{-3}\text{F} \quad 1\mu\text{F}=10^{-6}\text{F}$$

$$1\text{nF}=10^{-9}\text{F} \quad 1\text{pF}=10^{-12}\text{F}$$

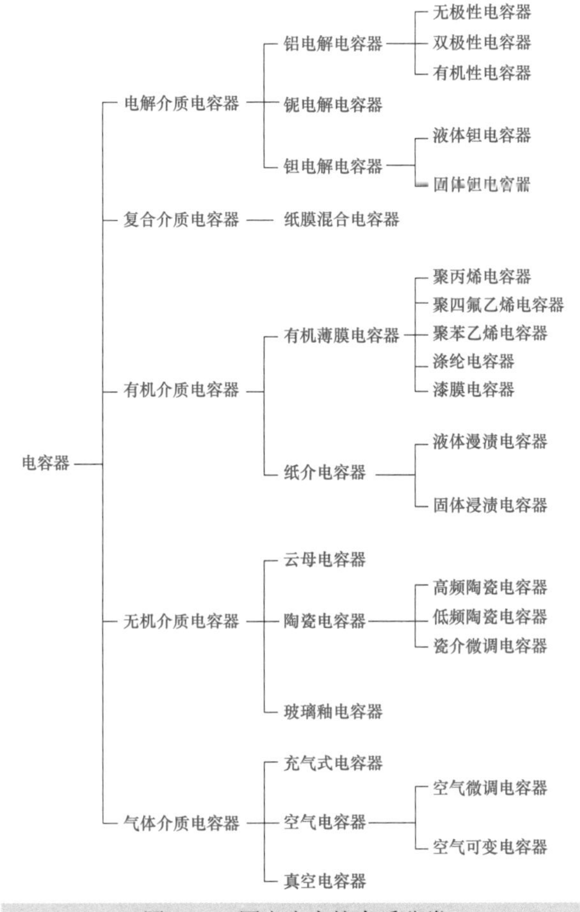

图 3-1 固定电容按介质分类

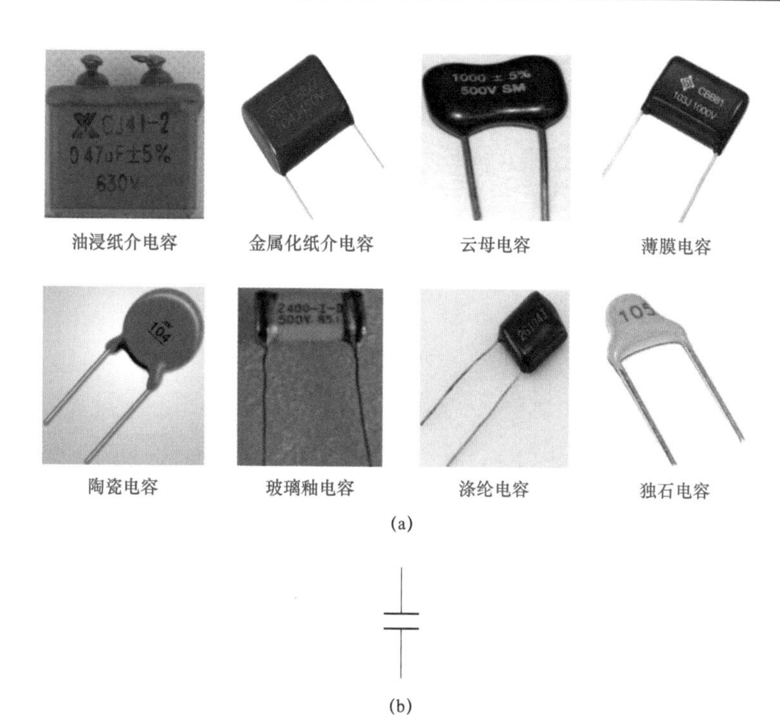

图 3-2　无极性电容外形及符号
（a）外形；（b）符号

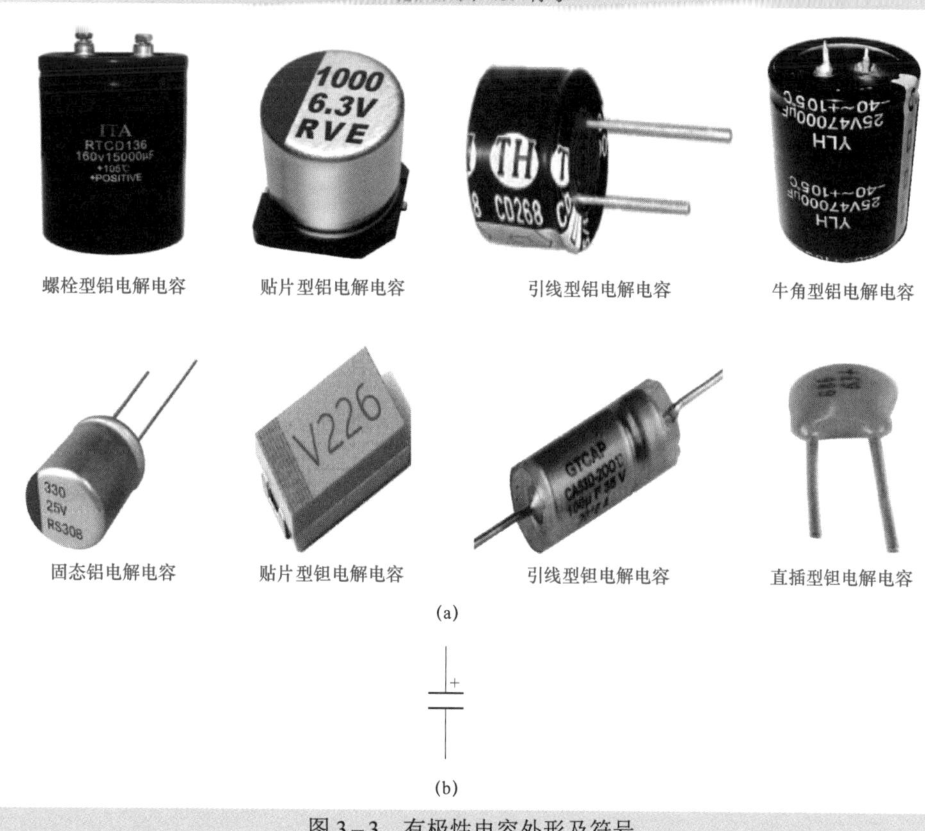

图 3-3　有极性电容外形及符号
（a）外形；（b）符号

2 常用固定电容特性

（1）陶瓷电容器。陶瓷电容器是用高介电常数的陶瓷（钛酸钡－氧化钛）作为电介质，将其挤压成圆管、圆片或圆盘，然后在陶瓷基体两面喷涂银层，经低温烧成银质薄膜作为极板而制成的。它具有绝缘性能优良、耐高压（最高可达 30kV）、工作温度高（可在 600℃高温下长期工作）、耐潮湿性好、介质损耗较小、成本低等优点，适用于高频电路的高稳定振荡回路中作为回路电容器及偏振电容器，以及在工作频率较低的回路中作隔直、补偿、耦合用等。其缺点是机械强度低、易碎易裂、电容量范围较小（1～6800pF）。

陶瓷电容器分为高频瓷介电容器和低频瓷介电容器两种，产品型号为 CC（T），前一个 C 代表电容器，后一个 C 代表高频陶瓷，T 代表低频陶瓷。高频瓷介电容器介质损耗小、稳定性好、不因温度的变化而改变特性，常用的高频瓷介电容器有 CC1（圆片形）、CC2（管形）和 CC10（圆片形）等系列。低频瓷介电容器损耗大、稳定性差、但容量可以做得较大。常用的低频瓷介电容器有 CT1（圆片形）和 CT2（管形）等系列，适用于低频电路的滤波、耦合、隔直等，它也可在稳定性和损耗要求不高的电路（包括高频在内）中使用，但不宜使用在脉冲电路中，因为它们易于被脉冲电压击穿。

（2）云母电容器。云母电容器是在金属箔或天然云母片上喷涂银层形成电极板后，将电极板和云母一层一层叠合，再压铸在胶木粉或封固在环氧树脂中制成的。因云母性脆不能卷绕，所以想要增加容量时，只能用层积法制造，因此也称其为层积型云母电容器，它的形状多为方块状。

云母电容器具有优良的电气性能和机械性能、绝缘电阻大（1000～7500MΩ）、即使在高频使用介质损耗也很小、耐压范围宽（100V～7kV）、容量精度高、性能稳定等优点，广泛应用在高频电路和无线电接发设备、精密电子仪器、现代通信、仪器仪表、收音机、功放机、电视机中，也可在对电容的稳定性和可靠性要求高的场合中作标准电容。其缺点是生产工艺复杂、成本高、体积大、受介质材料的影响容量不能做得太大（10～10000pF），因此使用范围受到了限制。

云母电容器产品型号为 CY，C 代表电容器，Y 代表云母，常用的云母电容器有 CY、CYZ 和 CYRX 等系列。

（3）涤纶电容器。涤纶电容器又称聚酯电容器，它是用两片金属箔做电极，夹在极薄的涤纶绝缘介质中，卷成圆柱形或者扁柱形芯子，然后用环氧树脂包封而成的，外形有圆柱形和长方形两种。它具有介电常数较高、体积小、电容量大（470pF～4.7μF）、工作电压范围宽（35～1000V）、工作温度高（最高 125℃）、耐湿、稳定性较好、寿命长、成本低等优点，主要应用在对稳定性和损耗要求不高的电子电路和低频电路中，如构成电视机、功放、显示器等家用电器以及通信器材、电子仪器、其他电器产品的滤波、振荡、电源退耦、脉动信号的旁路及耦合等电路。其缺点是损耗较大、高频特性不佳。

涤纶电容器产品型号为 CL，C 代表电容器，L 代表聚酯有机薄膜。常用的涤纶电容器有 CL11 和 CL21 等系列，CL21 型电容内壁采用金属化技术，体积较 CL11 型小很多，但整体性能不如 CL11。

（4）聚苯乙烯电容器。聚苯乙烯电容器又称聚碳酸电容器，是选用电子级聚苯乙烯薄膜作介质、高导电率铝箔作电极卷绕成圆柱状，并采成热缩密封工艺制作而成的。它具有绝缘电阻高（10000MΩ以上）、泄漏电流极低、容量范围宽（10pF～2μF）、稳定性好、耐高压（最高可达 40kV）、精度高（误差仅±0.1%）、制作工艺简单、成本低等优点，主要应用于对稳定性和损耗要求较高的电路，如各类精密测量仪表、汽车收音机、工业用接近开关、高精度的数模转换电路、高精度的 LC 振荡电路和信号采样电路等。其缺点是高频特性差、耐热性差，只适合在环境温度为－40～＋55℃的条件下工作。

聚苯乙烯电容器产品型号为 CB，C 代表电容器，B 代表非极性有机薄膜，常用的聚苯乙烯电容器有 CB10、CB11、CB14（精密型）、CB8E（高压型）等系列。

（5）聚丙烯电容器。聚丙烯电容器是继聚苯乙烯电容器后来的产品，它是以金属箔作为电极，将其和聚丙烯薄膜从两端重叠后卷绕成圆筒状，然后用环氧树脂包封而成的。它具有绝缘阻抗高（10000MΩ以上）、频率特性优异（频率响应宽广）、介质损耗小、稳定性好、机械性能好等优点，可代替大部分聚苯乙烯电容器或云母电容器，广泛用于高频电路及要求较高的电路中，尤其大量使用在模拟电路的信号耦合，确保信号在传送时，不致出现太大的失真。

聚丙烯电容器产品型号为 CBB，C 代表电容器，第一个 B 代表非极性有机薄膜，第二个 B 代表聚丙烯，常用的聚丙烯电容器有 CBB10、CBB11、CBB20、CBB21 等系列。

（6）独石电容器。独石电容器是多层陶瓷电容器的别称，简称 MLCC，结构主要包括陶瓷介质、金属内电极和金属外电极三部分。而多层片式陶瓷电容器是一个多层叠合的结构，简单地说它是多个简单平行板电容器的并联体。它具有温度特性好、容量稳定、频率特性好、寿命长、稳定性高、适合表面安装等优点。可利用合理的高频独石电容将交流电路中的大部分低频信号过滤掉，也可去除那些短暂的浪涌脉冲信号，吸收电路中电压起伏不定所产生的多余的能量。其广泛地应用于各种军民用电子整机和电子设备，如计算机、程控交换机、精密的测试仪器和雷达通信等。

（7）电解电容器。有极性电解电容器的构成是把在铝、钽、铌、钛等金属的表面采用阳极氧化法生成很薄的氧化膜（氧化铝或五氧化二钽）作为电介质，电介质内部能储存正、负极性的电荷。电容器的正极由具有氧化膜的金属基板上引出，负极由导电材料、电解质（可以是液体或固体）和其他材料共同组成。因电解质是负极的主要部分，所以电解电容因此而得名。无极性（双极性）电解电容器是采用双氧化膜结构，类似于两只有极性电解电容器将两个负极相连接后构成。

有极性电解电容器通常在电源电路或中频、低频电路中用作电源滤波、退耦、信号耦合及时间常数设定、阻隔直流等。无极性电解电容器通常用于音响分频器电路、校正电路及单相交流电动机的启动电路等。其缺点是介质损耗大、容量误差较大、耐高温性较差、频率特性差、长时间存放容易失效。

电解电容器可分为铝电解电容器和钽（或铌）电解电容器，它们具有容量范围大（1～10000μF），体积大、质量轻、价格低，额定工作电压范围为 6.3～450V，工作温度为－40～＋105℃（6.3～100V）、－40～＋85℃（100V 以上）等优点。实际电路应用适当低于其额定电压，较低温度运行，便可获得较长的使用寿命。其广泛用于空调机、洗衣机、电视机等家用电器及各种办公仪器设备。

电解电容器产品型号为 CD 和 CA，C 代表电容器，D 代表铝电解，A 代表钽电解，常用的电解电容器有 CD、CA30、CA31、CA35、CA42、CA76 等系列。

3 固定电容作用

固定电容器的主要特性是通交流、阻直流，在电路中主要起到交流耦合、隔离直流、滤波、旁路、RC 定时、LC 谐振等作用。

（1）定时作用（定时电容）。如果把电容两端接到直流电源的正、负极，那么在电场力的作用下，电容被充电。充好电的电容如果用一个电阻和导线把其两端连接起来，形成一个回路，则电容进行放电。

电容充、放电快慢与电容容量及电阻阻值有关，电阻阻值越大充放电过程越慢，电容容量越大充放电过程也越慢，因此电容容量 C 和电阻阻值 R 的乘积 RC（称时间常数τ）就反映了电容充放电的快慢。利用电容具有充、放电作用，常用在定时电路中来控制时间常数的大小，以达到延时和定时控制的目的。

（2）耦合作用（耦合电容）。直流电由于电压极性和大小不变，所以电容在直流电作用下，充电电压与直流电压相等时，充电停止，电路中没有直流电流通过，相当于开路，这就是电容的隔直流原理。

如果电容的两端接交流电，由于交流电的正、负极不断变化，电容交替进行充放电，两种方向的电流就交替在电路中流动，这就是电容能通过交流电的原理。如果电路中交、直流两种电源同时存在，则当电容所充的电压与直流电电压相等时，电路中的直流电被隔断，剩下交流电。利用电容具有隔直流、通交流的作用，常用在阻容耦合放大器和其他电容耦合电路中。

（3）退耦作用（退耦电容）。利用电容能消除各级放大器之间的有害低频交连，可在多级放大器的直流电压供给电路中使用退耦电容。

（4）高频消振作用（消振电容）。利用电容能消除放大器可能出现的高频自激，可在音频负反馈放大器中使用消振电容。

（5）滤波作用（滤波电容）。利用电容能将一定频段内的信号从总信号中去除，可在电源滤波和各种滤波器电路中使用滤波电容。

（6）旁路作用（旁路电容）。利用电容从信号中去掉某一频段的信号，根据所去掉信号频率不同，可在全频域（所有交流信号）电路和高频电路使用旁路电容。

（7）中和作用（中和电容）。在收音机高频和中频放大器、电视机高频放大器的电路中采用中和电容以消除自激。

二、固定电容技术参数及规格标注

1 固定电容技术参数

（1）标称值系列。电容标称值也采用 E24、E12 和 E6 系列，其常用电容标称容量和允许偏差见表 3-1。

（2）额定工作电压（耐压）值。是指电容在规定温度下长期可靠工作而不被击穿的最大直流电压或交流电压的有效值。额定工作电压也有规定的系列值，以片状电解电容为例，见表 3-2。

表 3-1　　常用电容标称容量系列

<table>
<tr><th>电容类别</th><th>允许误差</th><th>容量范围</th><th>标称容量系列（μF）</th></tr>
<tr><td rowspan="3">纸介电容、金属化纸介电容、纸膜复合介质电容、低频（有极性）有机薄膜介质电容等</td><td>5%</td><td>100pF～1μF</td><td>1.0 1.5 2.2
3.3 4.7 6.8</td></tr>
<tr><td>±10%</td><td rowspan="2">1～100μF</td><td rowspan="2">1 2 4 6
8 10 15 20
30 50 60 80 100</td></tr>
<tr><td>±20%</td></tr>
<tr><td rowspan="3">高频（无极性）有机薄膜介质电容、瓷介电容、玻璃釉电容、云母电容</td><td>5%</td><td rowspan="3">1pF～1μF</td><td>1.1 1.2 1.3 1.5 1.6
1.8 2.0 2.4 2.7 3.0
3.3 3.6 3.9 4.3 4.7
5.1 5.6 6.2 6.8 7.5
8.2 9.1</td></tr>
<tr><td>10%</td><td>1.0 1.2 1.5 1.8
2.2 2.7 3.3 3.9
4.7 5.6 6.8 8.2</td></tr>
<tr><td>20%</td><td>1.0 1.5 2.2
3.3 4.7 6.8</td></tr>
<tr><td rowspan="4">铝、钽、铌、钛电解电容</td><td>10%</td><td rowspan="4">1～1000000μF</td><td rowspan="4">1.0 1.5 2.2
3.3 4.7 6.8</td></tr>
<tr><td>±20%</td></tr>
<tr><td>50%/-20%</td></tr>
<tr><td>100%/-10%</td></tr>
</table>

表 3-2　　片状电解电容额定工作电压系列值

片状电解电容代码中的字母	代表的耐压值（V）	片状电解电容代码中的字母	代表的耐压值（V）
E	2.5	D	20
G	4	E	25
J	6.3	V	35
A	10	H	50
C	16		

（3）漏电电阻和漏电电流。一般电容中的介质或多或少总有些漏电，就产生了电容的漏电电阻和漏电电流。除了电解电容外，一般电容漏电电流很小。电容漏电电流越大，其绝缘电阻越小，越容易发热而损坏，这种损耗不仅影响电容的寿命，而且会影响电路的工作，所以漏电电流应该越小越好。耐压值一定时，电解电容的容量越大，漏电电流也越大。

（4）正切损耗。在某一频率电压下，电容有功损耗功率与无功损耗功率的比值称为该电容的正切损耗角（$\tan\delta$），在正常情况下该值小于 0.01。当电解电容经长期高温使用或密封破坏后，$\tan\delta$会达到 0.2 以上，电容性能会严重下降。在检修或替换脉冲、交流、高频等电路中的某些电容时，损耗因数是十分重要的参数。

2 固定电容规格标注

（1）直标法。是在电容的外表标出其主要规格，pF 为最小标注单位，当容量超过 10^4pF 时用μF 作标注单位，标注时常直接标出数值，而不写单位。标注中的小数点用 R 表示，如 470 就是 470pF，R56μF 就是 0.56μF。

（2）数码表示法。这是一种常用的方法，一般用 3 位数表示容量，前两位数字为电容标称容量的有效数字，第三位数字表示有效数字后面零的个数，单位是 pF。如 102 表示 1000pF，224 表示 22×10^4pF。但有一个特殊情况，即当第三位数字用“9”表示时，用有效数字乘上 10^{-1} 表示容量，如 229 表示 22×10^{-1}pF（2.2pF）。

（3）字母表示法。字母表示法是国际电工协会（IEC）推荐的标注方法，用 p、n、μ、m 分别表示 pF、nF、μF、mF，用 2～4 个数字和一个字母表示容量，字母前为容量整数，字母后为容量小数，如 p10 表示 0.1pF，33n2 表示 33.2nF。

（4）色标法。色标法指用不同颜色的带或点标出主要规格，一般色标法表示的容量单位为 pF。

色带表示法：顺电容引线方向，色带有四环色带、五环色带、六环色带三种。不同环数色带的读数方法如下：

四个色环电阻的识别：第一、二环分别代表两位有效数的阻值；第三环代表倍率；第四环代表误差。五个色环电阻的识别：第一、二、三环分别代表三位有效数的阻值；第四环代表倍率；第五环代表误差。如果第五条色环为黑色，一般用来表示为绕线电阻器，第五条色环如为白色，一般用来表示为保险丝电阻器。如果电阻体只有中间一条黑色的色环，则代表此电阻为零欧姆电阻。六个色环电阻的识别：六色环电阻前五色环与五色环电阻表示方法一样，第六色环表示该电阻的温度系数。

以标称电容量为 0.047μF、允许偏差为±5%的电容器的四环色带表示方法为例，如图 3－4 所示。电容各色带颜色的含义见表 3－3，例如，四色环为黄、紫、橙、白，则容量为 47000pF，偏差为－20%～+50%；五色环为红、红、黑、黑、绿，则容量为 220pF，偏差为±0.5%。

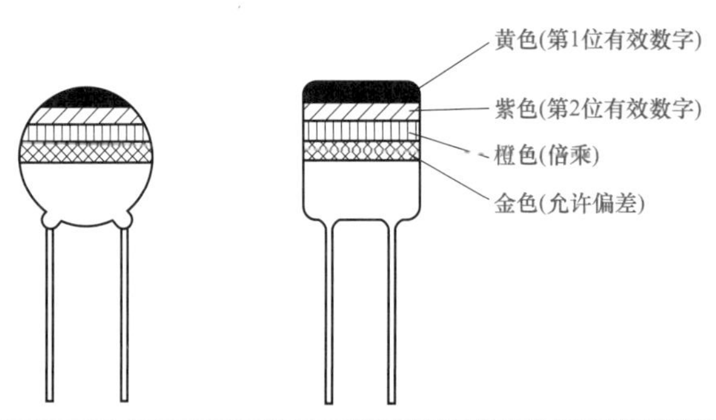

图 3－4 四环色带表示法

表 3－3 电容各色带的含义

色环颜色	第一位数	第二位数	第三位数（倍乘数）	倍乘数（允许偏差）	允许偏差
棕	1	1	7（10^1）	10^1	±1%
红	2	2	2（10^2）	10^2	±2%
橙	3	3	3（10^3）	10^3	—
黄	4	4	4（10^4）	10^4	—
绿	5	5	5（10^5）	10^5	±0.5%
蓝	6	6	6（10^6）	10^6	±0.25%
紫	7	7	7（10^7）	10^7	±0.1%
灰	8	8	8（10^8）	10^8	—
白	9	9	9（10^9）	10^9	（−20%～＋50%）
黑	0	0	0（10^0）	10^0	—
金	—	—	（10^{-1}）	（±5%）	—
银	—	—	（10^{-2}）	（±10%）	—

（5）偏差标注。除了上述用色环表示偏差外，还有采用字母法和直接法表示偏差。字母表示偏差的含义见表 3－4，例如，223Z 表示容量为 22000pF（0.022μF），偏差为－20%～＋80%；152M 表示容量为 1500pF，偏差为±20%。有的直接标出偏差值，如 60pF±0.1pF 表示偏差为±0.1pF；有的用百分数表示误差，如 0.054/4 中的 4 表示偏差为±4%。

表 3－4　字母表示偏差的含义

字母符号	允许偏差（%）	字母符号	允许偏差（%）	字母符号	允许偏差（%）
Y	±0.001	C	±0.25	N	±30
X	±0.002	D	±0.5	H	-0～+100
E	±0.005	F	±1	R	-10～+100
L	±0.01	G	±2	Z	-20～+80
P	±0.02	J	±5	T	-10～+50
W	±0.05	K	±10	S	-20～+50
B	±0.001	M	±20	Q	-10～+30

三、固定电容检测

固定电容检测参数主要包括容量、性能（质量好坏）及极性等，一般情况下对电容容量要求较宽，可对此只粗测，以估算其容量。

1　固定电容器容量检测

（1）固定电容容量的检测方法。固定电容的粗测方法如图 3－5 所示，根据电容充放电原理，通过观察万用表指针的偏转角度来估计电容容量。

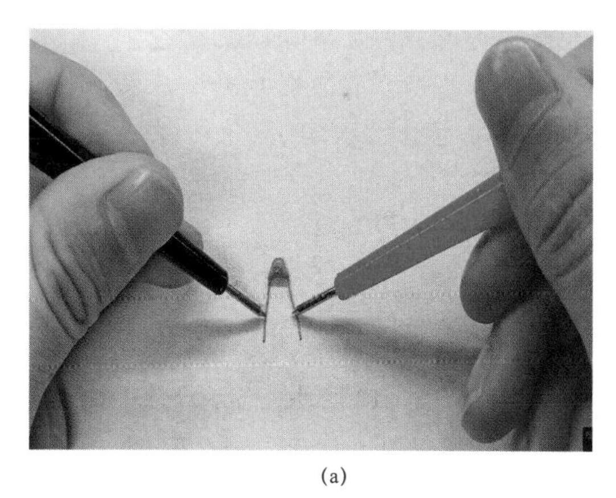

(a)

(b)

图 3－5　固定电容容量检测

（a）万用表检测固定电容；（b）固定电容容量示数

测试时，首先根据被测电容容量选择万用表电阻挡，见表 3－5。然后采用反复调换表笔使电容进行充电的方法进行测量，直到比较准确地记下指针向右偏转最大位置时对应的阻值为止。此法也可定性地比较电容容量的大小，指针向右摆的最大幅度越大，容量就越大。

表 3－5　　　　测量电容时万用表电阻挡的选择

容量	容量范围	电阻挡
小容量	5000pF 以下，0.02、0.033、0.1、0.33、0.47μF 等	R×10kΩ
中等容量	3.3、4.7、10、22、33、47、100μF	R×100Ω R×1kΩ
大容量	470、1000、2200、3300μF 等	R×10Ω

表 3－6 为用万用表实测的阻值与对应的电容容量标称值。

表 3－6　　　　电容估测阻值与标称容量值

挡位	标称容量（μF）															
	0.1	0.047	0.1	1	3.3	4.7	6.8	10	33	47	100	330	470	2200	3300	4700
	估测阻值（Ω）															
R×10kΩ	20M	10M	5M													
R×1kΩ				210k	55k	50k	34k	21k	5k	3.2k						
R×100Ω											2.2k	500	120			
R×1Ω														90	75	26

（2）检测注意事项。

1）第一次测量后，应先把电容器放电（用万用表表笔把电容器的两引线短路一下即可），然后才可进行第二次测量，否则可能观察不到充电现象。

2）测量过程中，手不得同时碰触电容器两引脚，否则影响测试结果。

3）用万用表的不同电阻挡测量电容器的漏电阻，得到的结果可能不一样，这是因为不同电阻挡的表内电压不同，而漏电阻与电容的介质有关，介质的性能与其两端所加的电压有一定的关系。

4）选择电阻挡的方法。若电容量较大，应选择低阻挡；若电容量较小，应选择高阻挡。原因是：若用低阻挡检查小容量电容，由于充电时间极短，指针摆动幅度小（对指针式万用表）或显示屏显示一直溢出（对数字式万用表），看不到变化过程。若用高阻挡估测大容量的电容器，由于充电时间很缓慢，测量时间将持续很久，浪费时间。

5）对在路电容器进行检测时，必须弄清所在电路的其他元器件是否影响测量结果，一般情况下尽量不采用在路测量。

2　固定电容器性能检测

（1）固定电容器性能的检测方法。固定电容常见的故障有击穿、漏电和失效等，用万用表电阻挡检测电容的性能，是利用电容充放电的原理进行的，具体检测方法如下：

1）测时万用表指针摆动一下很快回到“∞”处，说明电容性能正常。

2）万用表指针摆动一下后不回到“∞”处，而是指在某一阻值上，说明电容漏电，这个阻值就是电容漏电电阻，正常的小容量电容漏电电阻约为几十到几百兆欧，若电容漏电电阻小于几兆欧，就不能使用。

3）万用表指针不动，仍在“∞”处，说明电容内部开路。但容量小于 5000pF 的小容量电容则是由于充放电不明显所致，不能视为内部开路。

4）万用表指针摆动到“0”处不返回，说明电容已击穿短路，不能使用。

5）万用表指针摆动到刻度中间某一位置后停止，交换表笔再测时指针仍在这一位置，如测试一只电阻，说明该电容已经失效。

（2）检测注意事项。

1）10pF 以下的固定电容器容量太小，用指针式万用表只能定性的检查其是否有漏电、内部短路或击穿现象。

2）10pF～0.01μF 的电容用指针式万用表只能检查其是否有漏电、内部短路现象，而不能检测出是否有充放电现象。

3）0.01μF 以上的电容器，用万用表测量时，必须根据电容器电容量的大小，选择合适的量程进行测量，才能给出正确判断。测量 100μF 以上容量的电容器时，可选用 R×10Ω 或 R×1Ω挡；测量 10μF～10000μF 电容时可选用 R×10Ω挡；测量 1μF～1000μF 电容时可选用 R×100Ω挡；测量 0.1～100μF 电容器时可选用 R×1kΩ挡；测量 0.01～10μF 电容器时可选用 R×10kΩ挡。

3 数字式万用表检测小容量固定电容

（1）小容量固定电容的检测方法。利用数字式万用表（如 VC890D）可直接测出小容量电容器的容量，将量程开关转至相应的电容量程上，表笔对应极性接入被测电容，检测方法如图 3－6 所示。如果指示值近似等于标称值，说明电容是好的，否则说明电容已损坏。

如果还要检测一下小容量固定电容对施加外力与加温后的稳定性，可采用如下方法：

1）检测被测电容器的受压稳定性。用竹子晒衣夹或塑料夹，夹住待测电容器 C 的壳体（即在电容器上施加外力），正常时，电容器的容量在数字万用表的显示屏上不应发生变化。如果被测电容器容量发生变化，则表明其质量不佳，其内部叠片间存在着空隙。

2）检测被测电容器的热稳定性。用电吹风对准被测电容器逐步加温至 60～80℃，同时观察数字万用表的读数是否有变化。合格的电容器，这样的温度变化对它影响不大，数字万用表的电容值读数是稳定的，或者说没有明显的变化。若是在对电容器逐步加温的过程中，数字万用表的读数有明显的跳变，则说明此电容器内部存在着缺陷，数字万用表的读数变化越大，则说明该电容器的性能越差。

（2）检测注意事项。检测电容器的受压稳定性时要注意，不可用金属夹子夹住电容器，因为这样会影响电容器的检测效果。

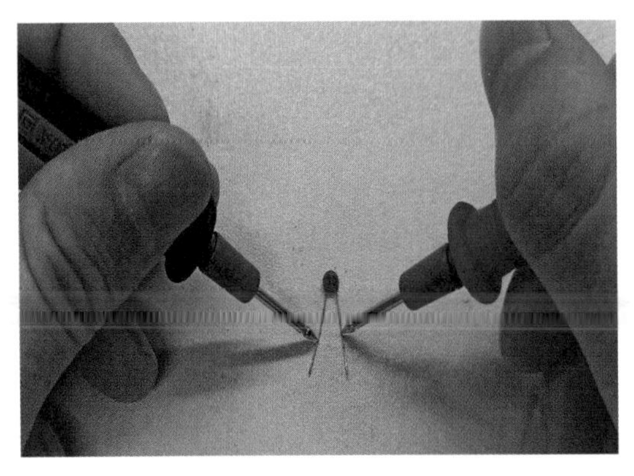

(a)

(b)

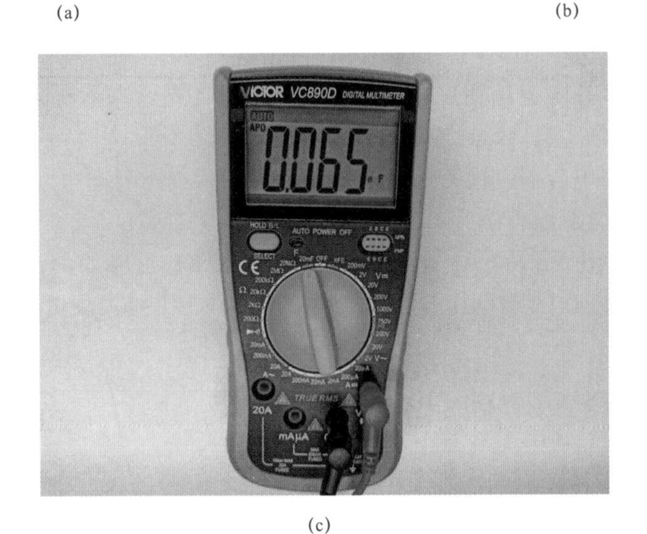

(c)

图 3-6　数字式万用表测试小容量电容

（a）万用表检测小容量电容；（b）万用表未接入电容时的初始示数；（c）万用表接入电容后的示数

4　电解电容器极性判别

（1）电解电容器的检测方法。铝电解电容器外壳上通常都标有“＋”（正极）或“－”（负极），长引脚为正极，短引脚为负极。若电解电容引脚旁标明的“＋”“－”极性标志模糊不清，可根据电解电容正向漏电电阻大于反向漏电电阻的特点，用万用表电阻挡进行判断。先任意测一下电容的漏电阻，记下其大小，检测方法如图 3-7（a）所示。然后将电容两引脚相碰短路放电后，再交换表笔测量，检测方法如图 3-7（b）所示。比较两次测出的漏电阻，阻值大的那一次便是正向接法，即黑表笔所接的引脚为电解电容正极，红表笔所接的为负极。

（2）检测注意事项。

1）如果通过两次测量比较不出漏电阻大小，可通过多次测量判断。

2）如果万用表的电阻挡挡位选得太低，两个阻值较大且互相接近时，须换到量程较大的挡位测量。

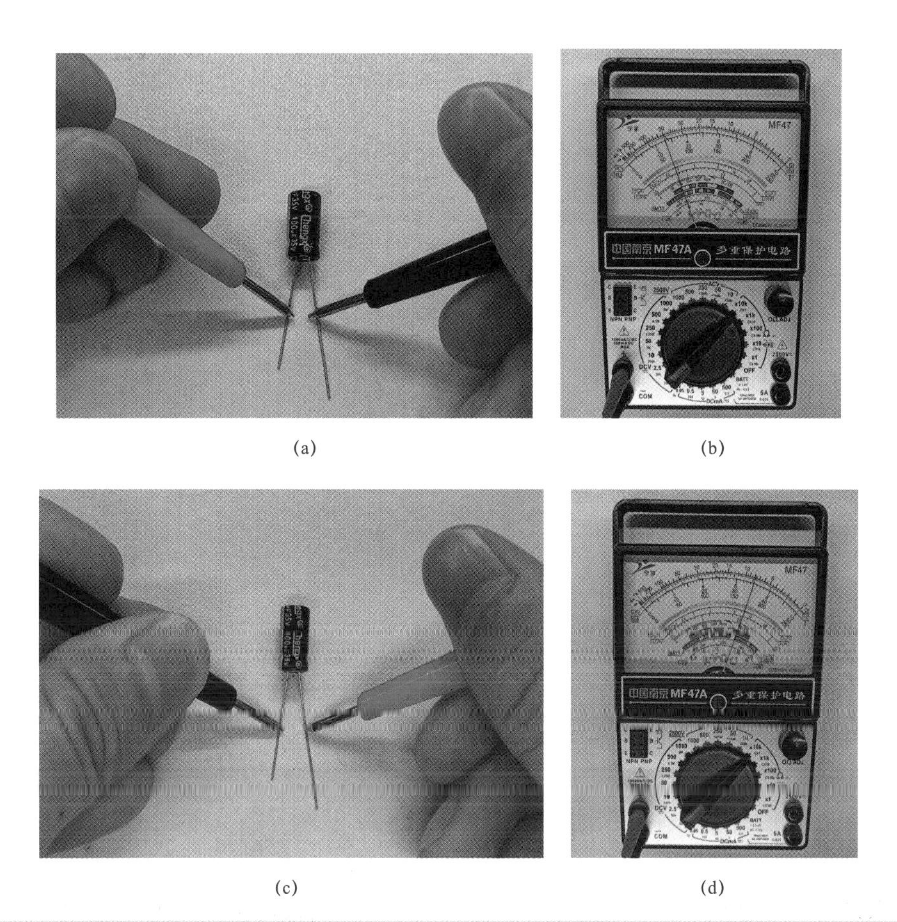

图 3－7　电解电容器极性判断

（a）万用表检测电解电容的正向漏阻；（b）正向漏阻的电阻示数；
（c）万用表检测电解电容的反向漏阻；（d）反向漏阻的电阻示数

5　电解电容器漏电电流检测

（1）电解电容器漏电的产生。由于电解电容器的绝缘主要靠氧化膜，而氧化膜有厚有薄，还会产生化学变化，所以电解电容器没有不漏电的，只要在允许范围之内就可以正常使用。

电解电容器的漏电电流对电容器的性能影响比较大，对信号的损耗也比较大，因此电容器漏电电流越小越好，也就是漏电电阻越大越好。当漏电电流太大，发生击穿短路时，电容器就不能使用了。

（2）电解电容器的检测方法。当用万用表检测电解电容器漏电电流大小的时候，万用表红表笔接电解电容负极，黑表笔接正极，检测方法如图 3－7（a）所示。

刚接触瞬间，万用表指针即向右偏转较大幅度（对于同一电阻挡，容量越大，摆幅越大），接着逐渐向左回转，直到停在某一位置，此时的阻值便是电解电容的正向漏电阻，此值越大，说明漏电流越小，电容性能越好。

然后，将红、黑表笔对调检测，检测方法如图 3－7（c）所示。万用表指针将重复上述摆动，但此时所测阻值为电解电容的反向漏电阻，此值略小于正向漏电阻，即反向漏电流比正向漏电流要大。

（3）检测注意事项。

1）检测时，应注意选用合适的量程，一般情况下，0.01～10μF 的电容可用 R×1kΩ挡，大于 10μF 的可用 R×10Ω挡。

2）当电容器的耐压值大于万用表内部电池电压值时，可根据电解电容器正向充电时漏电电流小，反向充电时漏电电流大的特点，采用 R×10kΩ挡，对电解电容器进行反向充电，观察表针停留处是否稳定（即反向漏电电流是否恒定），由此判断电容器质量，准确度较高。

6　交流电容器检测

（1）交流电容器特性及作用。交流电容器在电工技术中有很广泛的用途，例如，有用于提高感性负载功率因数的移相电容器，有用于交流接触器无声运行中的降压电容器，有用于家用电器中（如电风扇、洗衣机、空调机等）的单相异步电动机、压缩机的启动电容器等。

（2）交流电容器的检测方法。交流电容器既是最常用的电子元件，也是容易损坏的电子元件。在没有特殊仪表仪器的情况下检测电容器的好坏，可以采用万用表对交流电容器进行测试，检测方法如图 3－8 所示。

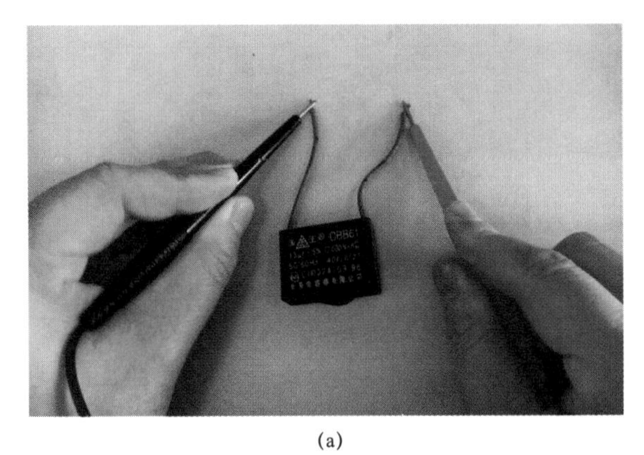

(a)

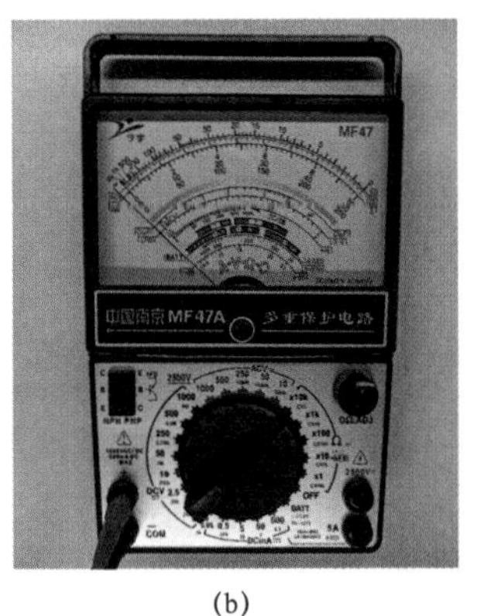

(b)

图 3－8　交流电容器检测

（a）万用表检测交流电容；（b）万用表的指针向右摆动一下后向左回到无穷大位置

对于 0.01μF 以上的交流电容器，将万用表的量程开关置于 R×10kΩ挡，直接测试电容器有无充电过程以及有无内部短路或漏电，并可根据指针向右摆动的幅度大小估计出电容的容量。

测试操作时，先用两表笔任意触碰电容的两引脚，然后调换表笔再触碰一次，如果电容是好的，万用表指针会向右摆动一下，随即向左迅速返回到无穷大位置。电容量越大，指针摆动幅度越大。

如果反复调换表笔触碰电容两引脚，万用表指针始终不向右摆动，说明该电容的容量已低于 0.01μF 或者已经消失。测量中，若指针向右摆动后不能再向左回到无穷大位置，说明电容漏电或已经击穿，表明此电容器不能继续使用。

第二节　可变电容器

一、可变电容器分类及特性

1　可变电容器分类

可变电容器简称可变电容，是电容量可在一定范围内调节的电容器，通常在无线电接收电路中作调谐电容用。它由动片、定片和绝缘介质组成，动片和定片之间用绝缘介质（空气、云母或聚苯乙烯薄膜）隔开，动片组可绕轴相对于定片组旋转 0～180℃，改变动、定片的相对角度即可改变电容量。

可变电容器种类很多，按使用的介质材料可分为空气介质可变电容器和固体介质可变电容器，按结构可分为单联、双联和多联（几只可变电容器的动片合装在同一转轴上）等几种，双联可变电容器又可分为两种，一种是两组最大容量相同的等容双联，另一种是两组最人容量不同的差容双联，可变电容器的种类见表 3-7。

表3-7　可变电容种类

分类	种　类
空气介质	空气单连可变电容器、空气双连可变电容器
固体介质	密封单连可变电容器、密封双连可变电容器
微调电容	瓷介型微调电容、薄膜介质型微调电容、玻璃介质型微调电容、拉线型微调电容

2　常用可变电容器特性

（1）空气介质可变电容器。空气介质可变电容器就是以空气为介质的电容器，它的动片与定片均由金属片构成，其动片由转轴带动。它的电容量在一定范围内连续可调，当将动片全部旋进定片间时，其电容量为最大；反之，将动片全部旋出定片间时，电容量最小。它具有调节电容量精确、介质损耗小、稳定性好、寿命长、绝缘电阻高等特点，一般用在收音机、电子仪器、高频信号发生器、通信设备及有限广播电视等电子设备中。

空气单连可变电容器（简称空气单连）由一组动片和一组定片及转轴等组成，其外形如图 3-9（a）所示。国产空气单连可变电容器的型号有 CB-1-365 和 CB-X-260 等，容量范围通常为 7～270pF 或 7～360pF。

空气等容双连可变电容器（简称空气双连）由两组动片和两组定片及转轴等组成，其外形如图 3-9（b）所示。由于双连电容的动片安装在同一根转轴上，当旋动转轴时，双连动片组同步转动（转动角度相同），这种同步特性在电路中用虚线连接箭头表示。国产空气等容双连可变电容器的型号有 CB-2C-270 和 CB-2X-270 等，最大容量通常为 270pF。

空气差容双连可变电容器（简称空气差容双连）是一种适用于超外差收音机使用的双连可变电容器，它在任何旋转角度，两个连的容量始终有一定的差额。在收音机电路中，通常将差容双连中最大容量的那一连接输入回路，而将最小容量的那一连接本振回路。国产空气差容双连可变电容器的型号有 CB－2X－250/290 等，其输入连容量为 290/12pF，振荡连容量为 250/12pF。

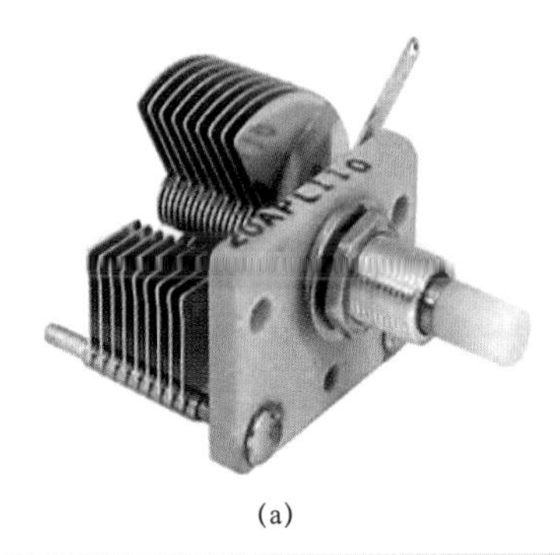

(a)

(b)

图 3－9　空气介质可变电容器

(a) 空气单连；(b) 空气双连

(2) 固体介质可变电容器。固体介质可变电容器的动片与定片由半圆形金属片构成，定片与动片之间加有云母或绝缘塑料薄膜（聚苯乙烯等材料）作为介质，并用透明塑料外壳把动片组和定片组密封起来。由于绝缘介质很薄，定片与动片之间的距离很小，不大的极片面积就可以达到所要求的电容量，很容易实现可变电容器的小型化。它具有体积小、质量轻的优点，但缺点是薄膜介质易磨损、使用一段时间后噪声较大。

固体介质单连可变电容器（简称密封单连）常用型号为 CBG－Z－270 和 CBG－X－360 等，其外形如图 3－10（a）所示，主要用在简易收音机或电子仪器中。固体介质等容双连可变电容器（简称密封双连）常用型号为 CBG－2X－270 和 CBG－2C－270 等，其外形如图 3－10（b）所示，主要用在晶体管超外差收音机和有关电子仪器、电子设备中。固体介质差容双连可变电容器（简称密封差容双连）常用型号为 CBM－2X－60 和 CBC－2C－60 等，主要用在 AM/FM 多波段收音机中。

(a)

(b)

图 3－10　固体介质可变电容器

(a) 密封单连；(b) 密封双连

二、可变电容器检测

可变电容的容量一般都很小，用指针万用表很难测出来，可用数字万用表检测可变电容的容量变化，检测方法如图 3－11 所示。

密封单连或双连可变电容漏电电阻变小，可能是受潮引起的，烘干后如果电阻变大，还能继续使用。

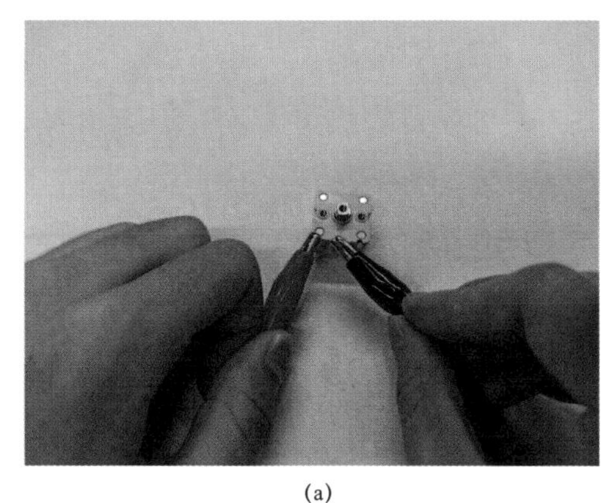

(a)

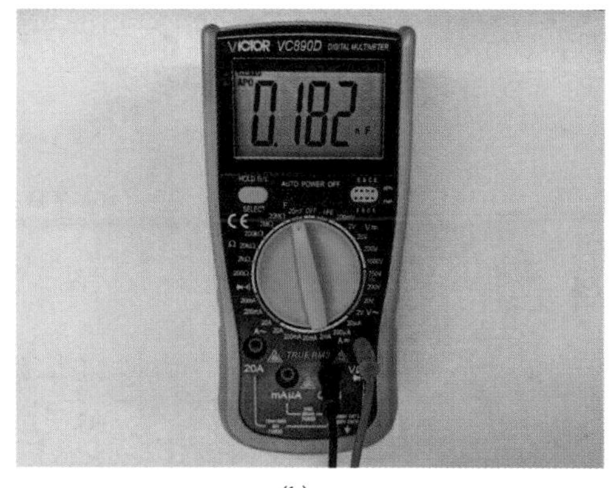

(b)

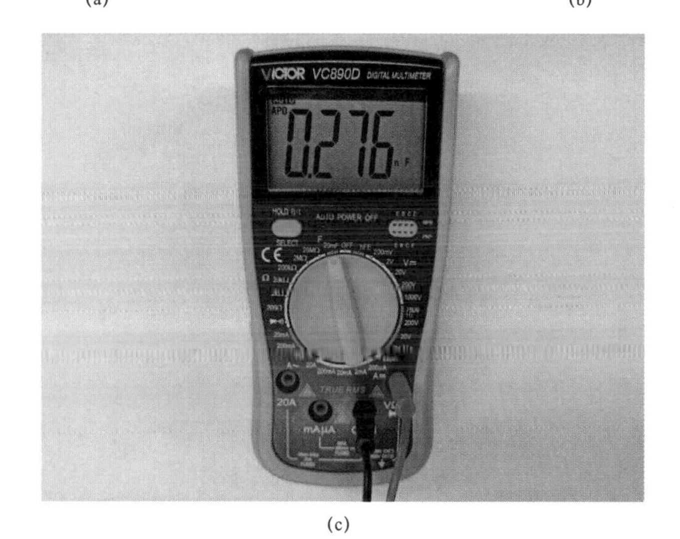

(c)

图 3－11　可变电容器检测

（a）万用表检测可变电容器；（b）未转动转轴时的电容容量示数；（c）转动转轴后的电容容量示数

第三节　微调电容器

一、微调电容器分类及特性

1　微调电容器分类

微调电容器又称半可变电容，是由两片或两组小型金属弹片中间夹着介质制成的，它的介质有空气、陶瓷、云母、薄膜等，是通过调节两极板间的距离、相对位置或面积达到调节电容量的目的。微调电容器的电容量只能用螺钉旋具调节，其调整范围很小（仅 5～45pF），并在调整后固定于某个电容值。它常在各种调谐及振荡电路中作为补偿电容器或校正电容器使用，也常用在无线电的调谐或振荡电路中。

微调电容器种类很多，可分为云母微调电容器、薄膜微调电容器、活塞微调电容器、瓷介微调电容器、拉线微调电容器等多种，其外形如图 3－12 所示。

图 3－12　微调电容器外形

2　常用微调电容器特点

（1）云母微调电容器。云母微调电容器是用云母作为介质，其动片为具有弹性的铜片或铝片，定片为固定金属片，其表面贴有一层云母薄片，它是通过螺钉调节动片与定片之间的距离来改变电容量的。云母微调电容器有单微调和双微调之分，电容量均可反复调节，因其体积较大，故多用在收音机中。

（2）瓷介微调电容器。瓷介微调电容器是用陶瓷作为介质，由两块均镀有半圆形银层的瓷片构成。上片为动片，下片为定片，通过调节动片来改变两银片之间的距离，即可改变电容量的大小。瓷介微调电容器的动片镀银面旋至定片引出线一侧时，电容量最大。接入电路时，一般是将动片接“地”，这样可以防止调节时的人体感应。瓷介微调电容器具有耐磨、寿命长等优点，主要在电子设备中用作频率精确调节和温度补偿。

（3）薄膜微调电容器。薄膜微调电容器是用有机塑料薄膜作为介质，它的动片与定片均为不规则的半圆形金属弹性片，在两片之间有机塑料薄膜，调节动片上的螺钉，使动片旋转，即可改变电容量。薄膜微调电容器有双微调和四微调之分，有的密封双连或密封四连可变电容器上自带薄膜微调电容器，是将薄膜微调电容器安装在外壳顶部形成为一体，这样使用和调整更为方便。薄膜微调电容器结构简单，但稳定性较差，主要在电子设备中用作频率精确调节和温度补偿。

（4）拉线微调电容器。拉线微调电容器（又称管型微调电容器）早期用于收音机的振荡电路中作补偿电容，它是以镀银瓷管基体作定片，外面缠绕的细金属丝（一般为细铜线）为动片，使用时拉线未拉出时容量最大，拉出拉线并剪断部分拉线时容量下降。拉线微调电容器具有一次性使用和电容量只能从大调到小的特点，金属丝一旦拉掉，即无法恢复原来的电容量，故一般适用于振荡频率不需要经常变动的振荡电路中。

（5）短波专用微调电容器。短波专用微调电容器是专为收音机短波波段而设计的，其旋钮可装在收音机外壳。在收听短波广播时，用它进行频率微调，以达到更满意的收听效果。短波专用微调电容器在电路中是接在短波振荡回路里，其容量变化范围为 2.2pF 左右。它可以多次反复调整，寿命在 10000 次左右。

（6）筒型微调电容器。筒型微调电容器它是由一个外涂银层的小圆筒瓷管及管内一可调金属螺钉轴组成，此螺钉即为动片（使用时小螺钉应接地），瓷管银层即为定片，是通过旋动螺钉改变其插入瓷管的深浅来改变电容量的大小。这种微调电容结构复杂，精密度高，通常用于高档电子仪器设备中。

二、微调电容器检测

用万用表检测微调电容器好坏的方法是：将万用表的量程开关拨至电容挡，表笔换成红、黑鳄鱼夹，以便与微调电容器端子接触牢固，并腾出手来旋动螺钉旋具，使微调电容器的动片相对运动，如图 3-13 所示。

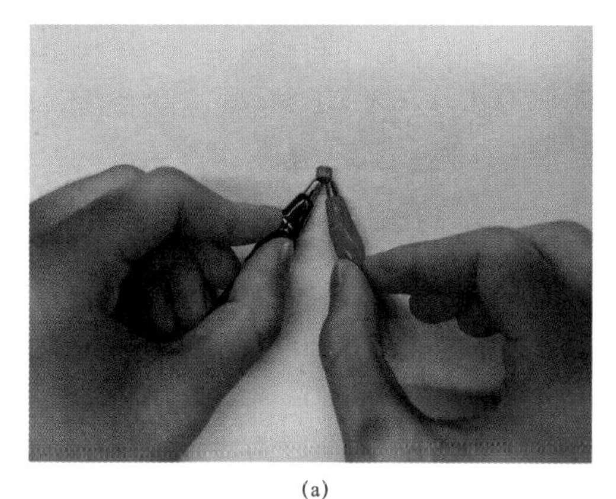

(a)

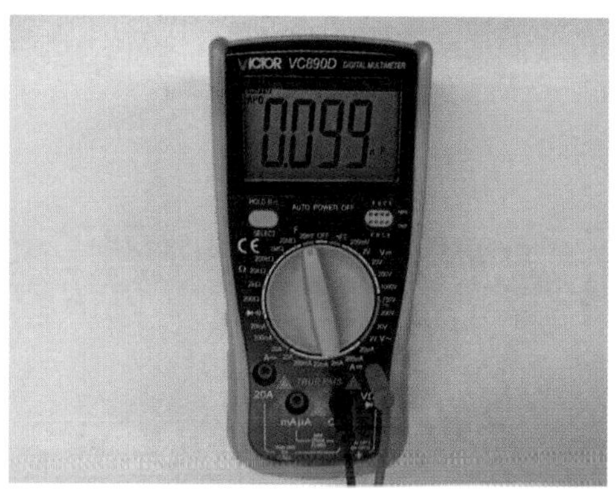

(b)

(c)

图 3-13　微调电容器检测

（a）万用表检测微调电容器；（b）未转动转轴的电容容量示数；（c）转动转轴后的电容容量示数

第四章　电磁感应元件与继电器

在电子元器件中，电磁感应元件可分为两大类：一类是应用自感原理制成的电感器；另一类是应用互感原理制成的变压器。另外，人们还利用电感器的特性，制造了阻流圈和继电器等。

第一节　电感器

一、电感器分类及特性

电感器通常是由漆包线按一定的规则绕成空心线圈或是缠绕在铁心（棒）或磁心（棒）上构成的。当线圈通过电流后，在线圈周围就会形成磁场，当线圈中电流发生变化时，其周围的磁场也发生相应的变化，感应磁场又会产生感应电流来抵制通过线圈中的电流，我们把这种电流与线圈的相互作用称为电的自感，也就是电感。利用此性质制成的元件称电感元件，它可以储存磁场的能量，具有“通直流、阻交流”的功能。

1　电感器分类

电感器又称扼流器、电抗器、动态电抗器，俗称电感线圈，简称电感。电感器按线圈内部填充材料可分为空心线圈、铁心线圈、铁氧体线圈、磁心线圈和铜心线圈。按照工作性质可分为高频电感器（各种天线线圈、振荡线圈等）和低频电感器（各种扼流圈、滤波线圈等）两种；按照用途可分为普通电感器和专用电感器两类；按照封装形式可分为色环电感器、环氧树脂电感器、贴片电感器等；按照电感量可分为固定电感器和可调电感器；按耦合方式可分为自感应线圈和互感应线圈；按结构可分为单层线圈、多层线圈和蜂房式线圈。

普通电感器又可分为立式普通电感器、卧式普通电感器、片状电感器及印制电感器，它一般用于家用电器（如电视机、洗衣机及智能电器）、无线电通信设备和测量仪器中，主要功能是隔离、振荡、滤波、阻流、陷波或与电容、电阻构成谐振回路等。专用电感器种类很多，没有统一的命名方法，多半是根据特定的功能制作，因此大多是非标准元件，如扼流圈、偏转线圈、振荡线圈等。

电感在电路中常用字母 L 表示，其外形及电路中符号如图 4－1 所示。电感基本单位为 H（亨利），常用单位为 mH（毫亨）、μH（微亨），三者换算关系为：

$$1\mathrm{H}=10^3\mathrm{mH}=10^6\mu\mathrm{H}$$

2　常用电感器特性

（1）空心线圈。空心线圈是将导线绕制在纸筒、胶木筒、塑料筒上或绕制后脱胎而成。线圈是以空气为介质，中间不另加介质材料，因此称为空心线圈。

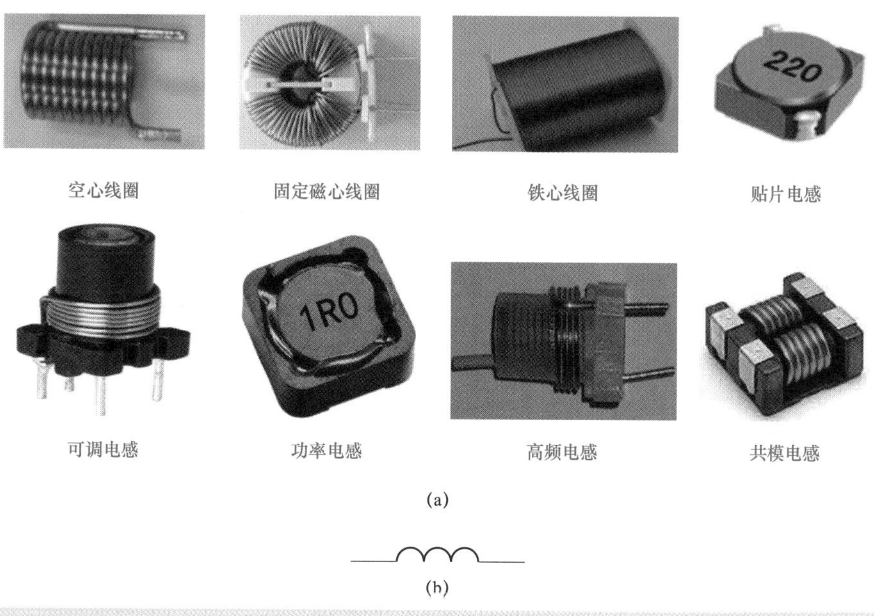

图 4-1　电感外形及符号

（a）外形；（b）符号

（2）固定磁心线圈。由于线圈电感量的大小与线圈中的介质有关，因此，在空心线圈中插入铁氧体磁心，可增加电感量和提高线圈的品质因素。固定磁心线圈就是在空心线圈中装入一定形状的磁心或将导线绕在磁心或磁环上而成的，其磁心是不可调节的。

（3）可调磁心线圈。可调磁心线圈是在空心线圈中插入可调磁心而成的，可调磁心两端头做有方形可调口，以便调整磁心在线圈中的位移，从而可改变线圈的电感量。磁心全部调出时，线圈就是一个空心线圈，这时电感量最小。磁心逐渐调入线圈内，电感量逐步增大。磁心全部调入线圈内，电感量最大。

（4）铁心线圈。铁心线圈是指磁路介质为电工软铁、硅钢片等铁心介质的电感线圈，通常是在空心线圈中插入硅钢片而成的。铁心线圈产生的电感不同于空心线圈，铁心可以增加线圈的磁感应强度，但也增加了线圈的电感量。

（5）色码电感。色码电感是在磁心上绕上一些漆包线后再用环氧树脂或塑料封装而成的，它是一种高频电感线圈，其电感量标示与色环电阻器一样，用色环或色点表示。但有些固定电感直接将电感值标在电感壳体上，习惯上也称其为色码电感。色码电感的电感量范围为 0.1～10000μH，工作频率为 10kHz～200MHz，额定电流有 50mA、150mA、300mA 和 1.6A 等多种。

（6）印制电感。印制电感是直接制作在印制电路板上，形成一段特殊形状的铜皮（按线圈参数的要求设计匝数、大小和线宽等），它的绕线形状可以采取折线形、矩形、圆形、八边形等，矩形与圆形是最常见的形式。矩形印制电感易于制作，可以很好地控制电感的技术参数，而圆形印制电感绕线形式可以使品质因素 Q 大大提高。

（7）贴片电感。贴片电感又称为功率电感、大电流电感和表面贴装高功率电感，主要由磁心和铜线组成，具有小型化、高品质、高能量储存和低电阻等特性，在电路中主要起滤波和振荡作用。它广泛应用于射频（RF）和无线通信、信息技术设备、雷达检波器、汽车电子、蜂窝电话、无线遥控系统及低压供电模块等。

（8）可调电感。可调电感包括无线设备用的谐振线圈、电源用的振荡线圈、中频陷波线圈、音响用频率补偿线圈、阻波线圈等。改变电感大小的方法通常有饱和电感法、开关控制法、正交铁心控制法等。

3 电感器作用

电感器的主要特性是通直流、阻交流，在电路中主要起到滤波、振荡、延迟、陷波、筛选信号、过滤噪声、稳定电流及抑制电磁波干扰等作用。

（1）分频和滤波作用。在电子线路中，常利用电感线圈的阻流作用，组成高通或低通滤波器，进行分频或滤波，分离出高频电流和低频电流。例如，用高频阻流圈（扼流圈）来阻止高频信号通过，而让较低频交流和直流信号通过；另一种是用低频阻流圈，在电源滤波电路中消除整流后残存的交流成分。

（2）调谐与选频作用（LC 串联）。若电路的固有振荡频率与外加交流信号的频率相等，则电路的感抗与容抗相等，于是电磁能量就在电感、电容间来回振荡，这就是 LC 电路的谐振现象。

电感线圈与电容串联可组成 LC 串联谐振电路。谐振时，由于电路的感抗与容抗等值又反相，因此电路总阻抗最小，流过电路的电流最大。所以在无线电技术中常利用 LC 串联谐振电路的谐振特性（谐振时总阻抗最小）来进行选频，如收音机可以通过调谐把某一频率的电台信号选出来，而其他电台的信号由于未达到谐振而被抑制了。

（3）选频与放大作用（LC 并联）。电感线圈与电容并联可组成 LC 并联谐振电路。谐振时，由于电路的电感电流与电容电流等值又反相，因此电路总阻抗最大，电路两端产生的电压也最大。所以在无线电技术中，常常利用 LC 并联谐振电路的谐振特性（谐振时总阻抗最大）来阻止某频率的信号通过，起到了选频的作用。另外，超外差收音机的中频信号放大则是利用了 LC 并联谐振电路以获得最高的谐振信号电压。

（4）抑制电磁波干扰作用。在电子设备中，经常可以看到由电缆中的导线在许多磁环上绕几圈而构成的电感器，它是一种常用的抗干扰元件，对高频噪声有很好的屏蔽作用，故被称为吸收磁环。磁环在不同的频率下有不同的阻抗特性，一般在低频时阻抗很小，当信号频率升高后阻抗急剧变大。磁环既能使正常有用的信号顺利地通过，又能很好地抑制高频干扰信号。

二、电感器技术参数及规格标注

1 电感器技术参数

（1）电感量 L。电感量也称自感系数，是表示电感元件自感应能力的一种物理量。L 的大小与线圈匝数、绕制方式、尺寸和磁导材料有关，采用硅钢片或铁氧体作为线圈铁心，可用较少的匝数得到较大的电感量，磁心磁导率越大的线圈，电感量也越大。

（2）感抗 X_L。由于电感线圈的自感电势总是阻止线圈中电流变化，故线圈对交流电有阻碍作用，其大小用感抗 X_L 表示，单位是欧姆。X_L 与线圈电感量 L 和交流电频率 f 成正比，即 $X_L=2\pi fL$。

不难看出，当电感线圈通过直流电（$f=0$）时，X_L 为零，仅电感线圈的直流电阻起阻力作用，电阻一般很小，近似短路。当电感线圈通过低频电流（f 很小）时，X_L 很小。当通过高频电流（f 很大）时，X_L 很大，若 L 也很大，则电感线圈近似开路。

（3）品质因数 Q。品质因数表示电感线圈品质的参数，又称 Q 值或优值。线圈在一定频率的交流电下工作时，其感抗 X_L 和等效损耗电阻之比即为 Q 值，即 $Q=2\pi fL/R$。由此可见，感抗越大，损耗电阻越小，Q 越高，Q 的数值大都在几十至几百。Q 值越高，电路的损耗越小，效率越高。但 Q 值提高到一定程度后便会受到种种因素限制，如导线的直流电阻、线圈骨架的介质损耗、铁心和屏蔽引起的损耗、高频工作时的集肤效应等。Q 值的大小影响回路的选择性、效率、滤波特性及频率的稳定性，具体 Q 值应视电路要求而定。

（4）标称电流。标称电流也称额定电流，指允许长时间通过电感元件的直流电流值。在选用电感时，若电路电流大于额定电流，就需改用额定电流符合要求的电感。标称电流值通常用字母 A、B、C、D、E 表示，分别代表 50、150、300、700、1600mA。

（5）分布电容。分布电容是指线圈的匝与匝之间、线圈与磁心之间、线圈与地之间、线圈与金属之间都存在的电容。电感器的分布电容越小，其稳定性越好。分布电容能使等效耗能电阻变大，品质因数变大。减少分布电容常用丝包线或多股漆包线，有时也用蜂窝式绕线法等。

2　电感器规格标注

电感线圈的型号由四部分组成，各部分的含义如下：第一部分为主称，常用 L 表示线圈，ZL 表示阻流圈；第二部分为特征，常用 G 表示高频；第三部分为类型，常用 X 表示小型；第四部分为区别代号，如 LGX 型即为小型高频电感线圈。电感规格标注常用的方法有直标法、色标法、数码法。

（1）直标法。直标法是指在小型固定电感器的外壳上直接用文字标出电感器的主要参数，如电感量、误差量、最大直流工作的对应电流等。

（2）色标法。色标法是指在电感器的外壳涂上各种不同颜色的环，用来标注其主要参数。第一条色环表示电感量的第一位有效数字，第二条色环表示第二位有效数字，第三条色环表示倍乘数，第四条表示允许偏差。数字与颜色的对应关系和色环电阻标注法相同。例如，某电感器的色环标志分别为红红银黑表示其电感量为（0.22±5%）pH；黄紫金银表示其电感量为（4.7±10%）pH。

（3）数码法。标称电感值通常采用 3 位数码表示。如果电感值是整数，则三位数码全为数字，前两位表示有效数，第 3 位数表示有效数后零的个数；如果电感值是小数，则小数点用 R 表示，其余两位数字代表有效数；最后一位英文字母表示偏差范围，单位为μH。例如 220K 表示 22μH，8R2J 表示 8.2μH。

三、电感器检测

检测电感参数需要用专门仪器（如电感电容电桥、Q 表等），在不具备专用仪器的情况下，可用万用表测试，大概判断电感器的好坏。

（1）外观查看。检测电感前先进行外观检查，看线圈有无松散，磁心旋转是否灵活，引脚有无折断，线圈是否烧毁或外壳是否烧焦等。若有上述现象，则表明电感已损坏。

（2）色码电感的检测方法。检测方法如图 4－2 所示，将万用表置 200Ω电阻挡，两表笔接电感两端。一般高频电感阻值为零点几欧到几欧，低频电感阻值为几百欧至几千欧，中频电感阻值为几欧至几十欧。如果阻值明显偏小，可判断电感线圈匝间短路；如果阻值很大或无穷大，则表明电感线圈已经开路。只要能测出电阻值，电感外形、外表颜色又无变化，可认为是正常的。

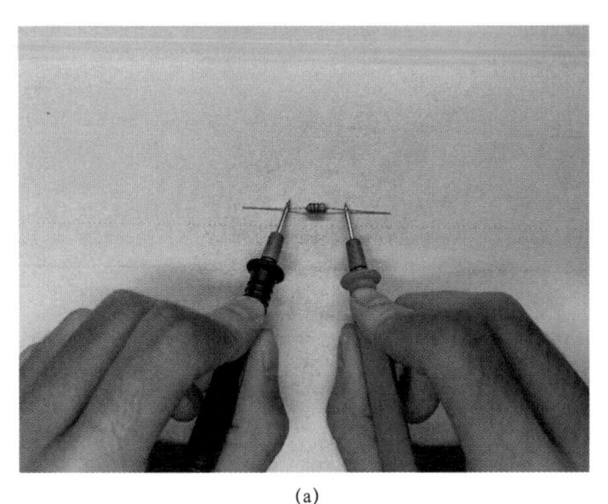

(a)

(b)

图 4－2 色码电感器检测

（a）万用表检测色码电感；（b）色码电感阻值示数

（3）电感线圈的检测方法。检测时先弄清各引脚与哪个线圈相连，然后使用万用表进行检测，如果测得的电感线圈的电阻值比较小，一般就认为是正常的；如果阻值为零或无穷大，则表明电感线圈已经短路或开路。

（4）检测注意事项。

1）有的电感线圈圈数小或线粗，直流电阻很小，即使用指针式万用表 R×1Ω挡进行检测，阻值也可能为零，这属于正常现象。

2）对于有金属屏蔽罩的电感线圈，还需检查它的线圈与屏蔽罩间是否短路。若用万用表检测得线圈各引脚与外壳（屏蔽罩）之间的电阻不是无穷大，而是有一定电阻值或电阻值为零，则说明该电感内部线圈短路。

第二节 变压器

一、变压器分类及特性

变压器是利用电磁感应的原理来改变交流电压的装置，主要构件是一次绕组、二次绕组和铁心（磁心）。主要功能有电压变换、电流变换、阻抗变换、隔离、稳压（磁饱和变压器）等。当其中一个绕组的磁场发生变化时，将会使另一个绕组产生感应电动势，这种相互作用就是互感。变压器利用互感原理将某一交流电变换成同一频率的另一种交流电（主要是交流值的变化），就是一种利用电磁互感应变换电压、电流和阻抗的器件。

1 变压器分类

变压器用途很广，种类很多，一般可以按以下项目进行分类：

（1）按相数分类。

1）单相变压器：用于单相负荷和三相变压器组。

2）三相变压器：用于三相电力系统的升、降电压。

（2）按冷却方式分类。

1）干式变压器：依靠空气对流进行自然冷却或增加风机冷却，多用于高层建筑用电及局部照明、电子线路等。

2）油浸式变压器：如油浸自冷、油浸风冷、油浸水冷、强迫油循环风冷和水内冷等。为了加强绝缘和冷却条件，依靠油作冷却介质，将变压器的铁心和绕组都一起浸入灌满了变压器油的油箱中，多用于工矿企业和民用建筑的供配电系统中。

3）蒸发冷却变压器：采用氟氯烷或碳氟化合物等化学性能稳定的不燃液体作为冷却液体，在发热体表面被汽化后，以其潜热进行冷却。由于其冷却效率特别高，所以可缩小变压器体积，减轻质量。

4）充气式变压器：用特殊气体（SF_6）代替变压器油散热。

（3）按用途分类。

1）电力变压器：用于电力系统的升、降电压。

2）仪用变压器：如电压互感器、电流互感器，用于仪表测量和继电保护装置。

3）试验变压器：产生高压，对电气设备进行高压试验。

4）特种变压器：是指工业生产和家用电器中广泛使用的变压器，如电源变压器、开关变压器、整流变压器、输出变压器、激励变压器、音频变压器、交流弧焊变压器、电炉变压器、电容式变压器、移相变压器等。

（4）按绕组结构分类。

1）单绕组变压器（自耦变压器）：采用单绕组来完成变压作用，用于连接超高压、大容量的电力系统，但其调压范围很小，也可作为普通的升压或降压变压器使用。

2）双绕组变压器：采用双绕组来完成变压作用，用于连接两个电压等级的电力系统，应用最普遍。

3）三绕组变压器：采用三绕组来完成变压作用，用于连接三个电压等级的电力系统，多用于区域变电站。

（5）按工作频率分类。

1）高频变压器：可分为耦合线圈和调谐线圈两大类，常用的无线设备的天线线圈、阻抗变换器及脉冲变压器等。

2）中频变压器：常用的有收音机中频变压器和广播设备中频变压器等。

3）低频变压器：可分为音频变压器和电源变压器两种。音频变压器又分为级间耦合变压器、输入/输出变压器，其外形均与电源变压器相似。

（6）按铁心结构分类。

1）铁心式变压器：特点是绕组包在铁心外围，一般用于高压的电力变压器。

2）铁壳式变压器：特点是铁心包在绕组外围，它只在结构上与铁心式变压器稍有不同，一般用于大电流的特殊变压器，如电炉变压器、电焊变压器，以及用于电子仪器、电视、收音机等的电源变压器等。

3）非晶合金变压器：此类变压器以铁基非晶态金属作为铁心，由于该材料不具长程有序结构，其磁化及消磁均较一般磁性材料容易。因此，非晶合金变压器的铁损（即空载损耗）要比一般采用硅钢作为铁心的传统变压器低 70%～80%，是目前节能效果较理想的配电变压器，特别适用于农村电网和发展中地区等负载率较低的地方。

2　常用变压器特性

变压器在电路中常用字母 T 表示，其外形及符号如图 4－3 所示。

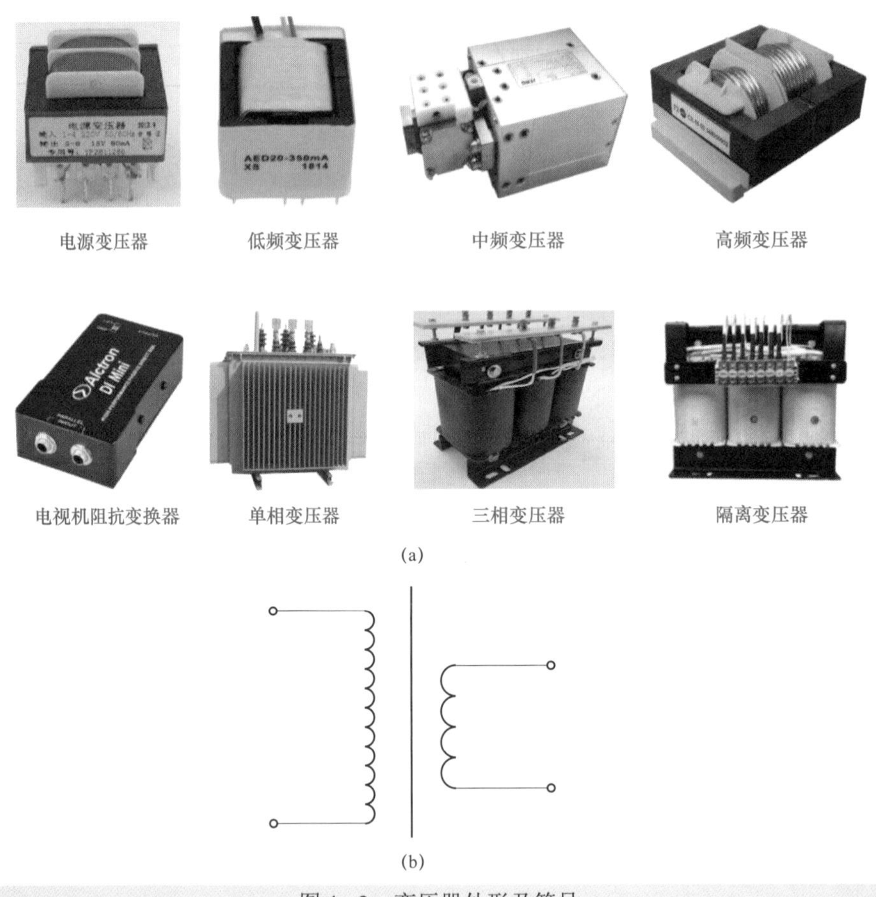

图 4－3　变压器外形及符号
(a) 外形；(b) 符号

（1）电源变压器。电源变压器的主要用途是电压变换，即升压或降压。电源变压器按铁心不同可分为 E 形电源变压器、C 形电源变压器和环形电源变压器。

1）E 形电源变压器：它呈壳式结构，铁心采用优质硅钢片交叠而成，其工艺简单、价格便宜、应用广泛，但磁路中的气隙较大，效率较低，工作时噪声较大。

2）C 形电源变压器：C 形电源变压器呈芯式结构，铁心采用优质冷轧硅钢带制成两个形状相同的 C 形然后对插而成，其漏磁小、体积小、效率高，但工艺复杂，主要用于要求高的电子设备。

3）环形变压器：环形变压器的铁心是用高磁通密度的晶粒取向优质冷轧硅钢带无缝卷绕而成的，这样卷绕而成的铁心性能最优，使绕组产生的磁力线方向与铁心磁路几乎完全重合。环形变压器具有体积小、漏磁小、内阻小、磁干扰较小、振动噪声较小、效率高、反应快的优点，但其抗磁饱和能力差，广泛应用于音响设备、电气控制设备、医疗设备及各种功率的逆变电源中。

（2）脉冲变压器。脉冲变压器工作于电流、电压的非正弦脉冲状态，是利用铁心的磁饱和性能把输入的正弦波电压变成窄脉冲输出电压，它兼有升压和阻抗变换的作用。脉冲变压器的铁心要用高频整体磁心而非使用硅钢片，以避免出现涡流等损耗而造成无法正常工作。常用的脉冲变压器有电视机的行输出变压器、行推动变压器、开关变压器、电子点火器、臭氧发生器等。

（3）低频（音频）变压器。低频变压器结构与电源变压器类似，一般用高磁导率的硅钢片。它主要用来传播信号电压和信号功率，还可实现电路之间的阻抗匹配，如扩音机前级的话筒输入变压器、收音机功率放大器与喇叭之间的输出变压器等，其工作音频范围为20～30Hz。

（4）中频变压器。中频变压器是超外差式接收装置中特有的一种具有固定谐振回路的变压器，将中频发生器（如可控硅中频电源、中频发电机或电子管振荡器等）的电源电压变换成淬火感应线圈或其他装置所需要的电压。中频变压器除利用初次级间匝数比进行阻抗变换外，还应用初级线圈（带可调高频磁心，可用小螺钉旋具调节，改变初级线圈的电感量）与底部固定电容构成一个 LC 谐振回路，所以中频变压器还具有选频作用。

（5）高频变压器。高频变压器是工作频率超过中频（10kHz）的电源变压器，主要用于高频开关电源中作高频开关电源变压器，也有用于高频逆变电源和高频逆变焊机中作高频逆变电源变压器的。按工作频率高低，可分为几个挡次：10kHz～50kHz、50kHz～100kHz、100kHz～500kHz、500kHz～1MHz、10MHz 以上。

二、变压器作用及技术参数

1 变压器作用

在电路中，变压器的主要作用是电压变换、电流变换、阻抗变换、直流隔离，以及在它的输入端和输出端之间尽可能最大限度地传递能量。

（1）电压变换作用。变压器有两个分别独立的共用一个铁心的绕组，分别叫作一次绕组和二次绕组。当变压器一次绕组通上交流电（电流的方向和大小随时间变化）时，变压器的铁心就产生了交变磁场，交变磁场在二次绕组就感应出频率相同的交流电压，其电压比与一、二次绕组的匝数比相等。

注意：变压器只能改变交流电压的大小，不能改变直流电压的大小，这是因为直流电（电流的方向和大小不随时间变化）通过一次绕组时不会产生交变的磁场。

（2）阻抗变换作用。由于变压器一次与二次绕组是绕在同一个铁心上，所以它们的阻抗是紧密联系和相互影响的，如果二次绕组的阻抗变化了，一次绕组的阻抗也会相应地变化。根据变压器的原理，可以得出变压器的一、二次绕组的阻抗比等于一、二次绕组的匝数比的平方。因此，变压器在设计时可以通过改变一、二次绕组的匝数来达到变换阻抗的目的。

（3）隔离作用。隔离变压器是一个1∶1的变压器，它的一、二次绕组的匝数和线径都是相等的，一般不区分一次和二次绕组，是专用来起电气隔离作用的。由于在电路中变压器两绕组只有磁的联系，没有电的直接联系，因此可以隔离危险电压，保护人身安全。

另外，隔离变压器的输出、输入电容耦合小，还对闪电、放电、电网切换、电机启动和电网噪声等引起的干扰具有抑制作用，是比较有效的电源噪声抑制器。

2 变压器主要技术参数

（1）变压比。变压比指一次绕组和二次绕组间的匝数比，升压变压器的变压比小于1，降压变压器的变压比大于1。

（2）额定功率。额定功率指变压器在规定的工作频率和电压下，能长期工作而不超过限定温度时的输出功率。它与铁心截面积、漆包线直径等有关，变压器的铁心截面积大、漆包线直径大，额定功率也大。

（3）效率。效率指在额定负载时，变压器输出功率与输入功率的比值。电源变压器要求有很高的效率，否则会因内部铁（磁心）损和铜（导线）损过大而发热、升温，加速老化损坏。电源变压器效率通常为0.85左右。

（4）频率特性。变压器有一定的工作频率范围，不同工作频率范围的变压器一般不能互换使用。如前面提到的收音机磁性天线，中波段要绕在锰锌磁心棒上，工作频率550～1605kHz；短波段要绕在镍锌磁心棒上，工作频率2.3～26MHz，两者不能互换，否则灵敏度大大降低。

（5）绝缘电阻。变压器的绕组与铁心间、绕组与绕组间材料的绝缘性能下降，会导致漏电流产生，甚至外壳带电，这是变压器绝缘电阻下降的主要表现。对于电源变压器，要求变压器绕组与铁心间、绕组与绕组间的绝缘电阻在1000V交流试验电压下历时1min而不被击穿。通常可用1kV绝缘电阻表进行检测，要求电源变压器的绝缘电阻大于10MΩ。

（6）空载损耗。当以额定电压施加在一个绕组的端子上，其余绕组开路时所吸取的有功功率，与铁心硅钢片性能、制造工艺及施加电压有关。

三、变压器检测

1 变压器绝缘电阻检测

变压器常常由于材料的绝缘性能下降，产生漏电流，甚至外壳带电，这是变压器绝缘电阻下降的主要表现。因此要求变压器各绕组间，各绕组、屏蔽层对铁心间，均应绝缘良好。用万用表检测变压器绝缘性能的方法如图4-4所示。

将万用表置20MΩ电阻挡，一个表笔与变压器的任一绕组端子连接，另一个表笔分别与各绕组的一个端子或屏蔽层引出线、铁心相接触，所测阻值就是变压器这一绕组与各绕组、屏蔽层及铁心间的绝缘电阻。

如测得的阻值为R，可得到以下结论：

（1）若$R \approx 0$，说明变压器存在短路故障。

（2）若$R > 100M\Omega$，说明变压器正常。

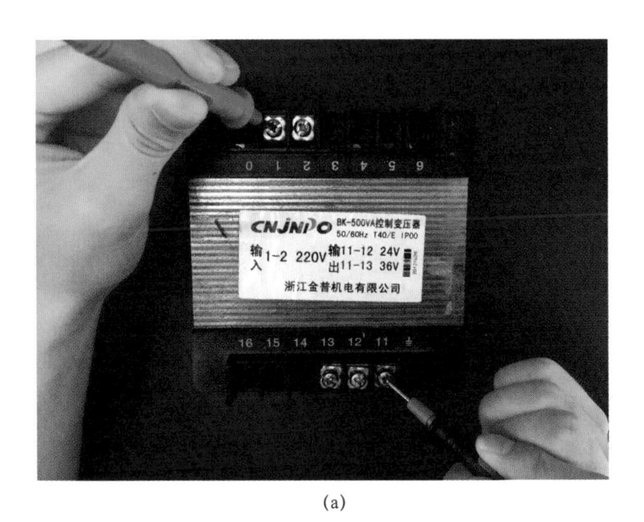

(a)

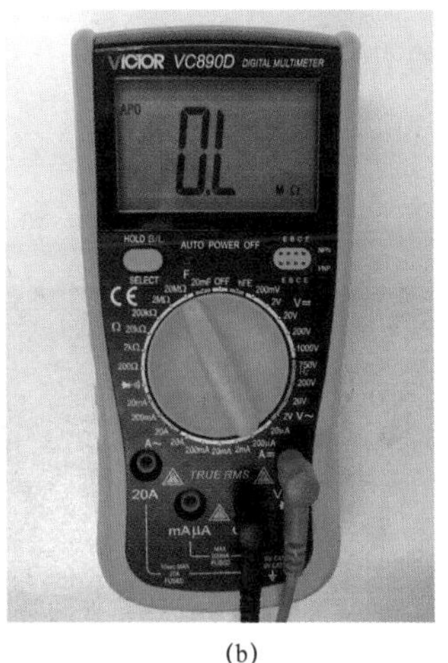

(b)

图 4－4　变压器绝缘电阻检测

（a）万用表检测变压器绝缘电阻；（b）绝缘电阻示数

（3）若 R<100MΩ，说明变压器有漏电故障。

变压器的功率越大、工作电压越高，对变压器绝缘电阻的要求也就越高。反之，要求可低一些。变压器的绝缘性能不好，有可能影响电路的正常工作，特别是如果变压器绕组间短路或铁心（外壳）与绕组间短路，会导致变压器或相关的元器件烧坏。

2　变压器绕组通断检测

用万用表检测变压器绕组通、断的方法如图 4－5 所示，将万用表置 200Ω电阻挡，分别检测变压器一、二次绕组阻值。若阻值远大于其正常值或为无穷大，则说明绕组内部接触不良或断路；若阻值远小于正常值或近似为零，说明绕组内部短路。变压器功率越小（通常体积也小）则阻值越大，输出电压较高的二次绕组阻值会较大些。

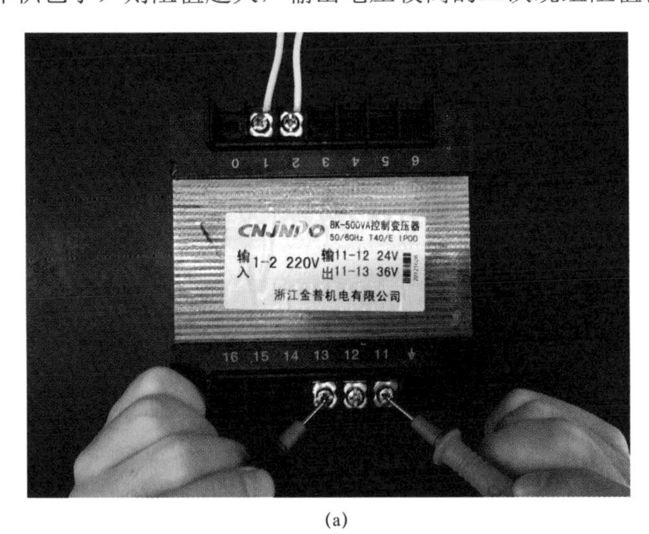

(a)

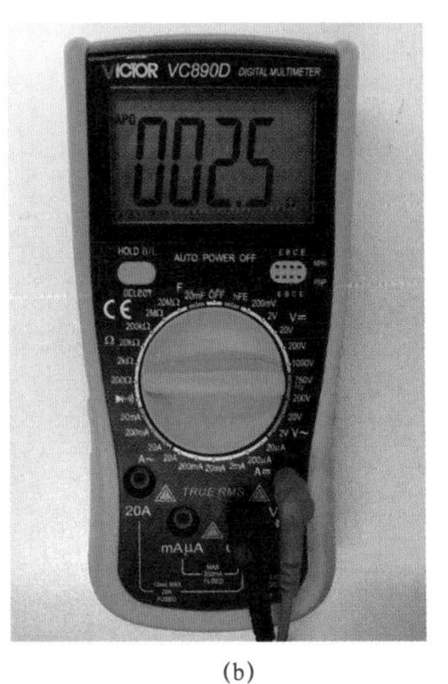

(b)

图 4－5　变压器绕组通、断检测

（a）万用表检测变压器二次绕组阻值；（b）二次绕组阻值示数

3 变压器一次和二次绕组判别

（1）变压器一次和二次绕组的特性。一般情况下，电源变压器一次侧引脚和二次侧引脚分别从两侧引出，并且一次绕组多标有“220V”字样，二次绕组则标出额定电压值（如15、24、35V 等），可根据这些标记进行识别，如图 4－6 所示。但有的变压器没有标记或标记模糊不清，此时便要正确判别一次绕组和二次绕组。通常，变压器的一次绕组线径较细、匝数较多，而二次绕组线径较粗、匝数较少。所以，一次绕组阻值要比二次绕组阻值大得多。根据这一特点，可用万用表电阻挡检测变压器各绕组阻值来判别一次、二次。

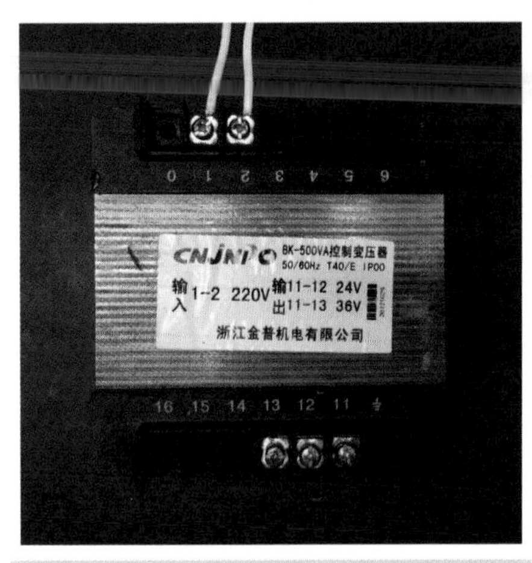

图 4－6 变压器一次和二次绕组标记

（2）变压器一次和二次绕组的检测方法。首先，应根据实际情况选择合适的电阻挡；其次，把万用表的一个表笔接一个引脚，另一个表笔依次接其他引脚，可测得两引脚间的电阻值。同理，用同样的方法来测其他引脚，并把各相关引脚的电阻值记录下来。

根据所测得的电阻值大小，可得到这样的结论：对降压变压器来说，电阻值较高的两引脚是一次绕组；但对升压变压器来说，它是二次绕组。

4 变压器空载电压检测

（1）变压器空载电压的特性。检测变压器的空载电压可以了解变压器的空载损耗情况。空载损耗（铁损）是指当变压器二次绕组开路、一次绕组加额定电压时，由变压器铁心的涡流损耗和磁滞损耗组成的损耗，是变压器的重要性能指标。

空载损耗的大小可以认为与负载的大小无关，即空载时的损耗等于负载时的铁损耗，但这是指在额定电压下的情况。一般变压器在设计时已经为二次绕组考虑到损耗的因素，都预留了 5%的余量作为损耗。因此，在有市电的情况下，可用万用表对电源变压器进行通电检测空载电压，以判断其质量的好坏。

（2）变压器空载电压的检测方法。变压器空载电压检测方法如图 4－7 所示，将控制变压器一次侧接 220V 市电，用万用表交流电压挡依次测出二次侧各绕组的空载电压值，应符合要求值。允许偏差：高压绕组±10%，低压绕组±5%，带中心抽头两组对称绕组±2%。若测量值与要求值相差太多，则是绕组短路或是绕组的匝数不对；如果万用表示数溢出，则说明绕组断路。

（3）检测注意事项。测空载电压时要注意，一次侧输入电压应确定为 220V，不能过高或过低。因为一次侧输入电压的大小将直接影响到二次侧输出电压的大小。若一次侧输入电压偏差太大，二次侧电压会偏离正常值较多，易造成误判。

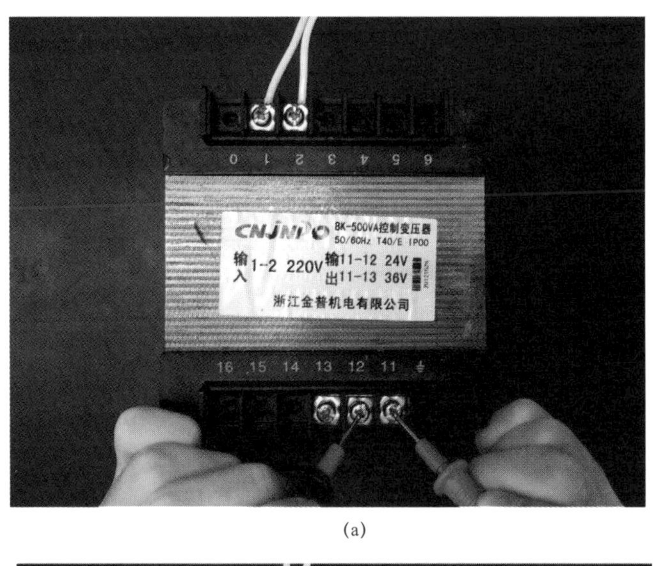

(a)

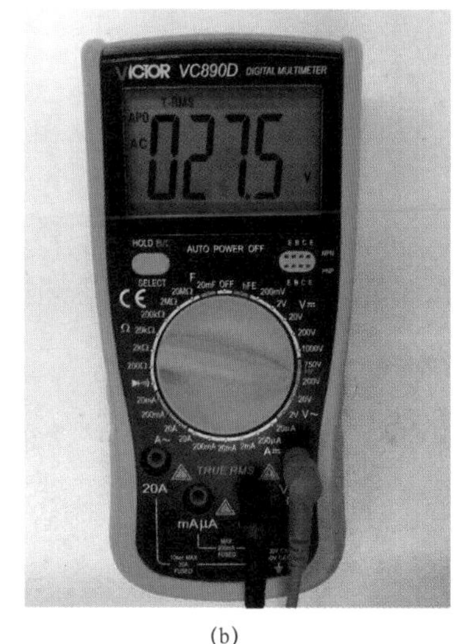

(b)

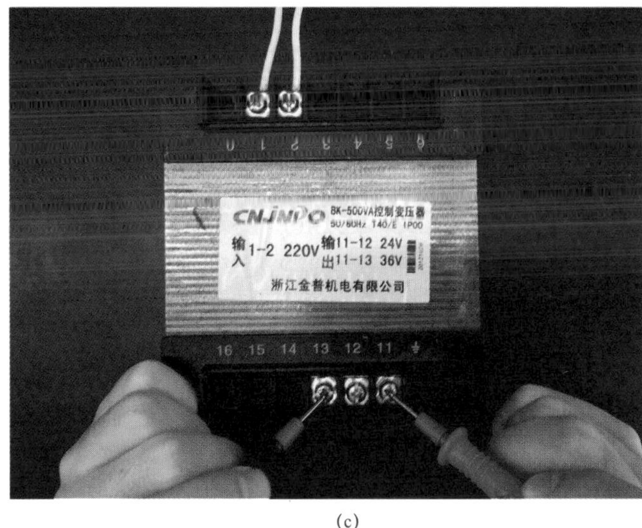

(c)

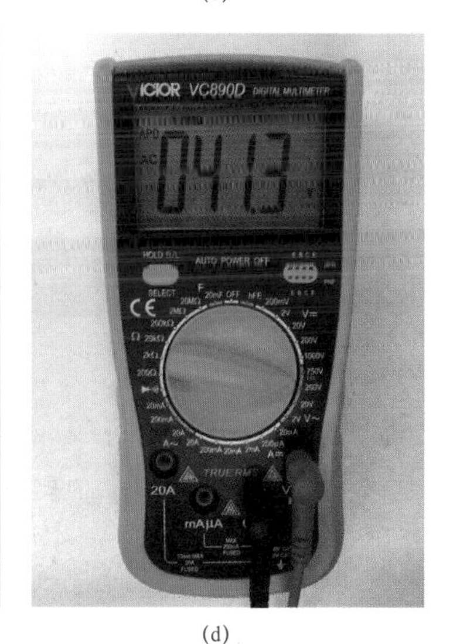

(d)

图 4－7 变压器空载电压检测

（a）万用表检测二次绕组第一组的空载电压；（b）第一组的空载电压示数；
（c）万用表检测二次绕组第二组的空载电压；（d）第二组的空载电压示数

5 变压器绕组同名端判别

（1）变压器绕组同名端的特性。绕组是变压器电路的主体部分，与电源相连的绕组称为一次绕组，与负载相连的绕组称为二次绕组。在变压器的使用、维护和故障处理中，都会遇到变压器绕组同名端的判别问题。变压器绕组同名端是指铁心上绕制的所有线圈都被铁心中交变的主磁通所穿过，在任何瞬间，电动势都处于相同极性（如正极性）的绕组就称同名端，而另一端就成为另一组同名端，它们也处于同极性（如负极性）。

在使用电源变压器时，有时为了得到所需的二次侧电压，可将两个或多个二次绕组串联或并联起来使用，绕组串联时应把异名端相连，并联时同名端相连。如果连接错误，绕组中产生的感应电动势就会相互抵消，电路中将会流过很大的电流从而导致变压器烧坏。

（2）变压器绕组同名端的判别方法。判别绕组同名端常采用直流法，如图 4－8 所示。1.5V 直流电源与变压器一次绕组相连，万用表置直流 2.5V 挡。假定电池正极接变压器一次侧 a 端、负极接 b 端，万用表红表笔接变压器二次侧 c 端、黑表笔接 d 端。当开关 S 接通的瞬间，变压器一次侧的电流变化引起铁心磁通量变化，二次侧将产生感应电压，此感应电压使接在二次侧两端的万用表的指针迅速摆动后又返回零位。

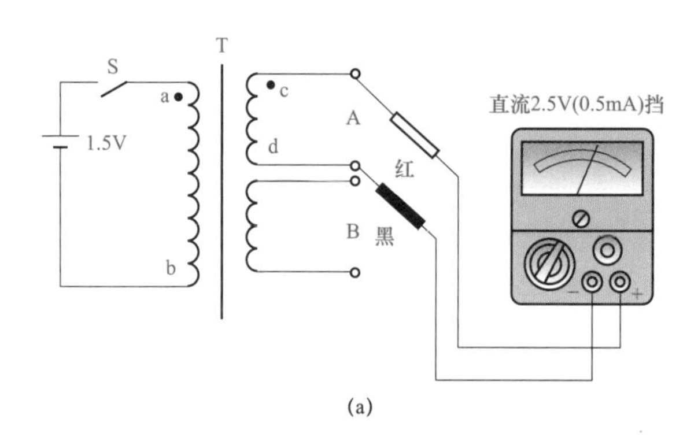

(a)

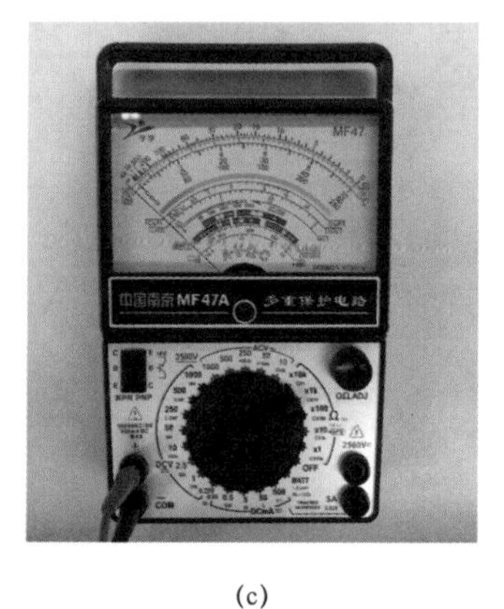

(b)　　　　(c)

图 4－8　变压器绕组同名端判别

（a）变压器绕组同名端判别原理图；（b）万用表判别变压器同名端实物图；（c）万用表指针向左摆动

因此，观察万用表指针摆动方向，就能判别变压器各绕组的同名端：若指针向右摆，说明 a 与 c 为同名端，b 与 d 也是同名端。反之，万用表指针向左摆，说明 a 与 d 是同名端，而 b 与 c 也是同名端。用此法可判别其他各绕组的同名端。

（3）检测注意事项。

1）在检测过程中，电源正、负极与变压器绕组一次侧的连接应始终保持同一种接法，即一次绕组和电源的接法不变，否则会产生误判。

2）若变压器为升压变压器，通常把电源接在二次绕组上，万用表接在一次绕组上进行检测。

3）接通电源的瞬间，万用表指针向某一方向偏转，但断开电源时，由于自感作用，指针向相反的方向偏转，如果接通和断开电源的间隔时间太短，很可能只观察到断开时指针的偏转方向，这样会将测量结果搞错。所以，接通电源后要间隔几秒钟再断开，或多测几次，以保证检测结果可靠。

第三节　继电器

一、电磁继电器特性及技术参数

电磁继电器是一种在自动控制电路中广泛使用的器件，它实质上是用较小电流、较低电压来控制较大电流、较高电压的一种自动开关，在电子设备中用作终端执行机构，如控制声、光电路或微型电机的启动、停止等，起自动调节、安全保护、转换电路等作用。

1　电磁继电器特性

按照体积大小不同，可分为微型、超小型和小型；按照封装形式不同，可分为不能打开外壳的全密封式、能够打开外壳的封闭式和无外壳敞开式；按照工作电压类型的不同，可分为直流型电磁继电器、交流型电磁继电器和脉冲型电磁继电器；按照触点形式的不同，可分为动合触点电磁继电器、动断触点电磁继电器和转换触点电磁继电器；按照触点数量的不同，可分为单组触点电磁继电器和多组触点电磁继电器两类。电磁继电器的外形及结构如图 4－9 所示。

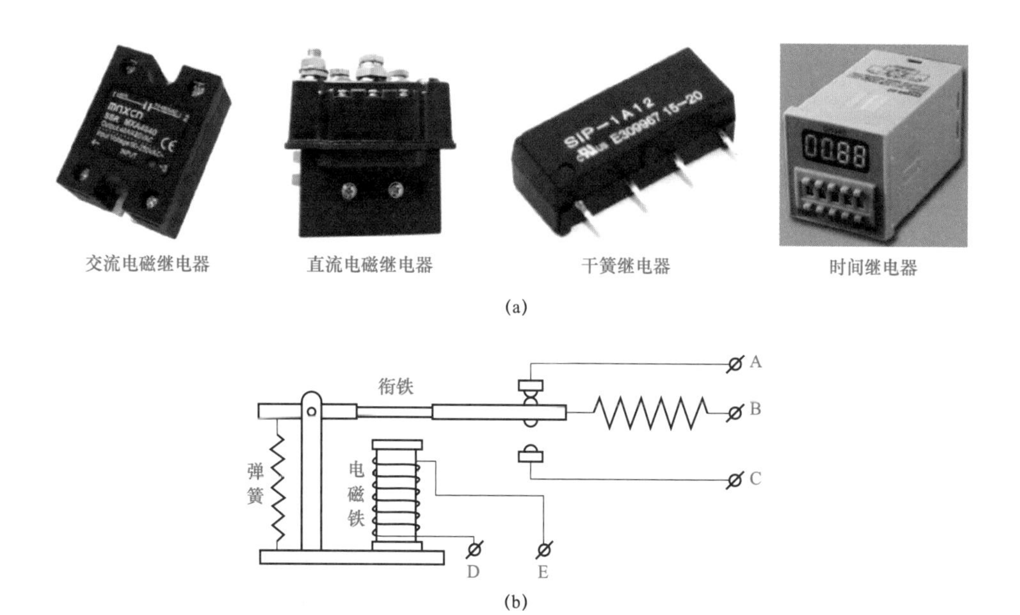

图 4－9　电磁继电器外形及结构
（a）外形；（b）结构

电磁继电器一般由铁心、衔铁、线圈、簧片、触点和底座等组成，线圈一般只有一个，簧片可以有一组或几组，触点分动断触点和动合触点。当线圈两端加上工作电压时，线圈中流过的电流使铁心磁化产生电磁力。衔铁被电磁力吸下后，通过杠杆的作用推动簧片动作，使动触点与静触点吸合，接通电路。当线圈断电后，电磁力也随之消失，衔铁就会在簧片的作用下返回原来的位置，使触点断开，切断电路。

2　电磁继电器技术参数

（1）额定工作电压，指继电器正常工作时线圈所需要的电压，根据继电器的型号不同，可以是交流电压，也可以是直流电压。

（2）直流电阻，指继电器中线圈的直流电阻，可以通过万用表测量

（3）吸合电流，指继电器能够产生吸合动作的最小电流。在正常使用时，给定的电流必须略大于吸合电流，这样继电器才能稳定地工作。而对于线圈所加的工作电压，一般不要超过额定工作电压的 1.5 倍，否则会产生较大的电流而把线圈烧毁。

（4）释放电流，指继电器产生释放动作的最大电流。当继电器吸合状态的电流减小到一定程度时，继电器就会恢复到未通电的释放状态，此时电流远远小于吸合电流。

（5）触点切换电压和电流，指继电器允许加载的电压和电流，它决定了继电器能控制电压和电流的大小，使用时不能超过此值，否则很容易损坏继电器的触点。

二、电磁继电器检测

使用电磁继电器时，应注意它的额定工作电压（有 3、6、9、12、24V 等多种）、线圈直流电阻（低阻 15Ω，高阻达 13kΩ以上）、触点数目和容量等。

1　电磁继电器检测

检测时，将万用表置 200Ω电阻挡，逐对测量接片间的直流电阻，检测方法如图 4－10 所示。两接片间阻值在几十欧姆左右的就是线圈的直流电阻，阻值接近零的就是动断触点引出接片，其余的则为动合触点引出接片。

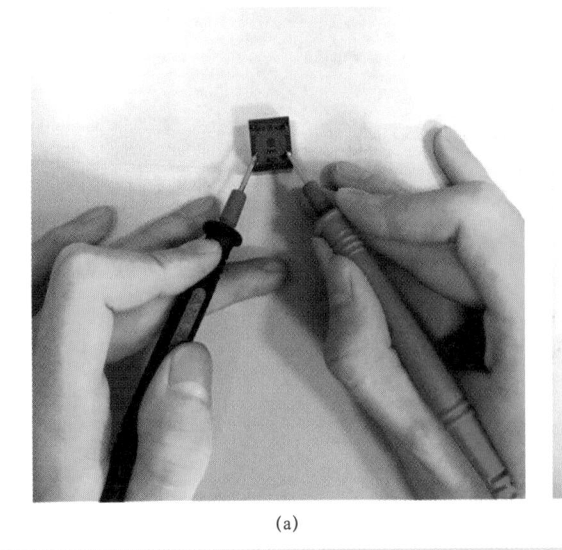

(a)

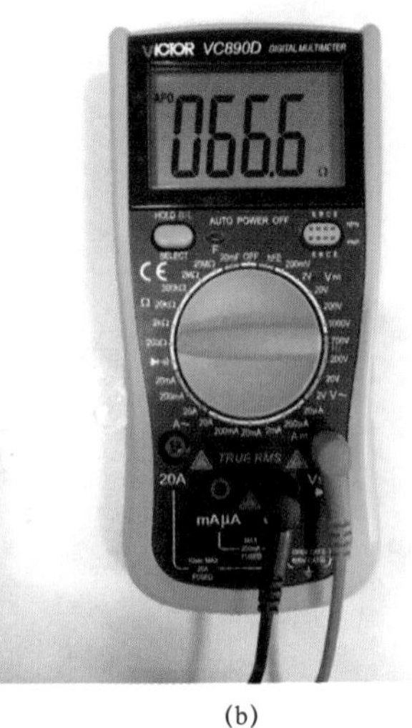

(b)

图 4－10　电磁继电器检测

（a）万用表检测电磁继电器的直流电阻；（b）直流电阻示数

2　电磁继电器额定工作电压检测

电磁继电器吸合电压的检测方法如图 4－11 所示。

用一个 0～30V 的稳压电源，接在电磁继电器的线圈引出接片两端，接通电源后，由小到大逐渐增大电源的输出电压，使继电器动作，进入吸合状态，记下吸合电压值。吸合状态下，继电器的吸合动作不是十分可靠，只有给线圈提供额定工作电压或通过额定电流时，继电器的吸合动作才是可靠的。

一般继电器的吸合电压约为额定工作电压的 75%，吸合电流约为额定工作电流的 60%，所以只要测出吸合电压，就可以计算出额定工作电压。也可将额定工作电压除以线圈的直流电阻，就可得到额定电流。

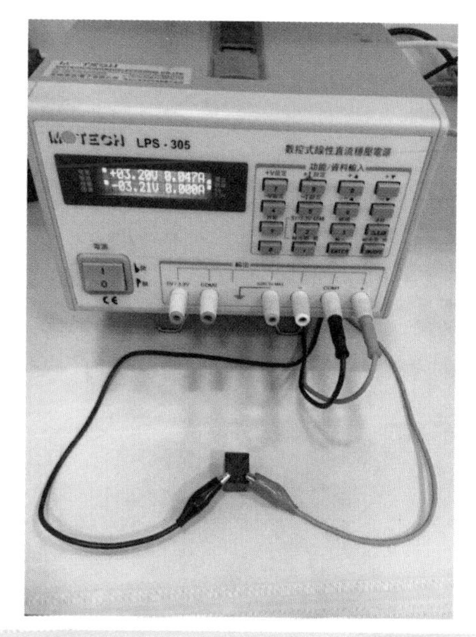

图 4－11　电磁继电器吸合电压检测

三、固态继电器特性

固态继电器（SSR）是一种全部由固态电子元件组成的新型无触点开关器件，它利用电子元件（如开关三极管、双向晶闸管等半导体器件）的开关特性，可达到无触点无火花地接通和断开电路的目的，因此又被称为无触点开关。固态继电器是一种四端有源器件，其中两个端子为输入控制端，另外两端为输出受控端。SSR 具有驱动功率小、噪声低、可靠性好、抗干扰能力强、开关速度快、体积小、质量轻、寿命长、使用方便、能与 TTL 和 CMOS 电路兼容等优点，它们可取代电磁继电器，适合在恶劣环境（如潮湿、震动、易燃易爆场所）工作。

按照负载电源的不同，SSR 可分为直流 SSR（DC－SSR）和交流 SSR（AC－SSR）两种，它们至少包括输入电路、隔离电路（一般用光耦合器）、开关电路（功率晶体管或双向晶闸管）、保护电路（续流二极管或 RC 吸收网络）等。DC－SSR 是用双向晶闸管作开关器件控制交流负载的通断，而 AC－SSR 是用功率晶体管作开关器件控制直流负载的通断。直流输出时可使用双极性器件或功率场效应管，交流输出时通常使用两个晶闸管或一个双向晶闸管。而交流固态继电器又可分为单相交流固态继电器和三相交流固态继电器。常见外形如图 4－12 所示。

单相固态继电器

三相固态继电器

直流固态继电器

交流固态继电器

图 4－12　固态继电器外形

四、固态继电器检测

1　固态继电器输入和输出引脚判别

（1）固态继电器输入和输出引脚的判别。AC－SSR 属于四端器件，U_i 表示直流输入端，U_o 表示交流输出端，输入端标有“＋”“－”符号，而输出端则不分正、负。DC－SSR 属于四端或五端器件，U_i 表示直流输入端，U_o 表示直流输出端，第五端为地（GND）端，输入和输出端均标有“＋”“－”符号，并标有“DC 输入”和“DC 输出”字样。当无标识或标识模糊时，可用万用表判别输入和输出引脚，检测方法如图 4－13 所示。

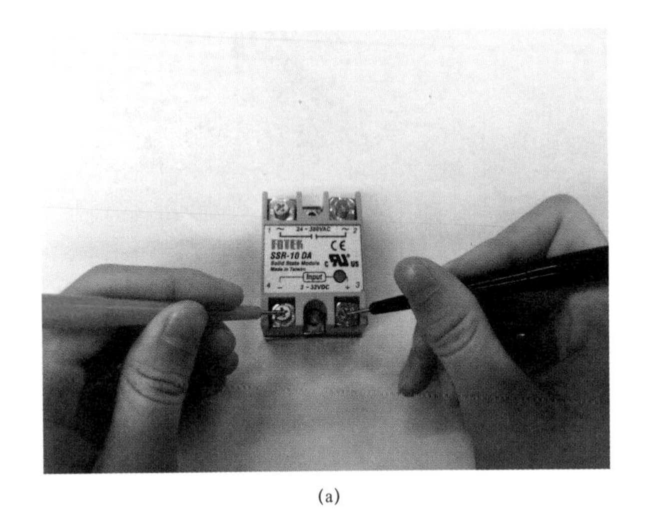

(a)

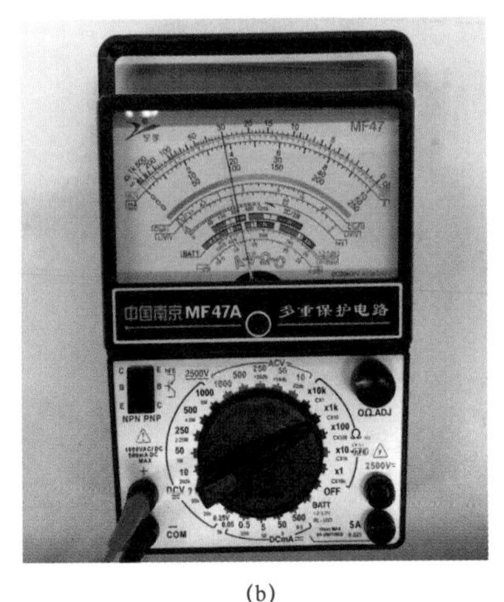

(b)

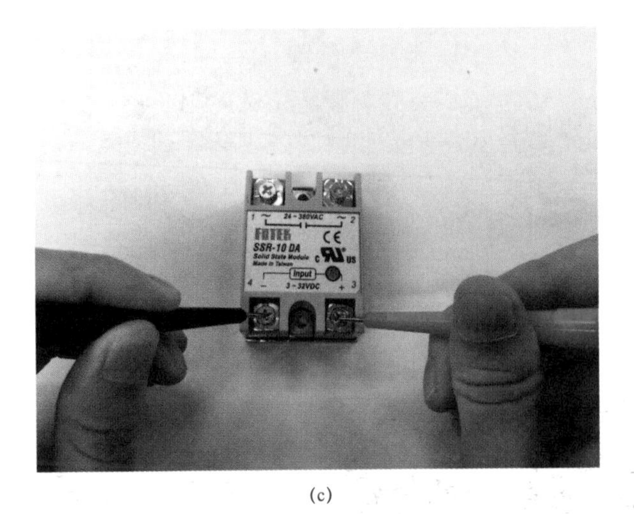

(c)

(d)

图 4－13　固态继电器输入和输出引脚判别

（a）万用表检测固态继电器输入引脚正向阻值；（b）正向阻值示数；
（c）万用表检测固态继电器输入引脚反向阻值；（d）反向阻值示数

将万用表置 R×1kΩ挡，分别测四个引脚间的正、反向阻值。若正向阻值比较小，反向阻值比较大，判定这两个脚为输入端，而正向测量时（阻值较小的一次测量）黑表所接的为正极，红表笔所接的为负极。对于 DC－SSR，找到输入端后，一般与其横向两两相对的便是输出端的正极和负极。

（2）检测注意事项。有些 SSR 输出端带有保护二极管，检测时可先找出输入端的两脚，然后测量其余三个脚间正、反向阻值，将公共地、输出正端和输出负端找出。

2　固态继电器性能检测

（1）固态继电器性能的检测方法。检测时，SSR－10DA 输入端配置电压 6V 和限流 200mA 直流电源，输出端接 220V 市电，220V/40W 白炽灯作交流负载，检测方法如图 4－14 所示。电路接通后，通电，SSR－10DA 器件上指示灯亮，白炽灯正常发光，电流指示值为 7～20mA，说明 SSR 性能良好。

（2）检测注意事项。

1）输入端的正负极性不得接反。

2）输入电路中必须要限流，输出端应避免短路，否则会损坏 SSR。

3）若采用焊接，则焊接温度不宜过高，焊接一个脚的时间控制在 3～5s。

4）当环境温度升高时，SSR 负载能力会降低，必要时需加散热器。

5）白炽灯负载的冷态电阻很小，在接通瞬间会产生相当大的浪涌电流，因此 SSR 的容量应留有余地。

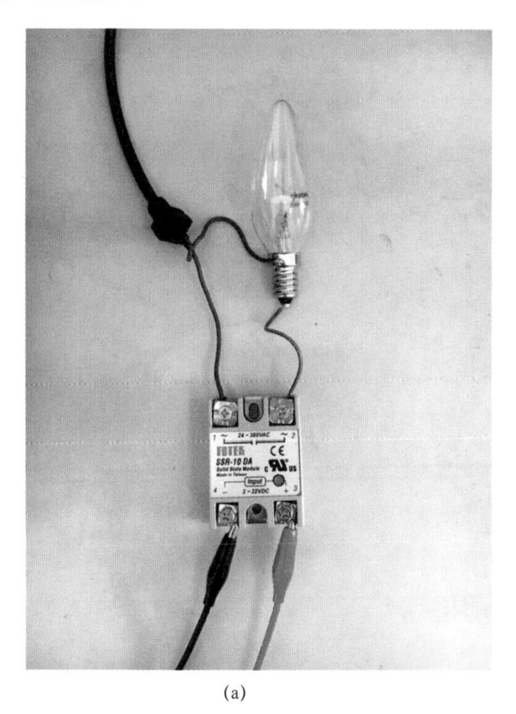

(a)

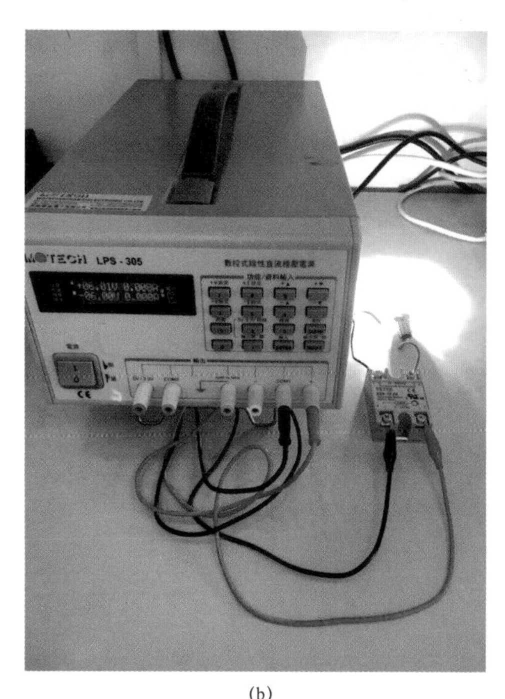

(b)

图 4－14　固态继电器性能检测

（a）接线图；（b）通电时

3　数字式万用表检测固态继电器性能

（1）固态继电器性能的检测方法。以 SSR－10DA 固态继电器为例，检测电路如图 4－15 所示。输入端接入 5V 直流电压，测量输出端通、断阻值。

当接入 5V 直流电压时，万用表阻值示数为 4.28kΩ，说明内部双向晶闸管导通，这相当于继电器吸合。断开电压后，万用表阻值为无穷大，说明双向晶闸管关断，相当于继电器释放。

（2）检测注意事项。

1）输入电压的极性不得接反，否则 SSR 不能正常工作。

2）输出端的通态电阻与输入电流有关，在额定电流范围内输入电流越大，通态电阻越小。

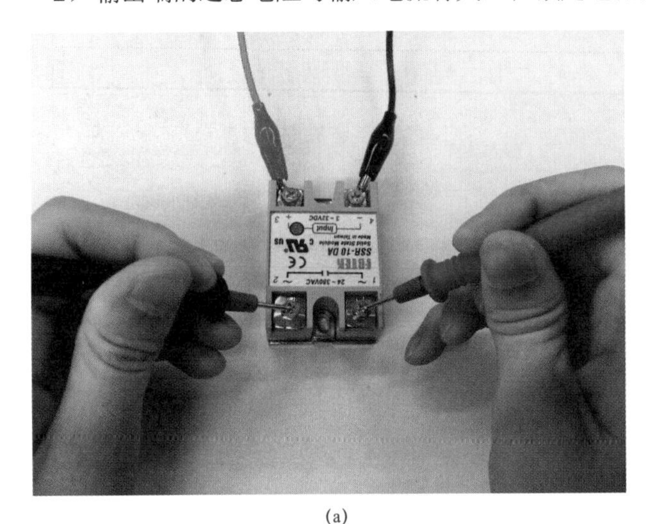

(a)

(b)

(c)

图 4－15　数字式万用表检测固态继电器性能

（a）万用表检测固态继电器工作时输出端的阻值；（b）输出端通路时的阻值示数；（c）断开电源时输出端的阻值示数

第五章　晶体二极管

晶体二极管简称二极管，是晶体管的主要类型之一。它是采用半导体材料（硅、锗、砷化镓等）制成的一种电流与电压（即伏安特性）呈非线性的电子元件，具有按照外加电压的方向，使电流流动或不流动的单向导电性质。

第一节　普通晶体二极管

一、晶体二极管分类及结构

1　晶体二极管分类

晶体二极管品种很多，它可以按以下项目进行分类：

（1）按材料分类。

1）锗二极管：一般适用于小信号高频电路，做检波及限幅。

2）硅二极管：其管压降、正向电阻和反向电阻都比锗二极管大，但反向电流比锗二极管小，适用于温度变化较大的电路。

3）砷化镓二极管：又称发光二极管，具有单向导电性。正向导通时会发出可见光或肉眼看不见的红外光。

（2）按结构分类。

1）点接触型二极管：其优点是等效电容较小，工作频率可高达 10^2～10^5MHz；缺点是PN 结的面积小，允许通过的电流不大，通常在 100mA 以下。它适用于检波（如用作收音机的检波器）、小电流整流和高频开关电路。

2）面接触型二极管：其优点是允许通过的正向电流较大，可达数百安甚至千安以上；缺点是等效电容较大，工作频率较低，一般在 100kHz 以下。它适用于整流、稳压、低频开关电路，通常用作整流管。

3）平面型二极管：按 PN 结面积大小不同，又可分为结面积小的二极管（用作脉冲数字电路中的开关管）和结面积大的二极管（可通过较大的电流，用作大功率整流管）。

（3）按用途分类。

1）整流二极管：常用的有 2AZ、2CZ 系列，用于不同功率的整流。

2）检波二极管：常用的有 2AP 系列，用于高频电路检波及限幅、调制等。

3）稳压二极管：常用的有 2CW、2DW 系列，用于各种稳压电路。

4）变容二极管：常用的有 2CC 系列，是一种可控电抗元件，接到 LC 振荡回路中构成调频电路。

5）双基极二极管（单结晶体管，简称单结管）：常用的有 BT 系列，主要用于各种张弛振荡电路、定时电压读出电路。其优点是温度稳定性好、频率易调等。

6）发光二极管：一般有正、负极之分，在电流（压）的作用下发光。

7）开关二极管：常用的有2AK、2CK系列，用于脉冲电路及开关电路。

8）阻尼二极管：它是一种高频高压整流二极管，常用的有2CN系列，在电视机行扫描电路中作阻尼、升压和整流用。

9）硅堆、高压硅堆（又称硅柱、高压硅柱）：它是一种硅高频高压整流二极管，能耐几千伏甚至上万伏的高压，常用作电视机中的高频高压整流器件。

10）其他：如TVP二极管（瞬时电压抑制二极管）、隧道二极管、光敏二极管、压敏二极管、磁敏二极管、温敏二极管等。

2 晶体二极管结构

一个简单的晶体二极管是由一个PN结外加上两个电极引线及管壳封装构成的，PN结通常采用半导体材料，如锗（Ge）、硅（Si）、砷化镓（GaAs）等，采用不同的掺杂工艺，通过扩散作用，将P型半导体与N型半导体制作在同一块半导体（通常是硅或锗）基片上，在它们的交界面就形成空间电荷区称为PN结。由P区引出的电极称为阳（正）极，由N区引出的电极称为阴（负）极。晶体二极管在电路中常用字母VD表示，其结构如图5－1所示，常见二极管符号如图5－2所示。常见的二极管有玻璃封装、塑料封装和金属封装等几种，大功率二极管多采用金属封装，并且用螺母固定在散热器上。常见外形如图5－3所示。

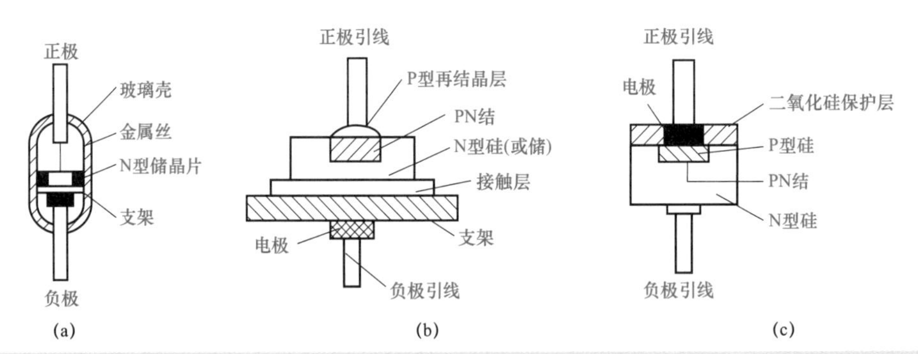

图5－1　晶体二极管的结构

（a）点接触型；（b）面接触型；（c）平面型

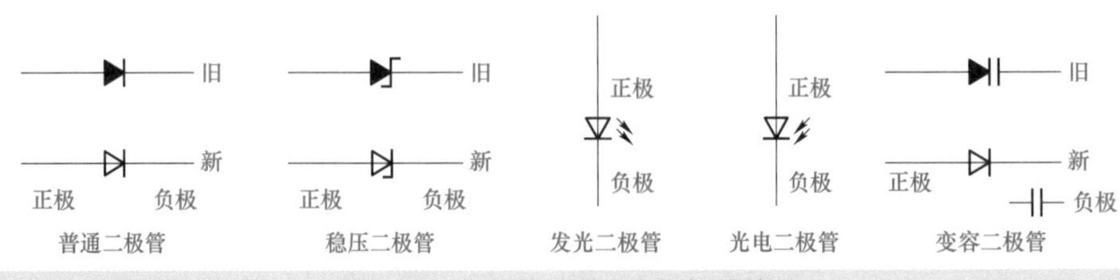

图5－2　各种常见晶体二极管的符号

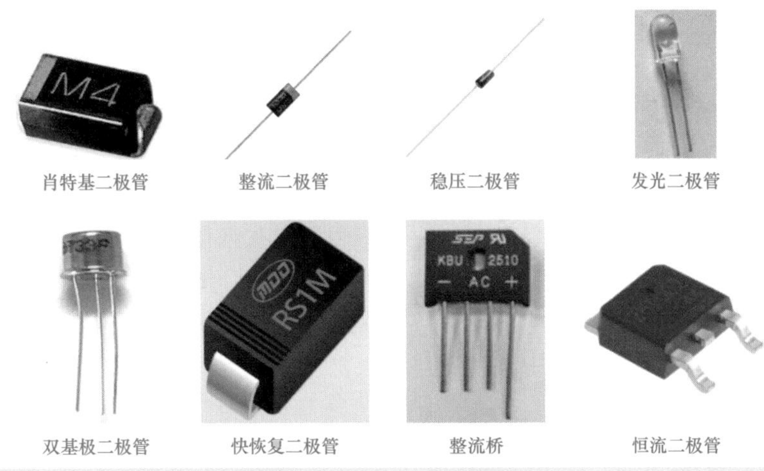

图 5–3　晶体二极管的外形

二、晶体二极管特性及作用

1　晶体二极管特性

晶体二极管最重要的特性就是单向导电性，在电路中，一般情况下只允许电流从正极流向负极，而不允许电流从负极流向正极。

（1）正向特性。在电子电路中，将二极管的正极接在高电位端，负极接在低电位端，二极管就会导通，这种连接方式，称为正向偏置。二极管导通后，其电压与电流不是线性关系，所以二极管是非线性半导体器件。

必须说明，当加在二极管两端的正向电压很小时，二极管仍然不能导通，流过二极管的正向电流十分微弱。只有当正向电压达到某一数值（锗管约为 0.1V，硅管约为 0.5V，称门槛电压或死区电压）以后，PN 结内电场被克服，二极管正向导通。导通后二极管两端的电压称为正向压降，其大小基本上保持不变（锗管约为 0.2～0.3V，硅管约为 0.6～0.7V）。

（2）反向特性。在电子电路中，将二极管的正极接在低电位端，负极接在高电位端，此时二极管中几乎没有电流流过，二极管处于截止状态，这种连接方式称为反向偏置。二极管处于反向偏置时，仍然会有微弱的反向电流流过二极管，称为漏电流。二极管的反向饱和电流受温度影响很大。

（3）击穿特性。当二极管两端的反向电压增大到某一数值时，反向电流会急剧增大，二极管将失去单向导电特性，这种状态称为二极管的击穿。如果二极管没有因电击穿而引起过热，则单向导电性不一定会被永久破坏，在撤除外加电压后，其性能仍可恢复，否则二极管就损坏了。因而使用时应避免二极管外加的反向电压过高。

2　晶体二极管作用

晶体二极管具有质量轻、体积小、寿命长、耗电省等优点，几乎在所有的电子电路中，都要用到晶体二极管，它主要用作整流、检波、稳压、变容、续流、限幅、信号隔离、钳位保护、开关等。

（1）整流作用。利用二极管单向导电性，可以把方向交替变化的交流电变换成单一方向的直流电。

（2）开关作用。二极管在正向电压作用下电阻很小，处于导通状态，相当于一只接通的开关。在反向电压作用下，电阻很大，处于截止状态，如同一只断开的开关。利用二极管的开关特性，可以组成各种逻辑电路。

（3）限幅作用。二极管正向导通后，它的正向压降基本保持不变。利用这一特性，在电路中作为限幅元件，可以把信号幅度限制在一定范围内，有选择地传输一部分信号。

（4）检波作用。在收音机中从输入信号中取出调制信号，起检波作用。

（5）变容作用。在变容电路中常用变容二极管来实现电路的自动频率控制、调谐、调频以及扫描振荡等。

三、晶体二极管技术参数及型号标注

1　二极管技术参数

（1）直流电阻 R_D。指二极管两端所加直流电压 U_D 与流过它的直流电流 I_D 的比值，即 $R_D=U_D/I_D$。二极管的 R_D 不是恒定值，正向的 R_D 随电流增大而减小，反向的 R_D 随电压增大而增大。

（2）最大整流电流 I_F。指二极管所能允许通过的最大（极限）正向电流，其值与 PN 结面积及外部散热条件等有关。在实际应用中，通过二极管的最大正向电流不能超过 I_F，否则二极管易被烧坏。

（3）最大反向工作电压 U_{rm}。指二极管使用时，允许加在其两端的最大反向电压，超过此值时二极管易被击穿。U_{rm} 通常取反向击穿电压的 1/2～2/3。

（4）反向电流 I_R。指二极管工作在反向电压下，流过它的未被击穿时的反向电流，I_R 越小，二极管的质量越好。I_R 与周围温度有关，因此，在使用时应注意 I_R 的温度条件。

（5）最大工作频率 f_M。指二极管正常工作时的极限频率，与结电容有关。当回路中的工作频率超过 f_M 时，二极管的单向导电性能变坏。这是因为，当加在二极管两端电压的频率过高时，信号直接从结电容通过，破坏了 PN 结的单向导电性。

（6）反向恢复时间 t_τ。指在规定的条件下，从二极管外加反向电压的瞬间开始，到反向电流下降到最大反向电流的 10%所需要的时间间隔，它是作为电子开关的二极管需考虑的参数。

2　二极管型号标注

国产二极管的型号标注分为五个部分，第一部分用数字“2”表示，主称为二极管；第二部分用字母表示二极管的材料与极性，如 A－N 型锗管、B－P 型锗管、C－N 型硅管、D－P 型硅管等；第三部分用字母表示二极管的类别，如 A－高频大功率管、K－开关管、P－普通管、W－稳压管、Z－整流管等；第四部分用数字表示序号；第五部分用字母表示二极管的规格号（可省略），见厂家提供的相关产品手册。

进口二极管的型号标注常见的有：

（1）美国产品如 1N4001、1N4004、1N4148 等，凡是 1N 开头的二极管都是美国制造或以美国专利在其他国家制造，后面的数字表示在美国电子工业协会登记的顺序号。

（2）日本产品如 1S1885、1S92 等，凡是 1S 开头的二极管都是日本制造，后面的数字表示在日本电子工业协会登记的顺序号。顺序号数字越大，产品越新。

四、晶体二极管检测

1　普通二极管引脚极性判别

（1）普通二极管引脚极性的标记。普通二极管的两引脚是有极性的，即正极和负极。在使用中，若引脚接反了，会损坏二极管及其他元件，因此，对普通二极管极性的判定很重要。

普通二极管极性一般多用符号“—▷|—”或用极性色环（色点）标记在管壳上，前者符号左边为正极，右边为负极；后者有色环的一端为负极。若无标记或标记脱落，可以用万用表判断普通二极管极性。

（2）普通二极管引脚极性的判别方法。二极管具有单向导电性，其反向电阻远大于正向电阻，据此则可判断出它的正极和负极，检测方法如图 5－4 所示。

将万用表置 R×1kΩ挡，两表笔分别接二极管两引脚，依次测出二极管正、反向电阻，若为几百欧至几千欧，说明是正向电阻，这时黑表笔接的是二极管的正极，红表笔接的是负极。

二极管的正、反向电阻相差越大越好。测试中若发现正、反向电阻都是无穷大，说明二极管内部开路；若正、反向电阻均接近零，说明内部短路（PN 结击穿）；若正、反向电阻很接近，说明二极管已失去单向导电性，不能使用。

（3）检测注意事项。

1）二极管是非线性元件，其正向电压与正向电流不成正比，若万用表置 R×100Ω挡、R×10Ω或 R×1Ω挡，通过二极管的正向电流依次增大，正向电阻逐渐减小，但二者并不成反比关系，所以万用表挡位不同，测出的电阻也不一样。

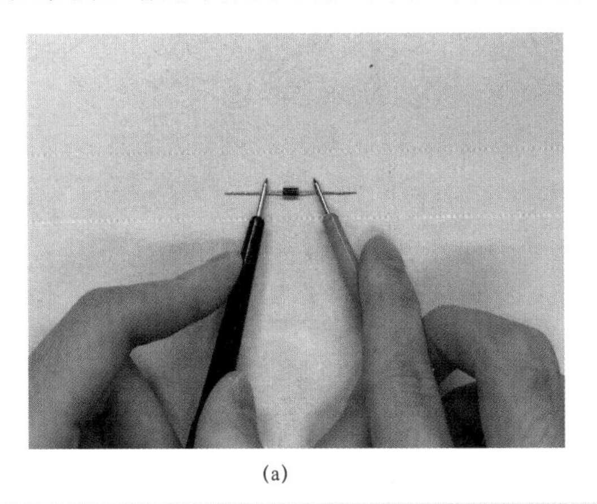

(a)

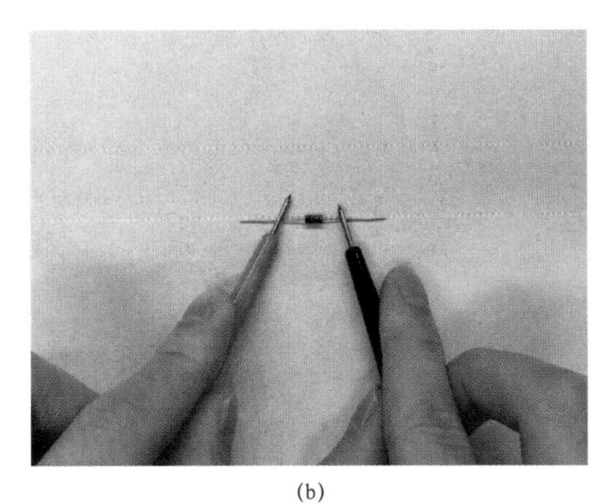

(b)

图 5－4　普通二极管引脚极性判别（一）

（a）万用表检测普通二极管正向电阻；（b）万用表检测普通二极管反向电阻

(c)

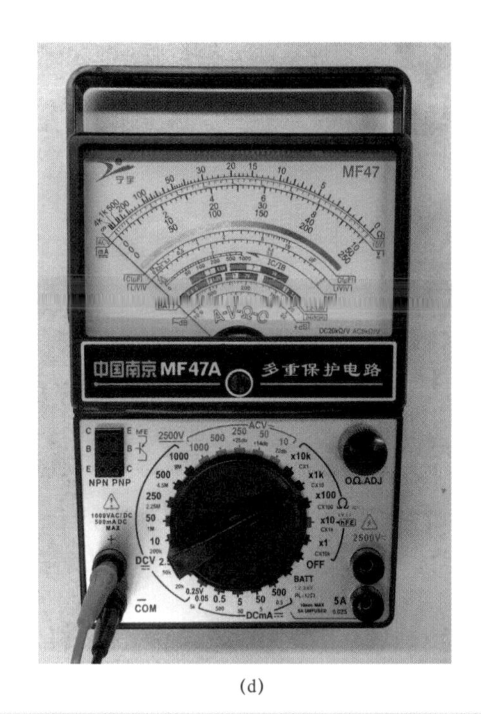

(d)

图 5－4　普通二极管引脚极性判别（二）

（c）正向电阻示数；（d）反向电阻示数

2）硅二极管的反向电阻很大，有的即便使用 $R\times 1k\Omega$挡测量，指针也指在“∞”位置，此时应再测一次正向电阻，若电阻很小，说明管子良好，否则说明内部开路。

2　数字式万用表判别二极管引脚极性

（1）数字式万用表判别二极管引脚极性方法。

1）用二极管挡。二极管挡的工作原理是由表内＋2.8V 基准电压向被测二极管提供大约 1mA 的测试电流，二极管的正向压降将显示在显示屏上。检测时，将万用表置二极管挡，此时红表笔带正电，黑表笔带负电，两表笔分别接触二极管两引脚，检测方法如图 5－5 所示。若显示 1V 以下，表明二极管正向导通，红表笔所接为正极，黑表笔所接为负极。若显示溢出“0L”，表明二极管反向截止，黑表笔所接为正极，红表笔所接为负极。

进一步确定二极管的质量，交换表笔再测一次，若两次检测均显示“000”说明二极管内部短路；若两次检测均显示溢出“0L”说明二极管内部开路。

2）用 hFE 插孔。将万用表置 NPN 挡，此时 hFE 插孔的电压输出极性是 C 孔为正，E 孔为负。当二极管插入 C 孔和 E 孔后，表内＋2.8V 基准电压可使二极管迅速导通，检测方法如图 5－6 所示。若显示溢出“0L”，说明二极管正向导通，C 孔接的是正极，E 孔接的是负极；若显示“000”，说明二极管反向截止，E 孔接的是正极，C 孔接的是负极。

3）用蜂鸣器挡。数字式万用表的蜂鸣器挡内装有蜂鸣器，当被测线路的电阻小于某一数值时，流过蜂鸣器的电流较大，使蜂鸣器发出响声。将万用表置蜂鸣器挡，两表笔分别接二极管两引脚，若第一次听到蜂鸣器发出声音，第二次调换表笔后没有听到声音，说明在第一次测量中红表笔接的是正极，黑表笔接的是负极。

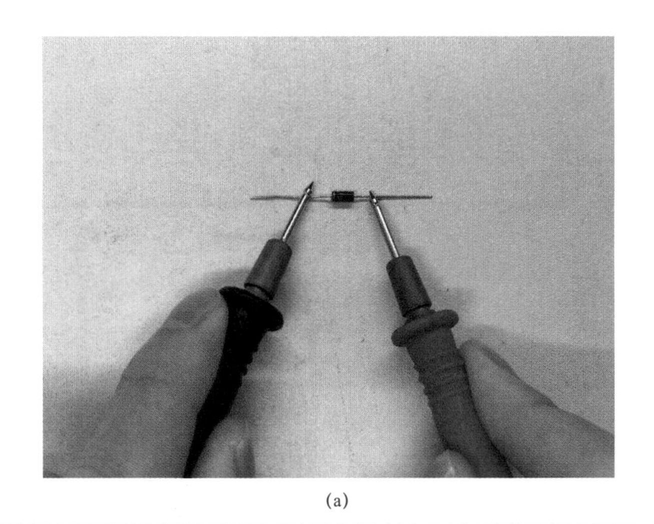

(a)

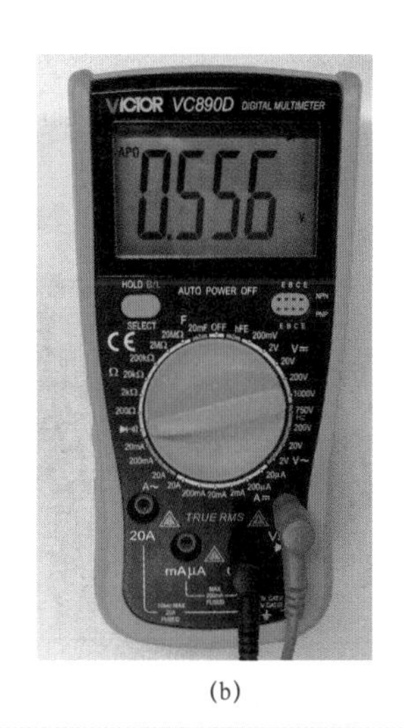

(b)

图 5-5　数字式万用表判别二极管引脚极性

（a）万用表检测二极管正向压降；（b）正向压降示数

图 5-6　用万用表 hFE 插孔检测二极管引脚极性

（2）检测注意事项。

1）用数字式万用表判别二极管引脚极性时，不宜用电阻挡来检测，因为电阻挡所提供的测试电流太小，通常为 0.1μA～0.5mA，而二极管的正、反向电阻与测试电流有很大的关系，从而使测出的电阻与其正常值相差较大，这样会误判。

例如，用 20MΩ挡测量小功率二极管的正向电阻可达几兆欧，反向电阻一般在 20MΩ以上（超出仪表量程），使二极管的单向导电性不明显。

2）由于数字式万用表二极管挡提供的测量电流仅为 1mA，故仅适合测量小功率二极管的正向压降。

3　电阻法判别硅二极管与锗二极管

（1）硅二极管与锗二极管的差别。

1）正向导通电压，硅管比锗管大。硅管的正极电压必须比负极电压高 0.6～0.7V 才能导通，一旦导通，硅管两端的正向压降也就维持在这个数值附近。大功率整流管的压降可接近 1V。锗管的正极电压只要比负极电压高 0.2～0.3V 就可导通。

2）热稳定性，硅管比锗管好。因此，大功率整流管都用硅材料而不用锗材料制造，并且还要附加散热装置。

3）正向电阻，锗管比硅管小。所以高频交流检波电路通常用锗二极管，如 2AP9、2AP10 型等。若这些检波管坏了，不能随便用 2CP 型硅管代换。

（2）硅二极管与锗二极管的判别方法。由于硅二极管正向导通电压比锗二极管大，而反向饱和电流比锗二极管小，这点区别反映在电阻上表现为硅管的正、反向电阻都比锗二极管大，因此我们便可通过测试正向电阻（电阻法）来判别是硅管还是锗管。

将万用表置 R×100Ω挡或 R×1kΩ挡，检测二极管的正向电阻，若指针在表盘刻度中间偏右的位置（4～8kΩ），说明是硅管，检测方法如图 5－4 所示；若指针偏转到靠近 0Ω的位置，说明是锗管，检测方法如图 5－7 所示。

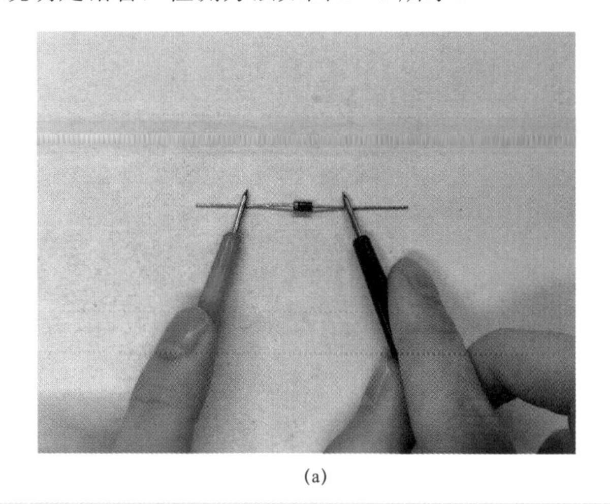

(a)

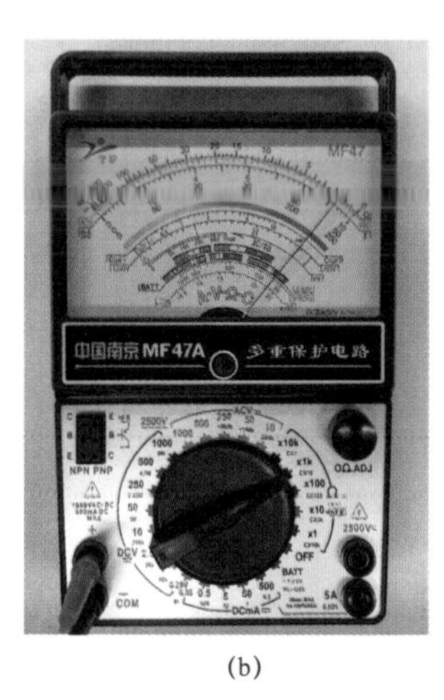

(b)

图 5－7 电阻法判别硅二极管与锗二极管

（a）万用表检测锗二极管正向电阻；（b）正向电阻示数

4 压降法判别硅二极管与锗二极管

由于硅二极管与锗二极管在正向导通时的正向压降有所差异，因此我们可采用测量正向压降的方法（电压法）来判别是硅管还是锗管。

将数字式万用表置二极管挡，红表笔接二极管正极，黑表笔接二极管负极，硅二极管检测方法如图 5－5 所示，锗二极管检测方法如图 5－8 所示。硅二极管应显示 0.550～0.700V，锗二极管应显示 0.150～0.300V。根据两者正向压降的差异，即可判别硅二极管或锗二极管。

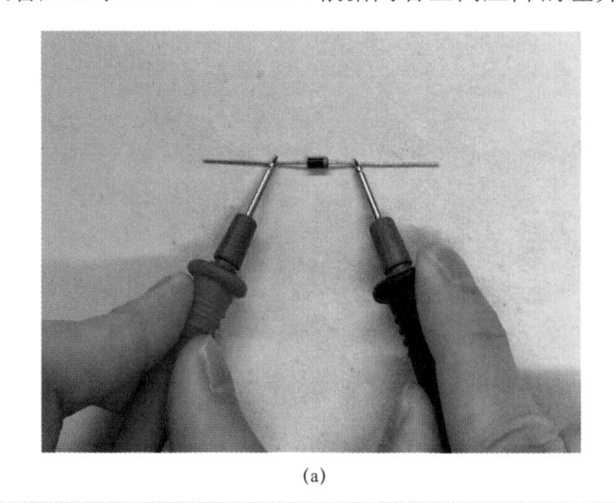

(a)

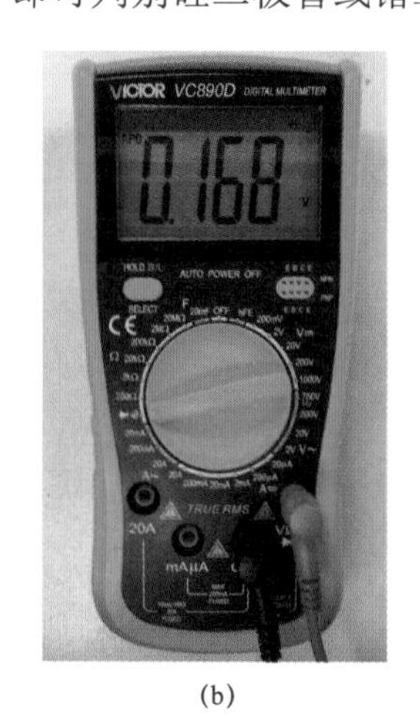

(b)

图 5－8 压降法判别硅二极管与锗二极管

（a）万用表检测锗二极管正向压降；（b）正向压降示数

第二节 特殊晶体二极管

一、整流二极管

1 整流二极管特性及作用

整流二极管主要用于整流电路，即把交流电变换成脉动的直流电。整流二极管一般为硅或锗材料制成的面接触型的二极管，其特点是工作频率低、允许通过的正向电流大、反向击穿电压高、允许的工作温度高。

国产整流二极管有 2DZ、2CZ 系列等。近年来，各种塑料封装的硅整流二极管大量上市，其体积小、性能好、价格低，已取代国产 2CZ 系列整流二极管。塑封整流二极管典型产品有 1N4001～1N4007（1A）、1N5391～1N5399（1.5A）、1N5400～1N5408（3A）等，靠近色环（通常为白色）的引脚为负极。

整流二极管不仅有硅管和锗管之分，而且还有低频和高频之分。硅管具有良好的温度特性及耐压性能，故在电子装置中应用远比锗管广。选用整流二极管时，若无特殊需要，一般宜选用硅二极管。低频整流管又称普通整流管，主要用在 50、100Hz 电源（全波）整流电路及频率低于几百赫的低频电路。高频整流管又称快恢复整流管，主要用在频率较高的电路，如电视机行输出和开关电源电路。

2 整流二极管检测

（1）单向导电性检测，检测方法如图 5－9 所示。由于硅整流管的工作电流较大，因此在用万用表检测其单向导电性时可首先使用 R×1kΩ挡，然后用 R×1Ω挡再复测一次。

R×1kΩ挡的测试电流很小，测出的正向电阻应为几千欧至十几千欧，反向电阻为无穷大。R×1Ω挡的测试电流较大，正向电阻应为几欧至几十欧，反向电阻仍为无穷大。

若测的二极管正向电阻太大或反向电阻太小，都表明二极管的整流效率不高。如果测的正向电阻为无穷大，则二极管内部断路。若测的反向电阻接近于零，则表明二极管已经击穿。内部断路或击穿的二极管都不能使用。

（2）高频、低频管判别。用万用表 R×1kΩ挡检测，一般正向电阻小于 1kΩ的多为高频管，大于 1kΩ的多为低频管。

（3）最高反向击穿电压检测。由于交流电的电流方向不断变化，因此最高反向工作电压就是二极管承受的反向工作峰值电压。需要指出的是，最高反向工作电压并不是二极管的击穿电压，一般情况下的击穿电压比最高反向工作电压约高 1 倍。

粗略的检测方法是：用万用表 R×1kΩ挡检测二极管反向电阻，若指针微动或不动，根据经验，反向击穿电压可达 150V 以上。若其反向电阻越小，则管子耐压越低。

（4）在线判别整流二极管好坏。在线判别整流二极管的好坏，即不用焊下整流二极管，就可检测出其好坏，如图 5－10 所示。

将待测电路接通交流电源，万用表置交流电压挡（根据整流电压范围选定具体挡位），红表笔接整流二极管正极，黑表笔接负极，测得一个交流电压值，表笔对调又测得一个交流电压值。万用表置直流电压挡，测得一个直流电压值。根据上述检测结果进行判别：

1）若第一次测得的交流电压约为直流电压的两倍，而第二次测得的交流电压为零，说明整流二极管是好的。

2）若两次测得的交流电压相差不多，说明整流二极管已击穿。

3）若第二次测得的交流电压值既不为零又不等于第一次测得的交流电压值，说明整流二极管性能变坏。

4）若两次测得的交流电压值均为零，说明整流二极管已短路。

击穿、性能变坏、短路的二极管均应更换。

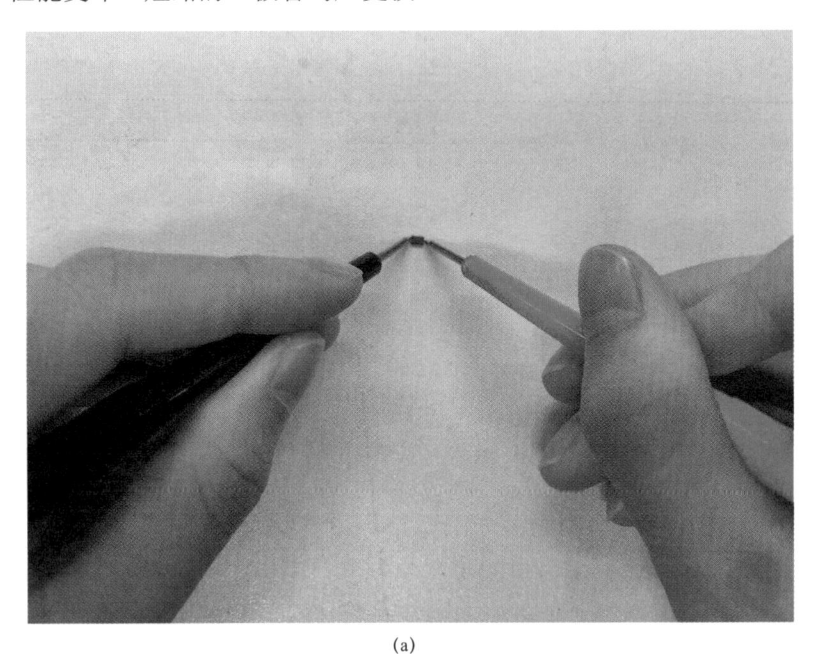

(a)

(b)

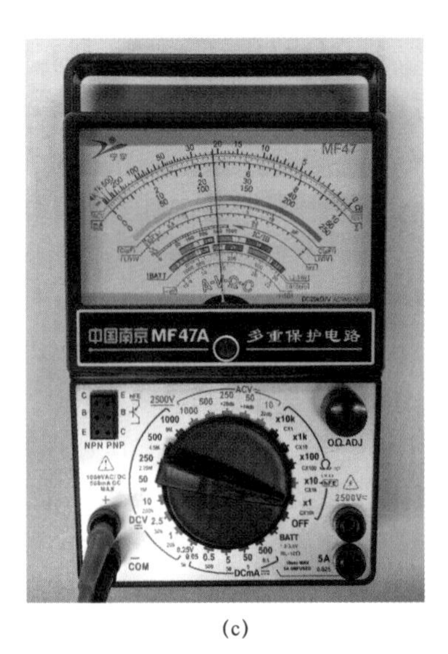

(c)

图 5-9　整流二极管单向导电性检测

（a）万用表检测整流二极管正向电阻；（b）R×1kΩ挡位的正向电阻示数；（c）R×1Ω挡位的示数

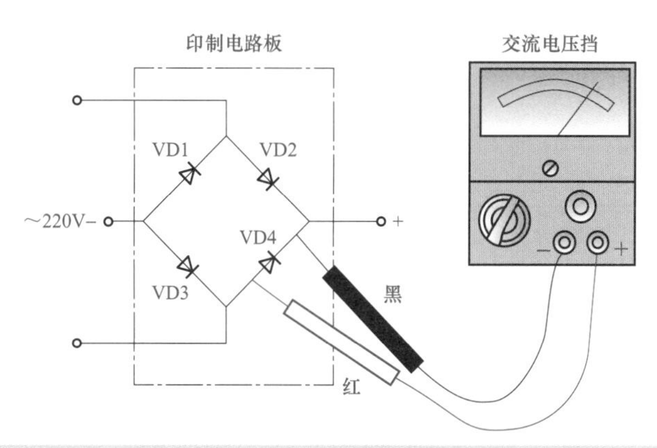

图 5－10　在线判别整流二极管好坏

二、全桥整流桥组件

1　全桥整流桥组件特性及作用

整流桥组件是由几只整流二极管组合在一起的组件，主要有全桥组件和半桥组件两种。全桥组件又称全波桥式整流器，是将四只硅整流二极管接成桥路，再用材料封装而成的半导体器件。它具有体积小、使用方便、各整流管参数一致性好等优点，广泛用于单相桥式整流电路，不足之处是内部若有一只管损坏会影响整个组件工作。

整流桥组件中全桥的常见型号有 QL（国产）、RB（国外）、RS（国外）等。在国产型号中反向峰值电压分挡有 25、50、100、200、400、600、800、1000、1200、1400V 等，正向整流电流的分挡有 0.1、0.3、0.5、1、1.5、2、2.5、3、5、10、20A 等。

整流桥组件外形如图 5－11 所示，它有四个引脚，一般在外壳上都有标明极性。但有些产品标记位置不准确，甚至错位，因此在接入电路前应用万用表仔细检测，核对引脚标记是否正确，如果不正确，应以实测的为准。

图 5－11　全桥整流桥组件外形

2　全桥整流桥组件检测

（1）全桥整流桥组件引脚判别方法。

1）引脚判别。判别引脚时，应先找出直流输出正端 3 脚。假定某脚为 3 脚，将万用表置 R × 1kΩ挡，红表笔接 3 脚，黑表笔分别接 1、2、4 脚，检测方法如图 5－12 所示。

如三次测得的电阻均较小，说明 3 脚确实是输出正极。若三次测试中有一脚通或全不通，说明这个假定是错的，需另行假定 3 脚并重新测试。找出 3 脚后，其余各脚便可确定：

红表笔接 3 脚，黑表笔分别接另外三个脚，其中电阻最大的那只脚为直流输出负端，剩下的两只脚为交流输入端。

2）检测注意事项。

a）万用表电阻挡也可选择 R×100Ω、R×10Ω或 R×1Ω挡测量，整流桥都不会损坏，此法也适合用来检测半桥整流桥。

b）当两只整流二极管相串联时，测量它们的正向电阻要比单独测量每只管子正向电阻后再相加的数值大一些。其原因是整流管属于非线性器件，正向电阻的大小还与正向电流的大小有关。

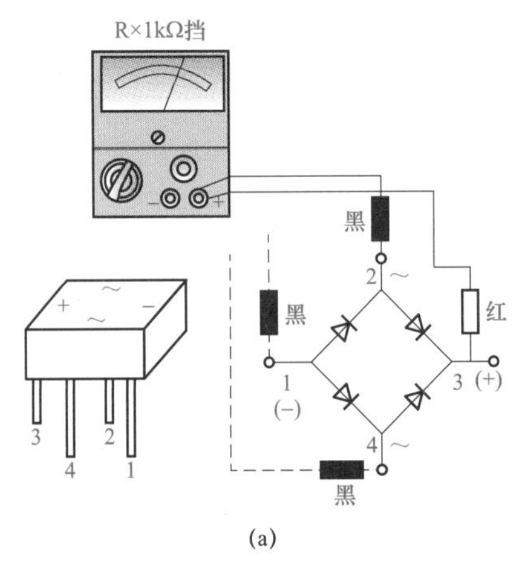

(a)

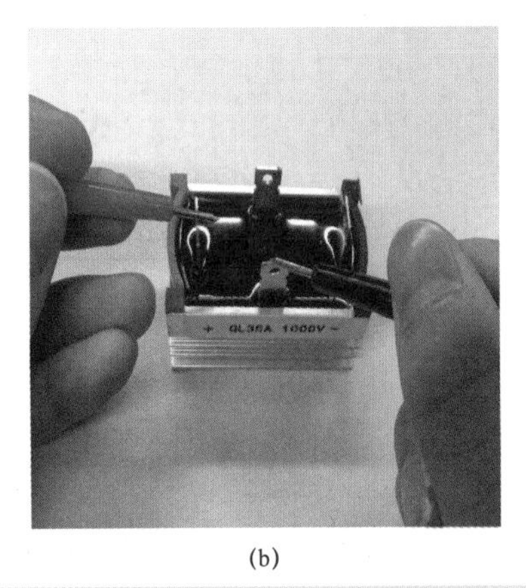

(b)

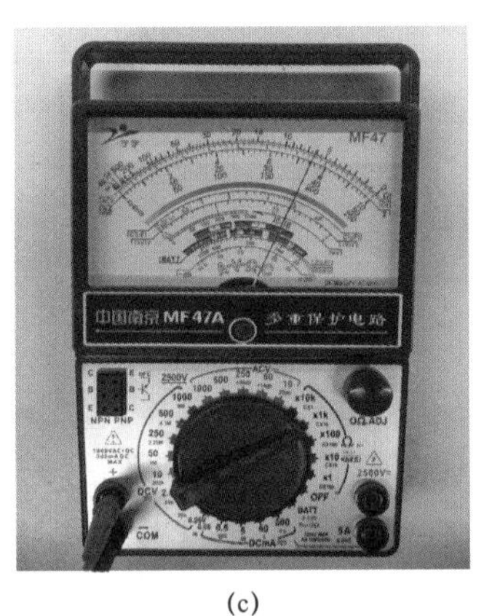

(c)

图 5－12 全桥组件引脚判别

（a）全桥组件引脚检测示意图；（b）万用表检测全桥组件 1、3 脚正向阻值；（c）1、3 脚正向阻值示数

（2）全桥整流桥组件好坏的判别。根据全桥组件的内部结构，可用万用表方便地判断好坏。先将万用表置于 R×10kΩ挡，测量全桥交流电源输入端的正、反向电阻，检测方法如图 5－13 所示。

由电路结构可知，无论红、黑表笔怎样交换测量，由于左、右每边的两个二极管都有一个处于反向接法，所以良好的全桥组件交流输入端电阻应为无穷大。若交流输入端电阻不为无穷大，说明全桥组件中必有一个或多个二极管漏电。若电阻只有几千欧，说明全桥组件中有个别二极管已经击穿。

但只测交流输入端电阻，对于全桥组件中的开路性故障和正向电阻变大等性能不良的故障是检查不出来的，因此，还需测量 1、2 脚正向电阻。将万用表置 R×1kΩ挡，红表笔接 2 脚，黑表笔接 1 脚，检测方法如图 5－14 所示。

直流输出端正向电阻一般为 8～10kΩ，若小于 6kΩ，说明 4 个二极管中有一个或两个已经损坏，若大于 10kΩ，说明全桥组件中二极管存在正向电阻变大或开路性故障。

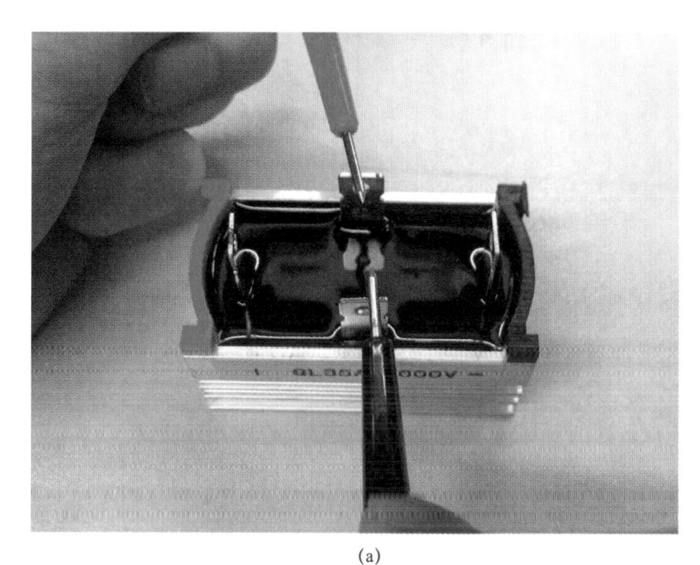

(a)

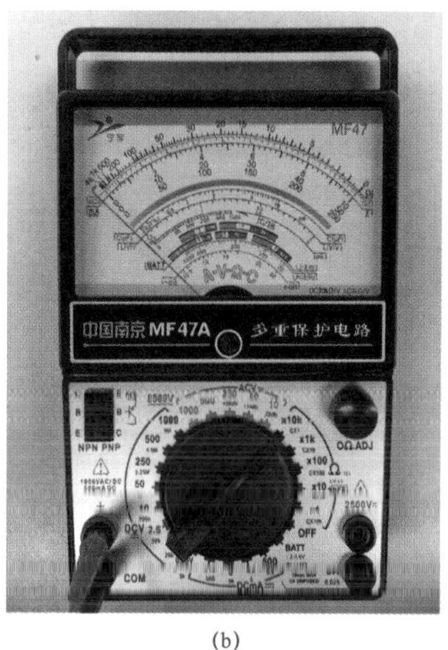

(b)

图 5－13　全桥组件交流输入端阻值检测

（a）万用表检测交流输入端电阻；（b）阻值示数

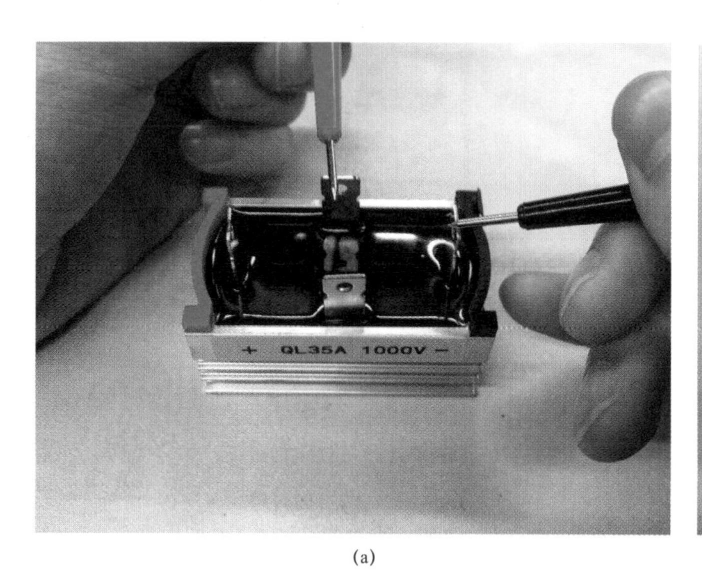

(a)

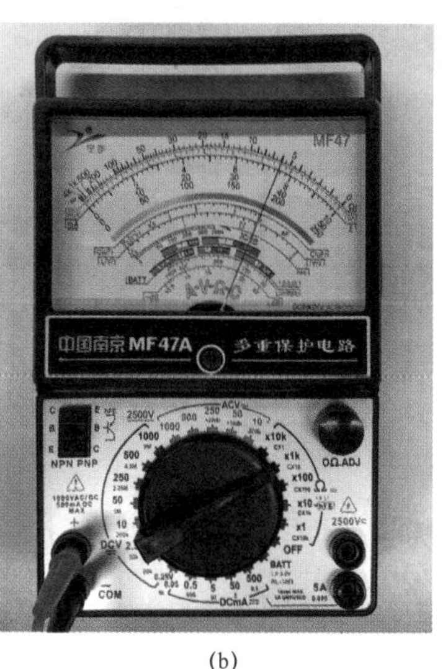

(b)

图 5－14　全桥组件 1、2 脚正向阻值检测

（a）万用表检测 1、2 脚正向电阻；（b）阻值示数

三、半桥整流桥组件

1　半桥整流桥组件特性及作用

半桥组件又叫整流半桥，是把两只整流二极管按一定方式连接起来并封装在一起的整流器件。在电路中，可用一个半桥组件组成全波整流电路，或用两个半桥组件组成全波桥式整流电路。整流半桥的型号较多，主要有 1/2QL0.5A/50～1000V、1/2IL1A/50～1000V、1/2IL1.5A/50～1000V 等。

2　半桥整流桥组件检测

半桥组件内部的两只二极管是相互独立的，因此可用万用表判别其好坏，检测方法如图 5－15 所示。将万用表置 R×10Ω挡，测两只二极管正向电阻，应为几十欧，万用表置 R×10kΩ挡，测其反向电阻，应为无穷大，否则说明二极管是坏的，不能使用。

(a)

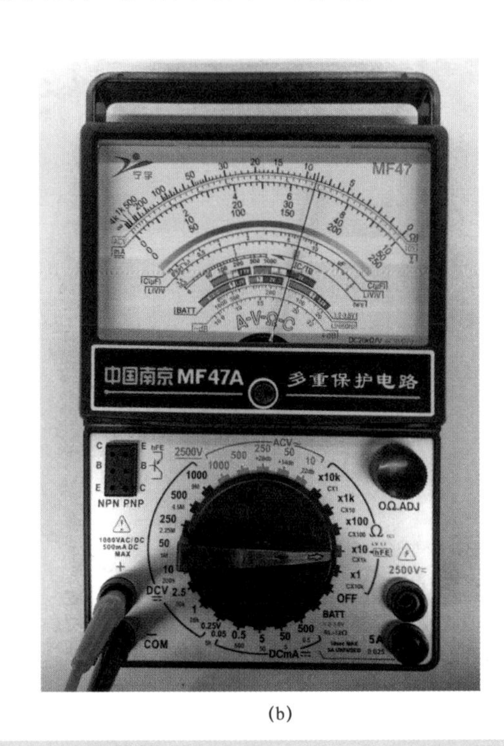

(b)

图 5－15　半桥组件好坏判别

（a）万用表检测半桥组件正向电阻；（b）阻值示数

四、高压硅堆

1　高压硅堆特性及作用

单独一个硅二极管耐压有限，如果把许多个硅二极管串接起来封装在一个器件中，就叫作高压硅堆，简称硅堆。它在高压电路中相当于一个单独的二极管，起到高压整流、隔离、保护等作用。硅堆外面用高频陶瓷封装，常见的有 2DGL 和 2CGL 系列。

高压硅堆的最高反向峰值电压取决于管内二极管的个数，一般标在封装面上，工作电压可达几千伏至几万伏。

2 高压硅堆检测

（1）电阻法检测高压硅堆。判别硅堆好坏及正、负极性，可以采用电阻法，将万用表置 R×10kΩ挡，检测方法如图 5－16 所示。测其正向电阻时，万用表指针略有摆动，大约为几百千欧；测其反向电阻时，指针应不动（无穷大），否则说明是坏的，不能使用。

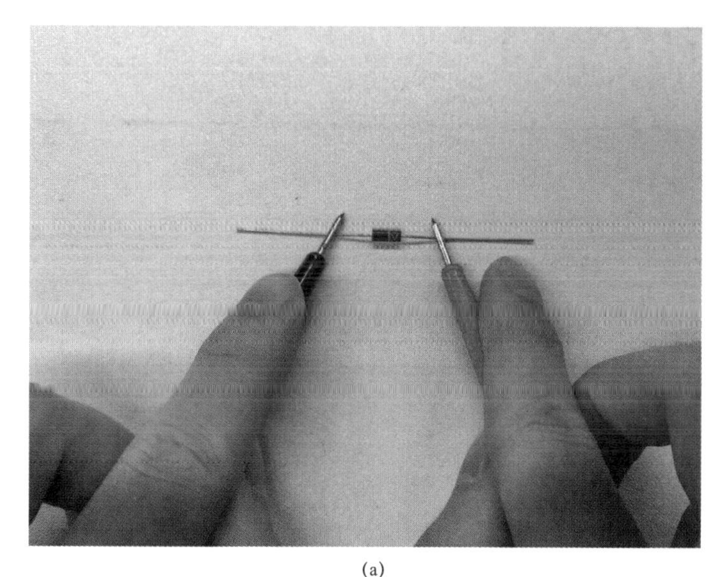

(a)

(b)

图 5－16 电阻法检测高压硅堆

（a）万用表检测高压硅堆正向电阻；（b）阻值示数

（2）电压法检测高压硅堆。利用高压硅堆的整流功能，可以采用电压法对其进行检测。将万用表置直流电压 250V 或 500V 挡，并与高压硅堆串联后，接在 220V 交流电源上，高压硅堆与万用表就构成了一只半波整流式交流电压表，检测方法如图 5－17 所示。万用表指示值反映了半波整流后的电流平均值。

正向连接时，万用表读数在 30V 以上即为合格；反向连接时，万用表指针应反向偏转，若指针不动，可能是高压硅堆内部断路，使电流不能通过万用表，但也可能已击穿短路。短路时交流电压虽能直接加于万用表，由于交流电频率为 50Hz，万用表指针来不及摆动，总是处于零位。因此，判别硅堆短路还是断路，只要把万用表的量程开关拨至交流电压 250V 或 500V 挡，若读数为 220V，则证明高压硅堆短路，若此时读数为零，则表明高压硅堆内部已断路。

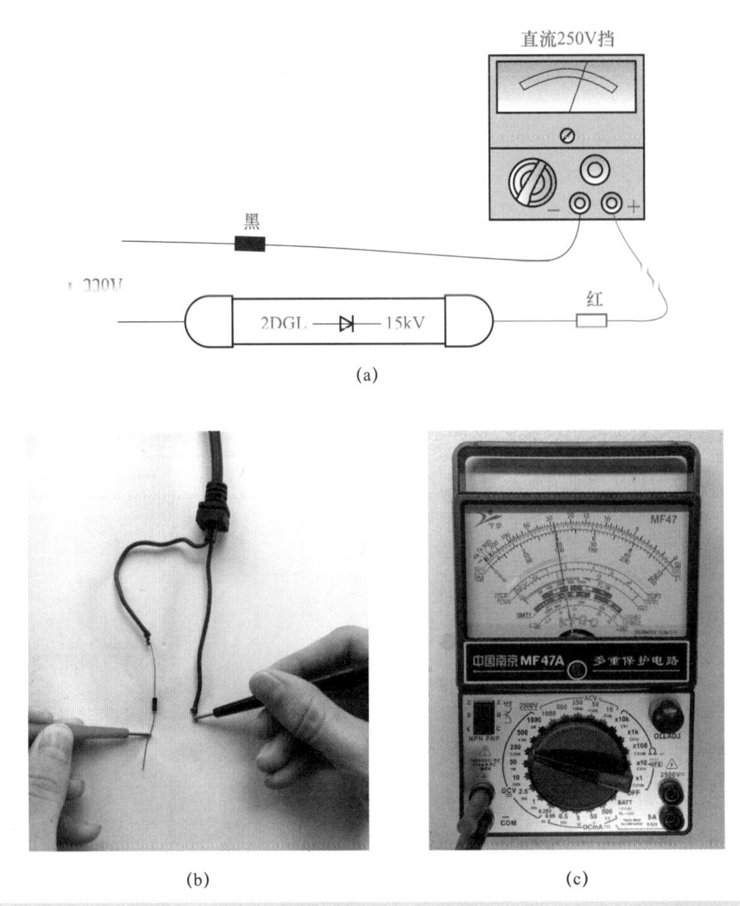

图 5－17 电压法检测高压硅堆

（a）检测示意图；（b）高压硅堆正向连接检测电路；（c）万用表电压示数

五、稳压二极管

1 稳压二极管特性及作用

稳压二极管又称齐纳二极管，是一种工作于反向击穿状态下、具有稳压特性的半导体元件。稳压二极管一般采用硅材料，其热稳定性比锗材料的要好得多，主要用来稳定直流电压，也用于开关电路、浪涌保护电路、偏置电路和直流电平偏移电路等。

稳压二极管正向特性和普通二极管相似，而反向特性则不同。若在其两端加上反向电压，在被击穿前，其反向特性和普通二极管一样。但击穿后，反向特性表现为在极小的电压变化范围内，其电流在较大的范围内变化，即稳压二极管反向击穿后，尽管流过的电流变化很大，但其两端的电压却基本保持不变，稳压二极管就是利用这种反向特性达到稳压的目的。只要反向电流限制在一定范围内，稳压二极管虽击穿却不损坏。

稳压二极管的种类很多，从稳压值大小来分有低压、高压两种，低压管的稳定电压一般在 40V 以下，高压管最高可达 200V。从本身消耗的功率大小来分，有小功率稳压二极管（1W 以下）和大功率稳压二极管。从内部结构来分，有普通稳压二极管和温度互补型稳压二极管（也称精密稳压二极管）。

稳压二极管的封装形式有塑料封装、金属封装和玻璃封装。目前应用较多的为塑料封装稳压二极管，其规格齐全（稳定电压为 2.4～200V）、稳压性能好、体积小、价格低，最大功耗有 0.5、1.5W 两种。常用的稳压二极管有 2CW、2DW、1N46、1N47、1N52、1N59 等系列。

2 稳压二极管检测

（1）稳压二极管性能的检测。稳压二极管正、负极判别方法与普通二极管基本相同。因稳压二极管未工作于反向击穿区，同普通二极管一样具有单向导电特性，所以可用万用表 R×1kΩ挡（万用表的电池电压不能大于被测管的稳压值），红、黑两表笔接稳压管两端，测出一个阻值，检测方法（例 BZX84－C3V3），如图 5－18 所示。

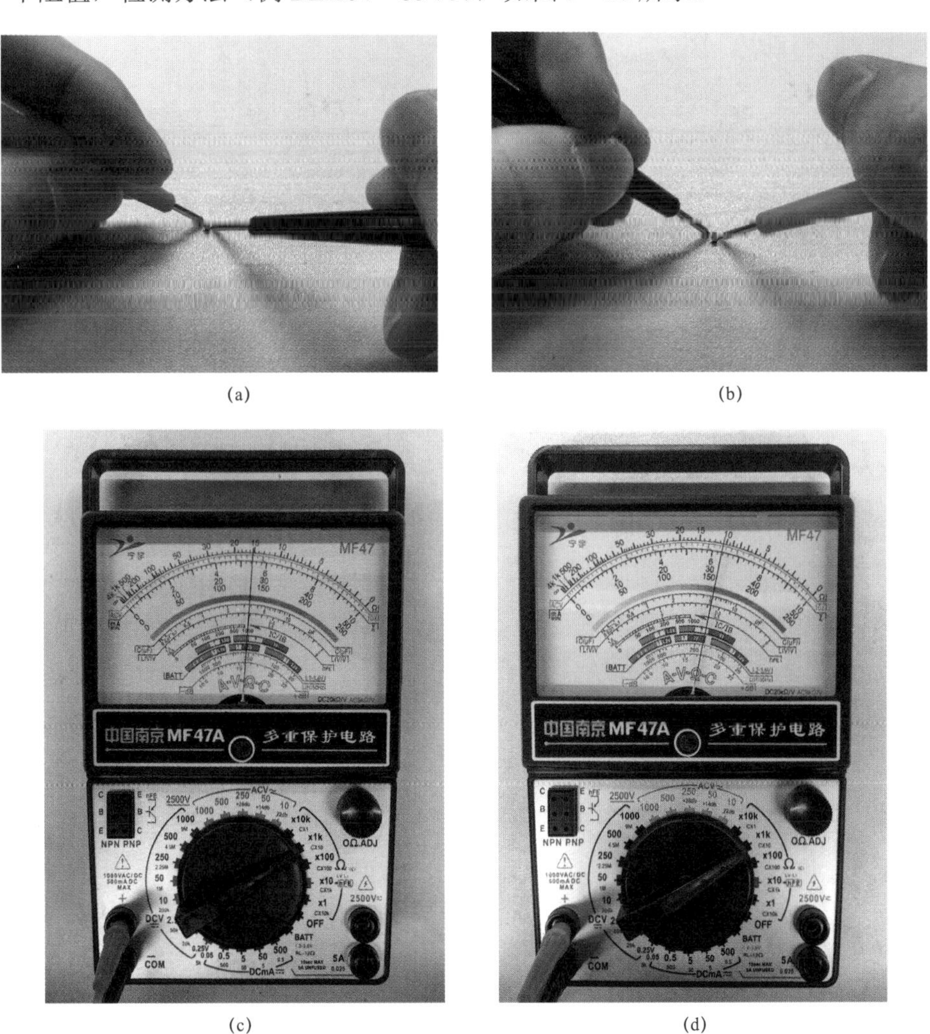

(a)　(b)　(c)　(d)

图 5－18　稳压二极管性能检测

（a）万用表检测反向电阻；（b）万用表检测正向电阻；（c）反向电阻示数；（d）正向电阻示数

交换表笔再测出一个阻值，两次测得的阻值应一大一小，阻值较小的一次即为正向接法，此时黑表笔所接为正极，红表笔所接为负极。

比较两次检测结果，正向电阻越小而反向电阻越大，说明稳压二极管性能越好。如果正、反向阻值均很大或很小，说明稳压二极管开路或击穿短路。若是正、反向电阻比较接近，说明稳压二极管已失效。开路、短路、失效的稳压二极管不能使用。

（2）稳压二极管在线的检测。如果待测稳压二极管已经接在了某一个具体的电路中（在线），则检测步骤如下：将万用表置直流电压挡，两表笔分别接稳压二极管两端，检测方法如图 5－19 所示。若测得的值为零，说明已损坏；若测得的值远大于稳压值，说明内部已断路；若测得的值近似等于稳压值，说明性能良好。检测过程中若万用表指示的电压不稳定，说明热稳定性差。

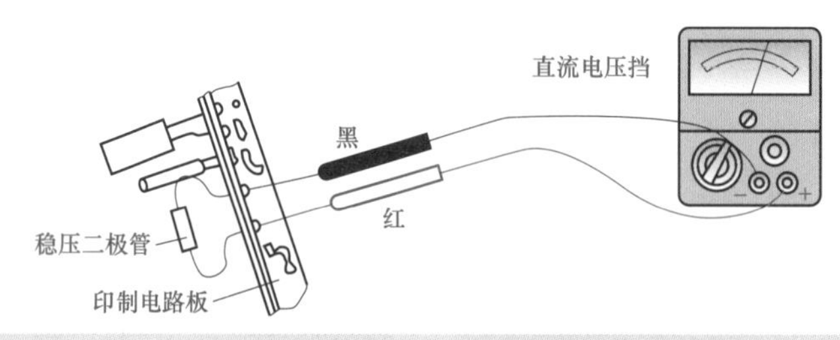

图 5－19　稳压二极管在线检测

（3）稳压二极管稳压值的简易测试法。

1）稳压二极管稳压值的测试方法。根据稳压二极管工作于反向击穿状态下的特点，我们可以利用万用表电阻挡提供的测试电压将其击穿，然后测出其稳压值大小。

由于万用表的低阻挡表内电池电压为 1.5V，不足以使稳压二极管反向击穿，所以将万用表置高阻挡 R×10kΩ挡，此时表内电池电压为 9V、15V 或 22.5V（视万用表型号不同而不同），检测方法如图 5－20 所示。

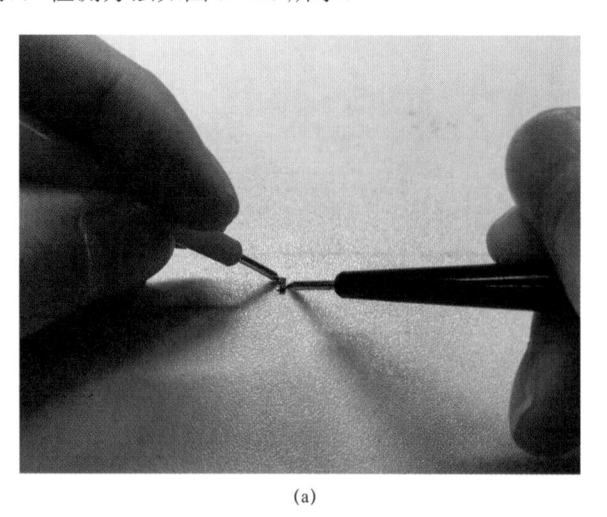

(a)

(b)

图 5－20　稳压二极管稳压值简易检测

（a）万用表检测稳压二极管稳压值；（b）稳压值示数

红表笔接稳压二极管正极，黑表笔接负极，待指针偏转到一稳定值后，读出万用表的直流电压挡 DC10V 刻度线上指针所指示的值，注意不要读欧姆刻度线上的值，然后用下式计算稳压值：

稳压值（V）=（10V－读数值）×1.5 V

此法可测出稳压值低于万用表高阻挡所提供的测试电压的稳压二极管稳压值。

2）检测注意事项。

a）当指针偏转到一稳定值后，注意不要读欧姆刻度线上的值。

b）此种方法测试稳压二极管的稳压值要受到万用表高阻挡提供的电池电压大小的限制，即只能测量高阻挡所用电池电压以下稳压值的稳压二极管。

（4）稳压二极管稳压值的外接电源检测法。

1）稳压二极管稳压值的检测方法。稳压二极管稳压值外接电源检测电路如图 5－21 所示。图中 R 为限流电阻，用来保护稳压二极管，阻值不能太小，可取 500Ω或 1kΩ；R_P 为滑动变阻器（额定功率为 5W 或 10W）；PV 为直流电压表；VS 为被测稳压二极管；直流稳压源输出 0～30V。

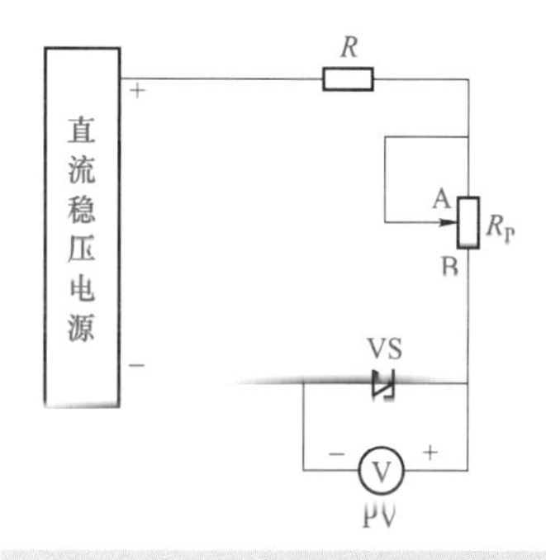

图 5－21　稳压二极管稳压值检测

检测时，先将稳压电源输出电压调在 15V，慢慢减小 R_P 阻值（把变阻器的触头 A 向 B 移动），使加在稳压二极管上的电压逐渐升高，若稳压二极管两端的电压突然减小，且 R_P 的阻值再减小时，稳压二极管两端电压基本保持不变，说明稳压二极管已工作在稳压状态（击穿状态），此时万用电表指示值就是稳压二极管的稳压值。

2）检测注意事项。在检测中，若无论如何调节 R_P，都找不到稳压值，即电流不急剧增大或稳压二极管两端的电压不停变化，则说明稳压二极管未击穿。这时应调节直流稳压源以增大电压，或换上阻值比原来小得多的限流电阻。

（5）稳压二极管与普通二极管的判别。

1）稳压二极管与普通二极管的判别方法。常用稳压二极管外形与普通小功率整流二极管基本相似，但可根据壳体上的型号加以判别，当型号不清时可用万用表电阻挡判别。

稳压二极管的判别方法：将万用表置 R×1kΩ挡，先判定被测二极管的正、负极，再把万用表置 R×10kΩ挡，一般表内电池电压为 9V、15V 或 22.5V（视万用表型号不同而不同），红表笔接正极，黑表笔接负极。

若是普通二极管，由于普通二极管的反向击穿电压都大于 25V，所以正、反向电阻差别很大（正向约为几千欧，反向接近无穷大）。若是稳压值低于 9V 的稳压二极管，其正向电阻为几千欧，反向电阻也为几千欧，这是由于万用表的测量电压大于稳压二极管的反向击穿电压，导致了稳压二极管的反向击穿。

所以用万用表高阻挡检测二极管时，正、反向电阻差别大的是普通二极管，接近的是稳压二极管。

2）检测注意事项。

a）如果普通二极管的反向击穿电压低于万用表高阻挡内部电池的电压（一般为 9V、

15V 或 22.5V），则普通二极管被反向击穿，这种方法就不适用。

b）如果稳压二极管的稳压值高于万用表高阻挡内部电池的电压（一般为 9V、15V 或 22.5V），则稳压二极管无法被反向击穿，这种方法也不适用。

六、精密稳压二极管

1 精密稳压二极管特性及作用

2DW7A～2DW7C 型（新型号 2DW230～236）精密稳压二极管，具有良好的温度补偿作用，稳定性能好，常用于精密电子稳压电路中。精密稳压二极管属三端元件，它由两个 PN 结串联形成共阳极或共阴极结构。工作时一个反向击穿，起稳压管作用；另一个正向导通，起温度补偿作用。由于管压降与温度的变化特性止好相反，所以两者能起到互补的作用，以获得良好的温度稳定性。因此，精密稳压二极管的稳压值是稳压管电压和二极管正向压降之和。

2 精密稳压二极管检测

（1）精密稳压二极管极性的判别方法。精密稳压二极管的极性判别，以共阴极的稳压二极管 2DW232 为例：可将万用表置 R×1kΩ挡，检测方法如图 5-22 所示。先假定某只脚为 3 脚，用红表笔接 3 脚，黑表笔分别接另外两脚，如果这时阻值均较小，则假定的 3 脚是对的。将管脚正对自己，从 3 脚起沿逆时针方向数，分别是 2 脚、1 脚。如果所测出的阻值均很大，说明假定的 3 脚不对，应重新假定 3 脚，再按上述方法检测，直到找到 3 脚。

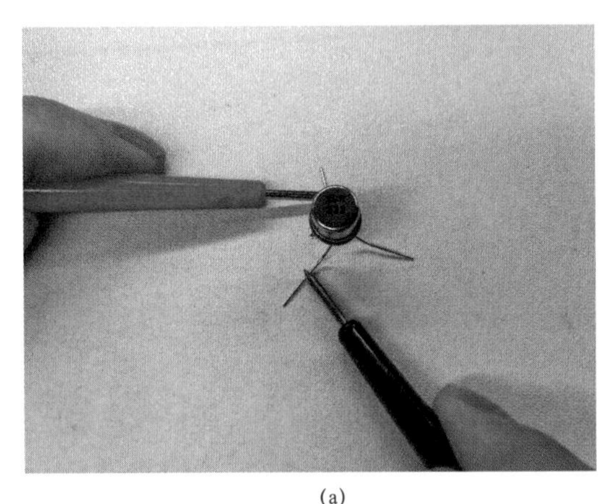
(a)

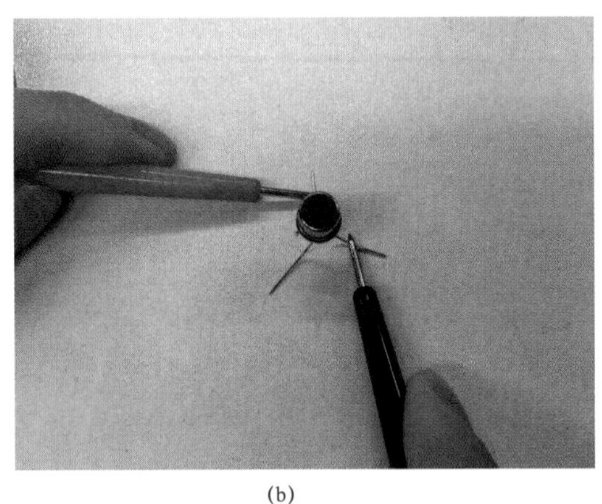
(b)

图 5-22 精密稳压二极管极性判别（一）
（a）万用表检测 2、3 脚正向电阻；（b）万用表检测 1、3 脚正向电阻

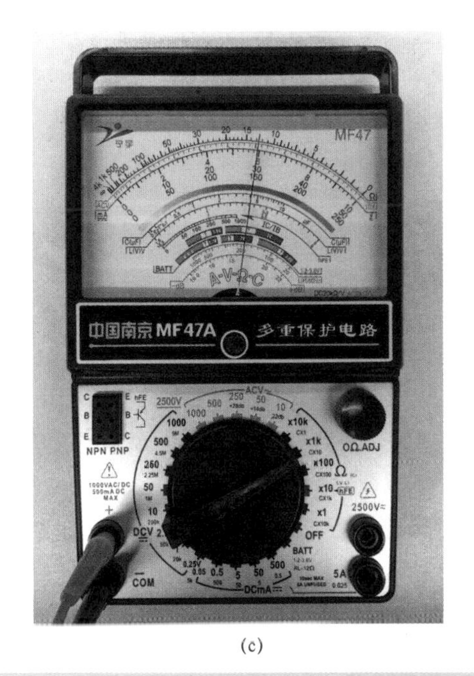

(c)

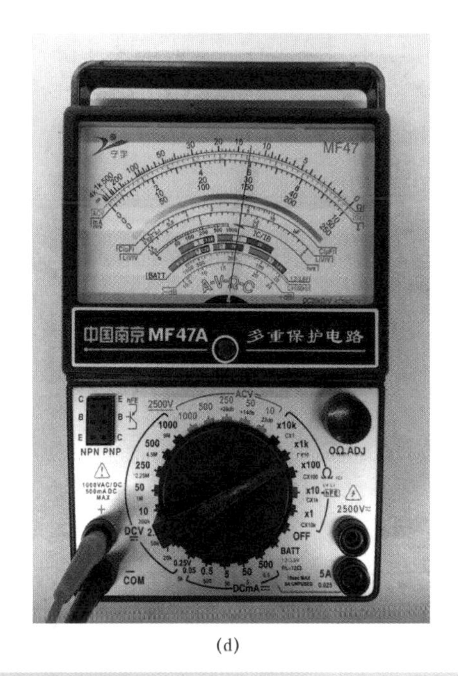

(d)

图 5－22　精密稳压二极管极性判别（二）
（c）2、3 脚正向电阻示数；（d）1、3 脚正向电阻示数

（2）精密稳压二极管好坏的检测方法。对极性清楚的 2DW232 型精密稳压二极管，可对其进行好坏的判别。将万用表置于 R×1kΩ挡，红表笔接 3 脚，黑表笔分别接 1、2 脚。若万用表指示值接近（约 13kΩ），说明稳压二极管是好的。若两个阻值均为无穷大，说明内部已断路。若一个阻值为 13kΩ，另一个阻值为无穷大，说明一个 PN 结已开路，另一个 PN 结仍可使用。若两个 PN 结阻值均接近或等于零，说明已击穿短路。

七、肖特基二极管

1　肖特基二极管特性及作用

肖特基势垒二极管（SBD）简称肖特基二极管或肖特基管，是以发明人德国物理学家肖特基（Schottky）博士的名字命名的。肖特基二极管属于低压、低功耗、大电流、超高速半导体功率元件，其反向恢复时间极短（可小到几纳秒），正向导通压降仅 0.2～0.3V，整流电流可达几十至几百安，但反向耐压较低（小于 100V），适合作开关电源中的低电压、大电流整流（续流）二极管。

肖特基二极管是利用金属－半导体结作为肖特基势垒，以产生整流的效果，与一般二极管中由 P 型半导体与 N 型半导体产生的 PN 结不同。肖特基势垒的特性使得肖特基二极管的导通电压降较低，而且可以提高导通切换到不导通的速度。

肖特基二极管和一般二极管最大的差异在于反向恢复时间，也就是二极管由流过正向电流的导通状态切换到不导通状态所需的时间。一般二极管的反向恢复时间大约是数百纳秒，若是高速二极管则会低于 100ns。而小信号的肖特基二极管的反向恢复时间约为几纳秒至十纳秒，特殊的大容量肖特基二极管的反向恢复时间也才数十纳秒。

常用的有引线式肖特基二极管型号有 1N5817、1N5819、MBR1045、MBR1545、MBR2535、MBR20200、D80－004和B82－004等，中、小功率肖特基二极管大多采用TO－220封装。

2 肖特基二极管检测

利用数字式万用表的二极管挡可以很容易识别肖特基二极管，进而可确定其内部结构及电极。被测管为 1N60PW 型肖特基二极管，将数字万用表拨至二极管挡，测得其正向压降为 0.329V，反向压降为无穷大，如图 5－23 所示。

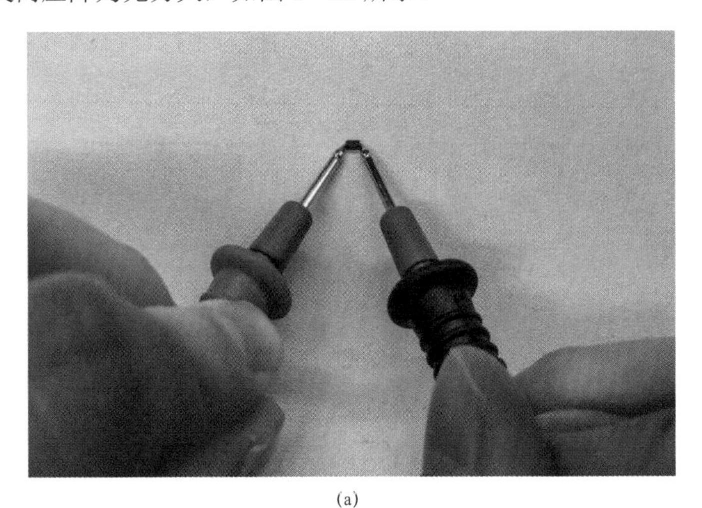

(a)

(b)

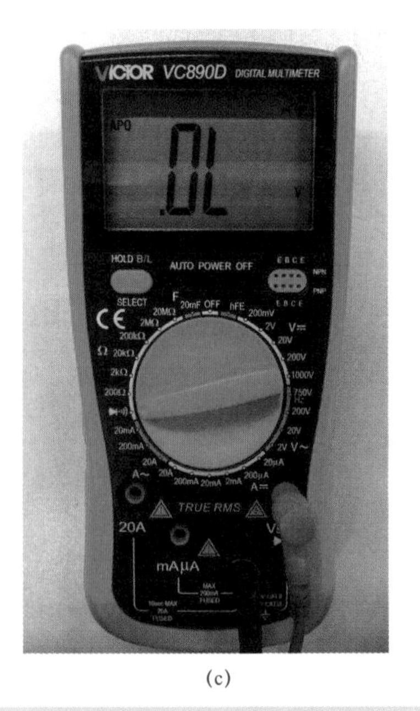

(c)

图 5－23 肖特基二极管检测

(a) 万用表检测肖特基二极管；(b) 正向压降；(c) 反向压降

八、变容二极管

1　变容二极管特性及作用

变容二极管是利用反向偏压来改变 PN 结电容量的特种半导体器件，结电容量的变化范围很大，可由几皮法变到 300pF。

它本质上属于反向偏压的二极管，其结电容就是耗尽层的电容。变容二极管结电容的大小与其 PN 结上的反向偏压大小有关。反向偏压越高，结电容越小，且这种关系是呈非线性的。由此可见，变容二极管相当于一个受电压控制的微调电容，通常在高频调谐、通信等电路中作为可变电容器使用，并与其他元件一起构成 VCO（压控振荡器）。现已广泛用于电子调谐器中，通过控制直流电压来改变其结电容量，即可选择某一频道的谐振频率。

变容二极管有玻璃外壳封装（玻封）、塑料封装（塑封）、金属外壳封装（金封）和无引线表面封装等多种封装形式。通常，中小功率的变容二极管采用玻封、塑封或表面封装，而功率较大的变容二极管多采用金封。常用的国产变容二极管有 2CC、2AC、2CB 系列，常用的进口变容二极管有 S、MV、KV、1T、1SV 系列等。变容二极管常见外形如图 5－24 所示。

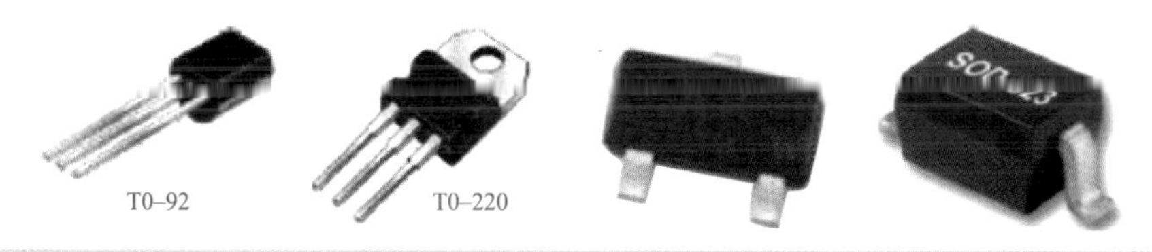

图 5－24　变容二极管外形

有的变容二极管的一端涂有黑色标记，这一端是负极。还有的变容二极管的管壳两端分别涂有红色环和黄色环，红色环的一端为正极，黄色环的一端为负极。

2　变容二极管检测

（1）指针式万用表检测。变容二极管与普通二极管一样，都具有单向导电性。因此，测正向电阻时，万用表置 R×1kΩ挡，正向电阻通常为几千欧，正向电阻过大则变容二极管质量很差。测反向电阻时，万用表置于 R×10kΩ挡，反向电阻应显示为无穷大。若发现万用表指针略有偏转，说明变容二极管质量不佳或已损坏。如测得的正、反向电阻均为零或无穷大，表明变容二极管已短路或内部开路，不能使用。

（2）数字式万用表检测。

1）判别极性。用数字万用表的二极管挡，通过测量变容二极管的正、反向压降来判断其正、负极性。正常的变容二极管，其正向压降为 0.58～0.65V，其反向压降应显示为溢出符号“0L”。在测量正向压降时，红表笔接的是靠近变容二极管红色环的正极，黑表笔接的是负极。

2）结电容检测。首先关掉数字式万用表的电源，将挡位拨至 2000pF 电容挡。由于在 Cx 插口中靠上的一个孔是接仪表内部的高电位，所以要把变容二极管的负极插入上边插口中，而将正极插入下边插孔，以保证施以反向偏压。然后打开电源，可观察到显示器出现的数字从1000多迅速减小，最后稳定在几十，这就是被测变容二极管的结电容，单位为pF。

若观察到显示器出现溢出符号“0L”，说明变容二极管内部短路，但也可能是管子的极性插反，加上正向偏压了。为此可改变极性重插一次，如果仍显示溢出，即可判定管子已短路。若显示“000”，证明管子已开路。

（3）检测注意事项。

1）测量变容二极管反向电阻时，一定要用万用表高电阻挡，如R×10kΩ挡，这样可获得较高的测试电压，使变容二极管的结电容变小，以保证检测的准确性。

2）在测量变容二极管结电容之前，应首先将变容二极管短路放电，然后再插入Cx插口中检测，否则观察不到上述变化过程。

3）使用数字式万用表测量结电容时，必须先调整好2000pF电容挡的零点。

4）变容二极管的结电容标称值还与环境温度有关，最好在25℃室温下测量。

九、快恢复和超快恢复二极管

1 快恢复和超快恢复二极管特性及作用

快恢复二极管（FRD）和超快恢复二极管（SRD）是极有发展前景的电力、电子半导体元件，其开关特性好、反向恢复时间短、耐压高、正向电流大、体积小、安装简便，可广泛用于脉宽调制器、开关电源、不间断电源、高频加热装置、交流电机变频调速装置等，可用作高频大电流整流二极管、续流二极管或阻塞二极管。

快恢复和超快恢复二极管的一个重要参数是反向恢复时间，其定义是电流流过零点由正向转换反向，再由反向转换到规定值时的时间间隔。比如，当某一电路中的普通二极管刚通过周期性脉冲的正向部分，还来不及反向截止，反向脉冲部分就已经涌来了，这势必给此类二极管带来较大的反向电流，使二极管结间温度上升。结间温度上升又会使反向电流增大、耐压降低，最终导致二极管击穿。如果将电路中的普通二极管换成快恢复和超快恢复二极管，则可避免出现上述后果。

快恢复和超快恢复二极管的反向恢复时间一般为几百纳秒，正向压降约为0.6V，正向电流为几安培至几千安培，反向峰值电压可达几百至几千伏。

20～30A及以下的快恢复、超快恢复二极管大多采用TO－220封装，30A以上一般采用TO－3P金属壳封装，更大容量的（几百安至几千安）采用螺栓或平板形封装。图5－25（a）为C20－04型快恢复二极管（单管）的外形及内部结构，图5－25（b）～（d）分别为C92－02型（共阴对管）、MUR1680A型（共阳对管）、MUR3040PT（共阴对管，管顶带小散热板）超快恢复二极管的外形及内部结构，它们多采用TO－220封装。

2 快恢复和超快恢复二极管检测

（1）快恢复和超快恢复二极管性能的检测方法。在业余条件下，可利用万用表电阻挡检测快恢复及超快恢复二极管的单向导电性：先用R×1kΩ挡检测其单向导电性，一般正向电阻为4.5kΩ左右，反向电阻为无穷大。再用R×1Ω挡复测一次，一般正向电阻为几欧，反向电阻仍为无穷大。正向电阻的差别是由于R×1Ω挡的测试电流较其他电阻挡都大的缘

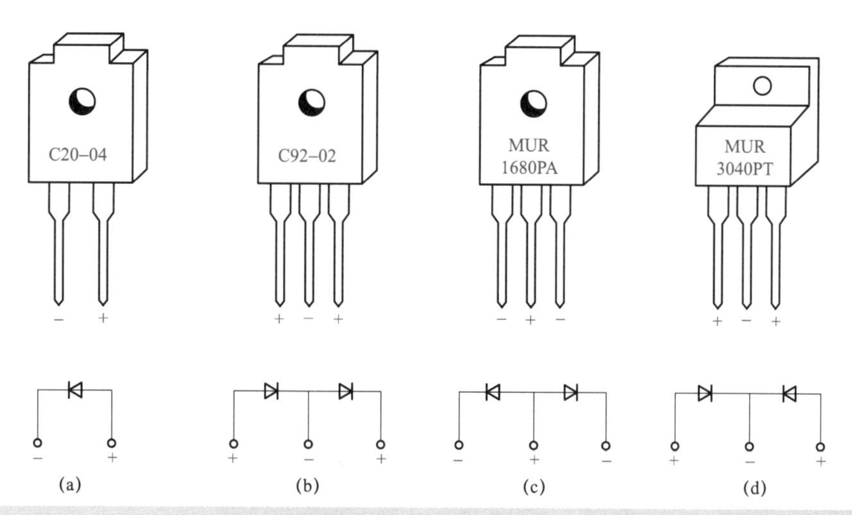

图 5-25　快恢复及超快恢复二极管外形及内部结构

（a）C20-04 型（单管）；（b）C92-02 型（共阴对管）；（c）MUR1680A 型（共阳对管）；（d）MUR3040PT

故。对管形式的快恢复二极管，分别检测两个二极管即可。

（2）检测注意事项。

1）检测时应注意，单管中也有三个管脚的，中间为空脚，一般在出厂时剪掉，但也有不剪的。

2）当检测出对管中有一只管子损坏时，另一只管子仍可用作单管。

十、恒流二极管

1　恒流二极管特性及作用

恒流二极管（CRD）是一种半导体恒流元件，属于两端结型场效应恒流器件，能在较宽的电压范围内输出恒定的电流。在正向工作时存在一个恒流区，在此区域内恒定电流不随输入电压变化，其反向工作特性则与普通二极管的正向特性有相似之处。

恒流二极管恒定电流一般为 0.2～6mA，具有直流等效电阻低、交流动态阻抗高、温度系数小等特点。恒流二极管的正向击穿电压通常为 30～100V，恒流二极管在零偏置下的结电容近似为 10pF，进入恒流区后降至 3～5pF。频率响应为 0～500kHz，当工作频率过高时，结电容的容抗迅速减小，动态阻抗降低，导致恒流特性变差。

常用的国产 2DH 系列恒流二极管有 2DH0、2DH00、2DH100、2DH000 四个子系列，恒流区间可提供 0.2～6mA。常用的进口恒流二极管，主要以日本和韩国为代表，日本产的恒流区间可提供 0.01～18mA，韩国产的恒流区间可提供 18～60mA。由于恒流二极管价格较低、使用简便，目前已被广泛用于仪器仪表、机器设备及 LED 照明领域。

2　恒流二极管检测

（1）恒流二极管性能的检测方法。恒流二极管性能的检测方法（例如 NSI45090JDT4G）如图 5-26 所示。

将万用表置于 R×10Ω挡，先测正向电阻，恒流二极管正常时正向电阻大于反向电阻（这与普通二极管不同），否则说明恒流二极管性能变差或已损坏。

上述检测中测得的电阻大时，黑表笔接的是正极，红表笔接的是负极，由此可判别恒流二极管的极性。

（2）检测注意事项。

1）检测恒流二极管时极性不得接反，否则不但起不到恒流作用，还容易烧毁管子。

2）由于各种恒流二极管的恒流值一般为零点几毫安，最大为几毫安至十几毫安，因此应选择 R×100Ω挡和 R×10Ω挡测量，这两挡提供的测试电流比较合适。

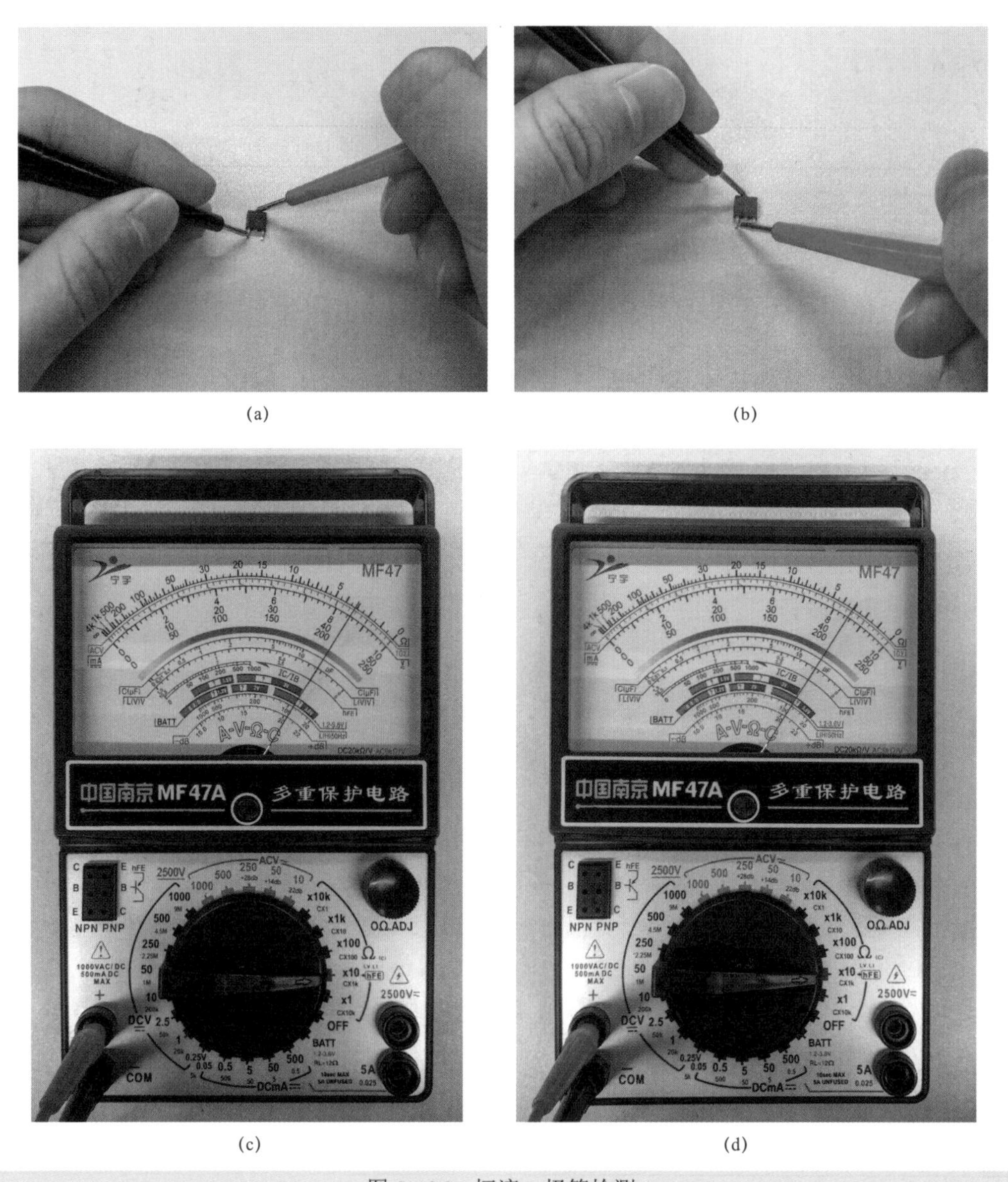

(a)　(b)

(c)　(d)

图 5–26　恒流二极管检测

（a）万用表检测正向电阻；（b）万用表检测反向电阻；（c）正向电阻示数；（d）反向电阻示数

十一、双基极二极管

1 双基极二极管特性及作用

双基极二极管一般又称为单结晶体管（UJT），是一种电流控制型负阻元件，它有一个PN结和三个电极（两个基极和一个发射极），两个基极分别由Bl和B2表示，发射极用E表示，结构见图5－27。当基极B1和B2之间加上电压时，电流从B2流向B1，如果将一个信号加在发射极E上，器件呈导通状态。此时发射极E和B1之间的电阻减小，电流增大，电压降低。因此，这种器件显示出典型的负阻特性，利用它可组成结构简单的张弛振荡器、自激多谐振荡器、阶梯波发生器及定时电路等多种脉冲单元电路。

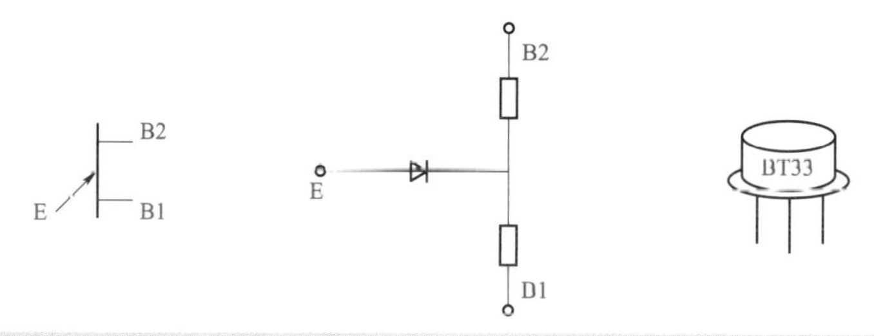

图5－27 双基极二极管结构图
E—发射极；B1—第一基极；B2—第二基极

国产双基极二极管典型产品有BT32－BT37，国外典型产品有2N2646、2N2648（美国）和2SH21（日本）等。

2 双基极二极管检测

（1）双基极二极管引脚极性的判别方法。

1）发射极E判别，检测方法见图5－28。万用表置于R×10kΩ挡，黑表笔接任意电极上，红表笔接另外两个电极，当测得两个较小的阻值时，则黑表笔所接的为E极。

2）双基极B1和B2的判别。黑表笔接发射极E，红表笔接另外两个电极，分别测得两个正向电阻。由于管子结构上的原因，第二基极B2靠近PN结，E与B2间正向电阻（几千欧到十几千欧）应比E与B1间正向电阻小，因此，测得电阻较小时红表笔所接的为B2，测得电阻较大时红表笔所接的为B1。

在使用双基极二极管时，准确判断哪极是B1、哪极是B2并不特别重要，即使B1、B2极接错了，也不会使管子损坏，只影响输出脉冲的幅度（双基极二极管用作脉冲发生器产生尖脉冲时）。当发现输出的脉冲幅度偏小时，只要将原来假定的B1、B2极对调即可。

（2）双基极二极管好坏的判别方法。将万用表置于R×100Ω挡或R×1kΩ挡，黑表笔接发射极E，红表笔接基极B1或B2极时，测得双基极二极管PN结正向电阻，正常时应为几千欧到十几千欧，比普通二极管的正向电阻略大一些。

红表笔接发射极E，黑表笔分别接基极B1或B2，测得双基极二极管PN结反向电阻，正常应为无穷大。再将红黑表笔分别任意接B1和B2，测得双基极二极管B1、B2间电阻，正常应为 2～10kΩ。

不符合上述要求的，说明双基极二极管性能不好或已损坏，不宜使用。

（3）检测注意事项。应当指出，上述区别基极 B1 与 B2 的方法不一定对所有双基极二极管都适用，因为个别管子的 E 与 B1 间和 E 与 B2 间的正向电阻相差不大。

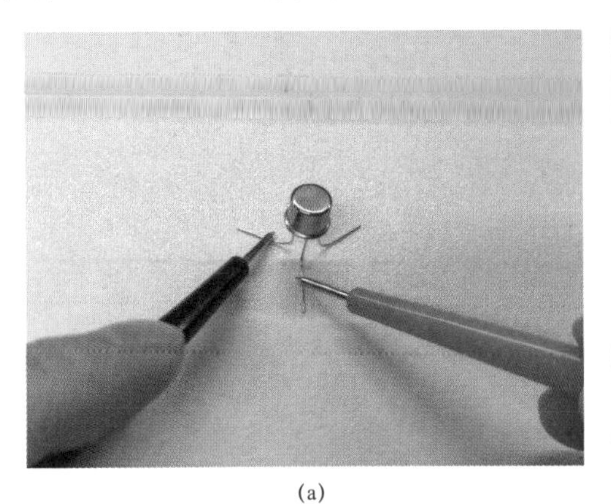

(a)

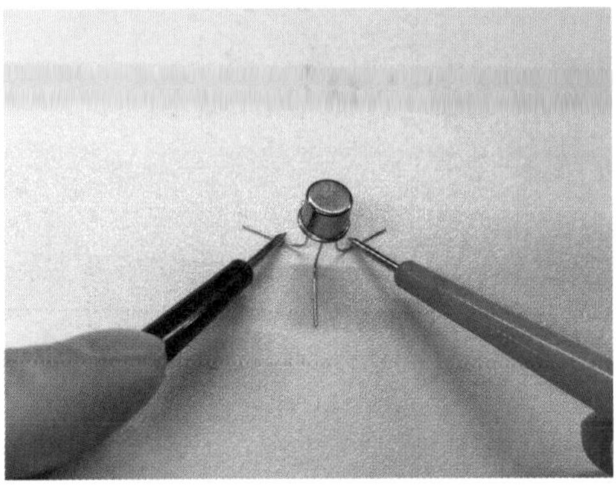

(b)

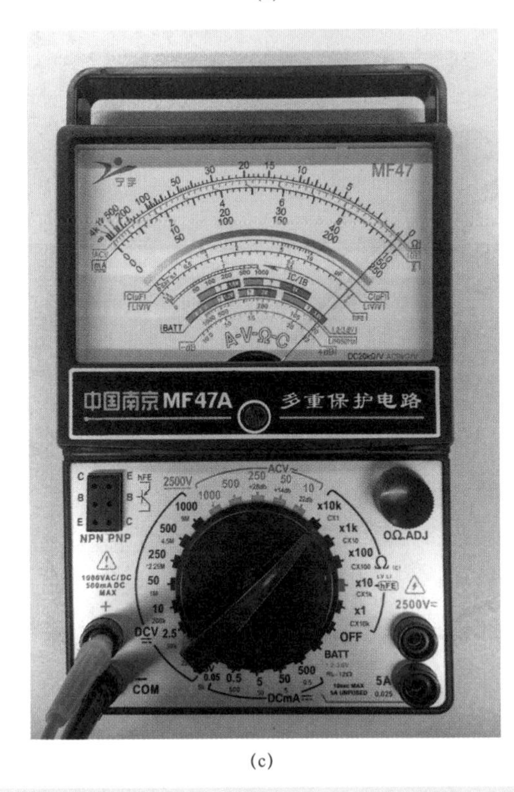

(c)

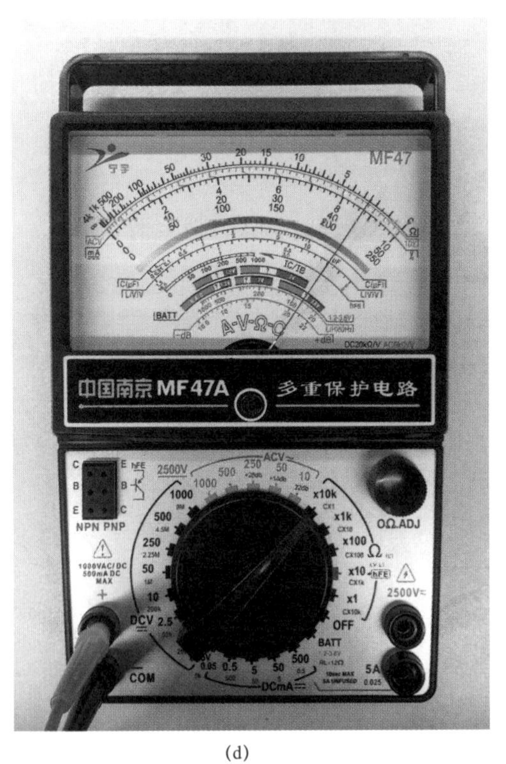

(d)

图 5－28　双基极二极管检测

（a）万用表检测 E、B2 脚正向电阻；（b）万用表检测 E、B1 脚正向电阻；

（c）E、B2 脚正向电阻示数；（d）E、B1 脚正向电阻示数

第六章　晶体三极管

晶体三极管也称半导体三极管或双极型晶体管，简称三极管，具有结构牢固、寿命长、体积小、耗电小等优点，是各种电子设备的关键元件，应用十分广泛。它能把微弱的电信号放大，推动负载（喇叭、显示屏、继电器、仪表等）工作，又能工作于开关状态，显示出“0”和“1”两个数码，是构成数字集成电路的基础。

第一节　普通晶体三极管

一、晶体三极管分类及结构

1　晶体三极管分类

晶体三极管种类繁多，可以按以下项目进行分类：

（1）按半导体材料分类。晶体三极管可分为锗三极管（特点为增益大、频率特性好，一般用于低频电子电路）与硅三极管（特点为反向漏电流小、耐压高，能在较高的温度下工作并能承受较大的功率损耗）两种。

（2）按功率分类。晶体三极管可分为小功率三极管（集电极最大允许耗散功率 $P_{CM} \leq 0.3W$）、中功率三极管（$0.3W < P_{CM} < 1W$）及大功率三极管（$P_{CM} \geq 1W$）三种。

（3）按用途分类。晶体三极管可分为放大三极管（主要起电流或其他参数放大作用）与开关三极管（主要用于中、高速脉冲开关电路）两种。

（4）按工作频率分类。晶体三极管可分为低频三极管、高频三极管和超高频三极管三种。

（5）按结构分类。晶体三极管可分为 PNP 管和 NPN 管两种。

（6）按安装方式。晶体三极管可分为插件三极管和贴片三极管两种。

（7）按结构工艺。晶体三极管可分为合金管和平面管两种。

2　晶体三极管结构

三极管内部由在一块半导体基片上制作的两个相距很近的 PN 结和三个电极构成，两个 PN 结把整块半导体分成三部分，中间部分是基区，两侧分别是发射区和集电区。两个 PN 结分别称作发射结和集电结，三个电极分别叫发射极（E 极）、基极（B 极）和集电极（C 极）。三极管可分为 PNP 管和 NPN 管两大类，这两类三极管的电压极性和电流方向是相反的。PNP 型三极管发射极 E 箭头朝内，表示电流从发射极流向集电极；NPN 型三极管发射极 E 箭头朝外，表示电流从集电极流向发射极。晶体三极管在电路中常用字母 VT 表示，其内部结构及电路中符号见图 6－1。晶体三极管采用塑料或陶瓷、金属等封装，几种常见晶体三极管的外形见图 6－2。

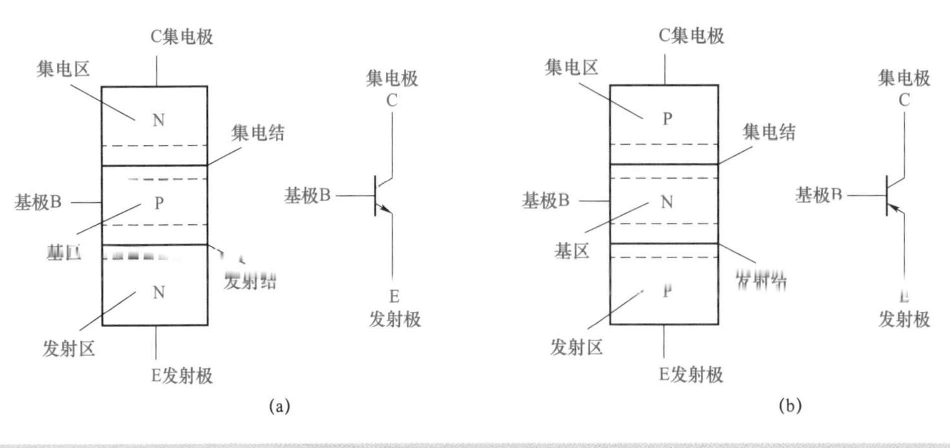

图 6－1　三极管内部结构及符号
（a）NPN 型；（b）PNP 型

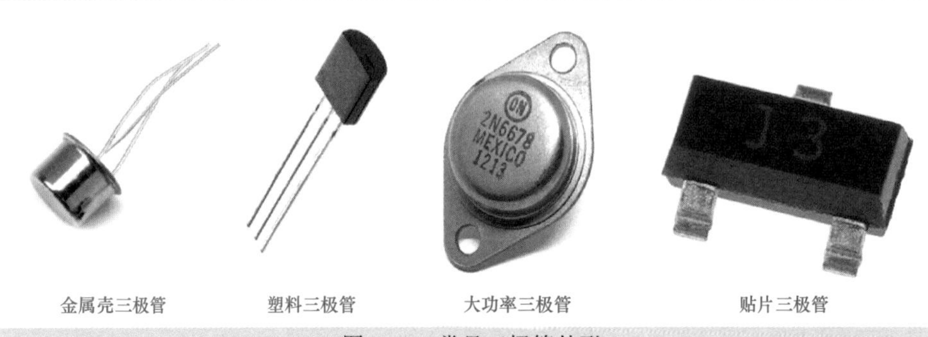

图 6－2　常见三极管外形

二、晶体三极管特性及作用

1　晶体三极管特性

晶体三极管的输出特性可分为三个不同的工作状态。

（1）放大状态。无论是 PNP 型还是 NPN 型三极管，要使其进入放大状态，必须给三极管各个电极加上合适的直流电压，一是要给三极管的集电结加反向偏置电压，二是要给三极管的发射结加正向偏置电压。若同时满足这两个条件，三极管就处于放大状态，这时基极电流对集电极电流起着控制作用，使三极管具有电流放大作用。

（2）截止状态。当加在三极管发射结的电压小于 PN 结的导通电压时，基极电流为零，集电极电流和发射极电流都为零。这时三极管失去了电流放大作用，集电极和发射极之间相当于开关的断开状态，三极管的这种状态称为截止状态。

（3）饱和导通状态。当加在三极管发射结的电压大于 PN 结的导通电压，并当基极电流增大到一定程度时，集电极电流不再随着基极电流的增大而增大，而是处于某个定值附近不变。这时三极管失去了电流放大作用，集电极和发射极之间相当于开关的导通状态，三极管的这种状态称为饱和导通状态。

2 晶体三极管作用

晶体三极管除了具有电流放大作用外，还具有电子开关和稳压的作用，若与其他元件配合还可以构成振荡器等，是电子电路的核心元件。利用三极管截止区、放大区、饱和导通区的特性，我们还可以设计出各种各样的应用电路，如负载驱动、恒流电源、恒压电源、高频振荡等。

（1）电流放大作用。三极管最基本的作用是电流放大作用，它可以把微弱的电信号变成具有一定强度的信号。当给三极管的基极注入一个微小的电流时，可以在它的集电极上得到一个放大的集电极电流。这就是三极管的电流放大作用，所以三极管是电流控制型器件。

（2）电子开关作用。在数字电路中，晶体三极管具有电子开关的作用。由于数字电路只与两个值有关，即“1”“0”（“开”“关”或“高电平”“低电平”），因此，对于 NPN 型晶体管来说，当它的基极 B 为高电平“1”时，晶体管导通，这时集电极 C 和发射极 E 相当于接通的开关。而当基极 B 为低电平“0”时，晶体管截止，相当于开关断开，这就形成了一种电子开关。而对于 PNP 型晶体三极管来说，其极性正好与 NPN 型的三极管相反。

二、晶体三极管技术参数及型号标注

1 晶体三极管技术参数

（1）直流参数。

1）共发射极直流电流放大倍数 h_{FE}。这是指三极管直流电流放大系数，是在共发射极电路中，无变化信号输入的情况下三极管 I_C 与 I_B 的比值，即 $h_{FE}=I_C/I_B$。

2）集电极反向截止电流 I_{CBO}。这是指三极管发射极开路时，在三极管的集电结上加上规定的反向偏置电压时的集电极电流，I_{CBO} 又称为集电极反向饱和电流。

3）集电极 – 发射极反向截止电流 I_{CEO}。这是指三极管基极开路情况下，给发射结加上正向偏置电压、集电结加上反向偏置电压时的集电极电流，俗称穿透电流。

（2）交流参数。

1）共发射极交流电流放大倍数β。这是指将三极管接成共发射极电路时的交流放大倍数，β等于集电极电流 I_C 变化量ΔI_C与基极电流 I_B 之比，即$\beta=\Delta I_C/I_B$。

β与 h_{FE} 两者关系密切，一般情况下较为接近，但两者含义不同，而且在不少场合两者并不等同甚至相差很大。

2）共基极交流电流放大倍数α。这是指将三极管接成共基极电路时的交流放大倍数，α等于集电极电流 I_C 变化量ΔI_C与输入电流 I_E 之比，即$\alpha=\Delta I_C/I_E$。α和β有如下关系：$\beta=\alpha/(1-\alpha)$。

3）截止频率 f_α、f_β及最高振荡频率 f_m。当三极管工作在高频状态时，就要考虑其上述的频率参数。

（3）极限参数。

1）集电极最大电流 I_{CM}。这是指三极管集电极允许通过的最大电流。当 $I_C>I_{CM}$ 时，管子不一定会被烧坏，但 β 等参数将发生明显变化，会影响管子正常工作，故 I_C 一般不能超出 I_{CM}。

2）集电极最大允许功耗 P_{CM}。这是指三极管参数变化不超过规定允许值时的最大集电极耗散功率。使用三极管时，实际功耗不允许超过 P_{CM}，因为功耗过大往往是三极管烧坏的主要原因。

3）集电极–发射极击穿电压 $U_{(BR)CEO}$。这是指三极管基极开路时，允许加在集电极和发射极之间的最高电压。通常情况下，集电极和发射极之间的电压不能超过 $U_{(BR)CEO}$，否则会使管子击穿或特性变坏。

4）集电极–基极击穿电压 $U_{(BR)CBO}$。这是指三极管发射极开路时，允许加在集电极和基极之间的最高电压。通常情况下，集电极和基极之间的电压不能超过 $U_{(BR)CBO}$。

2 晶体三极管型号标注

国产晶体三极管的型号标注依照部颁标准。第一位用数字 3 表示；第二位用字母表示三极管的材料和极性，其中 A、C 表示 PNP 管，B、D 表示 NPN 管，其余可参照二极管；第三位用字母表示三极管的内型；第四位用数字表示序号；第五位用字母表示规格号。例如：3AX 为 PNP 型锗低频小功率管；3BX 为 NPN 型锗低频小功率管；3CG 为 PNP 型硅高频小功率管；3DG 为 NPN 型硅高频小功率管；3AD 为 PNP 型锗低频大功率管；3DD 为 NPN 型硅低频大功率管；3CA 为 PNP 型硅高频大功率管；3DA 为 NPN 型硅高频大功率管。

目前国内的合资企业生产的晶体三极管有相当一部分是采用国外同类产品的型号，如 2SC1815、2SA562 等。有些日产三极管受管面积较小的限制，为方便打印型号，往往把型号的前两个部分 2S 省掉。例如，2SA733 型三极管可简化为 A733，2SD8 型可简写为 D869，2SD9 型可简写成 D903 等。

美国产的晶体三极管型号是用 2N 开头的，N 表示美国电子工业协会注册标志，其后面的数字是表示登记序号，如 2N6275、2N5401、2N5551 等，从型号中无法反映出管子的极性、材料及高、低频特性和功率的大小。

目前最常用的晶体三极管型号是韩国三星电子公司生产的 9011～9018 等系列，其中 9011、9013、9014、9016、9018 为 NPN 型三极管，9012、9015 为 PNP 型三极管，9016、9018 为高频三极管（特征频率在 500MHz 以上），9012、9013 为功率放大管（耗散功率为 625mW 以上）。

四、中小功率晶体三极管检测

通常把集电极最大电流 I_{CM}＜1A 或集电极最大允许功耗 P_{CM}＜1W 的晶体三极管统称为中小功率晶体三极管，其主要特点是功率小、工作电流小。

1 晶体三极管基极和管型判别

无论是 PNP 管还是 NPN 管，均可看成由两只二极管反极性串联而成的，利用基极对发射极、集电极具有对称性的特点，可迅速判别基极。

将指针式万用表置于 R × 1kΩ（或 R × 10kΩ）挡，黑表笔接三极管的某一管脚（假设为基极 B），红表笔分别接另外两个管脚，如果指针两次指示值都很小，该管脚便是 NPN 管，其中黑表笔所接的管脚是基极 B，检测方法见图 6-3。

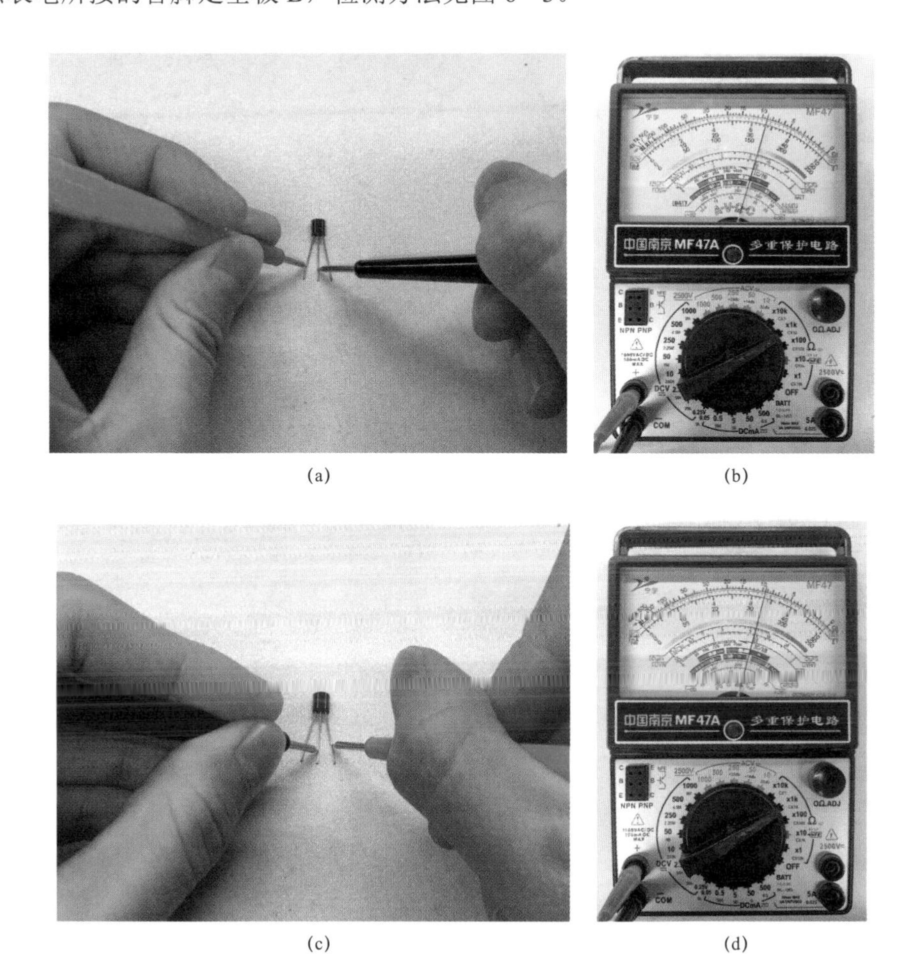

(a)　(b)

(c)　(d)

图 6-3　三极管基极和管型判别

（a）万用表检测基极与集电极的正向电阻；（b）基极与集电极正向电阻示数；（c）万用表检测基极与发射极的正向电阻；（d）基极与发射极正向电阻示数

如果指针指示值一个很大，另一个很小，那么黑表笔所接的管脚就不是基极，应另外换一管脚进行检测，直到找到基极 B。

如果红表笔接三极管的某一管脚（假设为基极），黑表笔分别接另外两个管脚，如果指针两次指示值都很小，该管便是 PNP 管，其中红表笔所接的管脚是基极 B。

一般说来，PNP 型三极管的外壳比 NPN 型高。另外，NPN 型三极管外壳上有一个突出标志，根据这些不同也可把它们区分开来。

2　数字式万用表判别晶体三极管基极和管型

（1）三极管基极和管型的判断方法。利用数字式万用表判别三极管基极和管型时，由于其电阻挡提供的测试电流很小，因此宜用二极管挡，检测方法见图 6-4。

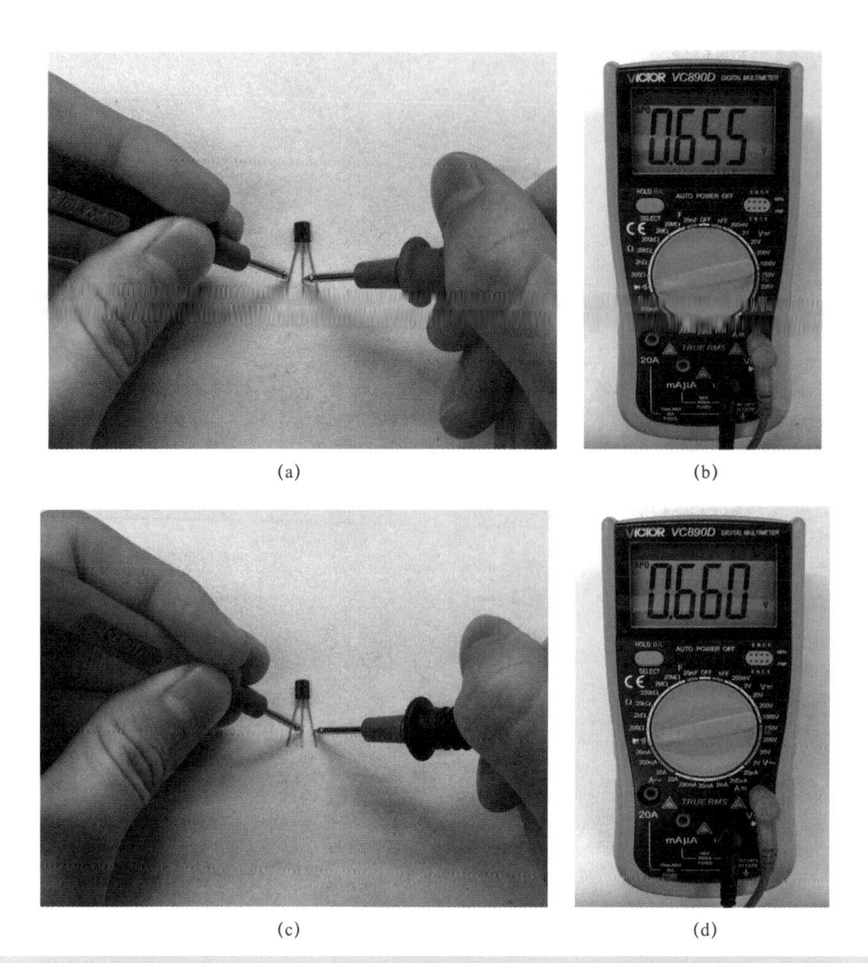

图 6-4 数字式万用表判别三极管基极和管型

（a）万用表检测基极与集电极的正向电压；（b）基极与集电极正向电压示数；
（c）万用表检测基极与发射极的正向电压；（d）基极与发射极正向电压示数

将数字式万用表置于二极管挡，红表笔接某个管脚，黑表笔依次接触另外两个管脚。若两次显示值基本相同，均在 1V 以下，或都显示溢出“0L”，说明红表笔所接的是基极 B。如果两次显示值中有一次在 1V 以下，另一次溢出，说明红表笔接的不是基极 B，应改换其他管脚重新检测。

确定基极之后，用红表笔接基极 B，黑表笔依次接触其他两个管脚，如果两次都显示 0.55～0.70V，属于 NPN 型；假如两次都显示溢出“0L”，则属于 PNP 型。

（2）检测注意事项。用数字式万用表二极管挡判别基极的同时，还可顺便检查一下三极管 C－E 极间有无短路故障。将红、黑表笔交换接在 C、E 两极，若两次显示值均为零，则说明 C－E 极间短路。

3 加基极偏置电流法判别晶体三极管发射极和集电极

（1）三极管发射极和集电极的检测方法。加基极偏置电流法判别晶体三极管发射极和集电极方法见图 6－5，此法结果较为准确。

将万用表置于 R×1kΩ 挡，两表笔分别接除基极之外的两电极，对于 NPN 管，用手指捏住基极 B 与黑表笔所接管脚，可测得一个阻值，然后将两表笔交换，同样用手捏住基极和黑表笔所接管脚，又测得一个阻值，在两次检测中阻值小的一次中，黑表笔接的是 C 极，红表笔接的是 E 极。

对于 PNP 管，用手指捏住基极 B 与红表笔所接管脚进行正、反阻值检测，在阻值小的一次中，红表笔接的是 C 极，黑表笔接的是 E 极。

此法判别的原理是：基极偏置电阻用手指来代替，其阻值约为几百千欧至几兆欧，它与人体的电阻、皮肤干燥程度及接触电阻有关。由于被测管子的集电结上加有反向偏压，发射结加的是正向偏压，使其处于放大状态，电流放大倍数较高，所产生的集电极电流使万用表指针明显向右偏转（电阻较小）。若红、黑表笔接反了，就等于工作电压接反了，管子也就不能正常工作，放大倍数大大降低，甚至为零，万用表指针摆幅很小。

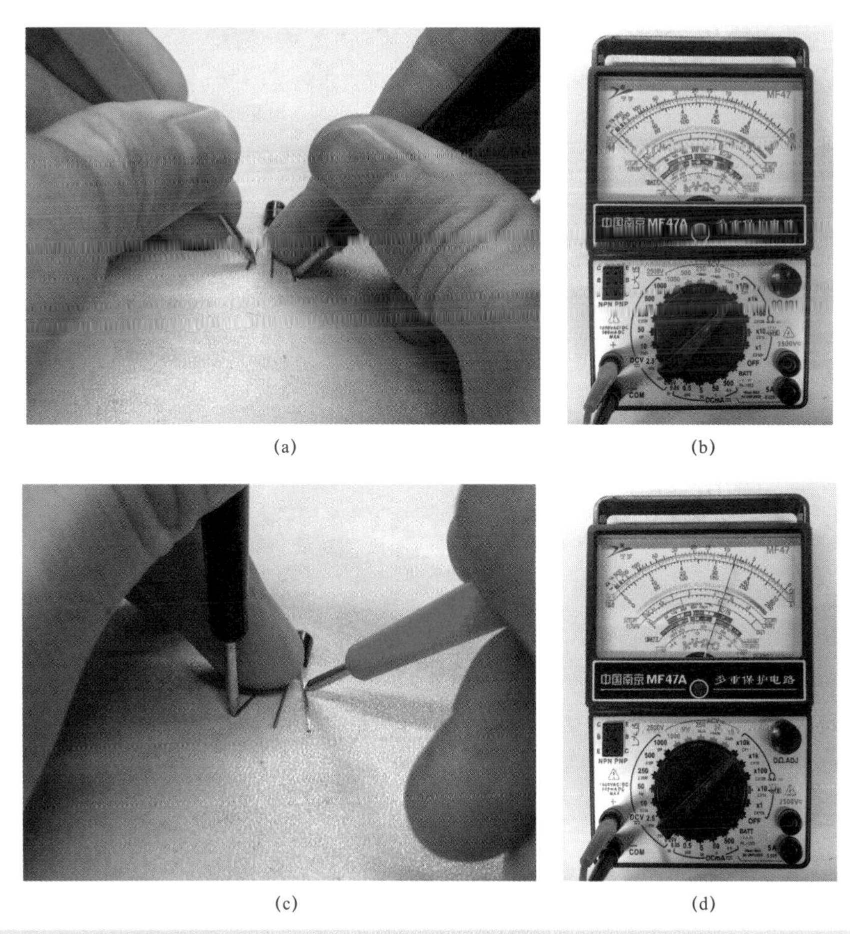

图 6-5 基极偏置电流法判别三极管发射极和集电极

（a）万用表检测反向电阻；（b）反向电阻示数；（c）万用表检测正向电阻；（d）正向电阻示数

（2）检测注意事项。实际上晶体三极管三个电极 B、C 和 E 的排列是有一定规律性的，并不是杂乱无章的，了解它的排列规律对检测有很大帮助。

4 数字式万用表判别晶体三极管发射极和集电极

（1）三极管发射极和集电极的检测方法。现在生产的数字式万用表，一般都有测试三极管电流放大系数的 hFE 挡位，用此挡位判别三极管的发射极和集电极非常方便，而且准确度很高。

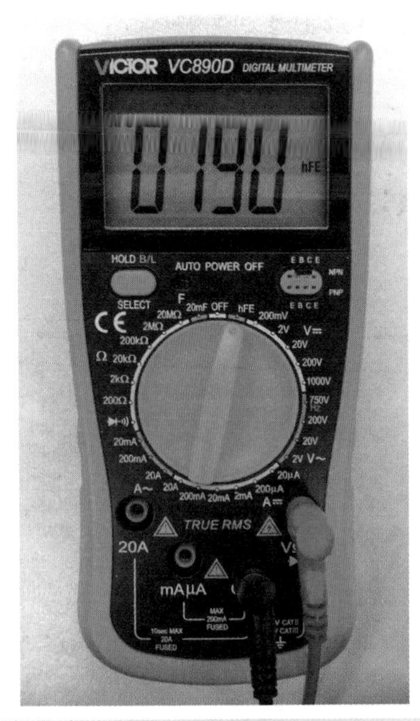

图 6－6 数字式万用表判别三极管发射极和集电极

判别前，先将管子的基极和管型测出，然后将数字式万用表置于 hFE 挡，三极管基极插入对应管型的 B 孔，剩下两个电极插入 C 孔和 E 孔，检测方法见图 6－6。

若测出的 h_{FE} 为几十至几百，说明管子属于正常接法，放大能力较强，C 孔上插的是集电极，E 孔上插的是发射极。若测出的 h_{FE} 只有几到十几，说明管子的集电极、发射极插反了，这时 C 孔插的是发射极，E 孔插的是集电极。

（2）检测注意事项。

1）用 hFE 插口鉴别小功率晶体管 C、E 极时，若两次测出的 h_{FE} 数值都很小（几到十几），说明被测管的放大能力很差，这种管子不宜使用。大功率晶体管的 h_{FE} 值为几到十几，则属正常情况。

2）有的硅三极管在集电极、发射极插反的情况下 $h_{FE}=0$，也属于正常现象。

5 电阻法判别硅三极管与锗三极管

（1）硅三极管与锗三极管的特性。早期的晶体管多数是由锗单晶制成的，包括二极管和三极管。后来由于硅单晶的诞生，且资源丰富及制造工艺适宜大规模生产，使得硅晶体管得到了发展和广泛使用，逐渐成为电子器件的主角。

硅三极管与锗三极管的区别主要是结压降不同，锗管的正向压降较低约 0.3V，硅管的正向压降较高约 0.7V。还有就是锗半导体材料的电子迁移率高，适合低压大电流器件，但锗材料的温度特性比硅材料差得多，PN 结的反向漏电流远比硅材料 PN 结大，所以在大功率器件、高反压器件中，只能采用硅材料。

在国产晶体三极管中，锗管大多为 PNP 型，硅管为 NPN 型，主要原因是硅管一般采用平面扩散工艺，比较有利于制造 NPN 型管，而锗管因为材料性质与硅不同，比较适合合金法工艺，这种工艺相对比较适合制造 PNP 型管。通过这个特征检测管型或从管壳上标的型号，便可判别出锗管和硅管。但对于进口三极管或管壳上型号较为模糊的，就必须经过检测才能判别。

（2）判别硅三极管与锗三极管的方法。利用硅管和锗管的 PN 结正向电阻不一样这一特点（硅管大、锗管小）可以很方便地判别硅三极管与锗三极管。

对于 PNP 型三极管，将万用表置于 R×1kΩ 挡，红表笔接三极管基极，黑表笔分别接发射极、集电极，若阻值为几百欧，则为锗管，检测方法见图 6-7。

对于 NPN 型三极管，万用表置于 R×1kΩ 挡，黑表笔接三极管基极，红表笔分别接发射极、集电极，若阻值 4～8kΩ，则为硅管，检测方法同图 6-3。

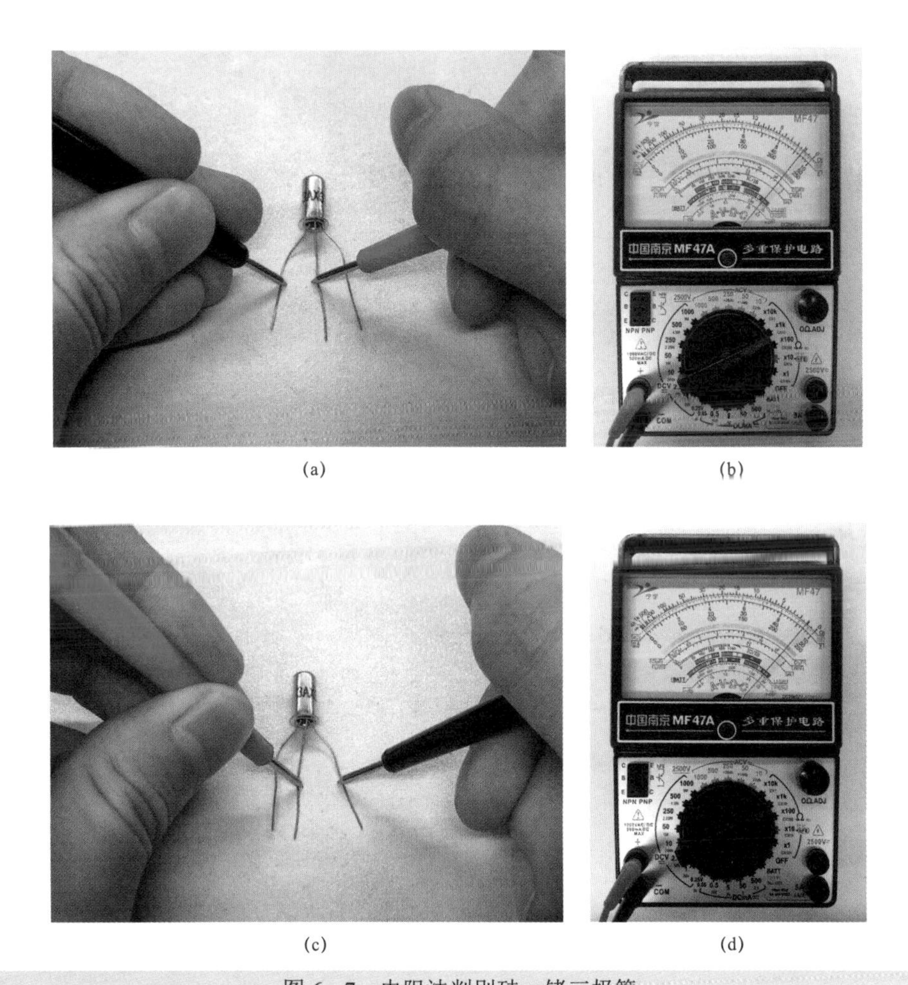

(a) (b)

(c) (d)

图 6-7 电阻法判别硅、锗三极管

（a）万用表检测锗二极管基极、发射极正向电阻；（b）基极与发射极正向电阻示数；

（c）万用表检测锗二极管基极、集电极正向电阻；（d）基极与集电极正向电阻示数

6 电压法判别硅三极管与锗三极管

锗三极管发射结的正向压降为 0.1～0.3V，硅三极管发射结的正向压降为 0.6～0.8V。用数字式万用表判别硅管与锗管较为方便，将万用表的量程拨至二极管挡，检测方法见图 6-8。测试管子基极和发射极正向压降，硅管的正向压降一般为 0.6～0.8V，锗管正向压降一般为 0.1～0.3V。

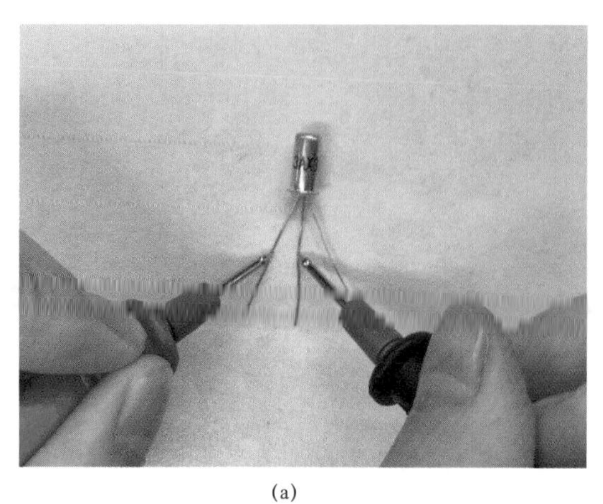

(a)

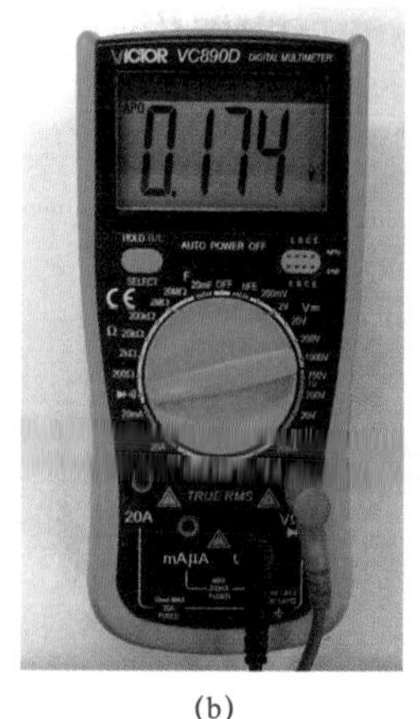

(b)

图 6-8　电压法判别硅、锗三极管

（a）万用表检测锗三极管发射结的正向压降；（b）正向压降示数

7　高频三极管与低频三极管判别

（1）高频三极管与低频三极管的特性。高频晶体三极管可在几十兆赫到几百兆赫甚至更高频率下工作，而低频晶体三极管只能在 2.5MHz 以下工作。一般来说，硅管大多是高频管，锗管大多是低频管。高频三极管的结构多为扩散型管，它的 PN 结反向击穿电压较低；低频三极管多采用合金型结构，它的 PN 结反向击穿电压较高。当它们型号标志清楚时，可以查看有关手册加以区分；当型号不清时，可以用万用表不同电阻挡表内电压的不同，通过检测 PN 结是否击穿来对高、低频三极管进行判断。

（2）判别高频三极管与低频三极管的方法。以 2SC3356 NPN 晶体管为例，检测方法见图 6-9，将万用表置于 R×1kΩ 挡，黑表笔接发射极，红表笔接管子的基极，此时阻值一般均在几百千欧以上。

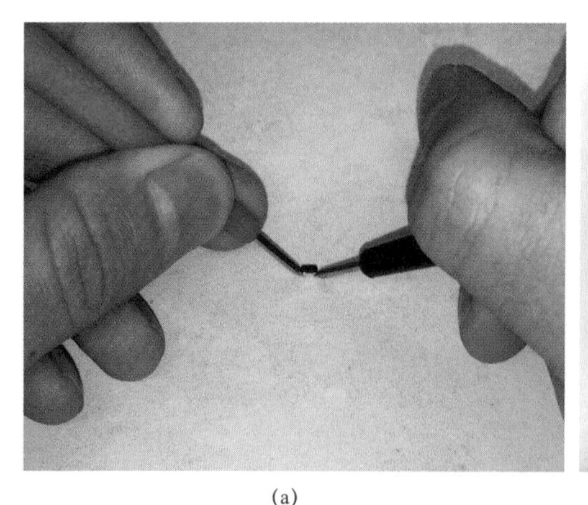

(a)

(b)

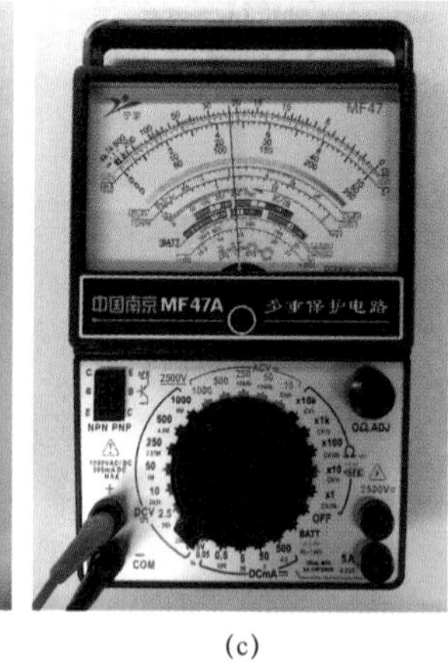

(c)

图 6-9　高频三极管与低频三极管判别

（a）万用表检测高频三极管；（b）置于 R×1kΩ 挡阻值示数；（c）置于 R×10kΩ 挡阻值示数

接着将万用表置于 R×10kΩ高阻挡，红、黑表笔接法不变重新测一次，若阻值与第一次测得的变化不大，可基本断定为低频管；若阻值变化较大，可基本断定为高频管。PNP 型三极管只要交换表笔测试即可。

8　晶体三极管电流放大系数的检测

晶体三极管具有放大性能，这是由它们内部结构决定的。用晶体三极管组成的放大电路有多种，但用得最多的是共发射极放大电路，现以 PNP 型三极管为例，检测此种电路的电流放大系数 β 值。

以数字万用表为例，功能转换开关旋至 hFE 挡，将待测三极管插入“PNP”（测 PNP 三极管）或“NPN”（测 NPN 三极管）插孔中，即可测出三极管的放大倍数 β，如图 6－10 所示。

图 6－10　PNP 三极管电流放大系数 β 测试

9　晶体三极管反向饱和电流的检测

（1）晶体三极管反向饱和电流的特性。集电极－基极反向饱和电流 I_{CBO}，是发射极开路时，基极和集电极之间加上规定的反向电压后集电极的反向电流，它只与温度有关，在一定温度下是个常数。良好的三极管，I_{CBO} 很小，小功率锗管的 I_{CBO} 约为 1～10μA，大功率锗管的 I_{CBO} 可达数毫安，而硅管的 I_{CBO} 则非常小，是毫微安级。

对于锗管，温度每升高 12℃，I_{CBO} 数值增大一倍；而对于硅管，温度每升高 8℃，I_{CBO} 数值增大一倍。虽然硅管的 I_{CBO} 随温度变化更剧烈，但由于锗管的 I_{CBO} 值本身比硅管大，所以锗管仍然是受温度影响较严重的管子。

（2）晶体三极管反向饱和电流的检测方法。检测时，将万用表置于 R×10kΩ 挡，对于 PNP 三极管，红表笔接 C 极，黑表笔接 B 极，给集电结加反偏电压，测出的阻值便是集电结的反向阻值，检测方法见图 6－11。

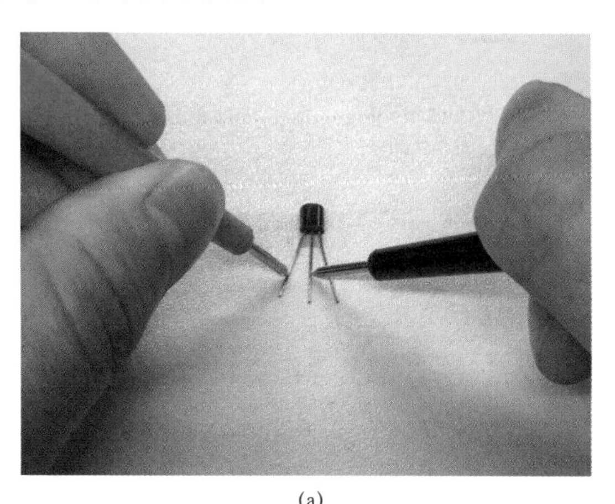

(a)

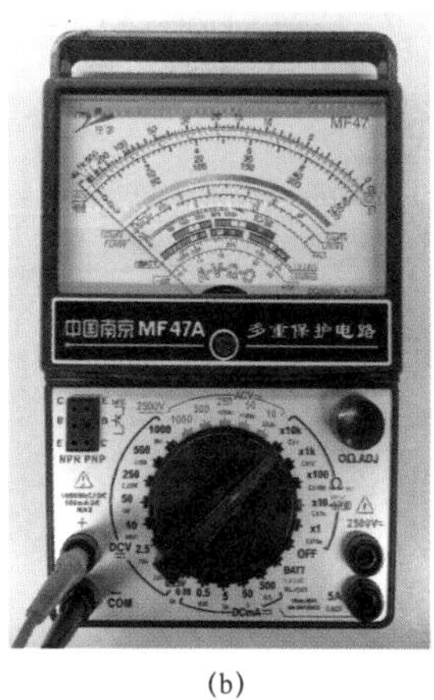

(b)

图 6－11　PNP 型三极管反向饱和电流 I_{CBO} 检测

（a）万用表检测 PNP 三极管集电结反向电阻；（b）反向电阻示数

万用表指针指示值为几百千欧或无穷大，此值越大就说明集电极反向饱和电流 I_{CBO} 就越小，I_{CBO} 大的三极管反向漏电流大，工作不稳定。对于 NPN 管，两表笔交换测试即可。

10 晶体三极管穿透电流的检测

（1）晶体三极管穿透电流的特性。集电极－发射极反向电流 I_{CEO}（穿透电流），是指基极开路时，集电极和发射极之间加上规定的反向电压后的集电极电流。二极管的穿透电流 I_{CEO} 的数值近似等于管子的放大系数 β 和反向饱和电流 I_{CBO} 的乘积，I_{CEO} 受温度影响极大，随着环境温度的升高 I_{CEO} 增大很快。I_{CEO} 的增大将直接影响管子工作的稳定性，因此它是衡量管子热稳定性的重要参数，其值越小，性能越稳定，所以在使用中应尽量选用 I_{CEO} 小的管子。

（2）晶体三极管穿透电流的检测方法。用万用表电阻挡测三极管 E、C 极间阻值，可估计 I_{CEO} 的大小，具体方法如下：将万用表置于 R×1kΩ 挡，对于 NPN 管，黑表笔接管子 C 极，红表笔接 E 极。对于 PNP，黑表笔接管子 E 极，红表笔接管子 C 极。

阻值越大，说明管子 I_{CEO} 越小；阻值越小，说明 I_{CEO} 越大。一般中小功率硅管和锗高频管及低频管，阻值应分别在几百千欧及十几千欧以上。如果阻值很小或测试时万用表指针来回摆动，表明 I_{CEO} 很大，管子性能不稳定。

11 晶体三极管热稳定性的检测

（1）晶体三极管热稳定性的特性。几乎所有的三极管参数都与温度有关，因此不容忽视。温度对下列的三个参数影响最大。

1）对 β 的影响：三极管的 β 随温度的升高将增大，温度每上升 1℃，β 值约增大 0.5%～1%。

2）对 I_{CEO} 的影响：I_{CEO} 是由少数载流子漂移运动形成的，它与环境温度关系很大，I_{CEO} 随温度上升会急剧增加，温度上升 10℃，I_{CEO} 将增加一倍。

3）对发射结电压 U_{BE} 的影响：和二极管的正向特性一样，温度上升 1℃，U_{BE} 将下降 2～2.5mV。

由此可见，热稳定性差的三极管会增加管子的功率损耗，负载会产生热噪声。因此，当制作高稳定电路时，必须选用热稳定性好的三极管。

（2）晶体三极管热稳定性的检测方法。检测三极管热稳定性时，将万用表置于 R×1kΩ 挡，以 PNP 型三极管为例，红表笔接 C 极，黑表笔接 E 极，用手捏住三极管管壳（加热）。

约 1min 后观察万用表指针，摆动越快说明管子稳定性越差。通常 E、C 极阻值较小的管子，热稳定性相对较差。另外，管子的 β 值越大，I_{CEO} 越大，所以在稳定性要求较高的电路中，管子的 β 值不要太高。

12 晶体三极管在路不加电检测

在电子电器维修中，由于三极管拆卸比较麻烦，为了提高效率，有经验的技术员往往直接在印制电路板上进行检测，即在路检测。较常用的方法是通过检测三极管各极电压变化情况及其在电路中的工作情况来判断它的性能优劣。

因为三极管偏置电阻和负载电阻一般有数十千欧或数千欧，很少有几十欧的，所以万用表一般应置于 R×10Ω 或 R×1Ω 挡，用较低电阻挡的目的是减小外电路元件对 PN 结检测结果的影响。在测出各电极（一般印制电路板上已标明）的正、反向阻值之后，即可进行判断。

对于 PNP 型三极管，其 B、E 极正向阻值在 30Ω 左右，反向阻值在数百欧以上。B、C 极正、反向阻值与 B、E 极的结果相近，说明三极管性能良好，可以使用。如果测得的正、反向阻值较大或很小，则可能有问题，应将三极管从印制电路板上焊下来检测。

NPN 型三极管检测方法与 PNP 型三极管相似，只要交换表笔检测即可。

13 晶体三极管在路加电检测

（1）晶体三极管在路加电检测方法。三极管在路加电正常工作时，B、E 极间正向偏置电压为 0.2～0.3V（锗三极管）或 0.6～0.8V（硅三极管），B、C 极间反向偏置电压在 2V 以上。在三极管外围元件良好的情况下，若测量值不符合上述要求，说明三极管已损坏或性能较差。以 NPN 型三极管为例，检测时将万用表置于直流电压 2.5V 挡检测，检测方法见图 6－12（a）。PNP 型三极管只要交换表笔检测即可。

三极管在路放大能力检测：万用表仍置于直流电压挡（具体挡位根据三极管 C 极电压高低确定），红表笔接 C 极焊点，黑表笔接 E 极焊点，用导线将 B 极与 E 极（或地）瞬间短路，检测方法见图 6－12（b）。万用表指针摆动越大，表明三极管放大能力越强，万用表指针摆幅很小，则三极管可能有问题，应焊下更换。

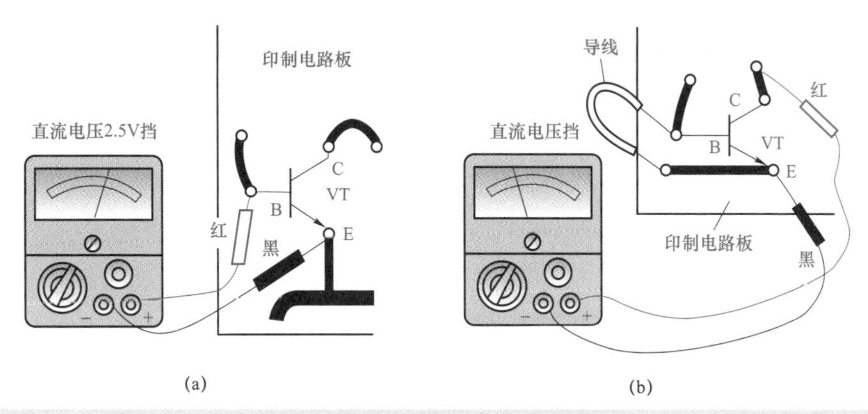

图 6－12　三极管在路加电检测
（a）正向偏置电压检测；（b）放大能力检测

（2）检测注意事项。

1）此法不宜检测在高电压下工作的三极管；检测前应对三极管周围的元器件进行观察了解，确认管脚，不得有误，否则可能损坏元件。

2）当三极管外围的元器件有故障时，对三极管的各极间电压是有影响的。若测出三极管极间电压不正常时，可把它从印制板上焊下，再复测一次，以确定被测三极管是否损坏。

第二节 特殊晶体三极管

一、大功率晶体三极管

1 大功率晶体三极管特性及作用

通常把最大集电极电流 I_{CM}＞1A 或最大集电极耗散功率 P_{CM}＞1W 的晶体三极管称为大功率晶体三极管，其主要特点是功率大、工作电流大、反向饱和电流及穿透电流较大、耐压较高。

大功率三极管都有散热装置，或外壳本身就是散热器。有的三极管看上去只有两个电极，实际上外壳便是一个电极（通常是 C 极）。有的三极管看上去有四个管脚，帽盖上有三个引脚，其实 C 极与外壳及螺栓柱连在一起为一个电极，其外形见图 6－13。

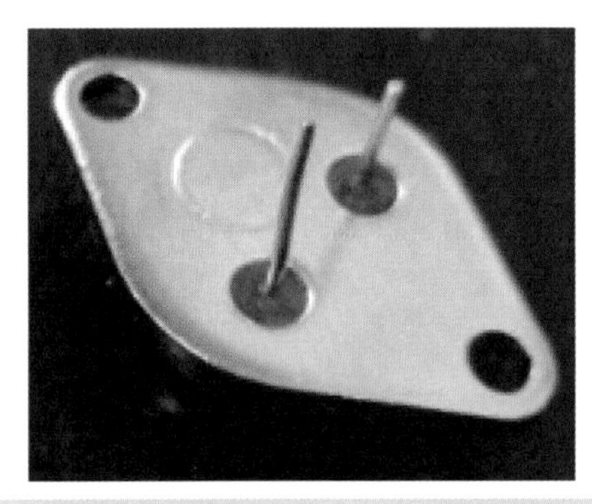

图 6－13 大功率三极管外形

大功率三极管多用于大电流、高电压的电路，如显示器、开关电源和驱动输出等电路中。大功率三极管在工作时，极易因过压、过流、功耗过大或使用不当而损坏，因此，应正确选用和检测大功率三极管。

2 大功率晶体三极管检测

万用表检测中小功率三极管的方法，对检测大功率三极管也适用。由于大功率三极管工作电流较大，因而其 PN 结面积也较大，反向饱和电流也必然增大，所以，如果仍然采用 R×1kΩ 挡或 R×100Ω 挡检测极间阻值，就会因测试电流很小而出现阻值很小的现象，检测误差大。应改用 R×1Ω 挡和 R×10Ω 挡检测，这样测试电流就比较大。

检测极间阻值有六种不同的接线方法，见图 6－14。其中除了发射结和集电结的正向电阻值比较低外，其他都应测得高阻值，如果测试结果与图 6－14 所示不同，则三极管质量不好。

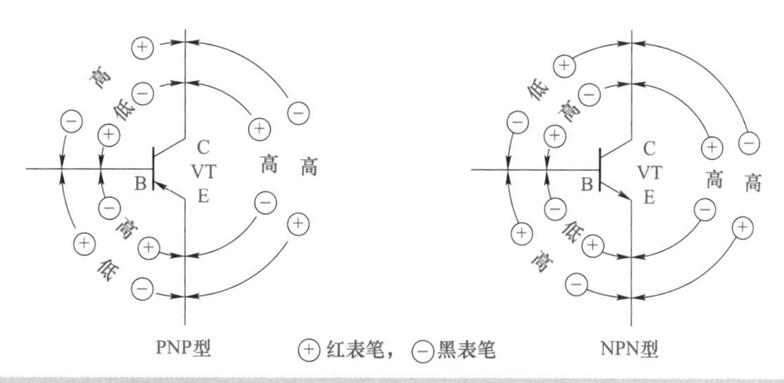

图 6-14　大功率三极管极间电阻检测

二、阻尼晶体三极管

1　阻尼晶体三极管特性及作用

阻尼晶体三极管（以下简称阻尼三极管）是一种比较特殊的三极管，它将阻尼二极管和普通三极管集成在一个芯片上，广泛应用在家电设备和电子设备中。

应用电路的输出管主要有两种，一种是不带阻尼二极管的三极管，其内部结构与普通三极管相同，检测方法与上述大功率三极管的一样。另一种是带阻尼二极管的三极管（阻尼三极管），其外形及内部构造见图 6-15。*R* 为保护电阻，一般阻值为 36Ω。阻尼三极管的封装与普通三极管相同，有各种各样，既有普通封装又有贴片式封装。

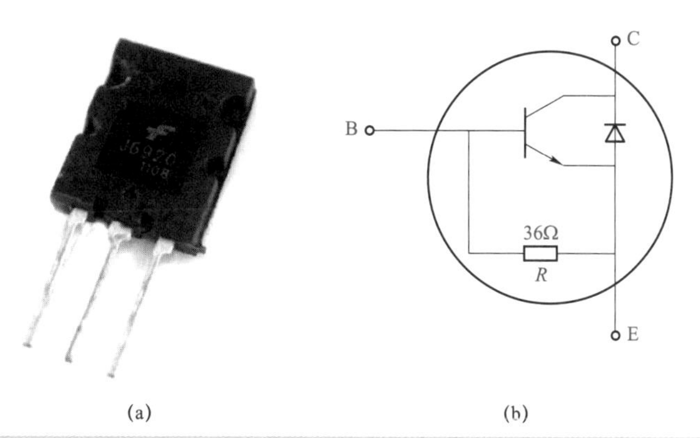

图 6-15　阻尼三极管外形及内部电路

（a）外形；（b）内部电路

2　阻尼晶体三极管检测

阻尼三极管的性能好坏也可用万用表对各引脚间的开路电阻进行检测判断。

（1）E、B 极正、反向阻值检测，检测方法见图 6-16（a）。万用表置于 R×1Ω 挡，红表笔接 B 极，黑表笔接 E 极，测得反向阻值为 36Ω（测得的是 *R* 阻值）。交换表笔，测得正向阻值为 11Ω（测得的是 E、B 极间正向阻值），如果正向阻值仍为 36Ω，表明 B 极开路。

（2）E、C 极间正向阻值检测，检测方法见图 6－16（a）。万用表置于 R×1Ω 挡，红表笔接 E 极，黑表笔接 C 极，测得阻值应为无穷大。交换表笔，测得阻值为 14Ω，测得的是阻尼二极管的正向阻值。

（3）C、B 极间正、反向阻值检测，检测方法见图 6－16（b）。万用表置于 R×1Ω 挡，红表笔接 C 极，黑表笔接 B 极，测得正向阻值应为 11Ω，交换表笔，测得反向阻值应为无穷大。

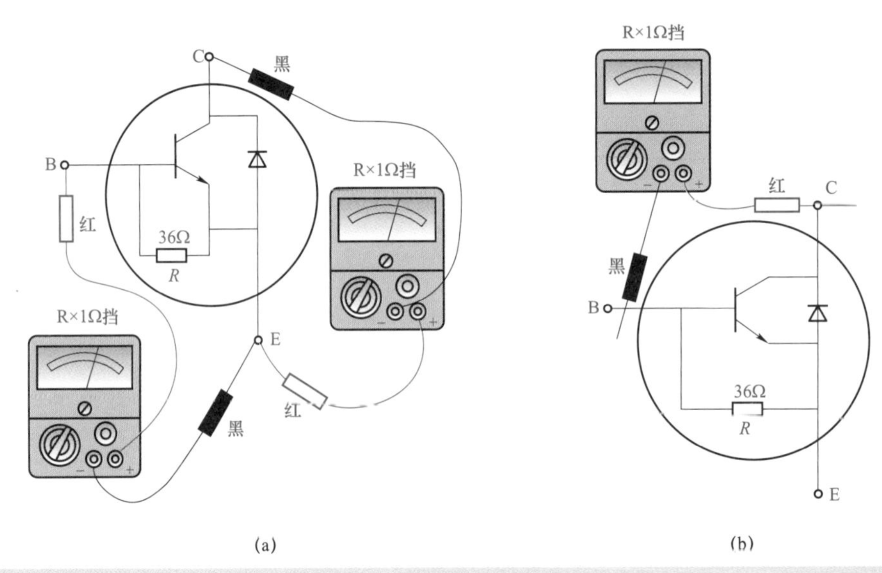

图 6－16 阻尼三极管检测

（a）E、B（C）极检测；（b）C、B 极检测

三、达林顿晶体管

1 达林顿晶体管特性及作用

达林顿晶体管（以下简称达林顿管）采用复合连接方式，将两只或更多只三极管的集电极连在一起，而将第一只三极管的发射极直接耦合到第二只三极管的基极，依次级连而成，最后引出 E、B、C 电极。达林顿管的放大倍数是各三极管放大倍数的乘积，因此其放大倍数可达数千。

达林顿管主要有普通达林顿管和大功率达林顿管两种。普通达林顿管电流增益极高，所以当温度升高时，前级三极管的基极漏电流将被逐级放大，造成整体热稳定性变差。当环境温度较高、漏电严重时，有时管子会误导通。普通达林顿管内部无保护电路，功率通常在 2W 以下。大功率达林顿管是在普通达林顿管的基础上增加了由续流二极管和泄放电阻组成的保护电路，用于克服普通达林顿管误导通的不足。普通达林顿管一般采用 TO－92 塑料封装，其外形及内部电路见图 6－17；大功率达林顿管采用 TO－0 金属封装，其外形及内部电路见图 6－18。

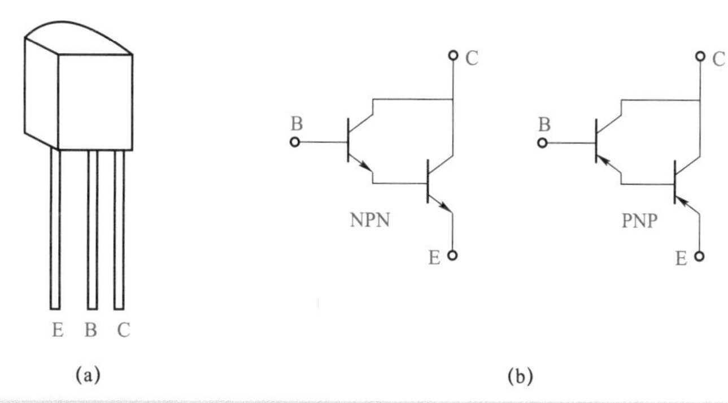

图 6-17　普通达林顿管外形及内部电路
（a）外形；（b）内部电路

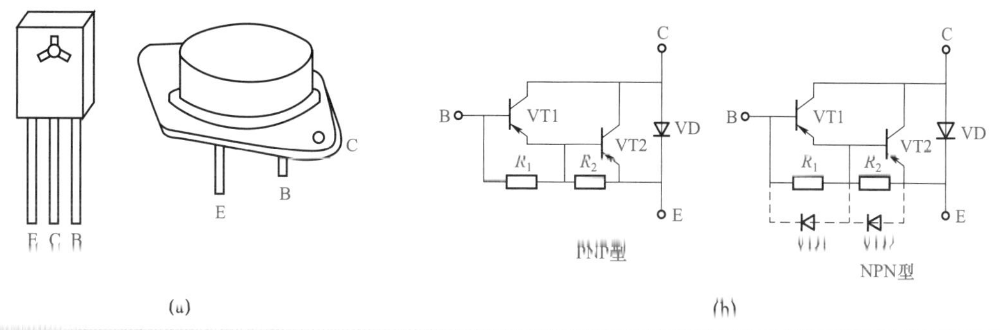

图 6-18　大功率达林顿管外形及内部电路
（a）外形；（b）内部电路

2　普通达林顿晶体管检测

用万用表对普通达林顿管的检测包括识别电极、区分 PNP 和 NPN 型、估测放大能力等。因为达林顿管的 E、B 极之间包含多个发射结，所以应该使用能提供较高电压的 R×10kΩ 挡进行测量。

（1）判别基极及管子类型，以图 6-19 所示的达林顿管为例说明基极及管子类型的判别（管脚从左到右依次标为 1、2、3）。

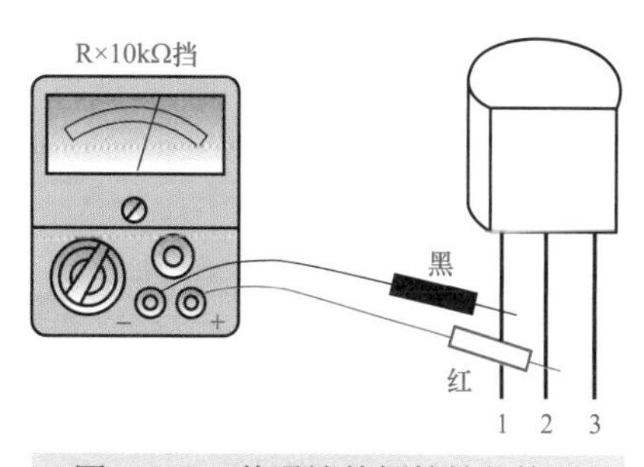

图 6-19　普通达林顿管性能检测

将万用表置于 R×10kΩ 挡，红表笔接 2 脚，黑表笔接 1 脚，测得阻值为 11kΩ，调换表笔测得阻值为无穷大。红表笔接 2 脚，黑表笔接 3 脚，测得阻值为 5.2kΩ，调换表笔测得阻值为无穷大。将红表笔接 1 脚，黑表笔接 3 脚，测得阻值为 250kΩ，调换表笔测得阻值为 900kΩ。

由上述检测结果可判定 2 脚为基极，且为 PNP 管。

（2）判别管子集电极、发射极和检测放大能力。将万用表置于 R×10kΩ 挡，红表笔接 3 脚，黑表笔接 1 脚，并用两手分别捏住 3、1 两脚，测得阻值为 900kΩ。保持两表笔位置不变，当用舌尖舔 B 极（2 脚）时，万用表指针向右大幅度偏转，测得阻值为 30kΩ。将红、黑表笔对调，并用两手分别捏住 3、1 两脚，再用舌尖舔 B 极（2 脚），此时万用表指针保持原位。由此判定 1 脚为 E 极，3 脚为 C 极。检测过程还表明管子放大能力很强。

（3）检测注意事项。万用表 R×1kΩ 挡电池电压仅为 1.5V，很难使管子进入放大区工作，所以不宜使用此挡检测其放大能力。

3　大功率达林顿晶体管的检测

由图 6－19 可见，其 C、E 极间反向并接了一只起过压保护作用的续流二极管 VD，在三极管 VT1 和 VT2 的 E 极上还分别并入了电阻 R_1 和 R_2（泄放电阻），为漏电流提供泄放通路。因 VT1 的基极漏电流比较小，所以 R_1 的阻值通常较大。VT1 的漏电流经放大后加到 VT2 的基极上，加上 VT2 自身存在的漏电流，使得 VT2 基极漏电流比较大，因此 R_2 阻值通常较小。一般 R_1 常取几千欧，R_2 取几十欧，满足 $R_2 \leqslant R_1$ 的关系。大功率达林顿管中的保护元件 VD 及 R_1、R_2 均集成在管芯上，再用塑料或金属封装，并引出相应电极。

大功率达林顿管检测方法与普通型达林顿管基本相同。由于大功率达林顿管内部有 VD、R_1、R_2 等保护元件，所以在检测时应考虑这些元件的影响，以免造成误判。

（1）将万用表置于 R×1kΩ 挡，检测 B、C 极间正、反向阻值，应有较大差异，见图 6－20。

（2）B、E 极间有两个 PN 结，并且接有 R_1 和 R_2，用万用表电阻挡检测时，正向测得的阻值是 B、E 极间正向电阻与 R_1、R_2 并联的结果。反向检测时，发射结截止，测得的是 R_1、R_2 之和（约为几千欧），且阻值固定，不随万用表电阻挡位变换而改变。

应注意，有些大功率达林顿管在 R_1、R_2 上还分别并有二极管 VD1 和 VD2，因此当 B、E 极间加上反向电压（即红表笔接 B，黑表笔接 E）时，测得的不是 R_1 和 R_2 之和，而是 R_1、R_2 与 VD1、VD2 正向电阻之和的并联阻值。

（3）E、C 极间并联有二极管 VD，所以，对于 NPN 管，当黑表笔接 E 极，红表笔接 C 极时，VD 应导通，测得的是 VD 的正向阻值。对于 PNP 型管，红、黑表笔对调，测得的是 VD 的正向阻值。

（4）放大能力检测方法与普通达林顿管相同，可参照进行。

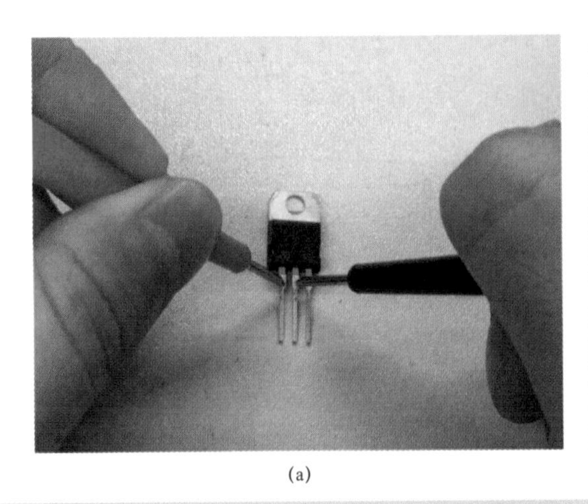

(a)

(b)

图 6－20　大功率达林顿管性能检测（一）

（a）检测集电极正向电阻；（b）正向电阻示数

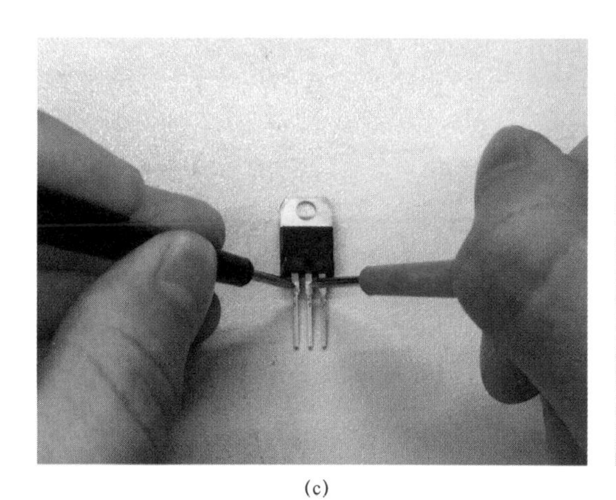

(c)

(d)

图 6-20　大功率达林顿管性能检测（二）

（c）检测集电极反向电阻；（d）反向电阻示数

第七章 晶闸管

晶闸管是晶体闸流管的简称（旧称可控硅），是一种大功率半导体器件，在电路中相当于可控开关，具有闸门的功能，能够控制大电流的流通，闸流管由此得名。

第一节 单向晶闸管

一、晶闸管分类及结构

单向晶闸管是一种 PNPN 四层功率半导体器件，它具有体积小、质量轻、功耗低、效率高、寿命长及使用方便等优点，它在家用电器、电子测量仪器和工业自动化设备中应用广泛，可用于可控直流电源、交流调压开关、无触点继电器，以及变频、调速、控温、控湿、稳压等电路。其不足之处是过载能力和抗干扰能力较差，控制电路较复杂。

1 晶闸管分类

（1）根据性能分类。晶闸管可分为直流晶闸管（单向晶闸管）和交流晶闸管（双向晶闸管）两大类。

（2）根据关断、导通及控制方式分类。晶闸管可分为半控型和全控型两大类：

1）半控型（非自关断）晶闸管。

a）单向晶闸管（SCR）：其特点是只有当其控制极 G 加上适当的触发脉冲且其阳极 A、阴极 K 加上适当的正向电压时，才能正常导通，否则截止或不正常导通。单向晶闸管实质上属于直流控制器件，一般应用于整流、变频以及逆变电路。

b）快速晶闸管（FST）：其特点和单向晶闸管差不多，只是它的关断和导通时间更短，一般应用于斩波电路，以及中、高频逆变电路。

c）双向晶闸管（BCR）：它等效于两个单向晶闸管反向并联而成，特点是双向均可由 G 极控制触发导通。双向晶闸管实质上属于交流控制器件，广泛应用于交流开关、交流调压、交流调速以及其他调温（光）电路。

d）逆导晶闸管（RCT）：它等效于一个单向晶闸管反向并联上一个普通二极管而成，具有正向压降小、关断时间短及高温特性好等优点，一般用于斩波和逆变电路。

e）光控晶闸管（LATT）：其特点和单向晶闸管差不多，只是用光触发代替了电极触发，一般用于高压直流输电中，以保证控制电路与主电路之间的绝缘。

2）全控型（自关断）晶闸管。

a）门极可关断晶闸管（GTO）：门极加正脉冲晶闸管导通，门极加负脉冲晶闸管关断。

b）场控晶闸管（MCT）：其特性与 GTO 相似，具有阻断电压高、驱动功率低以及导通压降低等特点。

c）静电感应晶闸管（SITH）：其特性与 GTO 相似，但开关速度快得多。

（3）根据封装形式分类。晶闸管可分为金属封装、塑料封装和陶瓷封装晶闸管三大类。金属封装晶闸管又分为螺栓式、平板式和圆壳式，塑料封装晶闸管又分为带散热片型与不带散热片型两类。

（4）根据关断速度分类。晶闸管可分为单向晶闸管和高频（快速）晶闸管两类。

（5）根据引脚和极性分类。晶闸管可分为二极晶闸管、三极晶闸管和四极晶闸管。

（6）根据电流容量分类。晶闸管可分为小功率、中功率和大功率晶闸管。一般认为电流容量大于 50A 为大功率管，5A 以下则为小功率管。小功率晶闸管触发电压为 1V 左右，触发电流为零点几到几毫安，中功率以上的触发电压为几到几十伏，电流几十到几百毫安。

2　单向晶闸管结构

单向晶闸管内部有三个 PN 结，对外有三个电极。第一层 P 型半导体引出的电极叫阳极 A，第三层 P 型半导体引出的电极叫控制极（或称门极）G，第四层 N 型半导体引出的电极叫阴极 K。它和二极管一样具有单向导电性，关键是多了一个控制极 G，这就使它具有与二极管完全不同的工作特性。单向晶闸管在电路中常用字母 VS（国内）或 SCR（国外）表示，其内部结构及电路符号见图 7－1。中、小功率晶闸管多采用塑料封装及陶瓷封装，大功率晶闸管多采用金属壳封装，其外形见图 7－2。

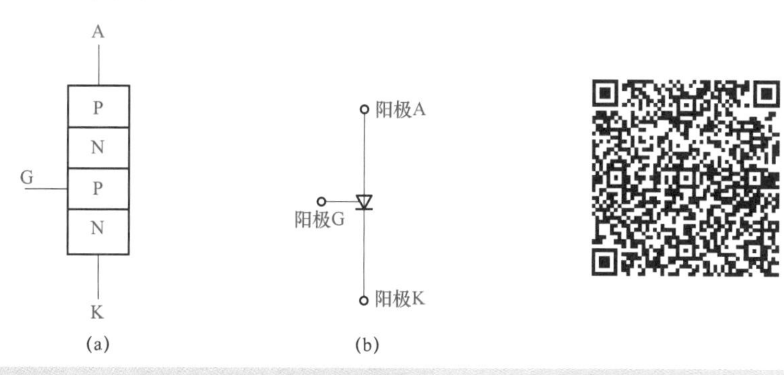

图 7－1　单向晶闸管内部结构及符号

（a）外形；（b）符号

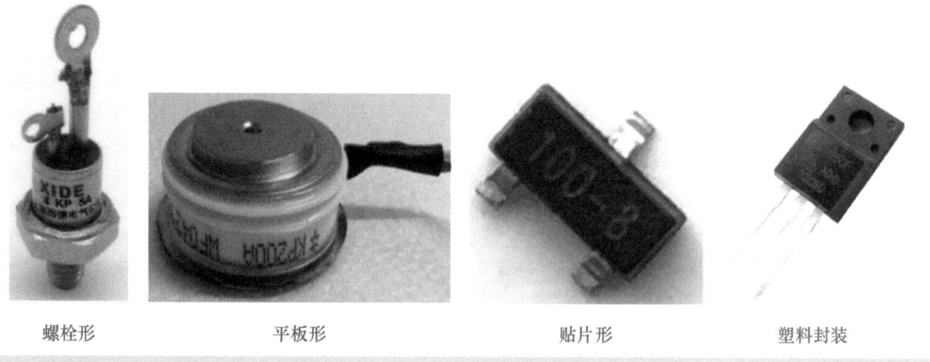

图 7－2　单向晶闸管外形

二、单向晶闸管特性及作用

1　单向晶闸管特性

（1）正向阻断特性。当单向晶闸管阳极和阴极间加上正向电压，控制极悬空时，此时只有很小的电流流过，此电流称为正向漏电流。这时，单向晶闸管阳极和阴极间表现出很大的电阻，晶闸管处于正向阻断状态。当正向电压增加到某一数值时（称正向转折电压），正向漏电流突然增大，晶闸管由阻断状态突然导通。晶闸管导通后，即可以通过很大的电流。当有控制信号时，正向转折电压会下降，转折电压随控制极电流的增大而减小。

以这种方法使晶闸管导通称为“硬导通”，多次“硬导通”会损坏管子，因此正常工作时，不允许晶闸管的阳极和阴极间的正向电压高于正向转折电压。

（2）导通工作特性。单向晶闸管导通后，内阻很小，管压降很低（1V 左右）。此时，外加电压几乎全部降在外电路负载上，而且负载电流较大。

（3）反向阻断特性。当单向晶闸管阳极和阴极间加上反向电压，控制极悬空时，此时只有很小的电流流过，此电流称为反向漏电流。这时，晶闸管处于反向阻断状态。当反向电压增加到某一数值时（称反向击穿电压），反向漏电流突然增大，晶闸管由阻断状态突然导通。若不加以限制，管子可能烧毁，造成永久性损坏。正常工作时，外加反向电压要小于反向击穿电压，这样才能保证管子安全可靠地工作。

（4）导通与关断特性。单向晶闸管的导通条件是：除在阳极和阴极间加上一定大小的正向电压外，还要在控制极和阴极间加正向触发电压。一旦管子触发导通，控制极即失去控制作用，即使控制极电压变为零，单向晶闸管仍然保持导通。

要使单向晶闸管关断，必须去掉阳极正向电压，或者给阳极加反向电压，或者降低阳极正向电压，使通过单向晶闸管的电流降低到维持电流（单向晶闸管导通的最小电流）以下。

2　单向晶闸管作用

（1）可控整流作用。单向晶闸管最基本的作用就是可控整流。大家熟悉的二极管整流电路属于不可控整流电路，如果把二极管换成晶闸管，就可以构成可控整流电路。

（2）无触点开关作用。单向晶闸管的导通与截止状态相当于开关的闭合与断开状态，用它可制成无触点开关，用于快速接通或切断电路，实现将直流电变成交流电的逆变，将一种频率的交流电变成另一种频率的交流电。

（3）功率放大作用。单向晶闸管功率放大倍数很高，可以用微小的信号功率对大功率的电源进行变换和控制，在脉冲数字电路中可作为功率开关使用。

三、单向晶闸管技术参数及型号标注

1　单向晶闸管技术参数

（1）正向转折电压 U_{BO}。是指晶闸管在额定结温为 100℃且控制极开路的条件下，在其阳极与阴极间加正弦半波正向电压，使其由关断状态转变为导通状态时所对应的电压。

（2）反向击穿电压 U_{BR}。这是指晶闸管在额定结温为100℃且控制极开路的条件下，在其阳极与阴极间加正弦半波反向电压，当其反向漏电电流急剧增加时所对应的电压，超过此值晶闸管将击穿损坏。

（3）断态正向不重复峰值电压 U_{DSM}。断态正向不重复峰值电压 $U_{DSM}=U_{BO}-100V$（制造厂家规定的值），该电压不能连续或重复施加。

（4）断态正向重复峰值电压 U_{DRM}。这是指在晶闸管控制极开路和正向阻断时，允许重复加在阳极和阴极间的最大正向峰值电压。它反映了阻断条件下晶闸管能承受的正向电压，其电压大小约为 $0.9U_{DSM}$。

（5）反向不重复峰值电压 U_{RSM}。反向不重复峰值电压 $U_{RSM}=U_{BR}-100V$（制造厂家规定的值），该电压不能连续或重复施加。

（6）反向重复峰值电压 U_{RRM}。这是指晶闸管在控制极开路和反向阻断时，允许重复加在阳极和阴极间的最大反向峰值电压。它反映了阻断条件下晶闸管能承受的反向电压，其电压大小约为 $0.9U_{RSM}$。

（7）额定电压 U_T。这是指 U_{DRM} 和 U_{RRM} 中较小的一个值。在实际选用时，为了防止晶闸管损坏，该值应为正常工作峰值电压的2～3倍。

（8）额定电流（通态平均电流）I_T。这是指晶闸管在环境温度不大于40℃和标准散热及全导通的条件下，所允许通过的正弦半波电流的最大平均值。

（9）维持电流 I_H。这是指晶闸管在控制极开路、规定的环境温度和晶闸管导通的条件下，能维持晶闸管导通的最小正向电流。当正向电流小于 I_H 时，导通的晶闸管会自动关断。

（10）擎住电流 I_L。这是指晶闸管刚从阻断状态转到导通状态就去掉触发信号，能使晶闸管继续保持导通的最小阳极电流，一般擎住电流为维持电流的2～4倍。

（11）正向平均电压降 U_F。正向平均电压降也称通态平均电压降或通态压降，它是指在规定环境温度和标准散热条件下，当通过晶闸管的电流为额定电流时，其阳极与阴极之间电压降的平均值，通常为0.4～1.2V。

（12）控制极触发电压 U_{GT}。这是指在规定的环境温度和晶闸管阳极与阴极之间为一定正向电压的条件下，使晶闸管从阻断状态转变为导通状态所需要的最小控制极直流电压，一般为1～5V。

（13）控制极触发电流 I_{GT}。这是指在规定的环境温度和晶闸管阳极与阴极之间为一定正向电压的条件下，使晶闸管从阻断状态转变为导通状态所需要的最小控制极直流电流，一般为几十至几百毫安。

2 单向晶闸管型号标注

国产单向晶闸管的型号标注常用3CT③④和KP③④表示，其中3代表三个电极，C代表N型硅材料，T代表可控器件，K代表闸流特性，P代表器件类型（如P为单向型、K为快速型、S为双向型、G为可关断型等）。第三部分③用数字表示晶闸管的额定通态电流系列（如1代表1A、5代表5A等，依此类推），第四部分④用数字表示重复峰值电压等级（如1代表100V、2代表200V等，依此类推）。国产单向晶闸管的常用型号有3CT101～107、3CT021～064和KP1～1000等。

进口单向晶闸管的型号很多，大都是按各生产厂家的命名方式进行标注，如常用的有日本东芝公司（TOS）SFOR1～3、SF1～5，日本三菱公司（MIT）CR2AM、CR02AM、CR03AM、SF2SF3，美国摩托罗拉公司（MOT）MCR100，美国尤尼特罗德公司（UNI）2N6564、2N6565，日本日立公司（HIT）CW12、CMS2B，CMS3B，日本松下公司（PANASONIC）MC21C、M23C 等。

四、单向晶闸管检测

1 单向晶闸管电极判别

（1）从外观判别。单向晶闸管按功率大小，可分为小功率、中功率和大功率三种。一般从外观上即可进行识别：小功率管多采用塑封或金属壳封装；中功率管控制极管脚比阴极管脚细，阳极带有螺栓；大功率管控制极上带有金属编织套，像一条辫子。一般额定电流小于 200A 的多为螺栓形晶闸管，大于 200A 的多为平板形晶闸管。

由于螺栓形和平板形单向晶闸管的三个电极外部形状有很大的区别，因此可以根据它们的外形进行区分。螺栓形晶闸管，螺栓是 A 极，粗辫子线是 K 极，细辫子线是 G 级。平板形晶闸管，两个平面分别是 A 极和 K 极，细辫子线是 G 极。对于金属封装型和塑封型单向晶闸管由于三个电极在外形上是一样的，因此判别极性必须采用万用表来检测。

（2）单向晶闸管电极的检测方法。由单向晶闸管的结构可知，G 极和 K 极间是一个 PN 结，类似一只二极管，具有单向导电特性，其正、反向阻值相差很大。而 G 极和 A 极间有两个反向串联的 PN 结，因此正、反向阻值均很大，据此可利用万用表判别出电极。

将万用表置于 R×10kΩ 挡，检测晶闸管任两个电极间正、反向电阻，检测方法见图 7-3。如果测得其中两个电极间的阻值较小，而交换表笔测得的阻值很大，阻值较小的那次测量中，黑表笔接的是 G 极，红表笔接的是 K 极，余下的为 A 极。

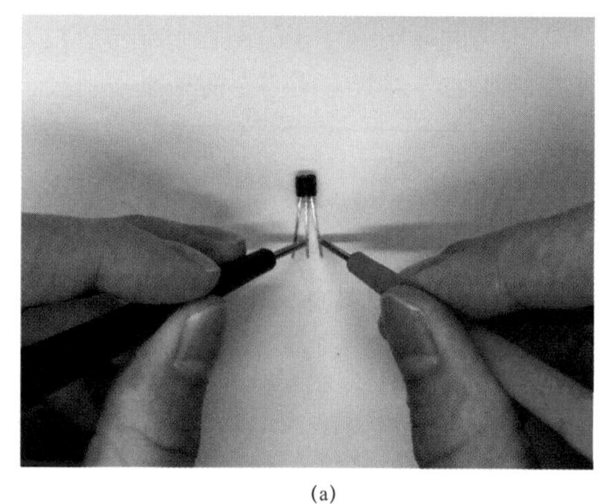

(a)

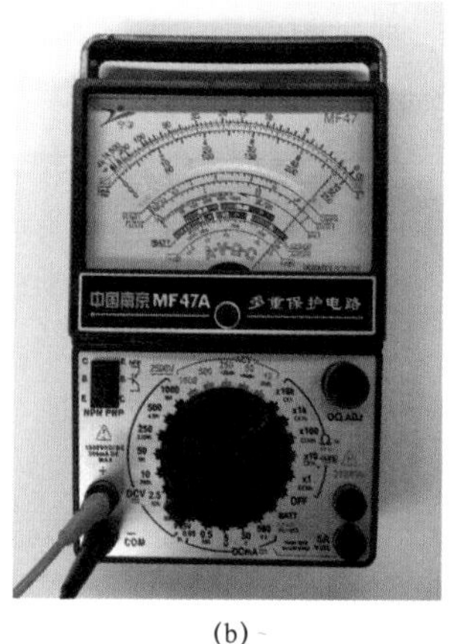

(b)

图 7-3 单向晶闸管电极判别（一）
（a）检测 G、K 极的正向电阻；（b）正向电阻示数

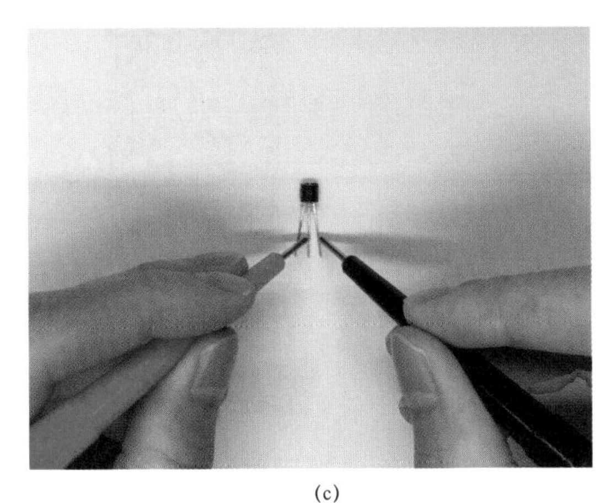

(c)

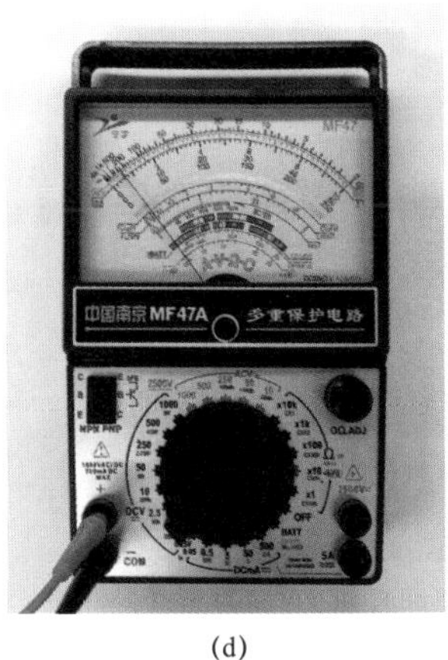

(d)

图 7-3　单向晶闸管电极判别（二）

（c）检测 G、K 极的反向电阻；（d）反向电阻示数

（3）检测注意事项。在测试中，如果测得的正反向电阻值均很大，应及时调换电极再进行测试，直到找出正反向电阻值一大一小的两个电极为止。

2　数字式万用表判别单向晶闸管电极（方法一）

将数字式万用表拨至二极管挡，此时表内提供+2.8V 测试电压。红表笔（电源正极）任意接某一电极，黑表笔（电源负极）先后接触另外两个电极，检测方法见图 7-4。

在两次测量中，若有一次电压显示为 0.2～0.8V，另一次显示溢出符号“0L”，说明此时红表笔所接是控制极 G，与黑表笔相接的是阴极 K，剩下的一个则是阳极 A。如果两次测量都是显示溢出符号“0L”，则表明红表笔所接的不是控制极 G，应改换其他引脚重复以上测试步骤，直至得到正确结果。

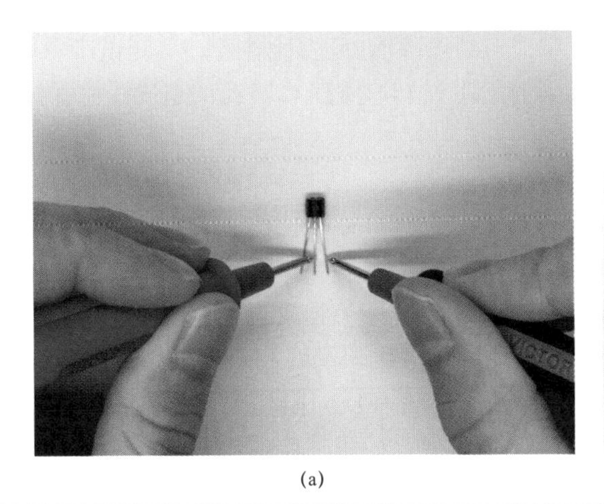

(a)

(b)

图 7-4　数字式万用表判别单向晶闸管电极（一）

（a）检测 G、K 极的正向导通压降；（b）正向导通压降示数

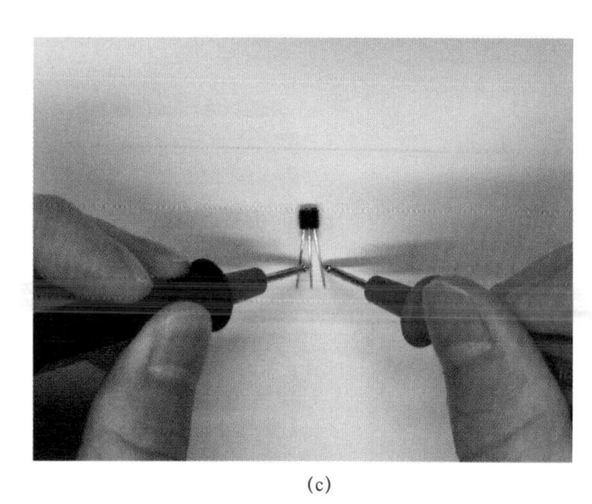
(c)

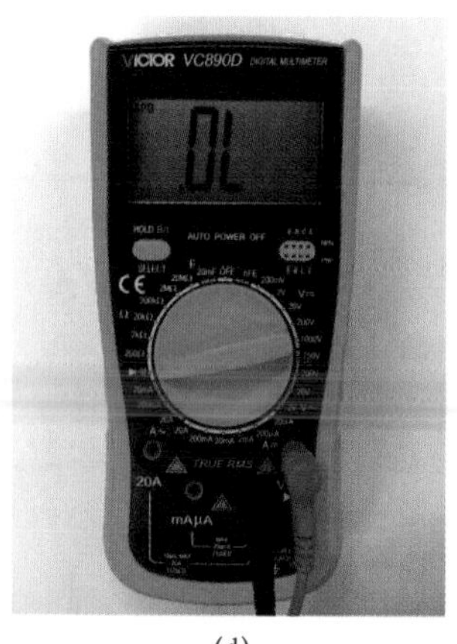

(d)

图 7-4 数字式万用表判别单向晶闸管电极（二）
(c) 检测 G、K 极的反向压降；(d) 反向压降示数

在确定控制极 G 后，红表笔接 G 极，黑表笔先后接触另外两个电极。若有一次电压显示为零点几伏，则说明与黑表笔相接是阴极 K；若显示溢出，则说明与黑表笔相接的是阳极 A。

3 数字式万用表判别单向晶闸管电极（方法二）

（1）单向晶闸管电极的检测方法。将数字式万用表拨至 PNP 挡，把晶闸管的任意两个电极分别插入 hFE 的 C 插孔和 E 插孔，此时表内提供+2.8V 测试电压，E 插孔为正，C 插孔为负。

此时数字式万用表屏幕显示值为“000”，表明晶闸管处于关断状态。然后用导线把第三个电极分别和前两个电极相接触，要反复进行直到屏幕显示从“000”变到溢出符号“0L”为止，这时说明晶闸管已经导通.。此时，插在 C 插孔的引脚是晶闸管的阴极 K，插在 E 插孔的引脚是它的阳极 A，第三个引脚便是控制极 G。

（2）检测注意事项。也可以用数字式万用表的 NPN 挡来检测，其测试步骤相同，但所得的结论是：插在 E 插孔的引脚是晶闸管的阴极 K，插在 C 插孔的引脚是它的阳极 A。

4 单向晶闸管判别

（1）单向晶闸管的检测方法。若测得 A 极与 G、K 极间的正、反向阻值均很大，而 G 极与 K 极间具有单向导电特性，说明被测管子是好的。若测得 A 极与 G、K 极间的正、反向阻值较小甚至为零，而 G 极与 K 极间的正、反向阻值很接近甚至为零，说明被测管子性能变差或内部击穿短路。若正、反向阻值均为无穷大，说明被测管子内部已断路。

（2）检测注意事项。测量 G 极与 K 极间的正、反向阻值时应注意：由于制造原因，G 极与 K 极间正、反向阻值可能有差别，但只要反向阻值明显比正向阻值大就说明该管是好的。

5 单向晶闸管触发导通能力检测

（1）10A 以下中小功率单向晶闸管触发导通能力的检测方法。将万用表置于 R×1Ω 挡，黑表笔接被测管 A 极，红表笔接 K 极（给 A 极加上正向电压，K 极加上反向电压），检测方法见图 7－5。

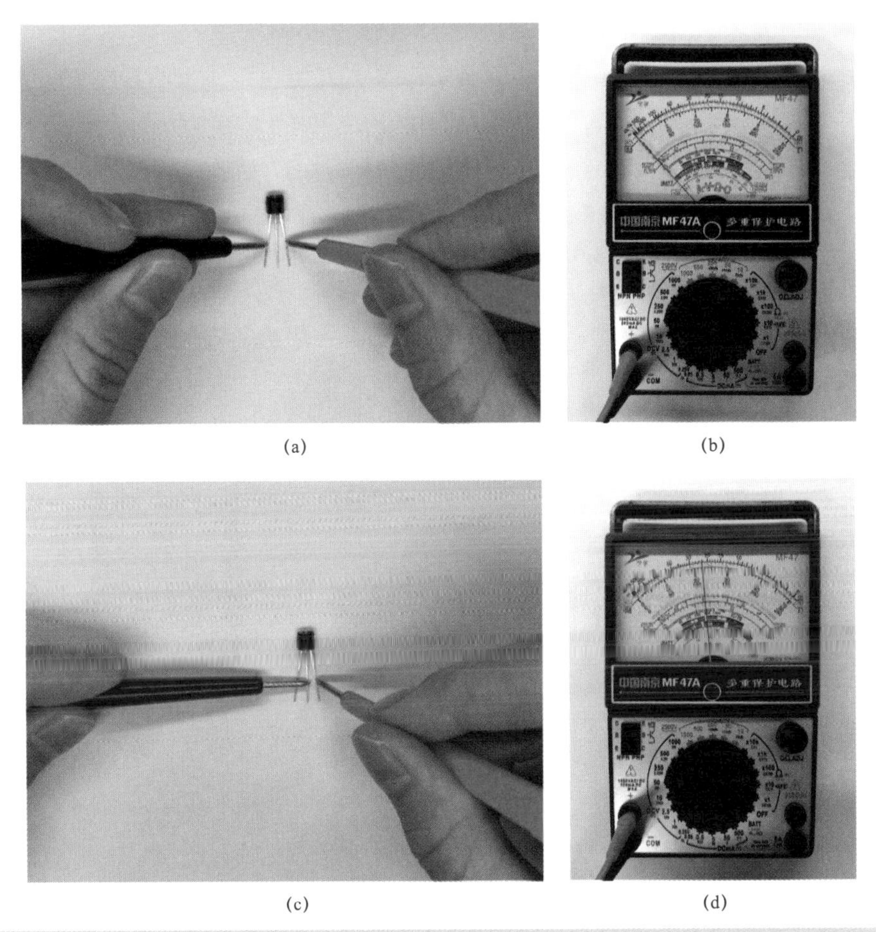

(a)　(b)　(c)　(d)

图 7－5　单向晶闸管触发导通能力检测

（a）未导通时检测 A、K 极的电阻；（b）未导通时电阻示数；
（c）导通时检测 A、K 极的电阻；（d）导通时电阻示数

此时万用表指示阻值很大，用黑表笔碰触 A 极和 G 极（给 G 极加上一个正向触发电压），若阻值明显变小，说明该管已触发导通。移开黑表笔，若万用表指针仍停留在原位置，说明该管子仍保持触发导通且性能良好。

若黑表笔碰触前后万用表指针不动，说明该管子可能损坏。若给 G 极加触发电压导通，而撤去触发电压就不导通，可能导通电流太小（小于维持电流）或导通管压降太大，这属于正常现象。如果在使用高阻挡（如 R×1kΩ 挡）时，单向晶闸管仍能触发导通，表明该单向晶闸管所需的触发电流较小。

（2）10A 以上大功率单向晶闸管触发导通能力的检测方法。由于大功率单向晶闸管的通态压降较大，加之 R×1Ω 挡对图 7－5 所示电路进行检测时，大功率单向晶闸管不能完全导通。

因此，在检测大功率单向晶闸管时，可在万用表的黑表笔上串 1～2 节 1.5V 干电池，

使干电池与表内电池正向串联（顺串）在一起。加上 1～2 节干电池后，对于一只性能良好的大功率单向晶闸管来说，一般都能触发导通，否则说明是坏的。

6 数字式万用表检测单向晶闸管触发导通能力（方法一）

数字万用表二极管挡所能提供的测试电流仅有 1mA 左右，因此只能检测小功率晶闸管的触发能力。用红表笔接阳极 A，黑表笔接阴极 K，检测方法见图 7-6。

此时被测管应处于关断状态，仪表显示溢出符号“0L”。接着将红表笔在保持与 A 接通的前提下去碰触控制极 G，给 G 极加上一个正向触发电压。此时管子应能转为导通状态，显示值应由溢出符号“0L”变为 0.8V 以下。随即将红表笔脱离控制极 G，被测管应能继续保持导通状态，显示值仍是 0.8V 左右。

可反复多次照此法进行测试，若每次管子均能由关断状态转为导通状态，且能保持，说明管子触发灵敏可靠。

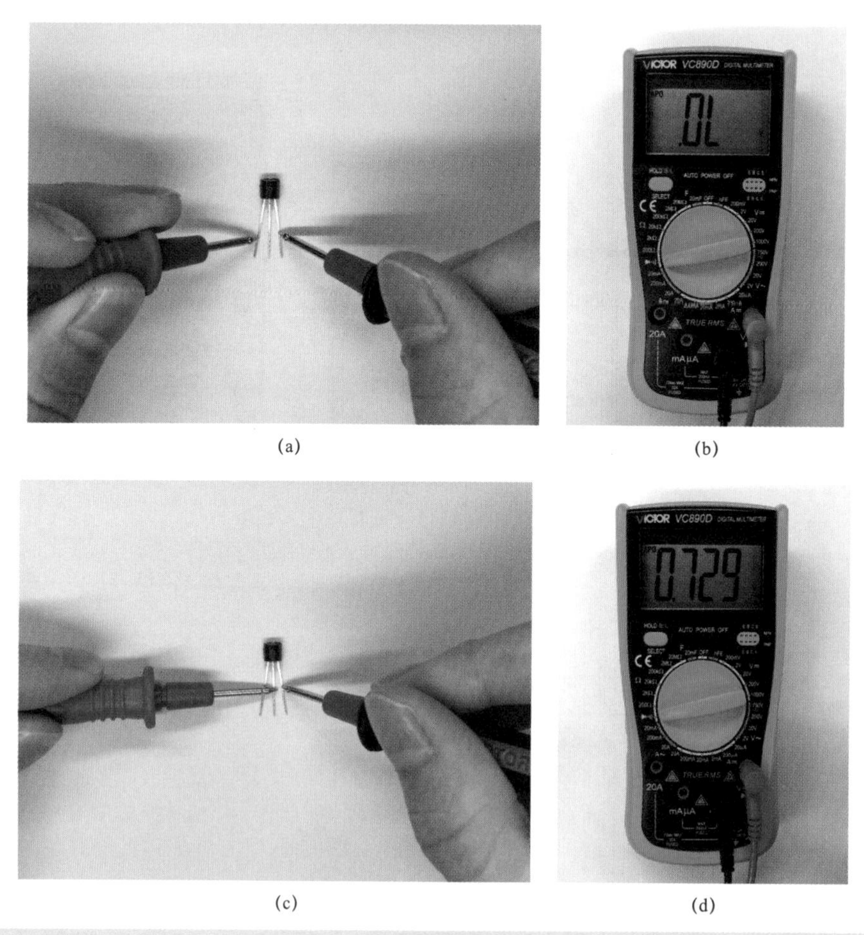

(a) (b)

(c) (d)

图 7-6 数字式万用表检测单向晶闸管触发导通能力

(a) 未导通时检测 A、K 极的正向压降；(b) 未导通时正向压降示数；

(c) 导通时检测 A、K 极的正向压降；(d) 导通时正向压降示数

7　数字式万用表检测单向晶闸管触发导通能力（方法二）

（1）触发导通能力的检测。将数字式万用表拨至 hFE 测试的 NPN 挡，此时 hFE 插座上的 C 插孔带正电，E 插孔带负电，C–E 插孔之间的电压为 2.8V。把单向晶闸管的阴极 K 与阳极 A 分别插入 hFE 的 E 插孔和 C 插孔，控制极 G 悬空。这时，数字式万用表屏幕应显示“000”，这表明此时晶闸管关断，阳极电流为零。然后用导线把控制极 G 和阳极 A 相接触，此时屏幕的显示值应从“000”一直到显示出溢出符号“0L”为止。这是由于控制极 G 和阳极 A 相接触后，相当于给控制极 G 加上了一个正向电压，因此，晶闸管导通，阳极流过的电流剧增，使 hFE 测试挡过载。

把导线拿（断）开后，屏幕仍显示溢出符号“0L”，则说明把晶闸管的控制极 G 的电压去掉以后，它仍能维持其导通状态。

（2）检测注意事项。

1）如果使用 PNP 挡来测试单向晶闸管，阳极 A 应插入 E 插孔，阴极 K 插入 C 插孔，以确保所加的为正向电压。

2）晶闸管导通时，阳极电流可达几十毫安，检测时应尽量缩短测试时间，以节省表内 9V 叠层电池的消耗。

第二节　双向晶闸管

一、双向晶闸管结构及特性

双向晶闸管是在单向晶闸管的基础上发展而成的，它的发展方向是高电压、大电流。它不仅能代替两只反极性并联的单向晶闸管，而且只有一个控制极，仅需一个触发电路，是目前比较理想的交流开关器件。双向晶闸管具有以小功率控制大功率、功率放大倍数高（达几十万倍）、反应极快（在微秒级内开通、关断）、无触点运行、无火花、无噪声、效率高、成本低等优点，广泛应用于交流调压、交流电动机调速、直流电动机调速和换向、防爆交流开关、调光等电路，还用于固态继电器和固态接触器中。其不足之处是静态及动态的过载能力较差、容易受干扰而误导通等。

1　双向晶闸管结构

尽管从形式上可将双向晶闸管看成是两只单向晶闸管的组合，但实际上它是由七只晶体管和多只电阻构成的 NPNPN 五层功率集成器件，它具有四个 PN 结，对外也引出三个电极。由于双向晶闸管可以双向导通，故控制极 G 以外的两个电极统称为主电极，分别用 T1、T2 表示，而不再分阳极或阴极。由于主电极的结构是对称的（都从 N 层引出），因此把与控制极相近的叫作第一电极 T1，另一个叫作第二电极 T2。双向晶闸管在电路中常用字母 VS（国内）或 BCR（国外）表示，其内部结构及电路符号见图 7–7。小功率双向晶闸管一般采用塑料封装，有的还带散热板，大功率双向晶闸管大多采用金属封装，有螺栓形和平板形，其外形见图 7–8。

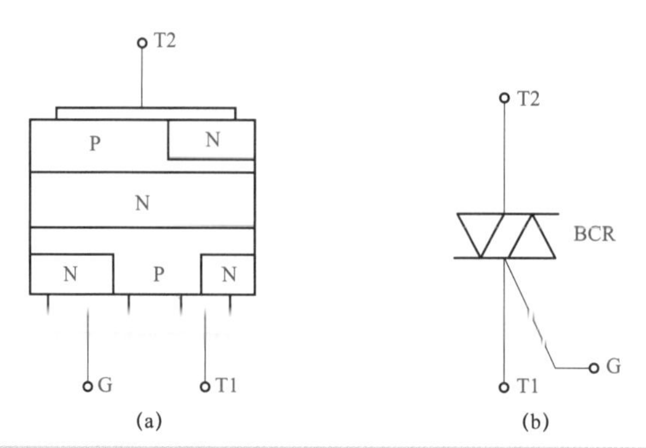

图 7-7　双向晶闸管内部结构及符号
（a）内部结构；（b）符号

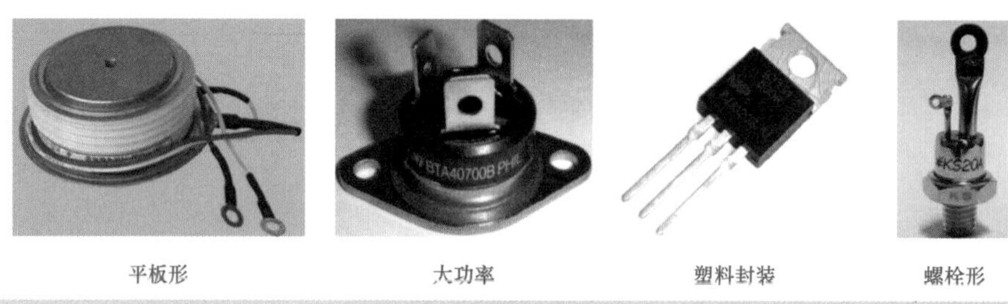

图 7-8　双向晶闸管外形

2 双向晶闸管特性

双向晶闸管具有对称的正、反向伏安特性曲线，于是它两个方向均可轮流导通和关断，是一种理想的交流开关器件。

（1）双向晶闸管触发导通特性。双向晶闸管与单向晶闸管一样，也具有触发导通特性。不过，它的触发控制特性与单向晶闸管有很大的不同，这就是无论在主电极间接入何种极性的电压，只要在它的控制极上加上一个触发电压（满足其触发电流的条件），也不管这个电压是什么极性，都可以使双向晶闸管导通，此时主电极 T1、T2 间压降也约为 1V。

双向晶闸管的触发电路通常有两类，一类是双向晶闸管用于调节电压、电流的场合，此时要求触发电路能改变双向晶闸管的导通角大小，可采用单结晶体管或双向触发二极管组成的触发电路。另一类是双向晶闸管用于交流无触点开关的场合，此时双向晶闸管仅需开通和关闭，无需改变其导通角，因此触发电路简单，一般用一只限流电阻直接用交流信号触发。

（2）双向晶闸管关断特性。双向晶闸管一旦导通，即使失去触发电压，也能继续保持导通状态。只有当主电极 T1、T2 电流减小到维持电流以下或 T1、T2 间的电压极性改变且没有触发电压时，双向晶闸管才关断。关断后，重新施加触发电压，方可再次导通。

二、双向晶闸管技术参数及型号标注

1 双向晶闸管技术参数

双向晶闸管的主要技术参数中只有额定电压和额定电流与普通晶闸管有所不同，其他技术参数定义相似。

（1）额定电压 U_T。由于双向晶闸管的两个主电极没有正负之分，所以它的参数中也就没有正向峰值电压与反向峰值电压之分，而只用一个最大重复峰值电压（一般是指额定电压或耐压）来表示。当电源电压为220V时，考虑到安全因素，额定电压应为正常工作峰值电压的2～3倍，这样才能经得起浪涌电压的破坏作用，故应选用额定电压为600V的双向晶闸管。

（2）额定电流 I_T。由于双向晶闸管通常是工作在交流电路中，所以正反向电流都可以流过，因此它的额定电流不能用平均值而是要用有效值来表示。额定电流定义为：在标准散热条件下，当双向晶闸管的导通角大于170°时，允许流过双向晶闸管的最大正弦交流电流的有效值。

2 双向晶闸管型号标注

国产双向晶闸管的型号标注常用3CTS××和KS××表示，其中S代表双向型，其余与单向晶闸管的含义相同。国产双向晶闸管早期用3CTS××标注较多，现在用KS××标注较多，常用的型号有3CTS1～5和KS5A～200A等。

进口双向晶闸管的型号很多，大都是按各生产厂家自己的命名方式进行标注，如常用的有荷兰飞利浦公司（PHI）BT131－600D、BT134－600E、BT136－600E、BT138600E、BT139－600F，意法半导体公司（ST）BTA06－600C、BTA12－600B、BTA16－600B、BTA41－600B，美国尤尼特罗德公司（UNI）2N6069A～6075A、2N6342～6345，日本东芝公司（TOS）SMOR5、SM8、FSM3B，日本三菱公司（MIT）BCR1AM～12AM、BCR8KM、BCR08AM，日本日立公司（HIT）FSM6B、FSM10B以及BCM1AM、BCM3AM等。

三、双向晶闸管检测

1 双向晶闸管电极判别

（1）电极的判别方法。通常螺栓形双向晶闸管的螺栓一端为主电极T2，较细的引出线端为控制极G，较粗的引出线端为主电极T1。金属封装（TO－3）双向晶闸管的外壳为主电极T2。塑封（TO－220）双向晶闸管的中间引脚为主电极T2，该极与自带小散热片相连。小功率双向晶闸管一般采用塑料封装，有的还带小散热片。双向晶闸管的电极判别分以下几步进行：

1）判别T2极。由双向晶闸管结构可知，G极与T1极靠近，距T2极较远，因此，G、T1极间正、反向阻值都很小，用万用表R×1Ω挡检测任意两脚间阻值时，正常时一组为几十欧，另两组为无穷大，阻值为几十欧时表笔所接的两脚为T1和G极，余下的为T2极，检测方法见图7－9。

2）判别T1极和G极。判别出T2极后，假定T1级和G极中任一为T1极，将万用表置于R×10Ω挡，先用黑表笔接T2极（已确定），红表笔接假定的T1极。

此时万用表指针不应发生偏转，阻值为无穷大。再用短接线将G和T1极短接一下后撤离，给G极加上负的触发电压，若万用表读数由无穷大变为几十欧，说明双向晶闸管已导通。

互换红、黑表笔接线，红表笔接T2，黑表笔接T1。同样万用表指针应不发生偏转，阻值为无穷大。再用短接线将G和T1极短接一下后撤离，给G极加上正的触发电压，若万用表读数由无穷大变为几十欧，说明双向晶闸管已导通。

符合以上规律，说明假定正确，另一极为G极；若万用表指针没有偏转，说明假定的那 极为G极。

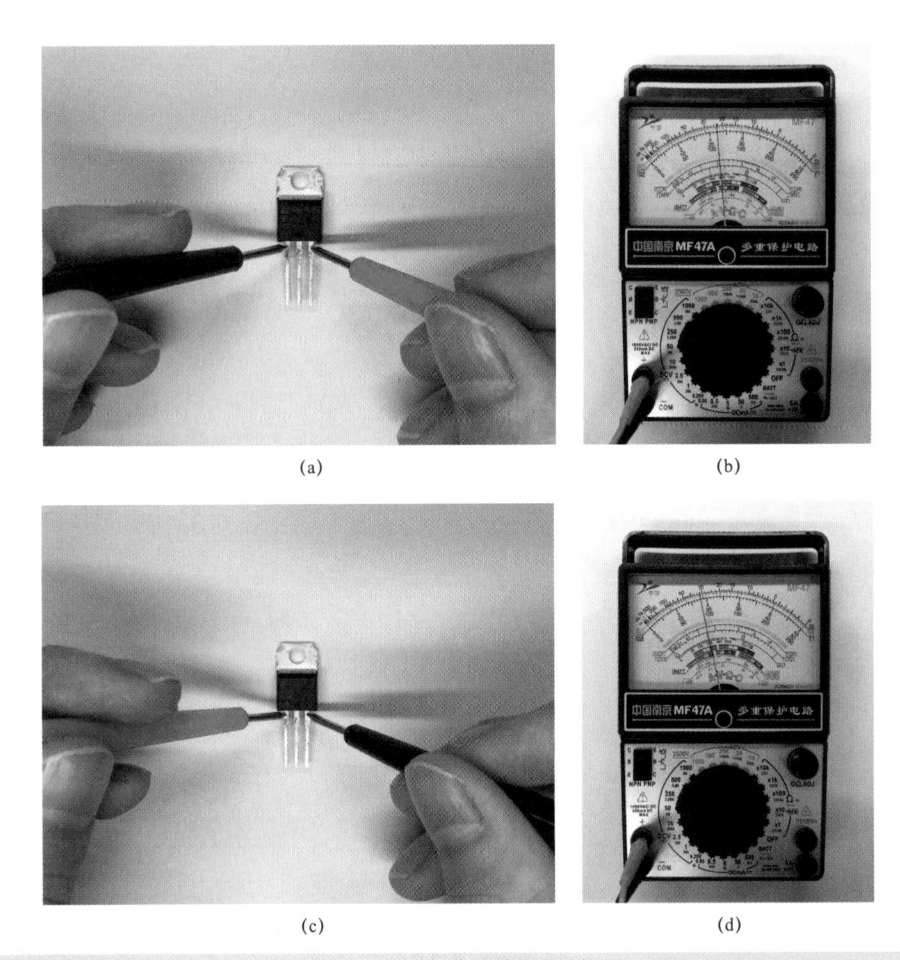

(a)　(b)

(c)　(d)

图7-9　双向晶闸管电极判别

（a）检测T1、G极电阻（一）；（b）电阻示数（一）；（c）检测T1、G极电阻（二）；（d）电阻示数（二）

（2）检测注意事项。

1）用上述方法只能检测小功率双向晶闸管，对于大功率双向晶闸管，由于其正向导通压降和触发电流都相应较大，万用表的电阻挡所提供的电压和电流不足以使其导通，因此不能采用万用表测试大功率双向晶闸管。

2）如要检测大功率双向晶闸管，可在万用表的黑表笔上串1～2节1.5V干电池，使干电池与表内电池正向串联（顺串）在一起。加上1～2节干电池后，对于一只性能良好的大功率双向晶闸管来说，一般都能触发导通，否则说明是坏的。

2 双向晶闸管判别

通过对双向晶闸管极间阻值的检测，可判别其好坏，检测方法见图 7－10。将万用表置于 R×1kΩ 挡，测得 T2－T1 极间及 T2－G 极间正、反向阻值接近无穷大，R×10Ω 挡时测得 T1－G 极间正、反向阻值为几十欧，说明被测管是好的。若测得 T2－T1 极间、T2－G 极间正、反向阻值较小或为零，而 T1－G 极间正、反向阻值很小或为零，说明被测管性能变坏或已击穿。若测得 T1－G 极间正、反向阻值接近无穷大，说明 G－T1 极间内部接触不良或已开路，不能使用。

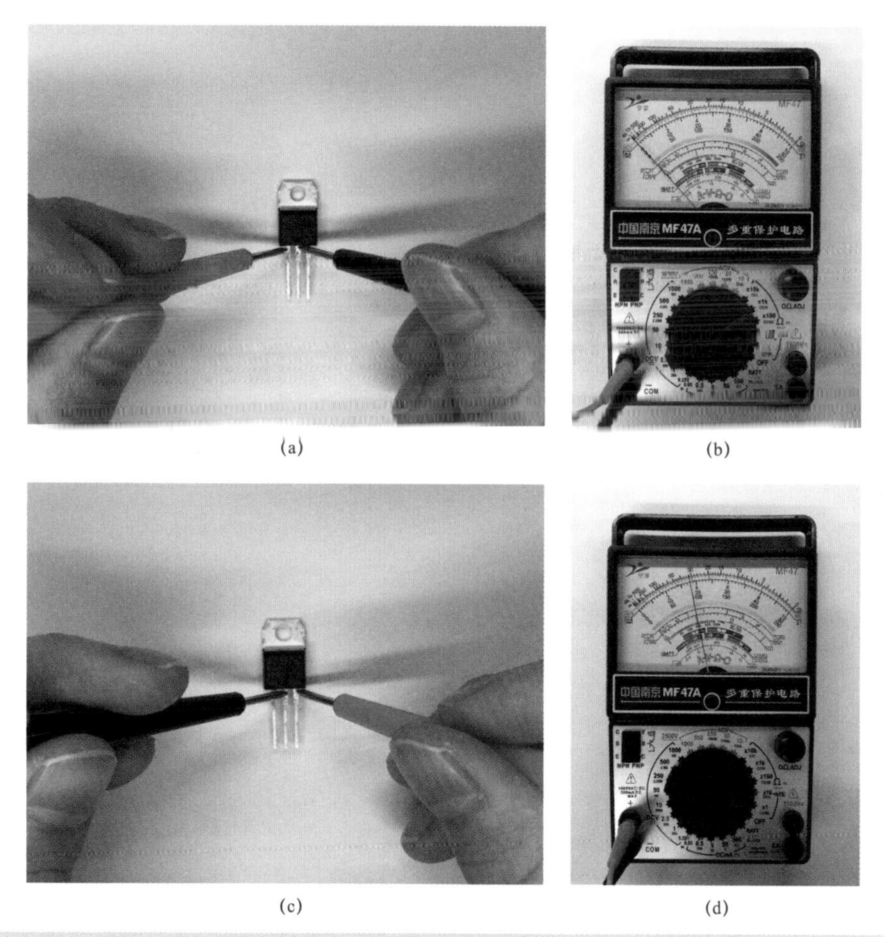

图 7－10 双向晶闸管好坏判别

（a）检测 T2、T1 极电阻；（b）电阻示数；（c）检测 T2、G 极电阻；（d）电阻示数

3 双向晶闸管触发导通能力判别

（1）触发导通能力的检测方法。双向晶闸管与单向晶闸管一样，也具有触发控制特性。但是，其触发控制特性与单向晶闸管不同，即无论在 T1 极和 T2 极接入何种极性的电压，只要在它的控制极 G 上加一个触发信号（不管是正还是负极性信号），都可以使双向晶闸管导通。

检测时，将万用表置于 R×1Ω 挡，黑表笔接 T2 极，红表笔接 T1 极（给 T2 极加正向电压），用导线将 G、T1 极短接一下后撤离。若万用表指针偏转较大并停留在这一位置，说明被测管触发导通一部分是好的。

再将红表笔接 T2 极（给 T1 极加正向电压），用黑表笔将 G、T2 极短接一下后撤离，检测方法见图 7－11。若万用表指针偏转较大并停留在这一位置，说明被测管触发导通另一部分也是好的，可以使用。

若在双向晶闸管被触发导通后断开 G 极，T2、T1 极间不能维持低阻导通状态而阻值变为无穷大，则说明该双向晶闸管性能不良或已经损坏。若给 G 极加上正（或负）极性触发信号后，晶闸管仍不导通（T1 与 T2 间的正、反向电阻值仍为无穷大），则说明该晶闸管已损坏，无触发导通能力。

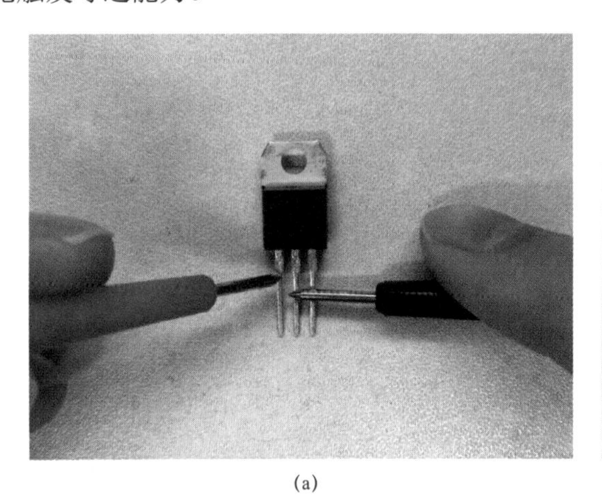

(a)

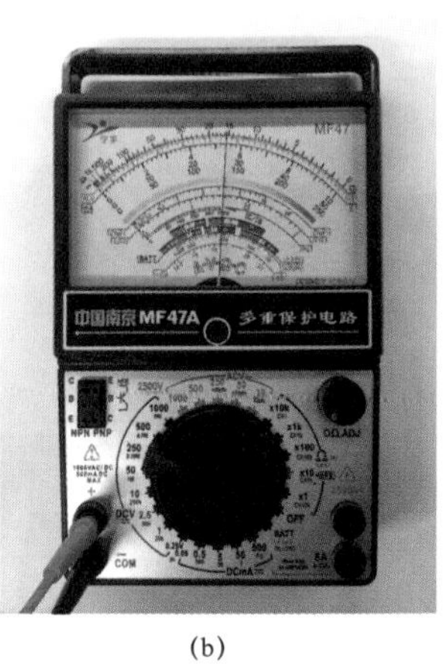

(b)

图 7－11　双向晶闸管触发导通能力判别

（a）黑表笔短接 G、T2 极；（b）导通后 T2、T1 极的电阻示数

（2）检测注意事项。为可靠起见，这里只用 R×1Ω 挡检测，而不用 R×10Ω 挡，是因为 R×10Ω 挡测试电流较小，在检测工作电流 8A 及以下的小功率双向晶闸管时很难维持管子导通状态。所以在检测工作电流 8A 以上的中、大功率双向晶闸管时，若用 R×1Ω 挡不能触发导通，可在黑表笔接线中串接 1～3 节 1.5V 干电池（和表内电池极性顺向串联），再按上述方法检测，就能触发管子导通。

第三节　可关断晶闸管

一、可关断晶闸管特性

可关断晶闸管（GTO）又称门极可关断晶闸管或称门控晶闸管，是晶闸管的一种派生器件。它的主要特点是门极加正脉冲信号触发管子导通、门极加负脉冲信号触发管子关断，因而属于全控型器件。

可关断晶闸管既保留了普通单向晶闸管耐压高、电流大的特性，且具备自关断能力，还有关断时间短、不需要复杂的换向电路、工作频率高、使用方便等优点，但对关断脉冲信号的脉冲功率和门极负向电流的上升率要求较高。可关断晶闸管是理想的高压、大电流开关器件，广泛用于斩波调速、变频调速、逆变电源等领域。可关断晶闸管在电路中常用字母 GTO 表示，外形及符号见图 7－12。

(a)

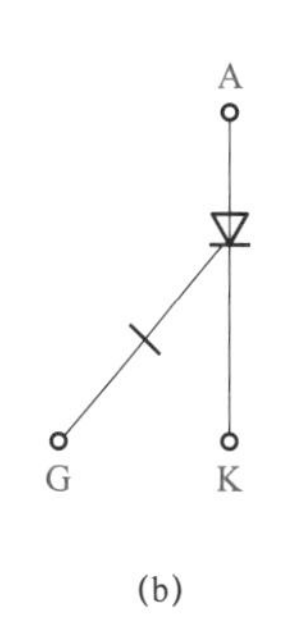

(b)

图 7－12　可关断晶闸管外形及符号

（a）外形；（b）符号

1　可关断晶闸管结构

可关断晶闸管的结构和普通单向晶闸管一样，也是由 PNPN 四层半导体构成，外部也有三个电极，即门极 G、阳极 A 和阴极 K。普通单向晶闸管只构成一个单元器件，而可关断晶闸管则构成一种多元的功率集成器件，它的内部包含数十个甚至数百个共阳极的小 GTO 单元。为了实现门极控制关断，而将这些小 GTO 单元的阴极和门极特殊设计成在器件内部并联。

2　可关断晶闸管特性

普通单向晶闸管靠控制极信号触发之后，撤掉信号也能维持导通。要使之关断，必须切断电源或施以反向电压强行关断，这就需要增加换向电路，不仅使设备的体积、质量增大，而且会降低效率，产生波形失真和噪声，可关断晶闸管克服了上述缺陷。

当可关断晶闸管阳极和阴极间加正向电压且低于正向转折电压时，若门极无正向电压，则管子不会导通。若门极加正向电压，则管子被触发导通，导通后的管压降比较大，一般为 2～3V。

由于可关断晶闸管关断时，可在阳极电流下降的同时施加逐步上升的电压，不像普通单向晶闸管关断时是在阳极电流等于零后才能施加电压的。因此，可关断晶闸管关断期间功耗较大。另外，因为可关断晶闸管导通压降较大（2～3V），门极触发电流较大（20mA 左右），所以可关断晶闸管的导通功耗与门极功耗均较普通单向晶闸管大。

二、可关断晶闸管技术参数及型号标注

1　可关断晶闸管技术参数

（1）最大可关断阳极电流 I_{ATO}。当可关断晶闸管的阳极电流 I_A 过大时，管子饱和程度加深，导致门极关断失败。因此，可关断晶闸管必须规定一个最大可关断阳极电流 I_{ATO}。

I_{ATO} 也是可关断晶闸管的额定电流或铭牌电流，它与管子的阳极电压上升率、工作频率、反向门极电流峰值和缓冲电路参数有关，在使用中应加以注意。

（2）关断增益 β_{OFF}。关断增益β_{OFF} 是一个重要参数，是用来描述可关断晶闸管的关断能力的，其大小等于最大可关断阳极电流 I_{ATO} 与门极最大负向电流 I_{GM} 之比，即$\beta_{OFF}=I_{ATO}/I_{GM}$。

β_{OFF} 一般为几倍至几十倍，如目前大功率可关断晶闸管为3～5倍，β_{OFF} 值越大，说明门极电流对阳极电流的控制能力越强。由于采用适当的门极电路，很容易获得上升率较快、幅值足够大的门极负电流，因此，在实际中不必追求过高的关断增益。

（3）擎住电流 I_L。可关断晶闸管由于工艺结构特殊，其 I_L 要比普通单向晶闸管大很多，因而在电感性负载时必须有足够的触发脉冲宽度。

（4）阳极尖峰电压 U_P。阳极尖峰电压 U_P 是在可关断晶闸管关断过程中的下降时间 t_f 尾部出现的极值电压。U_P 的大小是可关断晶闸管缓冲电路中的杂散电感与阳极电流在 t_f 内变化率的乘积。因此，当可关断晶闸管的阳极电流增加时，尖峰电压几乎呈线性增加，当 U_P 增加到一定值时，可关断晶闸管因关断损耗 P_{off} 过大而损坏。

2 可关断晶闸管型号标注

国产可关断晶闸管的型号标注常用 GTO××表示，常用的型号有先锋（XUNFO）、光宝（LITEON）、柳晶（LIUJING）GTO50A～1000A 等系列。进口可关断晶闸管的型号很多，大都是按各生产厂家自己的命名方式进行标注，如常用的有日本富士通公司（FUJI）EF3003AM 系列，日本东芝公司（TOS）SG600EX、SG800EX、SG1000EX 系列，瑞士阿西布朗勃法瑞公司（ABB）5SGA、5SGF、5SGR 系列，日本三菱公司（MIT）FG1000BV、FG3000DV、FG2000FX、FG3000GX 系列，日本日立公司（HIT）GFP2000G45、GFP4000G45 系列等。

三、可关断晶闸管检测

1 可关断晶闸管电极判别

判别电极时，将万用表置于 R×1Ω 挡，检测任意两脚间阻值，检测方法见图 7－13。黑表笔接 G 极、红表笔接 K 极时为低阻值，其他情况下阻值均为无穷大，由此可判定 G 极、K 极，余下为 A 极。

2 可关断晶闸管触发导通能力判别

（1）触发导通能力的检测方法。判断可关断晶闸管触发导通能力时，将万用表置于 R×1Ω 挡，黑表笔接 A 极，红表笔接 K 极，检测方法见图 7－14。测得阻值为无穷大，用黑表笔笔尖同时接触 G 极（加上正向触发信号），表针向右偏转到低阻值，说明晶闸管已导通。黑表笔尖离开 G 极，晶闸管仍维持导通，说明被测管具有触发导通能力。

（2）检测注意事项。检测大功率可关断晶闸管时，可在 R×1Ω 挡外面串联一节 1.5V 电池（与表内电池极性顺向串联），以提高测试电压，使可关断晶闸管触发导通。

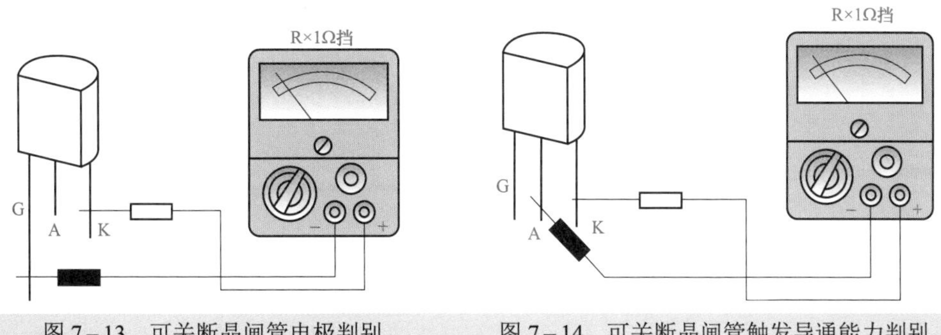

图 7－13　可关断晶闸管电极判别　　　　图 7－14　可关断晶闸管触发导通能力判别

3　可关断晶闸管关断能力判别

尽管可关断晶闸管与普通单向晶闸管的触发导通原理相同，但二者的关断原理及关断方式截然不同。这是由于普通单向晶闸管在导通之后即处于深度饱和状态，而可关断晶闸管在导通后只能达到临界饱和状态。所以，在可关断晶闸管的门极上加负向触发信号后，通态电流开始下降，使管子不能维持内部电流的正反馈。此过程经过一定时间后，可关断晶闸管即可达到关断。

用双表法检测可关断晶闸管关断能力的方法见图 7－15。

将万用表 1 置于 R×1Ω 挡，红表笔接 K 极，黑表笔接 A 极，之后使晶闸管导通并维持，此时表 1 指针向右偏转为低阻值。然后将万用表 2 置于 R×10Ω 挡，黑表笔接 K 极，红表笔接 G 极（加负向触发信号），若此时万用表 1 指针向左摆到无穷大，说明管子具有关断能力。

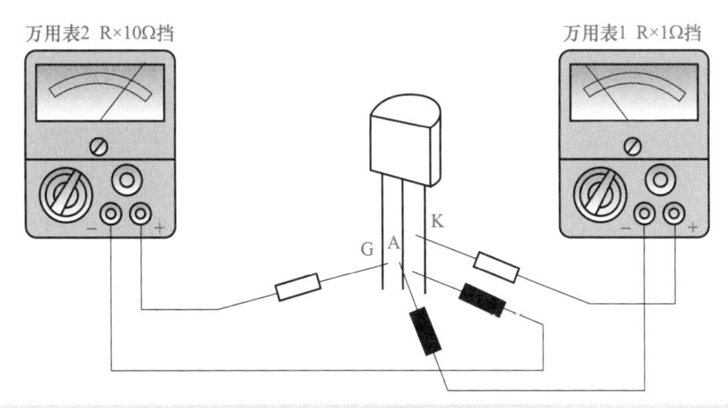

图 7－15　可关断晶闸管关断能力判别方法

第八章　场效应晶体管

场效应晶体管（FET，以下简称场效应管）是用半导体材料制成的一种电压控制型器件，它利用改变电场来控制半导体中的多数载流子运动，以达到控制固体材料导电能力的效果，即用输入栅极电压信号的大小来控制沟道输出电流的大小，故称其为场效应。

第一节　结型场效应管

一、场效应管分类及结构

场效应管是特殊类型的晶体管，在电子电路中起着不可替代的作用，它具有输入电阻高（10^8～$10^9\Omega$）、开关速度快、调频特性好、热稳定性好、功率增益大、噪声小、功耗低、安全工作区域宽、无二次击穿现象、体积小、工艺简单、易于集成、器件特性便于控制等优点，广泛应用于电子设备中，特别适用于高灵敏、低噪声的低频电子电路，常用作线性放大器的缓冲区、电子开关及恒流源等，可代替双极型晶体管和功率三极管，是目前制造大规模和超大规模集成电路的主要有源器件。其不足之处是工作频率尚不够高。

1　场效应管分类

场效应管的种类繁多，可以按以下项目进行分类：

（1）按结构分类。

1）结型场效应管（JFET）：它是利用 PN 结在加上反向电压后所形成的耗尽层来控制导电沟道的宽窄。

2）绝缘栅场效应管（IGFET）：它是利用在绝缘栅极上加上控制电压后形成电场，从而在衬底半导体材料（如 P 型）的表面感应出反型层（N 型层）来形成导电的沟道。

（2）按导电沟道分类。

1）N 型沟道场效应管：它的导电沟道为 N 型半导体材料区。

2）P 型沟道场效应管：它的导电沟道为 P 型半导体材料区。

（3）按导电方式分类。场效应管可分为耗尽型和增强型，结型场效应管均为耗尽型，绝缘栅场效应管既有耗尽型的，也有增强型的。

（4）按栅极数目分类。场效应管可分为单栅和双栅。

（5）按封装形式分类。场效应管可分为金属、塑料、陶瓷及环氧树脂封装等。

2　结型场效应管结构

结型场效应管只有两种结构形式，即 N 沟道结型场效应管和 P 沟道结型场效应管，它们均为耗尽型，也具有三个电极，即栅极（G）、漏极（D）、源极（S），其结构见图 8－1。

N沟道结型场效应管的结构是在一块N型硅半导体材料的两侧，采用扩散法制成两个P型区，从而构成两个PN结（又称耗尽层），在两个PN结的中间形成一个导电沟道（N沟道）。然后将两个P型区连在一起形成一个电极，称为栅极G，再从N型硅半导体材料的上下两端分别引出两个电极，称为漏极D和源极S。若中间采用的是P型硅半导体材料，两侧是N型区，则就成为P沟道结型场效应管。

结型场效应管在电路中常用字母VT表示，其外形、引脚排列及电路中符号见图8-2。其中四个引脚的是双栅场效应管或带有屏蔽极（B）的场效应管，电路符号中栅极的箭头方向是由P指向N，由此可识别是N沟道还是P沟道。

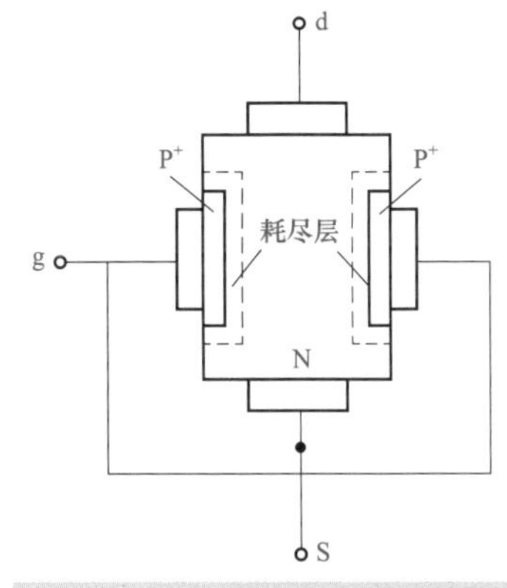

图8-1　结型场效应管结构

塑料封装

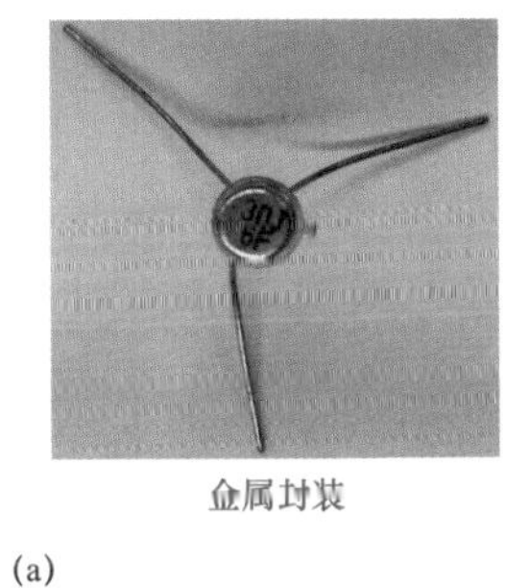

金属封装

(a)

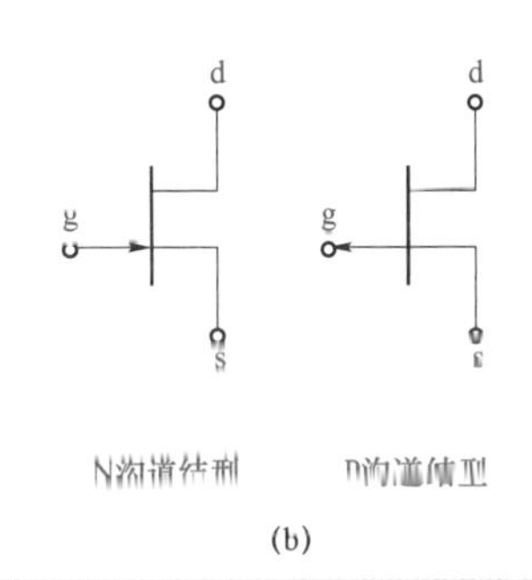

(b)

图8-2　结型场效应管外形及电路符号

（a）外形；（b）符号

二、结型场效应管特性及作用

1　结型场效应管特性

N沟道结型场效应管由于PN结中的载流子已经耗尽，故PN结基本上是不导电的，其交界面上形成了耗尽层。因此在工作时，必须是在栅-源极间加反向电压（$U_{GS}<0$），使栅极电流$I_G\approx0$。在漏、源极间加正向电压（$U_{DS}>0$），形成漏极电流I_D，I_D的大小受U_{GS}控制。

如果将栅-源极间的反向电压U_{GS}由零向负值增大时，会使PN结交界面所形成的耗尽层变厚，造成漏-源极之间导电的沟道变窄，沟道电阻增大，漏极电流I_D就减小。

如果继续负向增大U_{GS}，两侧耗尽层将会延伸靠拢，阻断导电沟道，漏极电流I_D减小到零，管子截止，俗称夹断，此时的U_{GS}称夹断电压。反之，如果负向减小栅-源极间的反向电压U_{GS}，则导电沟道变宽，沟道电阻减小，漏极电流I_D变大。

所以当漏-源极间正向电压U_{DS}固定时，改变U_{GS}的大小，可以控制漏极电流I_D的变化，也就是说，场效应管是电压控制型器件。

P沟道结型场效应管工作时，其电源极性与N沟道结型场效应管相反。

2 结型场效应管作用

结型场效应管与普通三极管类似，输入量对输出量有控制作用，可工作于导通、放大、截止三种状态。由于结型场效应管的输入阻抗很高，因此耦合电容的容量可以较小，不必使用电解电容器，从而可以降低电路成本和减小电路噪声。

利用结型场效应管很高的输入阻抗，非常适合用作阻抗变换，常用于多级放大器的输入级作阻抗变换。利用结型场效应管的沟道电阻随栅－源极反向电压 U_{GS} 控制的特性，还可以用作可变电阻、电子开关等。

三、结型场效应管技术参数及型号标注

1 结型场效应管技术参数

（1）夹断电压 U_P。它是指当 U_{DS} 为某一固定数值（如 10V），使 I_D 等于某一微小电流时（如 50μA），栅极上所加的偏压 U_{GS} 的大小。

（2）饱和漏极电流 I_{DSS}。它是指当栅－源极之间的电压等于零（$U_{GS}=0$），而漏－源极之间的电压大于夹断电压（即 $U_{DS}>U_P$）时，漏极电流的大小。

（3）开启电压 U_T。它是指当 U_{DS} 一定时，使 I_D 到达某一个数值时所需的最小 U_{GS}，是管子从不导通到导通的 U_{GS} 临界值。

（4）直流输入电阻 R_{GS}。它是指漏－源之间在短路条件下，栅－源之间的电压值 U_{GS} 与其栅流值 I_{GS} 之比值，即 $R_{GS}=U_{GS}/I_{GS}$，单位为 MΩ。

（5）低频跨导 g_m。它是指漏极电流的变化量与引起这个变化的栅－源电压变化量之比，即 $g_m=\Delta I_D/\Delta U_{GS}$（漏－源电压 U_{DS} 保持不变），单位为 μS 或 mS，它反映了场效应管的放大能力。

（6）漏－源击穿电压 $U_{(BR)DS}$。它是指漏－源极间所能承受的最大电压，也称漏－源耐压值，即漏极饱和电流 I_D 开始上升进入击穿区时对应的 U_{DS}。

（7）栅－源击穿电压 $U_{(BR)GS}$。它是指栅－源极间所能承受的最大电压，即栅－源极间的 PN 结发生反向击穿时的电压。

（8）最大耗散功率 P_{DM}。它是指漏－源击穿电压 $U_{(BR)DS}$ 与漏极电流 I_D 的乘积，即 $P_{DM}=U_{(BR)DS}\times I_D$，是场效应管所能消耗的最大功率值。超过此值，场效应管很容易温升过高而损坏。

2 结型场效应管型号标注

国产结型场效应管的型号标注有两种方法，第一种方法是用 3D××表示，第三位字母为 J 代表结型场效应管，为 O 代表绝缘栅场效应管，第四位数字代表型号的序号，例如 3DJ6、3DJ7 等。第二种方法是用 CS××#，CS 代表场效应管，××以数字代表型号的序号，#用字母代表同一型号中的不同规格，例如 CS14A、CS45G 等。

常用国产结型场效应管的型号有 3DJ1～3DJ4、3DJ6～3DJ19、CS4868、CS4393、CS146 等。进口结型场效应管的型号很多，大都是按各生产厂家自己的命名方式进行标注，如常用的有 2SK 系列、2SJ11～2SJ16、2N4868、2N4393 等。

四、结型场效应管检测

1　结型场效应管电极和沟道判别

（1）结型场效应管的检测方法。利用万用表可以判别结型场效应管的电极和沟道类型，将万用表置于 R×10Ω 挡，检测结型场效应管的三个管脚，检测方法见图 8－3。

只要其中两脚的正、反向电阻相等，这两脚为 D 极、S 极，剩余一脚即为 G 极。再用黑表笔与 G 极相接，红表笔分别接另外两极，若两次测得的阻值均很小，说明测的是 PN 结的正向阻值，该管为 N 沟道管。若两次测出的阻值均为无穷大，说明测的是 PN 结的反向阻值，该管为 P 沟道管。以上测得的任两个电极的阻值大小，也可作为判别场效应管好坏的依据，若与上述所说明的阻值大小相差较大，则可判定这个场效应管的性能不好。

由于结型场效应管的 D 极和 S 极在结构上具有对称性，因此，D 极和 S 极可互换使用，一般不再进一步区分。

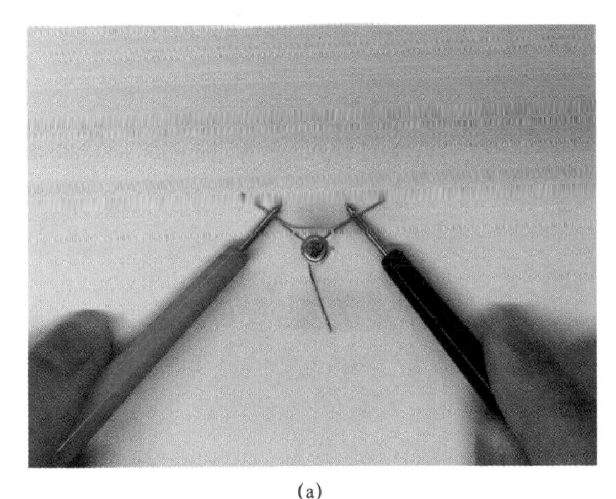

(a)

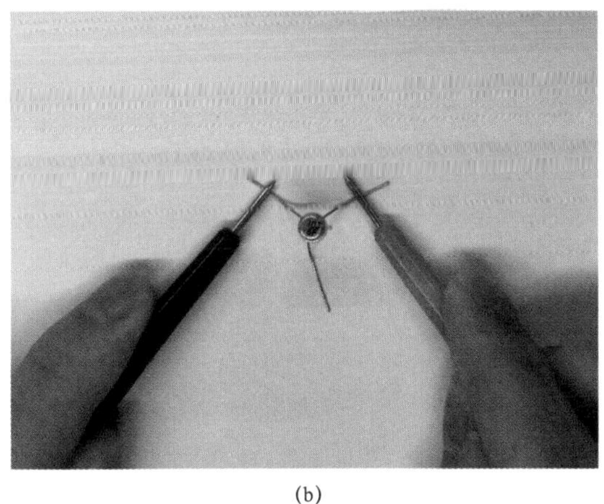

(b)

(c)

图 8－3　结型场效应管电极和沟道判别

（a）检测漏－源极间的电阻（一）；（b）检测漏－源极间的电阻（二）；（c）电阻示数

（2）检测注意事项。通常用电阻挡很难区分源极 S 与漏极 D，在多数情况下即使将 S、D 极接反了，也只是造成电压增益显著降低。这时可以采用通过测量管子的放大能力来准确识别源极和漏极。

2 数字式万用表判别结型场效应管电极和沟道

由结型场效应管的结构可知，它的 G－S、G－D 极间均有一个 PN 结，栅极对源极和漏极呈对称结构，根据这一特点很容易识别栅极。

将数字式万用表置于二极管挡，红表笔插入“V/Ω”插孔，黑表笔插入“COM”插孔，再把红表笔接场效应管的某一引脚，黑表笔依次接场效应管的另外两个脚，检测方法见图 8－4。

如果两次均显示 0.7V 左右，说明红表笔所接引脚就是栅极，并且管子为 N 沟道。如果两次均显示溢出符号“0L”，红表笔所接的引脚也是栅极，但被测管为 P 沟道。假设一次显示 0.3～0.7V，另一次显示溢出符号“0L”，表明此时红表笔所接的引脚不是栅极，应改换其他电极重测，直到找出栅极为止。

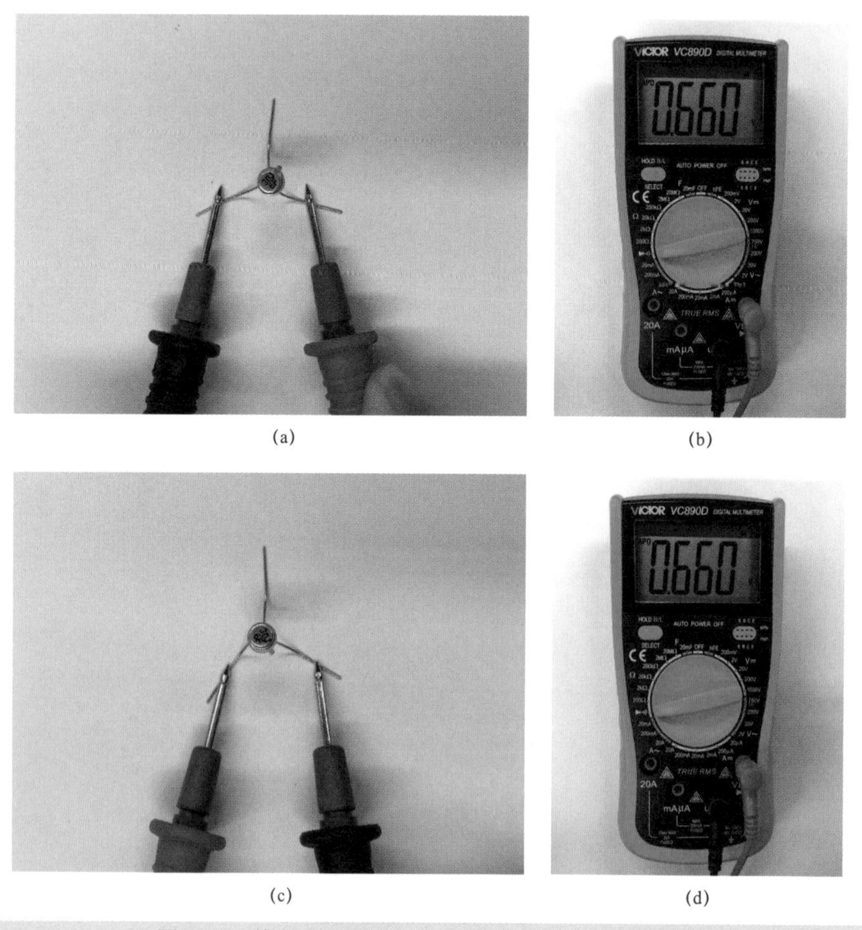

图 8－4 数字式万用表判别结型场效应管电极和沟道

（a）检测栅－漏极间的正向导通电压（一）；（b）正向导通电压示数（一）；
（c）检测栅－源极间的正向导通电压（二）；（d）正向导通电压示数（二）

3 结型场效应管放大能力检测

（1）结型场效应管放大能力的检测方法。下面以N沟道结型场效应管为例来说明放大能力的测试过程。

将万用表置于R×1kΩ挡，黑表笔接D极，红表笔接S极，相当于给管子加上1.5V正向电压，检测方法见图8-5。

此时测得的是D-S极间阻值，然后用手指捏住G极，输入人体感应电压信号，由于管子的放大作用，使D-S极间阻值发生变化。如果表针摆动较小，说明管子的放大能力较差。若表针摆动较大，表明管子有较强的放大能力。若表针不动，说明管子无放大能力，不可使用。

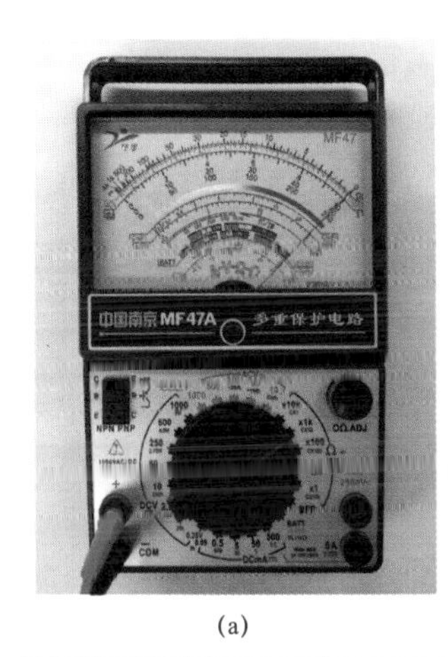

(a)

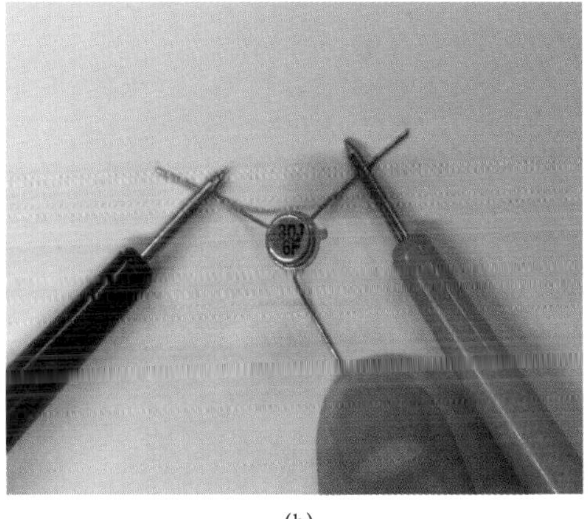

(b)

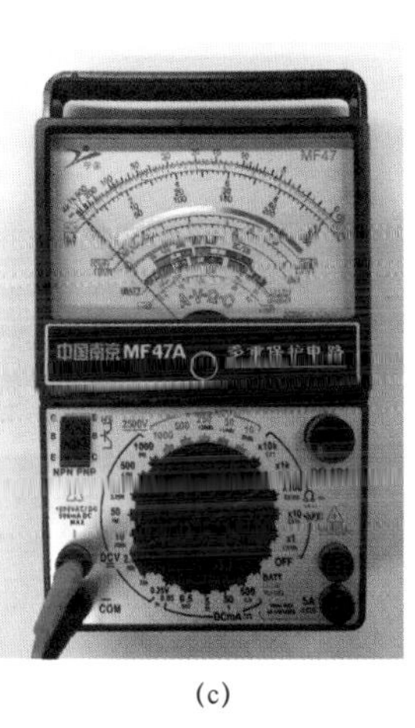

(c)

图8-5 结型场效应管放大能力检测

(a) 手未捏住栅极时的漏-源间的电阻示数；(b) 手捏住栅极时检测漏-源间的电阻；(c) 电阻示数

（2）检测注意事项。

1）测量之前，应先把G极和S极（或G极和D极）短路放电，因为每测一次，G、S极的PN结上都会充上少量电荷，建立起电压U_{GS}，此时对其进行检测，万用表指针可能不摆动。

2）在测试中用手捏住场效应管的栅极时，万用表针可能向右摆动（电阻值减小），也可能向左摆动（电阻值增加）。这是由于人体感应的交流电压较高，而不同的场效应管用电阻挡测量时的工作点可能不同所致。但无论表针摆动方向如何，只要表针摆动幅度较大，就说明管子有较大的放大能力。

4 结型场效应管夹断电压检测

（1）结型场效应管夹断电压的检测。夹断电压U_P指在一定的漏极电压U_{DS}下，使漏极电流$I_{DS}=0$或小于某一小电流值时的栅-源偏压U_{GS}。例如当$I_{DS}=0$或$I_{DS}<1\mu A$时，加在栅源极间的电压U_{GS}就是U_P。此时源极与漏极间的电阻趋于无穷大，场效应管截止。在U_P电压之后，若继续增大U_{GS}就可能会出现反向击穿现象而损坏管子。

下面以N沟道结型场效应管为例说明检测夹断电压U_P的方法。

准备一只220μF16V的电解电容，将万用表置于R×10kΩ挡，黑表笔接电容正极，红表笔接电容负极，对电容充电8～10s后脱开表笔备用。将万用表置于直流50V挡，迅速测出电容电压，并记下此值。

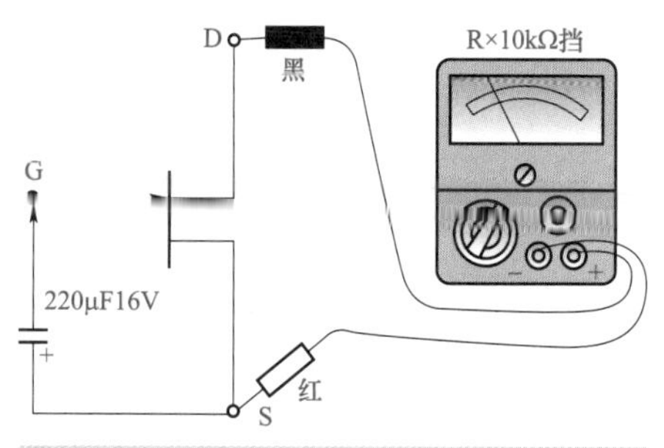

图8－6　结型场效应管夹断电压检测

然后按图8－6进行检测：将万用表置于R×10kΩ挡，黑表笔接D极，红表笔接S极，这时表头指针应向右有较大偏转。接着将已充好电的电解电容正极接S极，负极接G极，这时指针应向左退回到10～200kΩ，此时电容上所剩余的电压即为U_P。

（2）检测注意事项。如果电容上所充的电压太高，场效应管会完全夹断，万用表指针可能退至无穷大，此时可用直流10V挡将电容适当放电，直到电容接至G极和S极后测出的阻值为10～200kΩ为止。

第二节　绝缘栅场效应管

一、绝缘栅场效应管分类及结构

在结型场效应管中，栅极和沟道间的PN结是反向偏置的，所以输入电阻很大，可达$10^8\Omega$。但PN结反偏时总会有一些反向电流存在，这就限制了输入电阻的进一步提高。如果在栅极与沟道间用绝缘层隔开，便制成了一种栅极（G）与漏极（D）、源极（S）完全绝缘的场效应管，其输入电阻可达$10^9\Omega$以上，而输入电流几乎为零，这就是绝缘栅场效应管（I_GFET）。

1　绝缘栅场效应管分类

绝缘栅场效应管可以按以下项目进行分类：

（1）按导电方式分类。

1）耗尽型：是指当栅极G和源极S之间的电压为零时，即$U_{GS}=0$时，漏、源之间有导电沟道存在。

2）增强型：是指当栅极G和源极S之间的电压为零时，即$U_{GS}=0$时，漏、源之间没有导电沟道存在。

（2）按绝缘层材料分类。

1）MOS绝缘栅场效应管（MOSFET）：是指以金属（M）作电极，二氧化硅氧化物（O）作绝缘层，与半导体（S）组成的金属－氧化物－半导体场效应管，简称为MOS场效应管。

2）MNS绝缘栅场效应管（MNSFET）：是指以氮化硅（SiN）为绝缘层，砷化镓（GaAs）作衬底的绝缘栅场效应管。

3）MALS绝缘栅场效应管（MALSFET）：是指以氧化铝（Al_2O_3）为绝缘层的绝缘栅场效应管。

（3）按栅极数目分类。绝缘栅场效应管可分为单栅和双栅。

（4）按沟道分类。

1）P 沟道：绝缘栅场效应管可分为 P 沟道增强型和 P 沟道耗尽型绝缘栅场效应管。

2）N 沟道：绝缘栅场效应管可分为 N 沟道增强型和 N 沟道耗尽型绝缘栅场效应管。

2 绝缘栅场效应管结构

绝缘栅场效应管有两种结构形式，它们是 N 沟道型和 P 沟道型，无论是什么沟道，它们又分为增强型和耗尽型两种，其结构的特点是栅极（G）与导电沟道之间存在绝缘层，故称“绝缘栅”。N 沟道增强型绝缘栅场效应管是用一块杂质浓度较低的 P 型薄硅片作为衬底，通过扩散法在其顶部形成两个相距很近的高掺杂 N 型区，分别作为源极 S 和漏极 D。然后在 P 型衬底平面利用氧化工艺覆盖一层极薄的二氧化硅（SiO_2）作为绝缘层，使两个 N 型区隔绝起来，并在该绝缘层上引出电极作为栅极 G。绝缘栅场效应管在电路中常用字母 VT 表示，内部结构及电路中符号见图 8－7。

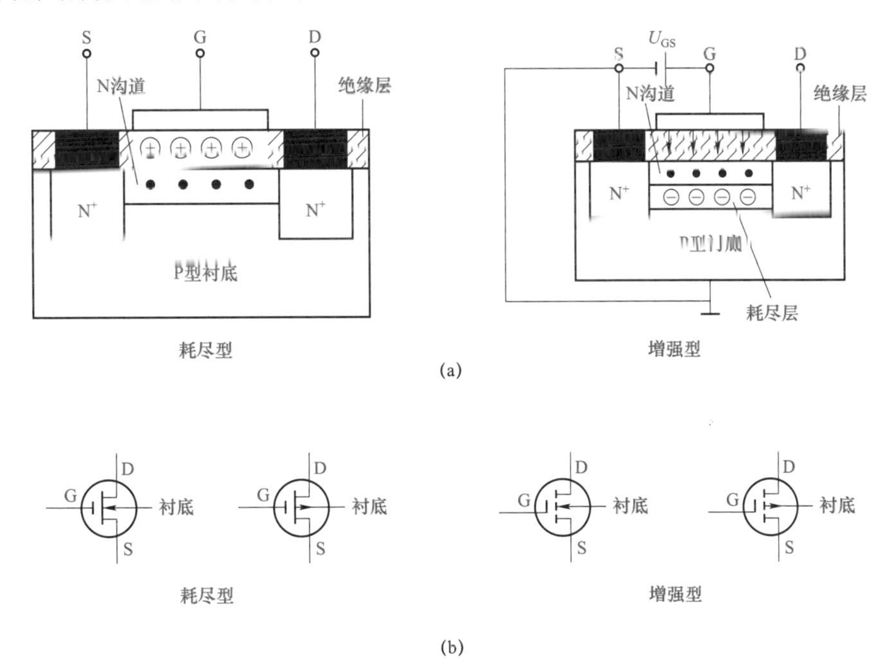

图 8－7 绝缘栅场效应管内部结构及符号

（a）内部结构；（b）符号

二、绝缘栅场效应管特性及作用

1 绝缘栅场效应管特性

结型场效应管是利用 PN 结反向电压对耗尽层厚度的控制，来改变导电沟道的宽窄，从而控制漏极电流的大小。而绝缘栅场效应管则是利用栅－源电压的大小，来改变半导体表面感应电荷的多少，从而控制漏极电流的大小。

（1）增强型绝缘栅场效应管特性。对于 N 沟道增强型绝缘栅场效应管，当栅－源电压 $U_{GS}=0$ 时，如果在源极 S 上接电源负极，在漏极 D 上加电源正极，即 U_{DS} 加正向电压，这时漏极与衬底之间的 PN 结处于反向偏置，漏源之间的电阻很大，无法形成导电沟道，D、S 之间基本上没有电流通过，$I_D=0$。

如果在栅－源之间加上正向电压 $U_{GS}>0$，因栅极（铝层）和衬底（P 型硅片）相当于一个以二氧化硅为介质的平板电容器，则会在与二氧化硅绝缘层交界的 P 型衬底的表面层中感应出负电荷，并由此产生了一个电场。这个电场是排斥空穴而吸引电子，因此把 P 型衬底表面的多数载流子（空穴）推向下部，而把衬底中的少数载流子（电子）吸引到与二氧化硅交界的一个薄层衬底中，形成了耗尽层。

当栅－源电压 U_{GS} 达到一定数值时，可以使 P 型硅表面中的电子浓度远大于空穴浓度，由原来的 P 型转变为 N 型，成为 P 型衬底的反型层，从而沟通了两个区而成为导电沟道，也称感生沟道。由于这个导电沟道中的多数载流子是电子，所以叫 N 型沟道。

一旦形成了导电沟道，这时在外加正向 U_{DS} 的作用下，将有漏极电流 I_D 产生。显然，栅－源电压 U_{GS} 越大，P 型衬底的电子浓度就越大，导电沟道也越厚，沟道电阻就越小，从而漏极电流越大。可见，在绝缘栅场效应管中，漏极电流也是受栅－源电压控制的。

对于 P 沟道增强型绝缘栅场效应管，它的工作特性与 N 沟道相同，不同之处仅在于它们形成电流的载流子性质不同，因此导致加在各极上的电压极性相反。

（2）耗尽型绝缘栅场效应管特性。对于耗尽型绝缘栅场效应管，由于在制造时在二氧化硅绝缘层中掺有大量的正离子，即使在栅－源电压 $U_{GS}=0$ 或 $U_{GS}<0$ 时，由于正离子的作用，也和增强型 $U_{GS}>0$ 时相似，因此它可以在正或负的栅－源电压下工作，而且基本上无栅流，这是耗尽型绝缘栅场效应管的一个重要特性。

2 绝缘栅场效应管作用

目前在绝缘栅场效应管中，应用最为广泛的是中小功率 MOS 场效应管，此外还有 PMOS、NMOS、VMOS 功率管等。

绝缘栅场效应管具有比结型场效应管更高的输入阻抗（可达 $10^{12}\Omega$ 以上），并且噪声低、动态范围大、工作频率较高、驱动功率小、开关速度快、制造工艺简单、使用灵活方便、非常有利于高度集成化等。在一般电子电路中，MOS 场效应管通常在放大电路或开关电路中用来电流放大、阻抗变换，也可作为可变电阻、斩波器等，在电台和雷达中用作高频放大或混频放大等，在计算机主板上的电源稳压电路中用于电位判断。

MOS 绝缘栅场效应管还可以和普通三极管复合在一起，构成复合全控型电压驱动式功率半导体器件，称绝缘栅双极型晶体管（IGBT），它在现代电力电子技术中广泛应用于大功率领域。

三、绝缘栅场效应管技术参数及型号标注

1 绝缘栅场效应管技术参数

（1）夹断电压 U_P。它是指耗尽型绝缘栅场效应管中，在一定的漏－源电压 U_{DS} 下，使漏－源电流 $I_D=0$ 时的栅－源电压 U_{GS}。

（2）开启电压 U_T。它是指增强型绝缘栅场效应管中，在一定的漏－源电压 U_{DS} 下，使漏－源间刚导通时的栅－源电压 U_{GS}。

（3）饱和漏源电流 I_{DSS}。它是指耗尽型绝缘栅场效应管中，在一定的漏－源电压 U_{DS} 下，栅－源电压 $U_{GS}=0$ 时的漏－源电流。

其他技术参数可参考第一节的结型场效应管。

2　绝缘栅场效应管型号标注

国产绝缘栅场效应管的型号标注采用 3DO× 和 3CO× 表示，第二位字母 D 表示 N 沟道，C 表示 P 沟道，第三位字母 O 代表绝缘栅场效应管，第四位数字代表型号的序号，例如 N 沟道 MOS 场效应管的典型产品有 3DO1～3DO4、3DO6 等，P 沟道 MOS 场效应管的典型产品有 3CO1、3CO3 等，其外形及管脚排列与结型场效应管相同。

进口绝缘栅场效应管的型号很多，大都是按各生产厂家自己的命名方式进行标注，如常用的有 3SK 系列、IRF 系列、MT（或 MM、MH、MP）×N 系列等。

四、绝缘栅场效应管检测

1　MOS 绝缘栅场效应管电极判别

（1）MOS 绝缘栅场效应管的检测方法。下面以 N 沟道 MOS 绝缘栅场效应管为例介绍电极的判别方法。

将万用表置于 R×100Ω 挡，假定被测管的某脚为 G 极，黑表笔与它相连，红表笔分别接另外两极。若两次测得的阻值为无穷大，交换表笔测得的阻值还是无穷大，对于耗尽型的 MOS 管，表明假定的 G 极正确，其余两脚分别为 D 极和 S 极。

但对于增强型的 MOS 管则不一定，还必须进行检验：将两表笔分别接 D 极、S 极，让 G 极悬空，若万用表指针轻微摆动，表明 G 极正确；若万用表指针不摆动，必须重新假定 G 极进行检测。

之后，还需对被测管的 D 极和 S 极进行判断，检测方法见图 8－8。对于耗尽型 MOS 管，找到 G 极后，用万用表测 D 极和 S 极间阻值，在几百欧至几千欧内，且正、反向阻值有差别，以阻值略小的那次为准，黑表笔接的是 S 极，红表笔接的是 D 极。

（2）检测注意事项。

1）每次测量前，应短接 G、D、S 三只电极，泄放掉 G－S 极间等效结电容在前面测试过程中临时存储电荷所建立起的电压 U_{GS}，否则再接着测时表针可能不动。

2）在判别 D 极和 S 极时，若耗尽型 MOS 管为 P 沟道，则黑表笔接的是 D 极，红表笔接的是 S 极。

3）有些场效应管的 S 极与其外壳连在一起，如日本产的 3SK 系列场效应管，这样更容易判别。

4）测试结束后，应将场效应管的管脚绞在一起或放在金属箔中，泄放 G 极上的电荷，以防 G 极产生的高压击穿二氧化硅层，损坏场效应管。

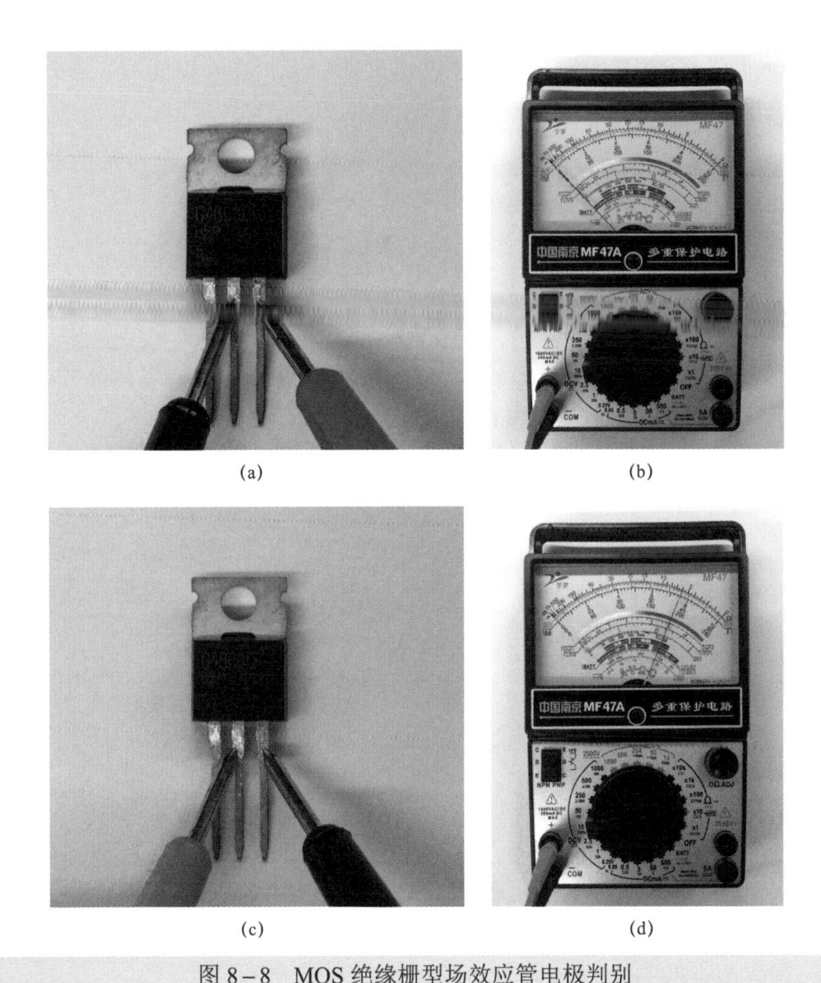

图 8－8　MOS 绝缘栅型场效应管电极判别

（a）检测源－漏极的反向电阻；（b）反向电阻示数；（c）检测源－漏极的正向电阻；（d）正向电阻示数

2　MOS 绝缘栅场效应管放大能力检测

以 N 沟道 MOS 绝缘栅场效应管为例说明放大能力的检测。

将万用表置于 R×100Ω 挡，黑表笔（夹）接 D 极，红表笔（夹）接 S 极，让 G 极悬空，此时测量的是漏－源极间的电阻。

接着将人体的感应电压信号加到栅极上，但不能直接用手指碰触 G 极。因为 MOS 绝缘栅场效应管的输入电阻极高，为了防止人体感应电荷直接加到栅极，引起栅极击穿，必须手握螺钉旋具的绝缘柄，用金属杆去碰触栅极。这样，由于管子的放大作用，漏源电压 U_{DS} 和漏极电流 I_D 都要发生变化，也就是漏源极间的电阻发生了变化。

若观察到万用表指针有较大偏转，说明被测管子有放大作用；指针偏转越大，说明其放大能力超强，若指针偏转较小或不偏转，说明该管子放大能力较弱或已损坏。

3　MOS 绝缘栅场效应管好坏判别

（1）耗尽型 MOS 绝缘栅场效应管好坏的判别。将万用表置于 R×100Ω 挡，检测方法见图 8－9。若是测得 G－D，G－S 极间正、反向阻值为无穷大，说明管子绝缘性能良好，如果阻值较小，说明管子氧化膜已经击穿损坏，不可使用。测得 D－S 极间阻值在几百至几千欧为正常，若阻值很大或很小，说明 D 极与 S 极间已断开或击穿短路，管子已损坏。

(a)

(b)

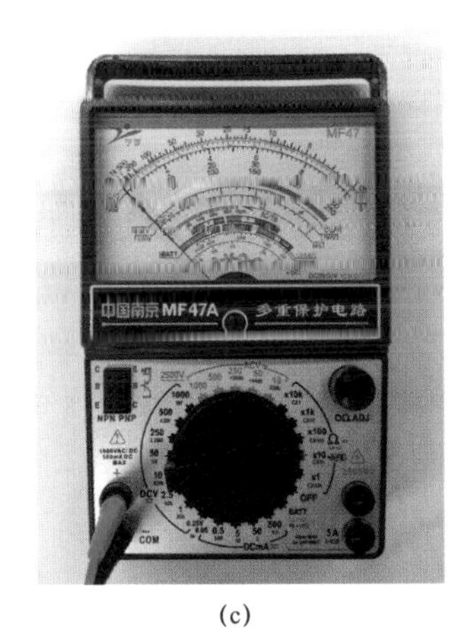

(c)

图 8－9　MOS 绝缘栅场效应管好坏判别

（a）检测栅－漏极间的正向电阻；（b）检测栅－漏极间的反向电阻；（c）电阻示数

（2）增强型 MOS 绝缘栅场效应管好坏的判别。将万用表置于 R×100Ω 挡，在确定 G 极无感应电压的情况下，测 G－D、G－S、D－S 极间正、反向阻值，如果均为无穷大，说明被测管子正常，如果阻值较小，说明管子已损坏。让 G 极悬空，万用表表笔接 D 极、S 极，指针若有摆动，则管子良好。

4　VMOS 绝缘栅场效应管电极判别

（1）VMOS 绝缘栅场效应管的特性及作用。功率型绝缘栅场效应管又称 V 型槽 VMOS 场效应管，它是继 MOSFET 之后新发展起来的高效功率开关器件。它具有很高的输入阻抗（高达 10^8Ω以上），驱动电流微小，可在 0.1μA 以下驱动，一般认为只要其输入端有电压，就可被驱动。

VMOS 场效应管不仅具有电子管、晶体管的双重优点，而且还具有耐压高（1200V）、工作电流大（1.5～100A）、输入功率大（1～250W）、跨导线性好、开关速度快等特点，广

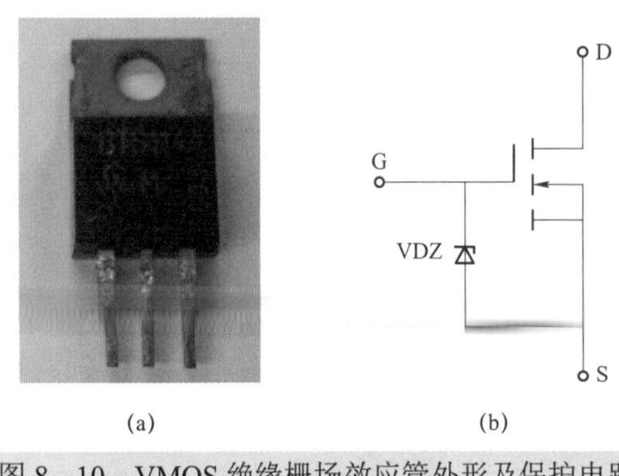

(a)　　　　(b)

图 8－10　VMOS 绝缘栅场效应管外形及保护电路

（a）外形；（b）保护电路

泛应用于逆变器、放大器和开关电源中。

常见的国产 VMOS 绝缘栅场效应管有 VN4P01、VN672、VMPT2 等，进口 VMOS 绝缘栅场效应管有 BTS114、BTS115、TM8P10、TM8N30、TN5N60、2N7066 等，其外形见图 8－10（a），在应用 VMOS 绝缘栅场效应管时均应加散热器。

功率型绝缘栅场效应管为了保护栅－源间在使用中不被击穿，有的在内部装有保护二极管。对于无内藏保护二极管的功率型绝缘栅场效应管，在使用时应在栅－源间并联一只限压保护二极管 DZ，二极管的稳压值可选在 10V 左右，其保护电路见图 8－10（b）。

（2）VMOS 绝缘栅场效应管电极的检测方法。将万用表置于 R×1kΩ 挡，检测方法见图 8－11。分别检测三个电极间阻值，如果其中一电极与另外两电极的阻值为无穷大，则说明此极为 G 极。

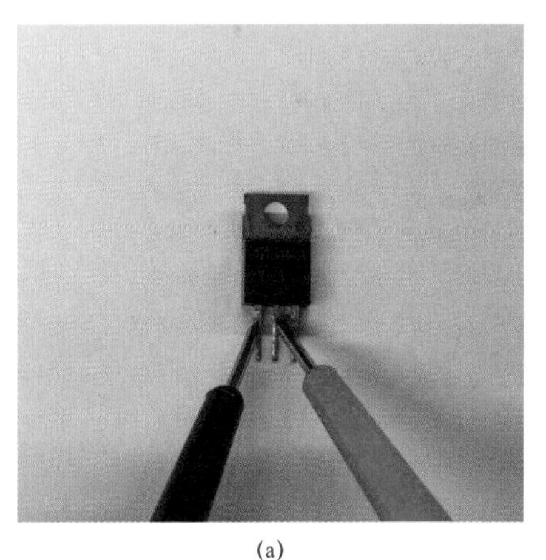

(a)

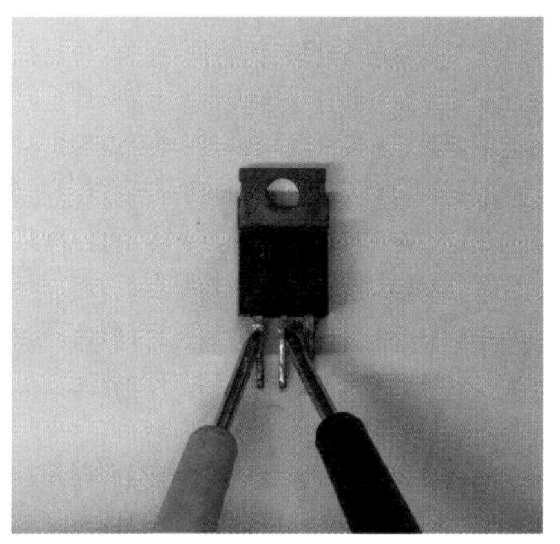

(b)

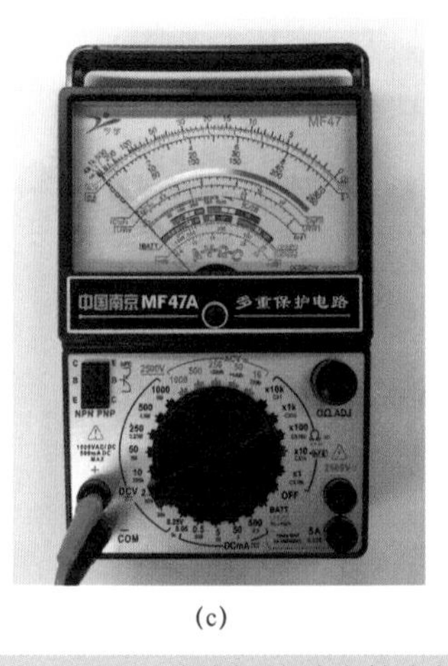

(c)

图 8－11　VMOS 绝缘栅场效应管电极判别

（a）检测栅－漏极间的正向电阻；（b）检测栅－漏极间的反向电阻；（c）电阻示数

由于在 S－D 极间有一个 PN 结，根据 PN 结正、反向阻值存在差异的特点，可准确判别 S 极和 D 极。

将万用表置于 R×1kΩ 挡，先用一表笔将三个电极短接一下，然后交换表笔可测得的阻值一大一小。如果管子是好的，其中阻值较大的一次测量中，黑表笔所接的为 D 极，红表笔所接的为 S 极。而阻值较小的一次测量中，红表笔所接的为 D 极，黑表笔所接的为 S 极，同时还表明被测管为 N 沟道管。如果被测管子为 P 沟道管，所测阻值的大小正好相反。

一般 VMOS 管的 D 极与外壳连在一起，这就更容易判别了。

（3）检测注意事项。

1）以上测量仅对管内无保护二极管的 VMOS 绝缘栅场效应管适用。

2）VMOS 绝缘栅场效应管绝大多数产品属于 N 沟道管，对于 P 沟道管，测量时应交换表笔的位置。

5　VMOS 绝缘栅场效应管好坏判别

（1）N 沟道 VMOS 绝缘栅场效应管的检测方法。

1）先用万用表表笔将被测管的 G－S 极短接一下，将 G 极上的感应电荷泄放。将万用表置于 R×1kΩ 挡，黑表笔接 S 极，红表笔接 D 极，检测方法见图 8－12。如测得的阻值为几十欧，再短接 G－S 极一次，交换表笔再测，若万用表指示“∞”，说明 VMOS 管 D－S 极间是好的。

2）用绝缘导线把 G－S 极连接起来，将万用表置于 R×10kΩ 挡，黑表笔接 S 极，红表笔接 D 极。若万用表指示为几欧，说明被测管放大能力很强。将万用表置于 R×10kΩ 挡，红表笔接 S 极，黑表笔接 D 极，阻值应接近无穷大，否则说明被测管内部 PN 结反向特性较差。

3）紧接上述步骤，拿掉 G－S 极之间的连接导线，表笔位置不动，万用表仍为电阻 R×10kΩ 挡，把漏极 D 与栅极 G 短接一下（相当于给栅极 G 注入电荷），然后再断开。此时测得的阻值应大幅度地减小并最终稳定在某一定值上。测得的阻值越小，说明该场效应管的跨导值越高，它的性能也就越好；否则，它的质量性能很差。

4）将万用表置于 R×10Ω 挡，分别测量 G－S，G－D 极间正、反向阻值。万用表指针都指在“∞”处，说明被测管子是好的，否则说明 G 极与 D 极、G 极与 S 极漏电或已击穿损坏。

（2）检测注意事项。

1）若测量的是 P 沟道 VMOS 绝缘栅场效应管，则应将两表笔位置对调一下，然后再按以上步骤进行检测即可。

2）以上测量仅对管内无保护二极管的 VMOS 绝缘栅场效应管适用。

3）在上述第 2、3 步中，测阻值时，万用表用的电阻挡一定要选用 R×10kΩ 的高阻挡。这是因为，此挡表内电池提供的电压较高，前后两次测得的阻值变化比较明显。若选用其他挡位（如 R×1kΩ、R×100Ω 或 R×10Ω），则因为表内电池提供的电压较低，而不能进行正常测试。

4）在测试的过程中，把栅极 G 和源极 S 短接这一步骤不能省略，否则，栅极 G 内残存的电荷将影响测试的结果，从而可能会做出错误的判断。

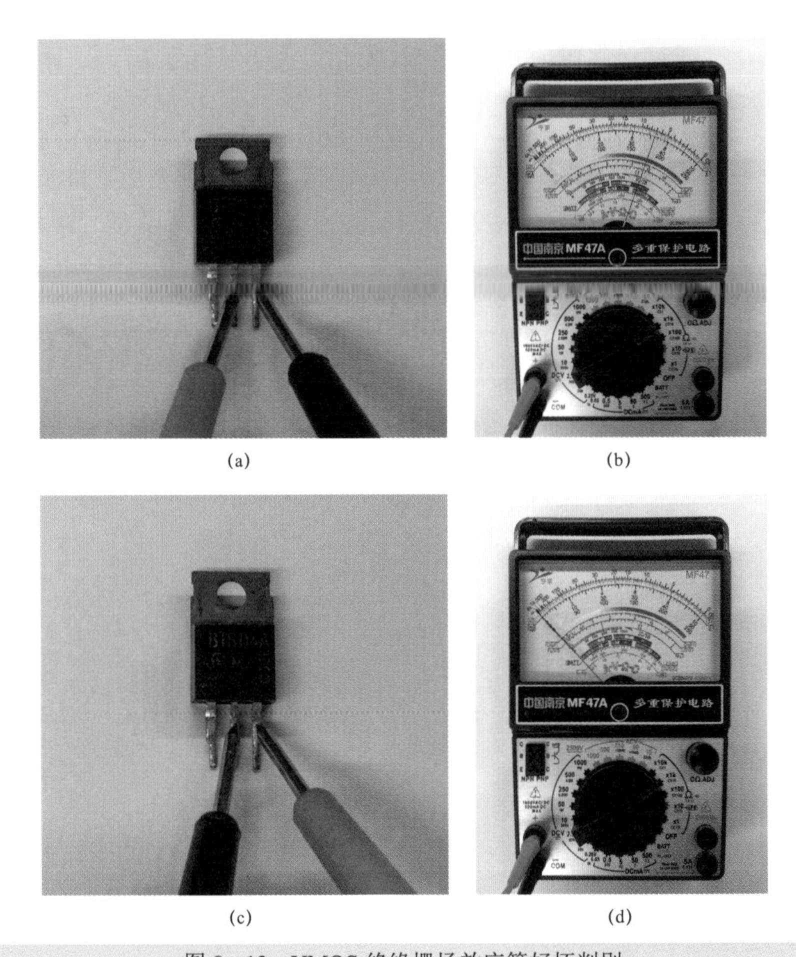

(a)　(b)　(c)　(d)

图 8－12　VMOS 绝缘栅场效应管好坏判别

（a）检测源－漏极间的正向电阻；（b）正向电阻示数；（c）检测源－漏极间的反向电阻；（d）反向电阻示数

6　双栅绝缘栅 MOS 场效应管电极判别

（1）双栅绝缘栅 MOS 场效应管的特性及作用。绝缘栅型场效应管有两个栅极的，称为双栅绝缘栅 MOS 场效应管，它比单栅 MOS 管输入阻抗更高，反馈电容更小，可在甚高频和超高频电路中稳定工作。双栅绝缘栅场效应管有两个串联的沟道，两个栅极都能控制沟道电流的大小，靠近 S 极的 G1 极是信号栅，靠近 D 极的 G2 极是控制栅，它在彩电高频头的高放电路中应用较多。双栅 MOS 管作为放大器使用时，直流供电情况与单栅 MOS 管相同。一般给第 1 栅极 G1 极（信号栅）加高频信号，给第 2 栅极 G2 极（控制栅）加自动增益控制电压。

双栅绝缘栅 MOS 场效应管国内外常用型号有 4DJ2、4DO1、3SK113、3SK80、BF966 等，日本及欧洲各国生产的双栅绝缘栅 MOS 场效应管的管脚排列基本相同，即从管子的底部看去，按逆时针方向依次是 D 极、S 极、G1 极、G2 极，其外形及引脚排列见图 8－13。

（2）双栅绝缘栅 MOS 场效应管的检测方法。由于双栅绝缘栅 MOS 场效应管的管脚排列基本相同，所以，只要用万用表电阻挡检测出 D 极和 S 极两脚，就可确定其余脚。以耗尽型双栅绝缘栅 MOS 场效应管为例，检测方法见图 8－14。

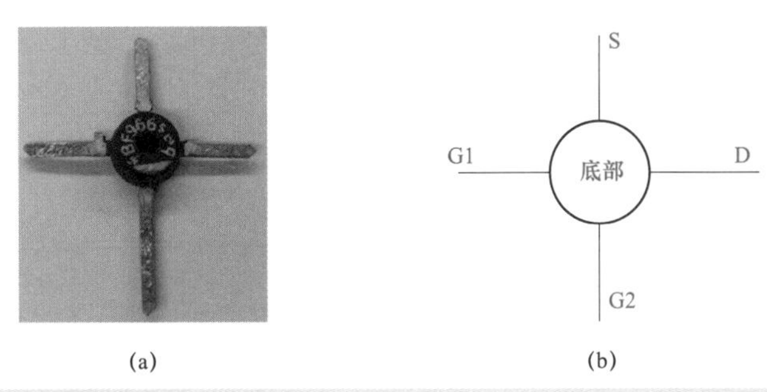

(a)　　　　(b)

图 8－13　双栅绝缘栅 MOS 场效应管外形及引脚排列

（a）外形；（b）引脚排列

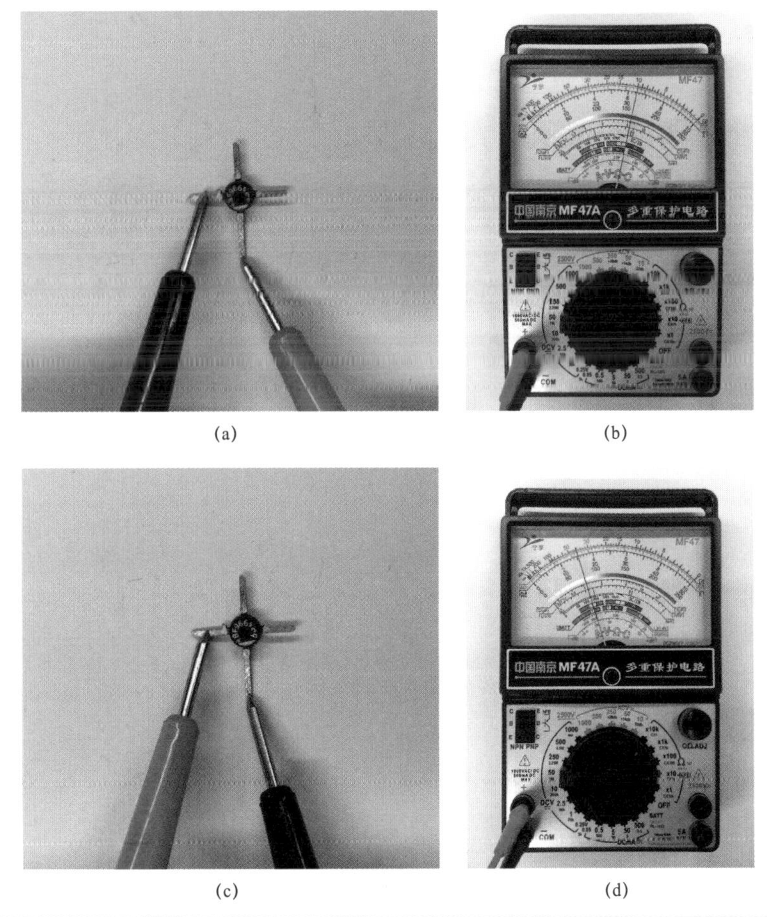

(a)　　　　(b)

(c)　　　　(d)

图 8－14　双栅绝缘栅 MOS 场效应管电极判别

（a）检测漏－源极间的反向电阻；（b）反向电阻示数；（c）检测漏－源极间的正向电阻；（d）正向电阻示数

将万用表置于 R×10Ω 挡，红、黑表笔依次检测各极间阻值，只有 S 极和 D 极两极间的阻值为几十至几千欧，其余各极间阻值均为无穷大。依此找到 S 和 D 极后，交换表笔检测这两个电极间阻值，其中阻值较大的一次测量中，黑表笔所接的为 D 极，红表笔所接的为 S 极。

表笔位置不动，用手指分别碰触另外两脚，万用表指针向左偏转角度较大（阻值大）

的那次，手摸的那只脚是 G2 极，余下的是 G1 极。在知道 D 极和 S 极以后，G1 极和 G2 极也可根据管脚排列规律加以确定。

7　双栅绝缘栅 MOS 场效应管好坏判别

（1）双栅绝缘栅 MOS 场效应管的检测方法。用万用表判别双栅绝缘栅 MOS 场效应管好坏的检测方法见图 8－15。

1）检测 S 极和 D 极间阻值。将万用表置于 R×10Ω或 R×100Ω挡，测 S 极和 D 极间阻值，一般为几十到几千欧（不同型号的管子略有差异），黑表笔接 D 极、红表笔接 S 极，阻值要比红表笔接 D 极、黑表笔接 S 极时大些。若这两个电极间阻值大于正常值或为无穷大，则说明管内部接触不良或断开，若阻值近于零，则说明已击穿。

2）检测其余各脚间阻值。将万用表置于 R×10kΩ 挡，表笔不分正、负，测量 G1 极与 G2 极间、G 极与 S 极间、G 极与 D 极间阻值，正常时阻值应为无穷大，否则说明管子已损坏。

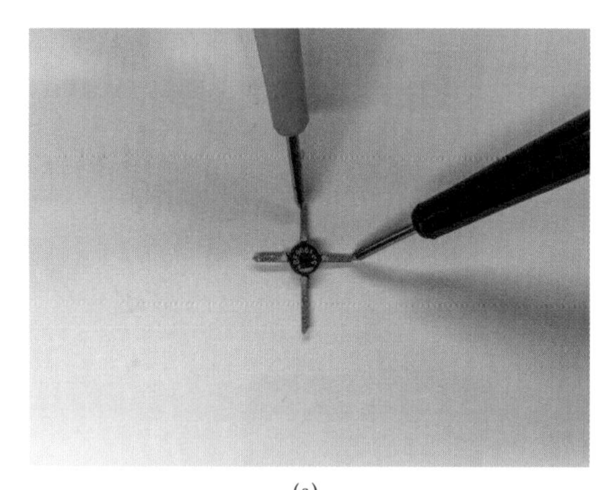

(a)

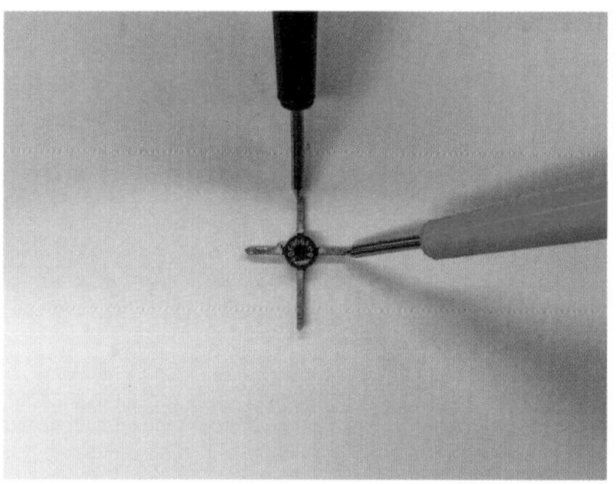

(b)

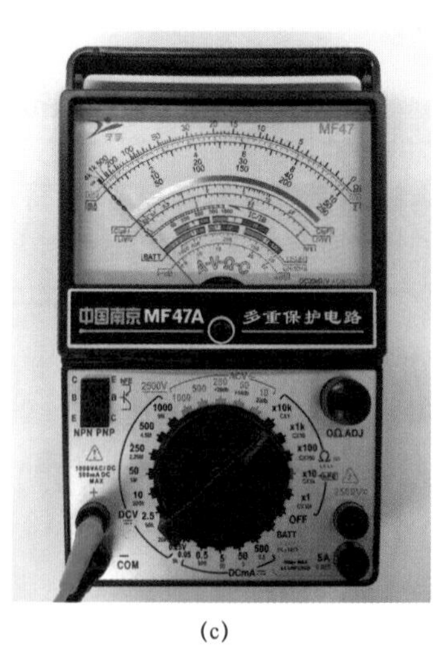

(c)

图 8－15　双栅绝缘栅 MOS 场效应管好坏判别

（a）检测 G1、G2 极间的电阻（一）；（b）检测 G1、G2 极间的电阻（二）；（c）电阻示数

（2）检测注意事项。上述方法对于双栅绝缘栅 MOS 场效应管的电极开路故障是无法判断的。

8 双栅绝缘栅 MOS 场效应管放大能力检测

用绝缘导线连接双栅绝缘栅 MOS 场效应管的 G1 极、G2 极，将万用表置于 R×100Ω 挡，黑表笔接 D 极，红表笔接 S 极，检测方法见图 8－16。

用手指捏住导线绝缘层，将人体感应电压信号加在 G1 极、G2 极上。若万用表指针偏转幅度越大，表明被测管子放大能力越强，若万用表无反应，表明被测管子已损坏。

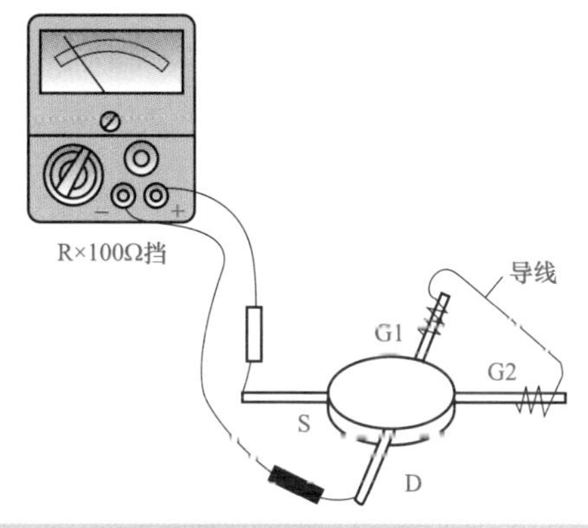

图 8－16　双栅绝缘栅 MOS 场效应管放大能力检测

精通篇

第九章 光电器件

半导体光电器件是利用半导体的光电效应（或热电效应）将光和电这两种物理量互相转化制成的新型半导体器件，它能在光源的结合下识别物体，为自动化设备、计算机和智能机器人提供信息，应用非常广泛。

光电器件发展迅速、品种繁多，常见的有发光二极管、光电二极管、激光二极管、光电三极管、光电耦合器件、LED 数码管、液晶显示器、硅光电池和光控晶闸管等。

第一节 发光二极管

一、发光二极管分类及特性

发光二极管简称为 LED，它是采用镓（Ga）、砷（As）、磷（P）等化学元素构成砷化镓（GaAs）、磷化镓（GaP）、碳化硅（SiC）、氮化镓（GaN）等半导体材料制成的一种能将电能转化为光能的半导体电子元件，是一种冷光源。它具有亮度高、发光响应速度快、单色性好、功耗低、体积小、寿命长、使用灵活、抗振动及冲击能力强，且能与数字集成电路相匹配等优点，广泛应用于各种电子设备中作指示灯或者组成文字、数字显示，如收音机音量指示、调谐指示、电源指示、报警器指示、显示板等，随着白光发光二极管和超高亮度发光二极管的出现，逐渐发展为用作照明、装饰、户外广告牌等。

1 发光二极管分类

发光二极管的种类很多，分类方法各有不同，一般可按以下项目进行分类：

（1）按发光颜色分类。发光二极管可分成红色、橙色、绿色（又细分黄绿、标准绿和纯绿）、琥珀色、黄色、蓝色、黑色、白色、透明无色等可见光发光二极管以及不可见的红外发光二极管。

（2）按发光材料分类。发光二极管可分为磷化镓（GaP）发光二极管、磷砷化镓（GaAsP）发光二极管、砷化镓（GaAs）发光二极管、磷铟砷化镓（GaAsInP）发光二极管和砷铝化镓（GaAlAs）发光二极管等多种。

（3）按出光面特征分类。发光二极管可分为有色散射（D）、无色散射（W）、有色透明（C）和无色透明（T）发光二极管。

（4）按封装外形分类。发光二极管可分为圆形、方形、矩形、三角形和组合形等多种发光二极管。

（5）按封装结构分类。发光二极管可分为金属封装、陶瓷封装、塑料封装、树脂封装、玻璃封装和无引线表面封装发光二极管等。

（6）按发光强度分类。发光二极管可分为普通亮度发光二极管（发光强度＜10mcd）、高亮度发光二极管（发光强度<100mcd）、超高亮度发光二极管（发光强度>100mcd）。

（7）按发光强度分布角分类。发光二极管可分为高指向型（半值角5°～20°或更小）、标准型（半值角20°～45°）、散射型（半值角45°～90°或更大）发光二极管。

（8）按功能分类。发光二极管可分为普通单色发光二极管、变色发光二极管、闪烁发光二极管、电压控制型发光二极管、红外发光二极管和负阻发光二极管等。

2 发光二极管结构及工作特性

（1）发光二极管结构。发光二极管是由支架、银胶、晶片、金线、环氧树脂等组成，其基本结构是将一块电致发光的半导体模块（PN 结晶片），置于一个有引线（正负电极）的支架上，然后四周用环氧树脂密封。其中支架是起到导电和支撑的作用，银胶是起到导电和固定晶片的作用，金线是起到连接晶片与支架并使其导通的作用，环氧树脂是起到保护内部结构的作用，并兼作光学透镜。

（2）发光二极管工作特性。发光二极管的伏安特性与普通二极管类似，其 PN 结晶片也具有单向导电性。当在电极上加正向偏压时，电子由N区注入到P区，空穴由P区注入到N区，并在PN结附近不断地复合。在复合的过程中，会释放能量，并将多余的能量以光的形式释放出来，从而把电能直接转换为光能。当在电极上加反向偏压时，少数载流子难以注入，故不发光。

发光二极管正常工作时正向导通压降约为1.5～2.5V，工作电流一般为几毫安～几十毫安，其电流大小与发光的亮度近似成正比，但不得超过极限工作电流值。发光二极管发出的光颜色主要取决于晶体的材料，但也与掺杂有关，不同的材料和不同的杂质会发出不同波长的光线，即发出的光颜色有红色（波长650～700nm）、绿色（波长555～570nm）、黄色（波长577～597nm）、蓝色（波长440～485nm）、琥珀色（波长630～650nm）、橙色（波长610～630nm）等多种，还有看不见的红外光等。

二、发光二极管技术参数及型号标注

1 发光二极管技术参数

发光二极管除具有普通二极管的技术参数外，还具有光参数和极限参数。

（1）正向工作电流 I_F。它是指发光二极管正常发光时的正向电流值，为3～20mA，在实际使用中应根据需要选择 I_F 在 $0.6I_{FM}$ 以下。

（2）正向工作电压 U_F。正向工作电压 U_F 为1.5～2.5V，它是在正向电流为20mA时测量得到的。外界温度升高时，U_F 将下降。

（3）最大正向直流电流 I_{FM}。它是指允许通过的最大正向直流电流，超过此值可损坏发光二极管。

（4）最大反向电压 U_{RM}。它是指允许加上的最大反向电压，大约为5V，超过此值，发光二极管可能被击穿损坏。

（5）发光效率 η。它是指光通量与电功率之比，它表征了光源的节能特性，是衡量现代光源性能的一个重要指标。

（6）发光强度 I_V。它是表征发光二极管在某个方向上的发光强弱，且发光强度在不同的空间角度相差很多，它直接影响到发光二极管显示装置的最小观察角度。

（7）发光波长λ。从发光波长可知发光二极管的发光颜色，对于发光二极管我们主要看它的单色性是否优良，而且要注意到红、黄、蓝、绿、白等主要的颜色是否纯正。

2 发光二极管型号标注

发光二极管型号标注采用国标命名方法为FG①②③④，其中FG表示"发光"，①表示制作材料，用数字表示（1–磷砷化镓、2–砷铝化镓、3–磷化镓、4–砷化镓）；②表示发光颜色，用数字表示（1–红色、2–橙色、3–黄色、4–绿色、5–蓝色、6–变色）；③表示封装形式，用数字表示（1–无色透明、2–无色散射、3–有色透明、4–有色散射透明）；④表示外壳形状，用数字表示（0–圆形、1–方形、2–符号形、3–三角形、4–长方形、5–组合形、6–特殊形）。

三、单色发光二极管

1 单色发光二极管特性及作用

单色发光二极管实际上就是我们经常用到的普通发光二极管，通电后只能发出单一颜色的亮光。由于使用的半导体材料不同，所以发光的强度也不同，通常有普通单色发光二极管（磷化镓、磷砷化镓）、高亮度单色发光二极管（砷铝化镓）和超高亮度单色发光二极管（磷铟砷化镓）三种。它们具有单色性好、体积小、工作电压低、工作电流小、发光均匀稳定、响应速度快、高频特性好、寿命长、功耗低等优点，可用各种直流、交流、脉冲等电源驱动点亮，使用时需串接合适的限流电阻。

国产单色发光二极管型号除了有国标FG系列（FG314003、FG313003、FG314101、FG223110等）外，还有厂标BT系列（BT201～BT203、BT301、BT401等）和2EF系列（如2EF102、2EF205、2EF405等），常用的进口普通单色发光二极管有SLR系列和SLC系列等。

目前单色发光二极管多采用透明或半透明环氧树脂封装，并且利用环氧树脂构成透镜，起放大和聚焦作用。这类管子引线较长或金属壳靠近凸起标志的为正极，若将管子置明亮处，从侧面仔细观察管内两引线形状，较小的是正极，较大的是负极。单色发光二极管的外形有圆形、方形和异形等，圆形管子外径有1、2、3、4、5、8、10、12、15、20mm等规格。单色发光二极管在电路中常用字母LED表示，其外形及电路中符号见图9–1。

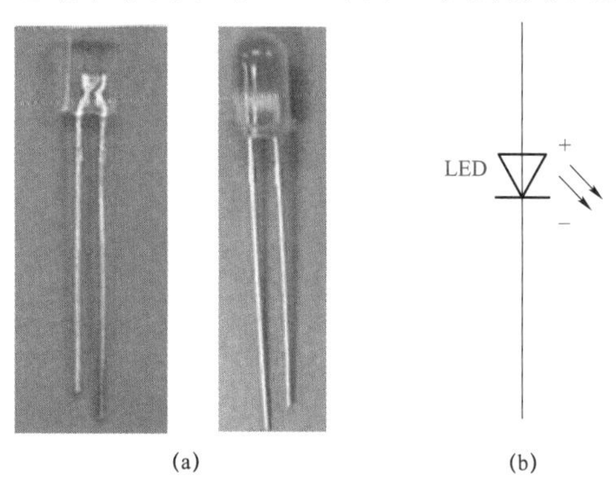

图9–1　单色发光二极管外形及符号

（a）外形；（b）符号

2　单色发光二极管检测

（1）单色发光二极管电极判别。

1）单色发光二极管电极的检测方法。单色发光二极管与普通二极管一样，也是由一个 PN 结组成的，也具有单向导电性，但单色发光二极管的正向电阻和正向压降比普通二极管大。

用万用表检测时必须用 R×10kΩ 挡，在此挡表内接 9V 或 15V 高压电池，正向接入时单色发光二极管才能导通。检测时，万用表两表笔分别与单色发光二极管的两脚相接，检测方法见图 9-2。

如果万用表指针向右偏转过半，管子发出微弱光点，说明单色发光二极管正向接入，此时黑表笔接的是正极，红表笔接的是负极。将红、黑表笔对调后（反向接入）再测，万用表指针应指在无穷大位置不动。不管正向还是反向接入，万用表指针都偏转某一角度或不偏转，说明单色发光二极管已损坏。

2）检测注意事项。

a）仅仅测量单色发光二极管的正、反向电阻，并不能判定它是否能正常发光。

b）因为发光二极管的正向压降一般为 1.5～2.5V，而万用表 R×1Ω或 R×10Ω挡的电池电压为 1.5V，所以不能使管子正常发光。

c）虽然 R×10kΩ 挡的电池电压较高，但因该电阻挡的内阻太大，所提供的电流太小，管子也不能正常发光。

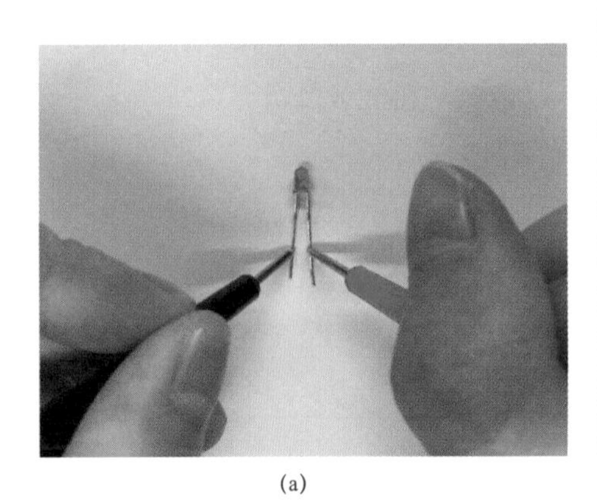

(a)

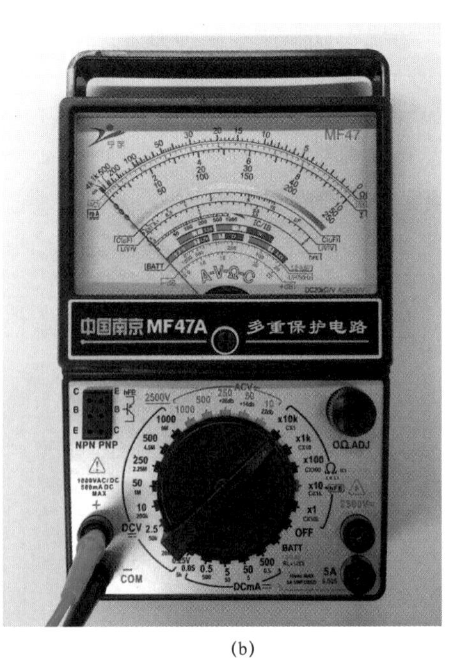

(b)

图 9-2　单色发光二极管电极判别（一）

（a）检测反向电阻；（b）反向电阻示数

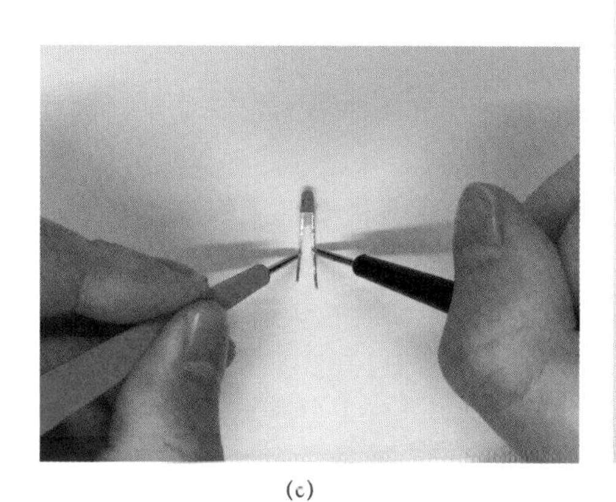

(c)

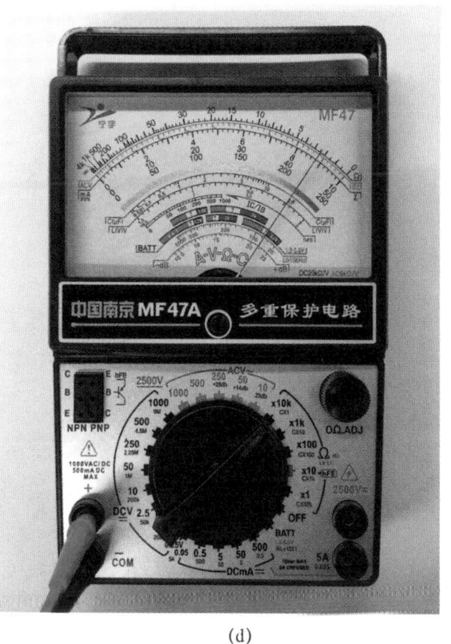

(d)

图 9-2　单色发光二极管电极判别（二）
(c) 检测正向电阻；(d) 正向电阻示数

(2) 数字式万用表判别单色发光二极管电极。检测时，数字式万用表置二极管挡，红表笔和黑表笔分别接单色发光二极管的两个引脚，检测方法见图 9-3。

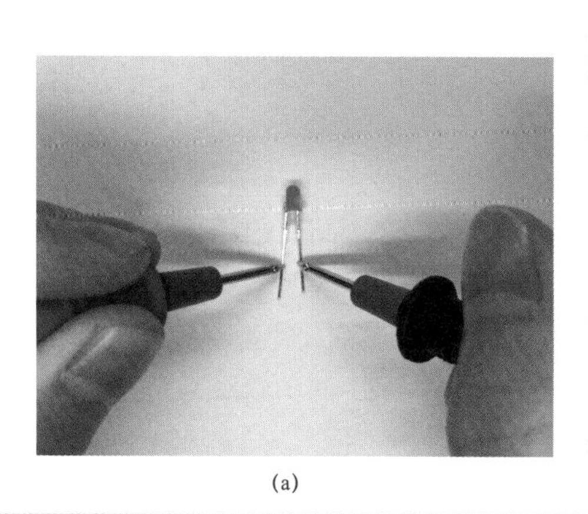

(a)

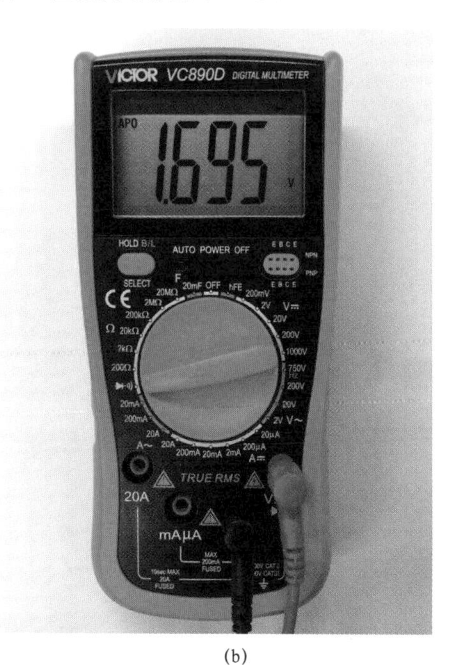

(b)

图 9-3　数字式万用表判别单色发光二极管电极
(a) 检测正向压降；(b) 正向压降示数

如果单色发光二极管发光，万用表显示压降示数，则说明红表笔所接的引脚是正极，黑表笔所接的引脚是负极，且性能良好。如果万用表显示溢出“0L”，单色发光二极管不发光，可能是正、负极接反了，也可能是其内部断路，应对其性能进一步检测。

四、变色发光二极管

1 变色发光二极管特性及作用

变色发光二极管是只用一只发光二极管就能变换发出几种颜色光的发光二极管，它可分为双色发光二极管、三色发光二极管和多色（有红、蓝、绿、白四种颜色）发光二极管，其引脚数量有二端、三端、四端和六端。变色发光二极管多用于电子装置、电子玩具、仪器设备等作为不同状态指示或发出多种警告信号。

国产变色发光二极管的典型产品有 2EF301（红＋绿＝橙）、2EF302（红＋绿＝橙）、BT315（红＋绿＝橙）、BT362057RG（红＋绿＝橙）、BT362057RG（红＋绿＝橙）、BT362057RY（红＋黄＝橘红）、BT362057YG（黄＋绿＝浅绿）、BT3621526RG（红＋绿＝橙）。国外产品有三色（红、黄、绿）、四色（红、橙、黄、绿）、七色（红、橙、黄、绿、蓝、靛、紫）等。业 余 条件下使用时，可不必考虑型号和参数，一般只要选择所需要的颜色和形状就可以了。

红、绿、橙三变色发光二极管是将两只不同颜色的单色发光二极管管心封装在同一壳体内，发光面通常为无色（或白色）散射式。内部的两只 LED 一般采用共阴极接法，即负极连在一起作为公共阴极 K，R 是发红光管 LED1 的正极，G 是发绿光管 LED2 的正极。单独驱动 LED1 时发红光，驱动 LED2 时发绿光，同时驱动时发出复合光（橙光）。红、绿、橙三变色发光二极管在电路中常用字母 LED 表示，其外形及电路中符号见图 9－4。

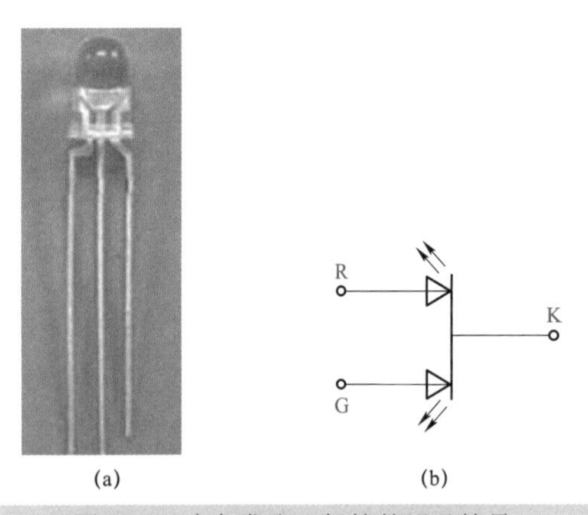

图 9－4 变色发光二极管外形及符号

（a）外形；（b）符号

常用变色发光二极管的管脚识别方法是：对于有三根引线脚的变色发光二极管，如果管脚排布呈三角形，则将管脚对准自己，从管壳凸出块开 始，按顺时针方向，依次为内部红色发光二极管管芯的正极引出脚、绿（黄） 色管芯的正极引出脚，公共负极引出脚。如果管脚呈一字排列，其左右两边 的管脚分别为内部红、绿（黄）发光二极管管芯的正极引出脚，并且管脚引线 稍长的为红色管芯的正极引出脚，稍短的为绿（黄）色管芯的正极引出脚，中间的管脚为公共负极引出脚。

2 变色发光二极管检测

（1）变色发光二极管好坏判别。判别变色发光二极管好坏时，先单独检测两个发光二极管，以红蓝双色发光二极管为例，将万用表置于 R × 10kΩ 挡，分别检测 B－K 极，R－K 极间正向阻值，检测方法见图 9－5。

图 9-5　变色发光二极管好坏判别

（a）检测 B-K 极正向电阻；（b）正向电阻示数；（c）检测 R-K 极正向电阻；（d）正向电阻示数

（2）变色发光二极管发光颜色判别。将数字万用表置于二极管挡，红表笔接 R 极，黑表笔接 K 极，应发出红色光；红表笔接 B 极，黑表笔接 K 极，应发出蓝色光，见图 9-6。如果其中一只管子不发光，说明该管损坏，但仍可作单色发光二极管使用。

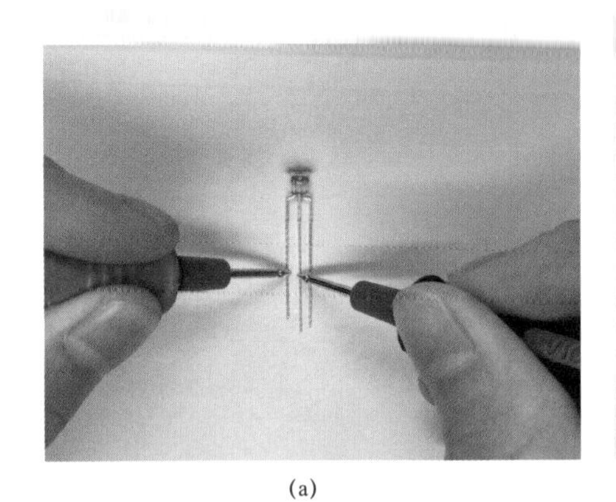
(a)

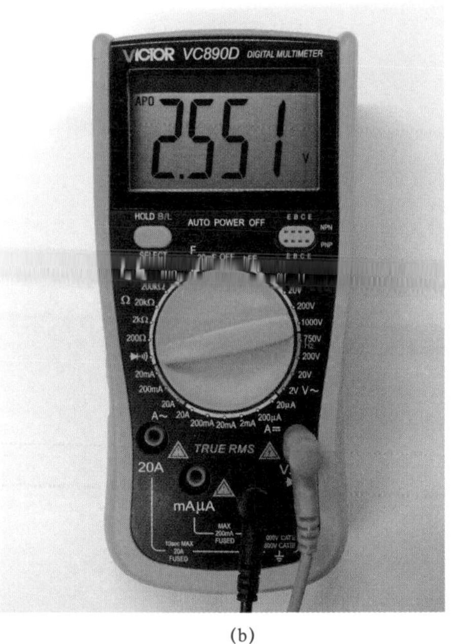

(b)

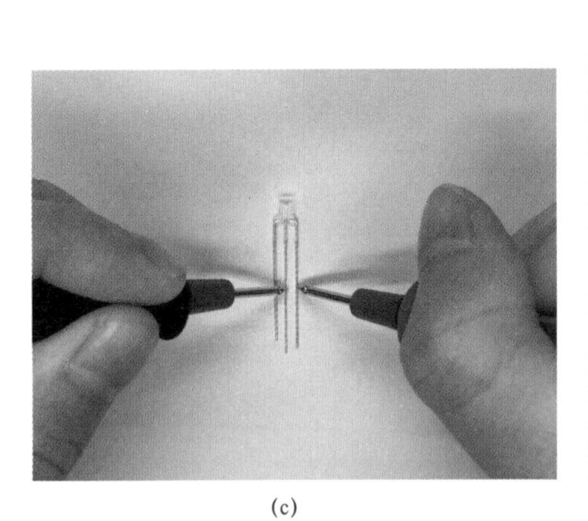
(c)

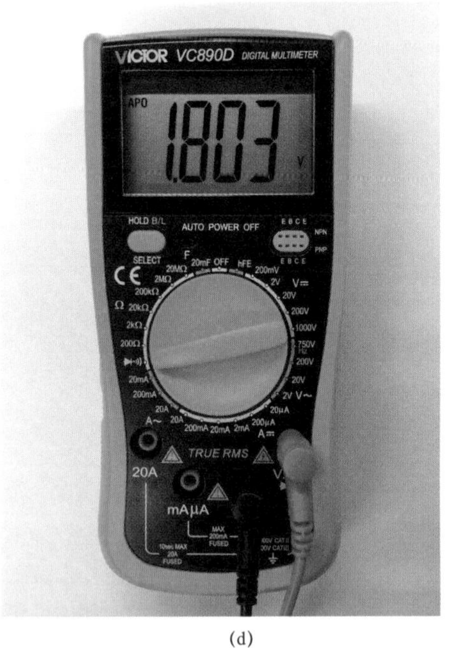

(d)

图 9-6　变色发光二极管发光颜色判别

（a）检测 B-K 极正向压降；（b）正向压降示数；（c）检测 R-K 极正向压降；（d）正向压降示数

五、闪烁发光二极管

1　闪烁发光二极管特性及作用

闪烁发光二极管（BTS，S 表示闪烁）是一种由 CMOS 集成电路和普通发光二极管组成的特殊发光二极管，属于集成一体化复合器件，它在无外接单稳态电路、双稳态电路及无稳态多谐振荡器的情况下可自行闪光，所以又把它叫作自闪式发光二极管。

闪烁发光二极管内部有已设定好程序的控制电路及LED发光管，使用时，无需再外设振荡等电路，因此它接线简单、使用方便。当在两只引脚上加上工作电压时，它即可闪烁发光，发光颜色有红、橙、黄、绿等几种，发光时具有闪烁效果。它可用于光报警器（如温度、压力及液位报警器）、欠压和超压指示、节日彩灯、电子胸花及车辆转向指示等。

闪烁发光二极管内部有一片CMOS集成电路（IC），内含振荡器、分频器、缓冲驱动器。IC和发光二极管相连后，再用环氧树脂封装。当接通3～5V直流电源后，振荡器起振，产生一个高频振荡信号。该信号经多级分频后，获得一个1.3～5.2Hz中的某一个固定频率信号，再由缓冲驱动器进行电流放大，输出足够大的驱动电流使LED发光并闪烁，闪烁的频率为3～5次/s。

闪烁发光二极管外形与普通发光二极管一样，但从侧面可看到管芯内部有两个基本对称的电极，且其中一个电极的上面有一个小黑块（即IC），一般来说，电极附有小黑块的引出脚是正极。闪烁发光二极管的两个引脚，国产的是长引线为正极，进口的是短引线为正极，使用时应注意。闪烁发光二极管在电路中常用字母BTS表示，其外形及电路中符号见图9－7。

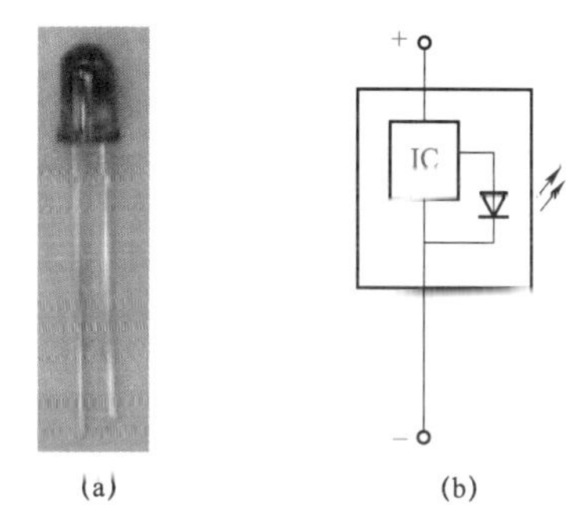

图9－7　闪烁发光二极管外形及符号
（a）外形；（b）符号

国产闪烁发光二极管典型产品型号有BTS314058（红）、BTS324058（橙）、BTS334058（黄）、BTS344058（绿），电源电压一般为3～5V，部分产品为3～4.5V。它们的极限参数值是相同的，即最大功耗为200mW，最大正向电压为7V，最大正向电流为45mA，工作温度为－40～＋85℃，储存温度为－55～＋100℃。

2　闪烁发光二极管检测

（1）闪烁发光二极管电极判别方法。

1）闪烁发光二极管电极的检测。判别闪烁发光二极管电极时，万用表置于R×1kΩ挡，交换表笔检测闪烁发光二极管两引脚阻值，检测方法见图9－8。

若其中一次阻值很小（几千欧），另一次阻值很大（几百千欧），并且指针轻微抖动（振荡摆动）。则由此可断定第二次接法是正常接法，即黑表笔接的是正极（VDD），红表笔接的是负极（GND）。若在检测过程中，观察不到以上现象，则说明闪烁发光二极管性能不良。

2）检测注意事项。

a）由于闪烁发光二极管内部含有IC，正常接法时阻值很高。

b）在判断闪烁发光二极管正、负极时，千万不要像测普通二极管那样，认为电阻小的那次测量，黑表笔接的是二极管正极。

c）虽然闪烁发光二极管维持正常闪烁发光的电压在3V以上，但IC在1.5V时振荡器就开始起振，输出脉冲电流，万用表指针摆动说明闪烁发光二极管处于正常接法。

d）由于万用表 1.5V 提供的电流太小、电压太低，因此观察不到闪烁发光二极管闪烁发光。

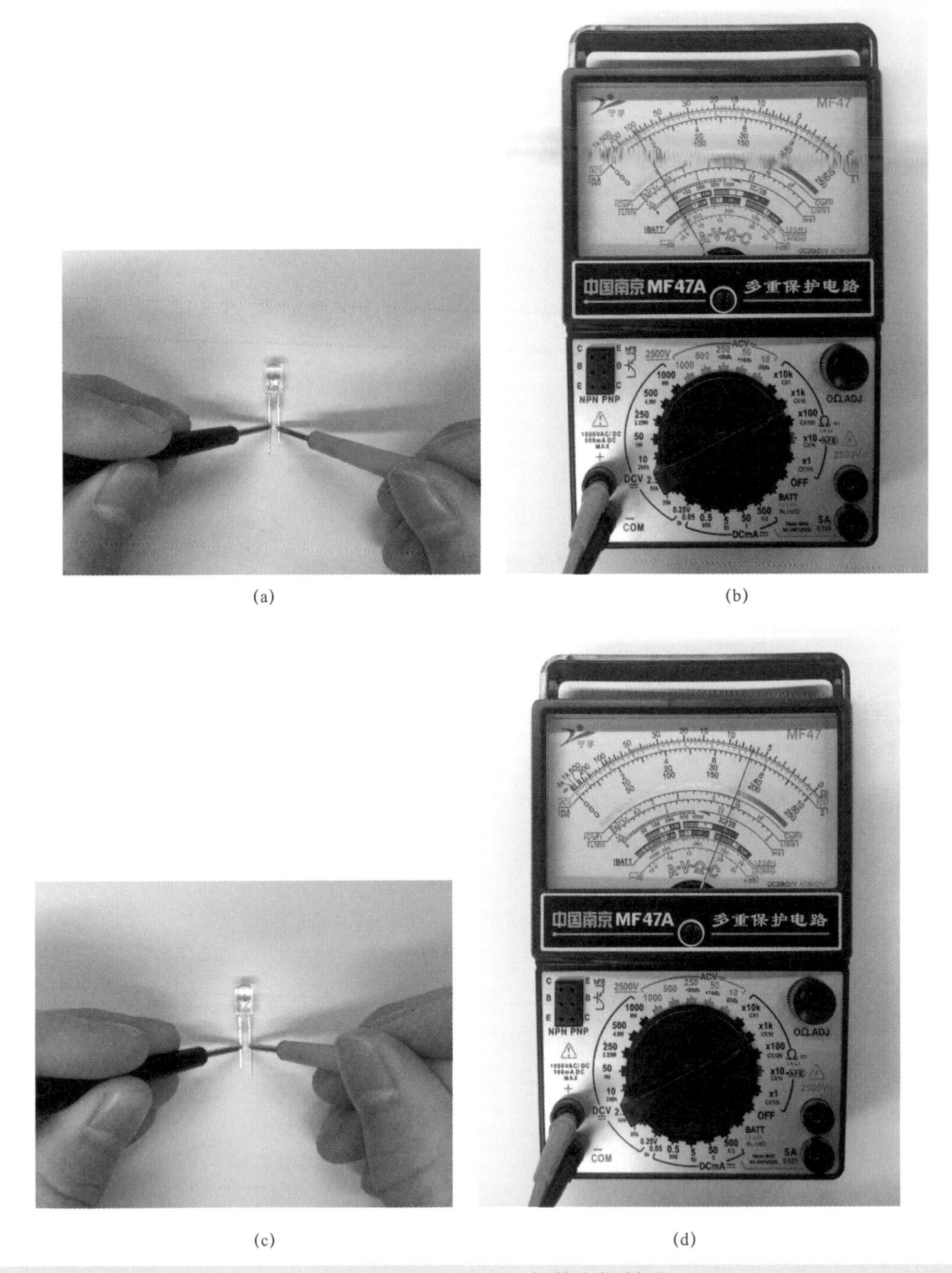

(a)　(b)

(c)　(d)

图 9-8　闪烁发光二极管电极判别

（a）检测正向电阻；（b）正向电阻示数；（c）检测反向电阻；（d）反向电阻示数

（2）闪烁发光二极管闪烁发光判断。闪烁发光二极管工作电流较大，工作电压较高，所以判断闪烁发光现象时须将数字万用表置二极管挡，见图 9-9。万用表红表笔接闪烁发光二极管正极，黑表笔接负极，管子正常闪烁发光。实际上，只要在其两引脚加上额定电压，就会闪烁发光。

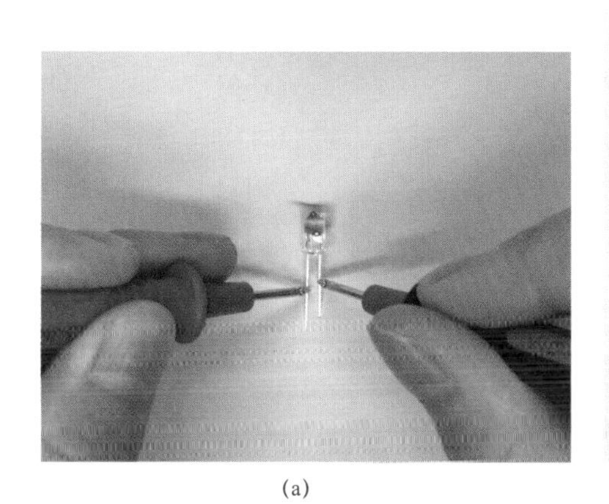

(a)

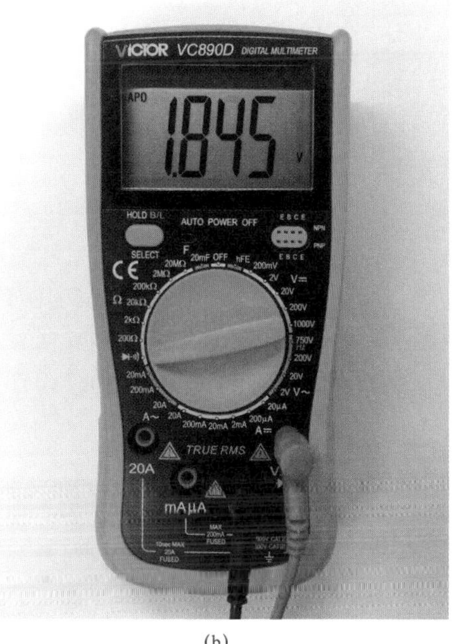

(b)

图 9－9 闪烁发光二极管闪烁发光判断

（a）检测正向压降；（b）正向压降示数

六、红外发光二极管

1 红外发光二极管特性及作用

红外发光二极管也称为红外发射二极管，是一种能把电能转换成红外光的元件，发光波长主要在人眼看不见的红外波段（850～940nm）。红外发光二极管的工作电流与光输出特性的线性较好，使用简便且寿命长，广泛应用于红外线遥控装置中的发射电路以及各类红外遥控的产品系统。

红外发光二极管的结构、原理、工艺及外形与普通发光二极管相近，也有半导体PN结，只是使用的半导体材料不同。红外发光二极管通常使用红外辐射效率高的砷化镓（GaAs）、砷铝化镓（GaAlAs）等材料，但主要采用砷化镓。红外发光二极管发射红外线去控制相应的受控装置时，其控制的距离与发射功率成正比。为了增加控制距离，红外发光二极管常工作于脉冲状态，因为脉动光（调制光）的有效传送距离与脉冲的峰值电流成正比，所以只需尽量提高峰值电流，就能增加红外光的发射距离。

常见的红外发光二极管，其功率分为小功率（1～10mW）、中功率（20～50mW）和大功率（50～100mW 以上）三大类，使用不同功率的红外发光二极管时，应配置相应功率的驱动管。要使红外发光二极管产生调制光，只需在驱动管上加上一定频率的脉冲电压。红外发光二极管工作时其正向压降 1.1～1.4V，工作电流小于 20mA，为了适应不同的工作电

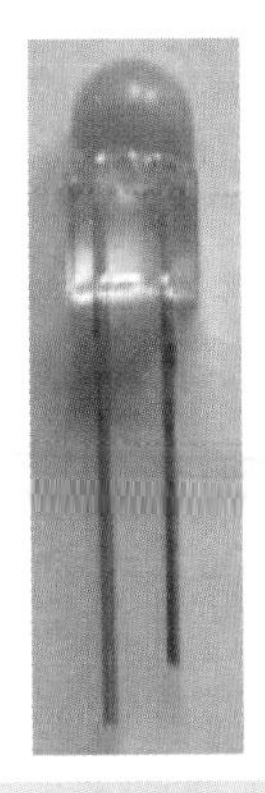
图 9－10　红外发光二极管外形

压，回路中串有限流电阻。

小功率红外发光二极管为顶射式，还有侧射式及轴向式，大多采用全塑型、陶瓷型及树脂型封装。若在使用环境和用途上要求严格的话，应使用陶瓷型封装。树脂封装又分无色透明、黑色和淡蓝色树脂封装三种形式，通常采用折射率较大的环氧树脂，以提高发光效率。红外发光二极管在电路中常用字母 LED 表示，其外形见图 9－10。

国产红外发光二极管外径有 2、3、5、8mm，其中 3、5mm 最为常用，常用的型号有 SIR（320ST3、481ST3、56SB3）系列、SIM（192ST、20SB、22ST）系列、PLT（462T3、463SB）系列、GL（2、5、5S、8）系列、TLN（104、107）系列、HIR（405B、405C）系列、HG（301、306、410、311S、312S）系列和 PH303、SE303 等。

2　红外发光二极管检测

（1）红外发光二极管电极判别方法。从红外发光二极管的外观看，通常长引脚为正极，短引脚为负极。全塑封装管的侧向呈小平面，靠近小平面的引脚为负极，另一个引脚为正极。无色透明树脂封装的可观察管壳内电极，管内电极宽且大的为负极，窄且小的为正极。若是深色树脂封装的，可借助万用表进行区别。

用万用表判别红外发光二极管正、负极的检测方法见图 9－11。将万用表置于 R × 1kΩ 挡，两只表笔分别接红外发光二极管两个引脚，若测得的阻值小，则与黑表笔接的是正极，与红表笔接的是负极。红、黑表笔对调检测，反向阻值应大于 300～500kΩ，要求反向阻值越大越好。

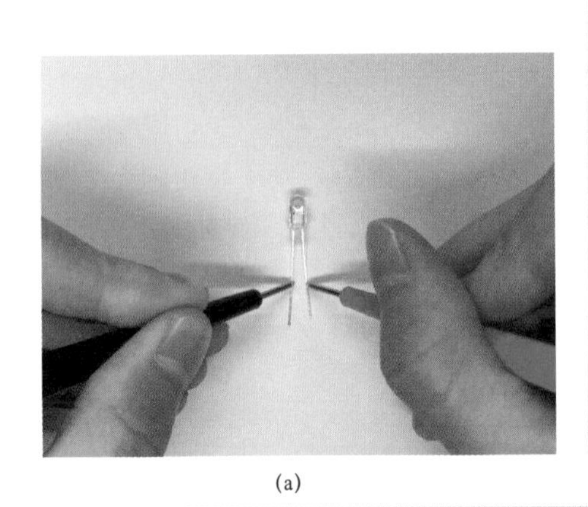
(a)

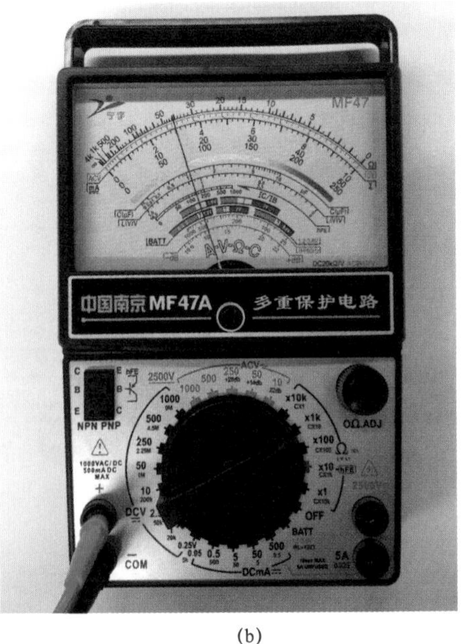

(b)

图 9－11　红外发光二极管电极判别（一）
（a）检测正向电阻；（b）正向电阻示数

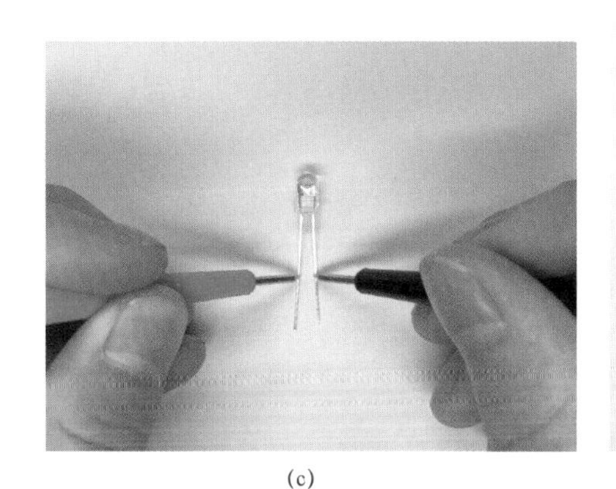

(c)

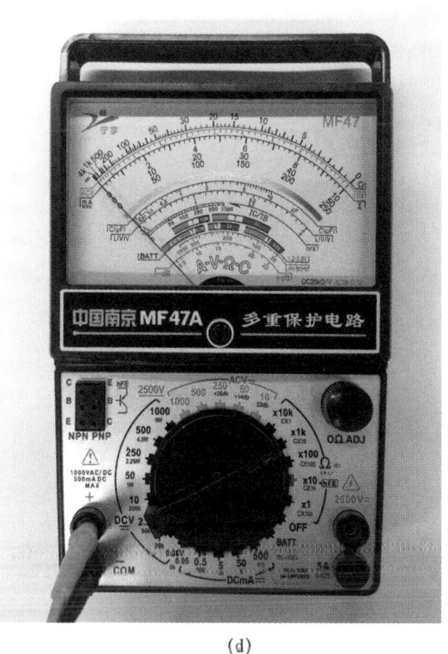

(d)

图 9－11 红外发光二极管电极判别（二）

（c）检测反向电阻；（d）反向电阻示数

（2）红外发光二极管好坏判别。

1）红外发光二极管的检测方法。红外发光二极管发出的光不可见，可用万用表检测其正、反向阻值，判别其好坏，检测方法同图 9－11。

将万用表置于 R×1kΩ 挡，若测得的正向电阻在 30kΩ 左右，反向电阻在 500kΩ 以上，则是好的。若正向电阻在 30kΩ 以上，管子已有老化现象，性能欠佳。反向阻值越大，漏电流越小，性能就越好。若正、反向阻值均为无穷大或零，则说明被测管内部已断路或击穿，不能使用。若测得的反向阻值只有几十千欧，则说明管子已损坏。

2）检测注意事项。利用上述的检测法只能判定红外发光二极管其 PN 结正、反向电学特性是否正常，而无法判定其发光情况是否正常。

第二节 光电晶体管

一、光电二极管

1 光电二极管分类及特性

光电二极管又称光敏二极管，是一种利用光电效应制成的单 PN 结光敏器件，它能够将入射光根据使用方式，转换成电流或者电压信号。光电二极管比光敏电阻精度高，且具有电流线性好、成本低、体积小、质量轻、寿命长、工作电压低及量子效率高（典型值为 80%）

等优点，主要针对快速变化的光信号进行探测和记录。它广泛应用于触发器、光电耦合器、红外遥控接收器、照相机测光器、路灯亮度自动调节器、烟雾探测器、自动控制器及光电读出装置中，常见的传统太阳能电池就是通过大面积的光电二极管来产生电能的。

（1）光电二极管分类。

1）PN 型光电二极管。PN 型光电二极管是采用普通 PN 结的光电二极管，优点是暗电流小，一般情况下，响应速度较慢。

2）PIN 型光电二极管。PIN 型光电二极管中的 I 表示"本征"，它是采用特殊 PN 结的光电二极管，即在 P 区和 N 区之间夹一层本征半导体（低浓度杂质的半导体），目的是加快器件对信号的响应速度。PIN 型光电二极管的优点是结容量低，响应速度快；缺点是暗电流大，一般不用来测量很低的光强。

3）雪崩型光电二极管。雪崩型光电二极管是采用容易产生雪崩倍增效应的里德二极管（read diode）结构，即 N^+PIP^+ 型或 P^+NIN^+ 型结构，工作时加较大的反向偏压，使其达到雪崩倍增状态，它具有 $10^2 \sim 10^3$ 倍的电流增益，增益大小与外加电压有关。它的优点是灵敏度很高，响应速度非常快，故可检测微弱光，常用于超高频的调制光和超短光脉冲的探测。

4）肖特基型光电二极管。肖特基型光电二极管是在锗或硅的单晶片上蒸镀金薄膜或银薄膜，形成肖特基势垒，它具有响应时间短、量子效率高的优点，主要用于紫外线等短波光的检测。

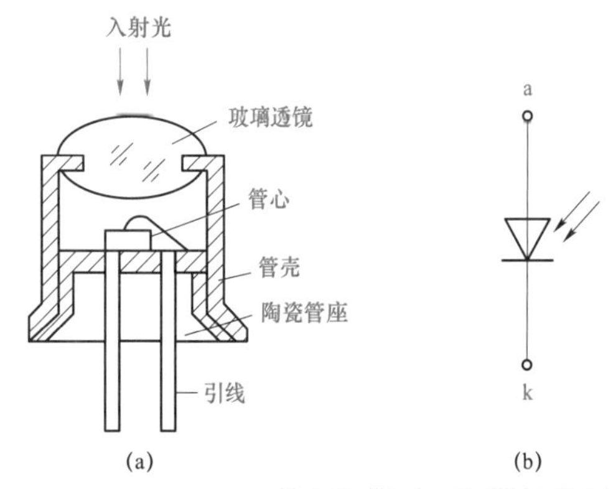

图 9－12　光电二极管结构及电路符号
（a）结构；（b）符号

（2）光电二极管特性。光电二极管的内部结构与普通二极管相似，也是由一个 PN 结构成的，不同的是它的外形构造上有一个可以进光的透明聚光透镜，以便将光线集中射向 PN 结。光电二极管在设计和制作时要求 PN 结面积尽量大，结深尽量浅，电极面积尽量小，以便获得较优良的光电转换性能。光电二极管的结构及电路符号见图 9－12。

光电二极管通常是工作在反向偏置状态，在没有光照的情况下，反向电阻（暗阻）呈高阻（几兆欧），反向电流极其微弱（一般小于 0.1μA），称为暗电流。一旦有光照到 PN 结时，会将耗尽层中的原子激发出电子和空穴，使耗尽层电阻下降，反向电阻（亮阻）急剧降低（几百欧），于是反向电流迅速增大到几十到上百微安，称为光电流。光的强度越大，反向电流也越大，这样就达到了光敏控制的目的。

2　光电二极管技术参数及型号

（1）光电二极管技术参数。

1）光电流 I_L。指光电二极管在加有正常反向工作电压时，在受到规定光照射下所产生的反向电流值（约几十微安）。

2）暗电流 I_D。指光电二极管在加有正常反向工作电压时，在无光照射下所产生的反向电流值（约 0.5μA）。暗电流是反向偏置应用时的噪声源，要求此值越小越好。

3）光电灵敏度 S。指对给定波长的入射光，每接收单位光功率时输出的光电流，单位为μA/μW。

4）响应时间τ_r。指光电二极管将光信号转化为电信号所需要的时间，一般为 10^{-5}～10^{-7}s，其值越小，工作频率越高。

5）结电容 C_j。是影响光电响应速度的主要因素，PN 结面积越小，结电容也越小，其工作频率也越高。

6）最高反向工作电压 U_{BR}。指在无光照的情况下，光电二极管反向暗电流小于 0.2～0.3μA 时，允许的最高反向工作电压，一般在 10V 左右，最高可达几十伏。

7）峰值波长λ_P。指光电二极管具有最佳响应的光波波长，锗光电二极管的峰值波长为 1456nm，硅光电二极管的峰值波长为 900nm。

（2）光电二极管型号。光电二极管有顶面受光和侧面受光两种形式，采用塑料、玻璃、环氧树脂等透光材料封装，它在电路中常用字母 VD 表示，其外形见图 9－13。

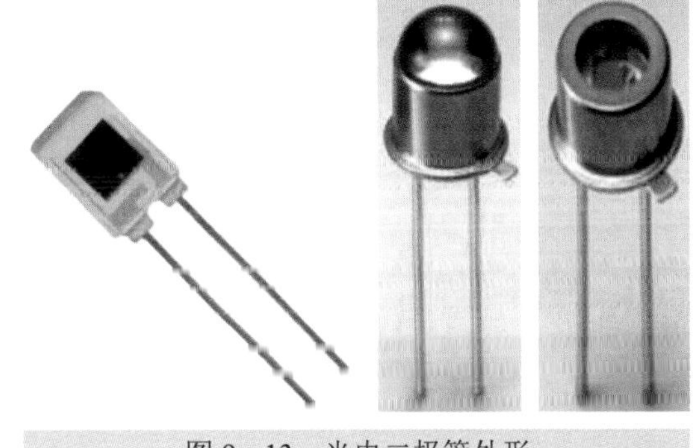

图 9－13 光电二极管外形

国产光电二极管典型产品有国标 2AU 锗光电二极管系列、2CU、2DU 硅光电二极管系列、厂标 PH302 和 GT231 型低噪声光电二极管等。2CU 系列产品采用金属外壳，顶端有透明聚光透镜，以便接收光线，靠近管壳凸起处的管脚为正极。国外光电二极管典型产品有夏普 SPD、SBC、BS、PD 系列和松下 PN300 等。

3 光电二极管检测

（1）光电二极管性能检测。检测时，将万用表置于 R×1kΩ 挡，红表笔接光电二极管的正极，黑表笔接负极，检测方法见图 9－14，测出光电二极管的反向阻值。

用遮光筒或黑布将光电二极管遮严，万用表指针偏转应很小，读数在 500kΩ 以上。让阳光或灯光照射光电二极管透镜上，阻值应变小，光线越强阻值应越小，可降低到 1kΩ 以下。再遮挡光线，阻值应再迅速恢复到原来值。

万用表红表笔接光电二极管负极，黑表笔接正极，检测光电二极管正向阻值，应为十几千欧，且能随光照变化。以上情况表明，被测管是好的，若正、反向阻值都为无穷大或零，则说明管子是坏的，不能使用。

（2）检测注意事项。

1）检测时，光电二极管必须加反向偏压，一般情况下，不论有无光线照射，光电二极管的正向阻值几乎不变。

2）光电二极管对不同的光线灵敏程度不同，因此，如用日光灯、节能灯作光源，其反向阻值变化可能不明显。

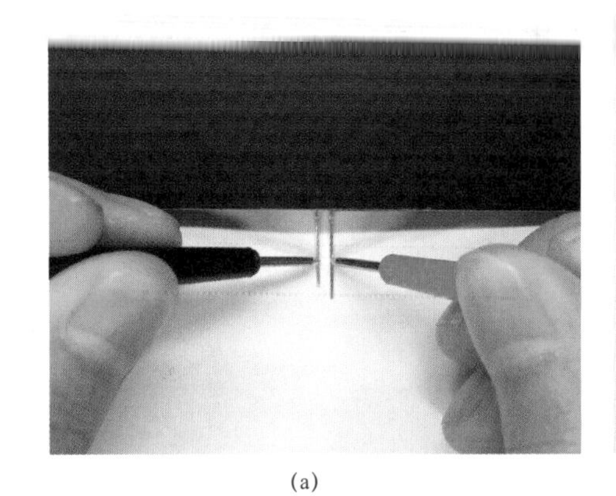

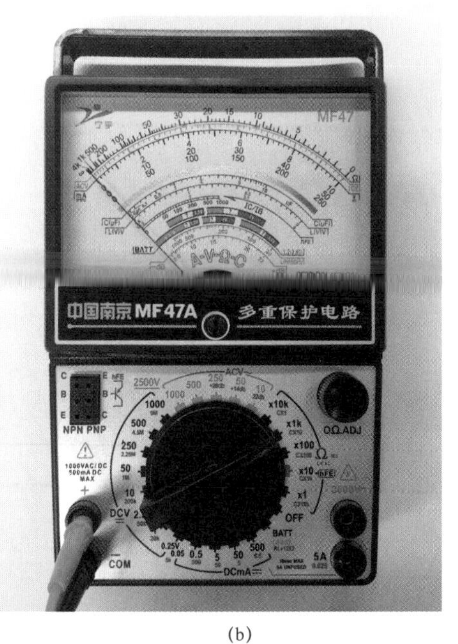

(a)　　　　　　　　(b)

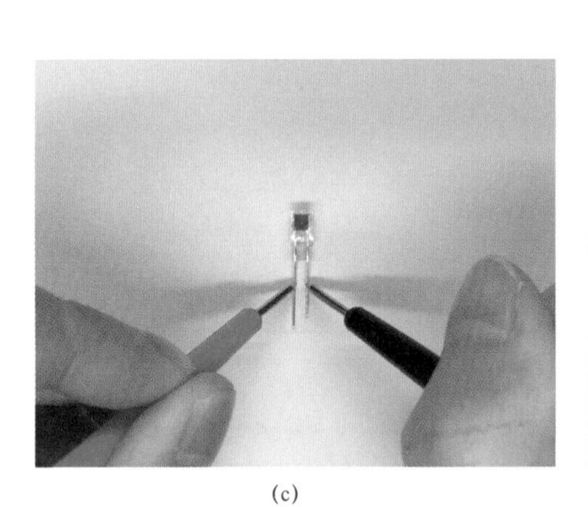

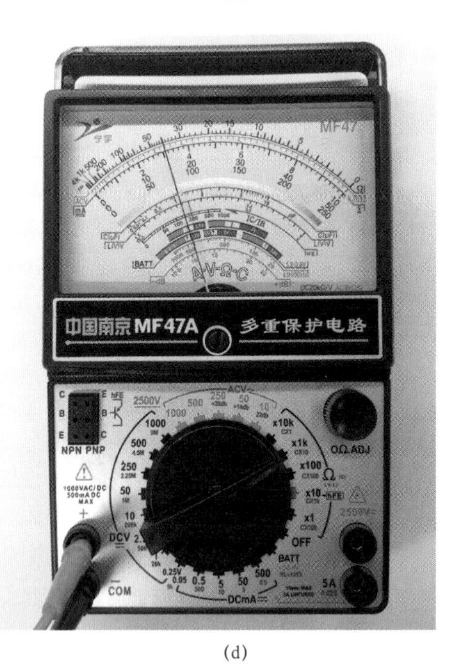

(c)　　　　　　　　(d)

图 9－14　光电二极管性能检测

（a）遮光时检测反向电阻；（b）反向电阻示数；（c）有光照时检测反向电阻；（d）反向电阻示数

二、红外光电二极管

1　红外光电二极管特性

红外光电二极管又称红外接收二极管，是一种特殊的光电 PIN 二极管，它能把接收到的带有遥控信息的红外光信号转变成电信号。红外光电二极管具有光接收灵敏度高、暗电流小、响应快、能滤除可见光的干扰等特点，广泛应用于家用电器的遥控器中，如音响、电视机、空调器及电风扇等。

红外光电二极管在红外光线的激励下能产生一定的电流，其阻值大小由入射的红外光决定。不受红外光照射时，阻值较大，为几兆欧以上，受红外光照射时阻值减小到几千欧。在实际应用中要给红外光电二极管加反向偏压，它才能正常工作。

红外光电二极管的波长灵敏点在940nm附近，它能很好地接收红外发光二极管发射的波长，而对于其他波长的光线则不能接收，这一点靠它具有较小的结电容来实现，从而保证了接收的准确性。此外红外光电二极管的接收指向范围较宽，具有良好的分光灵敏度。若发现干扰严重时，应加装滤色片，滤掉可见光。滤色片可用颜色较深的红色有机玻璃或胶片制成，安装在接收器的接收窗口上。

通常，红外发光二极管和红外光电二极管配对使用，但红外发光二极管的发射功率一般都较小（100mW 左右），所以红外光电二极管接收到的信号比较微弱，因此就要增加高增益放大电路。

红外光电二极管一般有圆形和方形两种，外观颜色呈黑色，常用的型号有RPM－301B、BPW83和HP、TDF、OSD、J16型等多种，其外形见图9－15。最近几年不论是业余制作还是正式产品，大多都采用成品红外接收头。成品红外接收头的封装有铁皮屏蔽和塑料封装两种，均有三只引脚，即电源正极（VDD）、电源负极（GND）和信号输出极（OUT）。判别红外光电二极管的电极可以从外观上判别，面对透镜从左至右分别为正极和负极。另外，在红外光电二极管的管体顶端有一个小斜切平面，通常带斜切平面一端的引脚为负极，另一端为正极。

图9－15　红外光电二极管外形

2　红外光电二极管检测

（1）红外光电二极管电极判别。用万用表判别时，将万用表置于R×1kΩ挡，测量红外光电二极管的正、反向电阻，检测方法见图9－16。阻值较小的一次检测中，红表笔所接的为负极，黑表笔所接的为正极。若被测管子的正、反向电阻值均为零或无穷大时，则表明被测红外光电二极管已被击穿或开路。

（2）红外光电二极管好坏判别。

1）红外光电二极管的检测方法。将万用表置于R×1kΩ挡，见图9－17，红表笔接红外光电二极管正极，黑表笔接负极。测得阻值应在500kΩ以上，接着用一个好的遥控器正对着红外光电二极管的透镜，当按下遥控器上的按键时，万用表指示的阻值应减小，管子灵敏度越高，阻值就越小。按连续键（如音量、亮度键等）时，电阻值会持续减小，按换台、暂停键时，电阻值会脉动减小。

2）检测注意事项。

a）用这种方法挑选性能优良的红外光电二极管十分方便、可靠。

b）此法也可方便地区分出红外发光二极管和红外光电二极管。

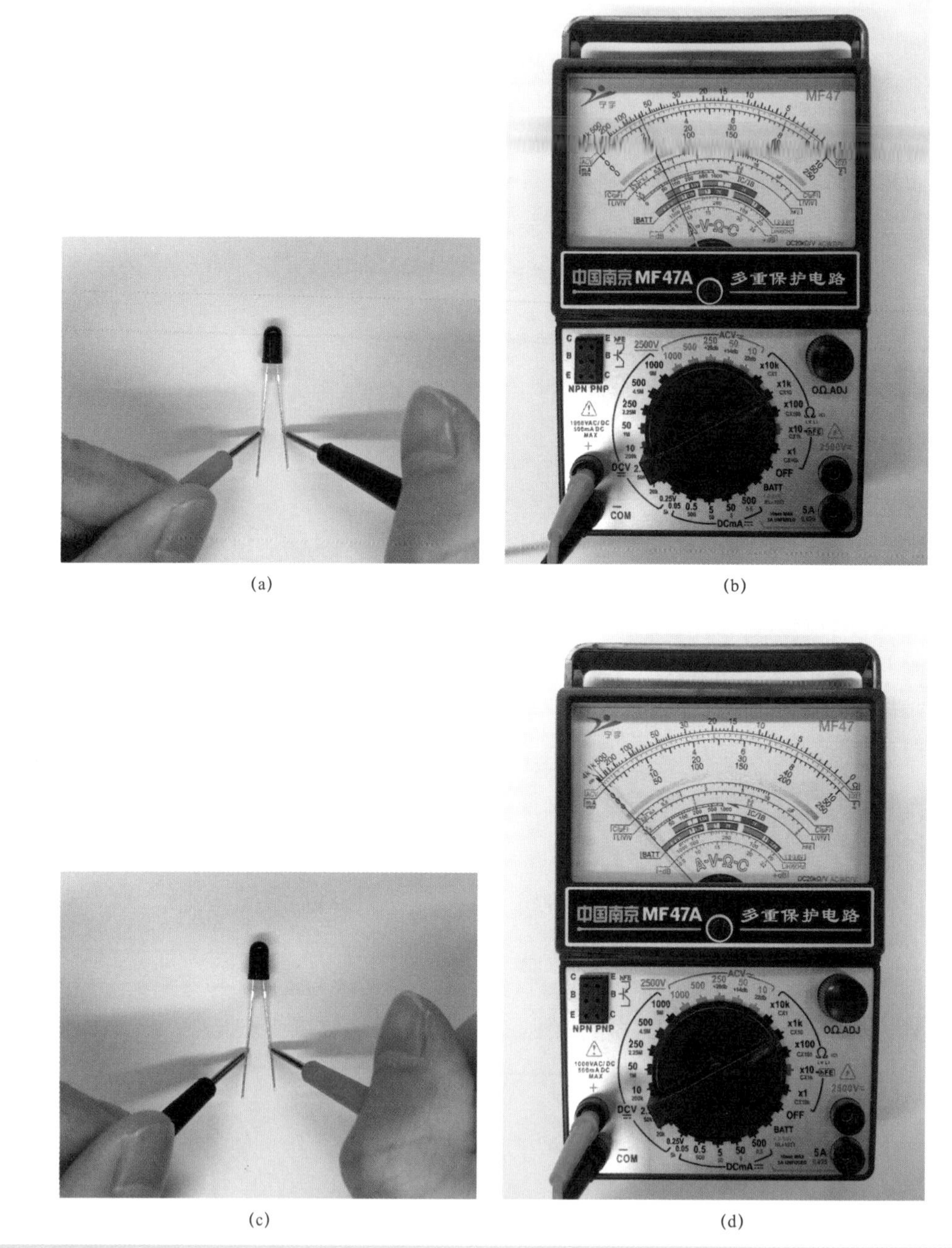

图 9－16　红外光电二极管电极判别

（a）检测正向电阻；（b）正向电阻示数；（c）检测反向电阻；（d）反向电阻示数

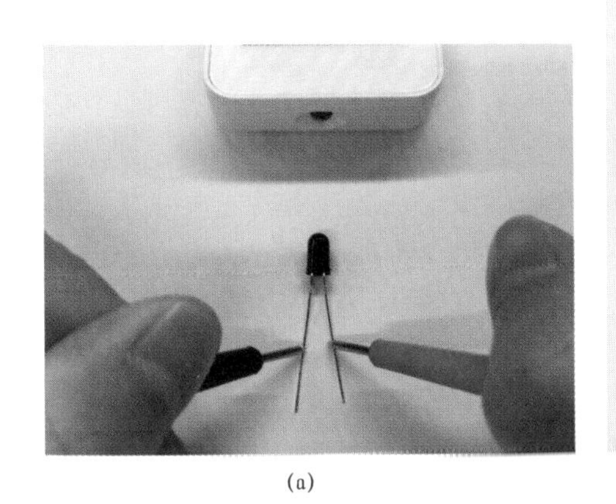
(a)

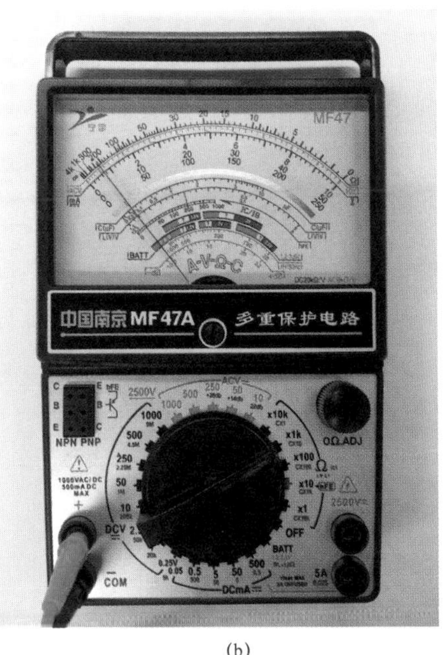

(b)

图 9-17 红外光电二极管好坏判别

（a）遥控器对准二极管透镜；（b）按下调节键后阻值示数减小

二、光电三极管

1 光电三极管的特性

光电三极管又称光敏三极管，是在光电二极管的基础上发展起来的光电器件，具有光敏效应和放大作用，所以对光线更敏感。光电三极管的灵敏度比光电二极管高，输出电流也比光电二极管大，多为毫安级。但它的光电特性不如光电二极管好，在较强的光照下，光电流与照度不呈线性关系。所以光电三极管多用来作光电开关元件或光电逻辑元件，广泛用于光电传感器、光电耦合、光电计数、编码器、译码器、特性识别、光电自动控制、过程控制、激光接收及各种光电开关等方面。

光电三极管有 NPN 和 PNP 两种类型，也有三个电极（基极 B、发射极 E、集电极 C），它的集电极电流除了受基极电路的电流控制外，还可以受照射光的控制，当光照强弱变化时，电极之间的电阻会随之变化。正常工作时，集电结为反向偏置，发射结为正向偏置。光电三极管的基极 PN 结相当于一个光电二极管，在光照下产生的光电流输入到基极进行放大，放大后的电流从集电极输出。因此光电三极管通常只有两个管脚，即集电极和发射极。

通常光电三极管的基极不引出，但有一些光电三极管为了使用灵活将基极引出，如只使用基极和集电极，就变成光电二极管。在实际应用中，基极引线多用于温度补偿和附加控制等，如通过它改善弱光下的频率特性，使交流放大系数稳定。一般有基极引线的光电三极管适宜探测调制光，无基极引线的适合作低速光电开关。

光电三极管由于使用的材料不同，可分为锗光电三极管和硅光电三极管。目前使用较多的是硅光电三极管，这是由于硅元件较锗元件有小得多的暗电流和较小的温度系数。有时为了提高频率效应、增大电流放大倍数、减小体积，生产商将光电三极管与另一只普通三极管制作在一个管芯内，连接成复合管形式，称为达林顿型光电三极管。它实质上是把光电三极管的输出电流再经过普通三极管放大，输出电流可达十几毫安以上。但达林顿型光电三极管的暗电流较大，非线性严重，温度漂移大且抗干扰能力差，需在电路中增加抑制回路方能正常工作。

2 光电三极管外形及型号

光电三极管的外形和普通三极管类似，其封装有罐形封闭型（玻璃窗口型、玻璃透镜型）和树脂封入型（平导线透镜型、单端窗口型）两种，光线可通过凸透镜或玻璃窗口集中照射在芯片上。光电三极管在电路中常用字母 VT 表示，其外形及电路中符号见图 9－18。

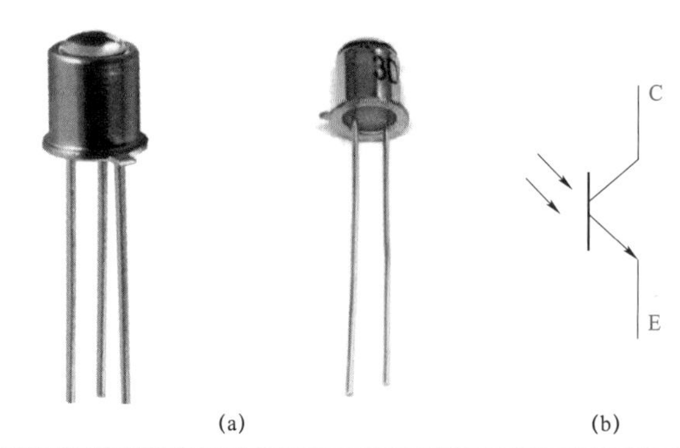

图 9－18 光电三极管外形及符号
（a）外形；（b）符号

光电三极管典型产品有 NPN 型的 3DU21～24、3DU31～33、3DU51～54、3DU11～14、3DU80、3DU912 等，还有 PNP 型的 3CU 系列，达林顿型光电三极管有 3DU511D、3DU512D 等。另外，光电三极管组合件是将 10 只或 15 只光电三极管，采用集成电路工艺，利用双列直插式外壳封装而成的，在外壳上，每只光电三极管都有一个玻璃窗口。

国产 3DU 系列环氧平头式封装的微型光电三极管，其长引脚为发射极 E（接电源负极），短引脚为集电极 C（接电源正极），基极则封装在透镜内，以接收入射光线。对于金属壳封装的光电三极管，其金属下面有一个凸块，与凸块最近的那只脚为发射极 E。如果该管仅有两只脚，那么剩下的那条脚则是集电极 C。假若该管有三只脚，那么与 E 脚最近的则是基极 B，离 E 脚远者则是集电极 C。另外，对于达林顿型光电三极管，其封装缺圆的一侧则为集电极 C。

3 光电三极管技术参数

（1）暗电流 I_D。它指在无光照的情况下，集电极与发射极间的电压为规定值时，流过集电极的反向漏电流。

（2）光电流 I_L。它指在规定光照下和施加规定的工作电压时，流过光电三极管的电流，光电流越大，说明光电三极管的灵敏度越高。

（3）最高工作电压 $U_{(RM)CE}$。它指在无光照时，在管子不被击穿前提下集电极与发射极之间的最高工作电压，一般为十至几十伏。

（4）最大功耗 P_M。它指光电三极管能够安全工作而不致损坏的最大耗散功率。光电流与管子承受的电压的乘积，就是管子的功耗，最大功耗一般为几十至一百瓦特。

（5）峰值波长λ_P。它指光电三极管的光谱响应为最大时对应的波长。

4 光电三极管检测

（1）光电三极管性能检测。

1）光电三极管的检测方法。以 NPN 型光电三极管为例，检测时，将万用表置于 R×1kΩ 挡，检测方法见图 9-19。

先把管子放在暗处，黑表笔接 C 极，红表笔接 E 极，万用表所测的阻值应为无穷大。对调表笔再测，阻值也应为无穷大。若测量时指针偏转指示出阻值，则说明管子漏电。

然后再把管子放在室内有阳光斜射的地方，仔细调整光线入射角，使接收到的光线最强。将红表笔接触光电三极管的发射极 E，黑表笔接触集电极 C，通常这时管子阻值应在 15～30kΩ 左右，阻值越小，管子灵敏度越高。如果阻值很大，则说明管子灵敏度很低或已损坏。

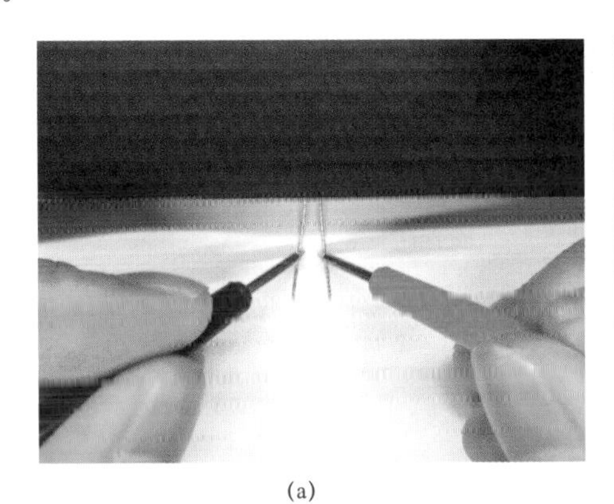

(a)

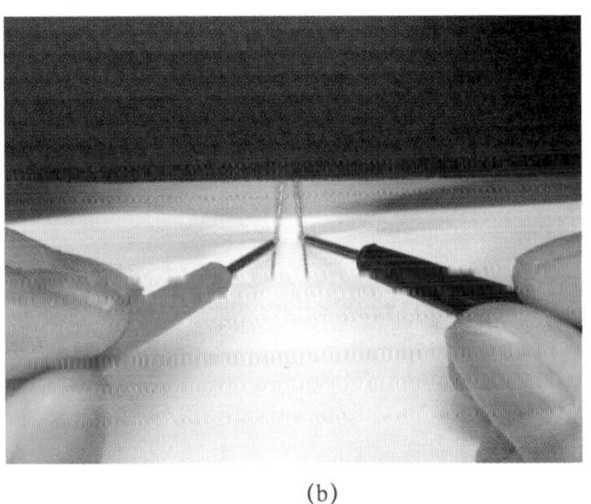

(b)

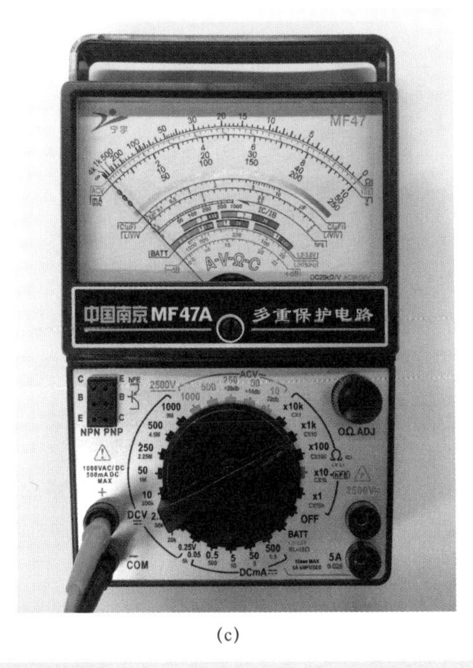

(c)

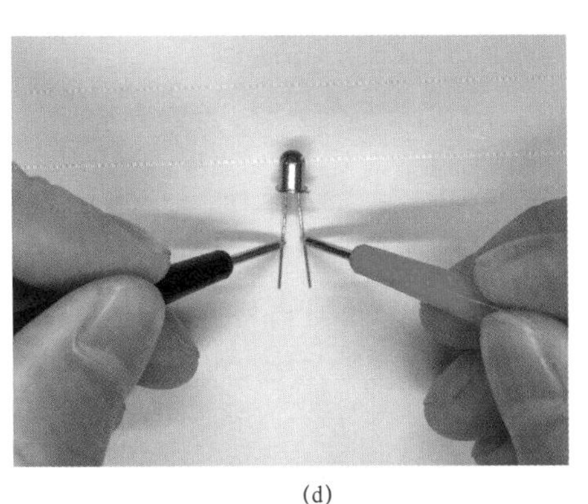

(d)

图 9-19 光电三极管性能检测（一）

（a）遮光时检测 C、E 极正向电阻；（b）遮光时检测 C、E 极反向电阻；（c）电阻示数；（d）有光照时检测 C、E 极正向电阻

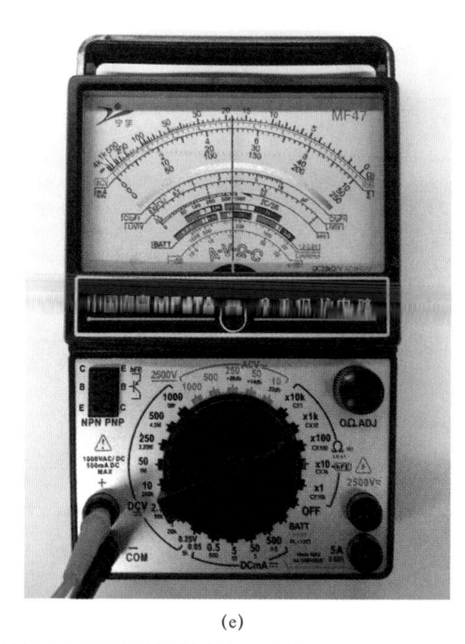

(e)

图 9-19　光电三极管性能检测（二）
（e）电阻示数

2）检测注意事项。

a）若检测光电三极管的亮阻时，万用表红、黑表笔与 E、C 极性接反，则阻值很大，光电流很小。

b）不得使用 R×1Ω 挡、R×10Ω 挡检测光电三极管，以免测试电流太大损坏光电三极管。

c）光电三极管不允许受到强光照射，以免损坏。

（2）光电二极管与光电三极管区分。光电三极管和光电二极管外形很相似，有时难以区分，这时可以用万用表对其进行检测。

1）指针式万用表检测方法。

a）检测暗电阻。用不透光的物体将光电管遮盖住，使其处于很暗的环境中，然后测量光电管两只引脚的正、反向电阻值。如果正、反向电阻值都很大（一般为无穷大），那么所测的管子是光电三极管。反之，如果测量得到的正、反向电阻值有非常明显的差别，正向电阻值较小（10kΩ 左右），而反向电阻值为无穷大，则所测的管子是光电二极管。

b）检测亮电阻。由于光电三极管的灵敏度比光电二极管大得多，所以光电三极管在光照时测得的亮阻比光电二极管小很多。

检测时，把待测管放在光线很强的地方，将红、黑表笔接管子的两引脚，这时表针指示的阻值若为几千欧，可再将万用表拨到 R×100Ω 挡，若阻值为几百欧，则可断定此管为光电三极管，否则就是光电二极管。倘若测试结果与上述不符，则有可能是表笔接错，可将表笔互换一下再测。

2）数字式万用表检测方法。如果使用数字式万用表判别，可以将万用表置于二极管挡，在暗环境中对管子进行正、反向测量。

如果正、反向测量都显示溢出“0L”（无穷大），说明所测的管子是光电三极管。反之，如果正向测量显示值比较小（零点几伏），反向测量显示溢出“0L”（无穷大），则所测的管子是光电二极管。

四、激光二极管

激光二极管是能够将电能直接转化为激光射束的一种激光器件，是组成激光装置的核心部件之一，它具有高亮度、高输出、发光响应速度快、体积小、质量轻、与光纤结合效率高等特点。用激光二极管组成的装置具有抗干扰能力强、可靠性高、使用寿命长、耗电低、驱动电路简单、调制方便、耐机械冲击等特点，广泛应用于CD机、DVD机、光盘驱动器、激光打印机、条形码扫描仪、激光医疗、激光通信、激光教鞭及激光测距等小功率光电设备中。

1 激光二极管结构

激光二极管的物理结构是在发光二极管的PN结间安置一层具有光活性的半导体，如砷化镓、氮化镓等，其端面经过抛光后具有部分反射功能，因而形成一光学谐振腔。在正向偏置的情况下，半导体材料内部产生出激光发生需要的初始光，初始光与光学谐振腔相互作用，多次来回穿梭于半导体材料，且每穿过一次光强都会增加。经过一段时间后，一束单色性好、发散性小、强度高、定向性好的激光束就产生了。

激光二极管的发射窗分为两种，一种是发射窗为斜面，俗称“斜头”，一般用于CD唱机；另一种是发射窗为平面，俗称“平头”，主要用于视盘机。激光二极管内部主要由激光器芯片、光电二极管、散热器、管帽、管座及透镜组成，并引出三根引脚，在管壳底板上的边缘各有一个V形缺口和一个凹形缺口作为定位标记。激光二极管在电路中常用字母LD或VD表示，其结构、引脚排列及电路中符号见图9－20。

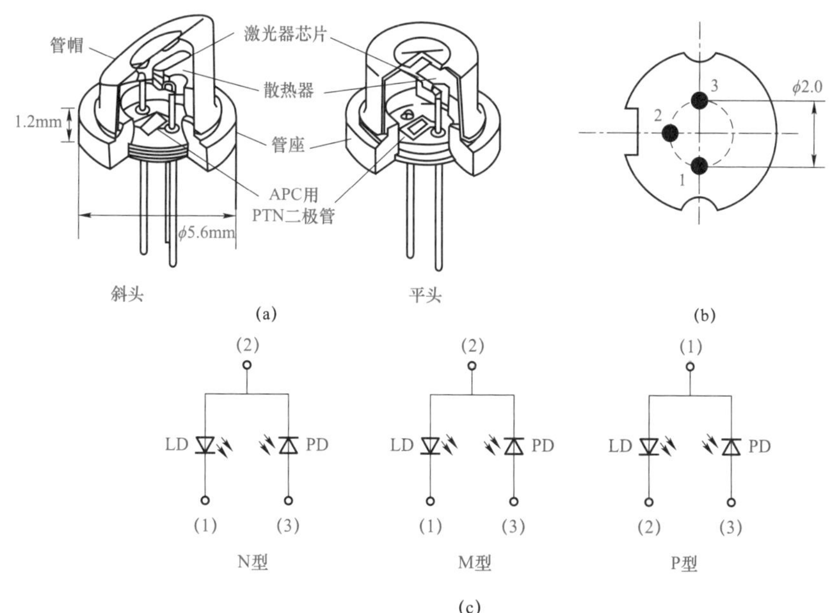

图9－20 激光二极管结构、引脚排列及符号
（a）结构；（b）引脚排列；（c）符号

激光二极管内包括两个部分：一是激光发射部分LD（激光器芯片），它的作用是发射激光；二是激光接收部分PD（光电二极管），它的作用是接收、监测LD发出的激光（若

不需监控 LD 的输出，则可不用 PD 部分）。LD 和 PD 封装在一个管壳内，封装形式有 M、P、N 三种，其中 N 型封装较为常用。N 型封装中 LD 和 PD 共用一个公共极 2，即 LD 的阳极与 PD 的阴极通过 2 脚引出，2 脚通常接激光二极管的金属外壳。1 脚为 LD 的阴极，3 脚为 PD 的阳极。工作时 LD 接正向工作电压，PD 接反向工作电压。

2　激光二极管特性

激光二极管本质上是一个半导体二极管，按照 PN 结材料的不同，可以分为同质结、单异质结、双异质结和量子阱激光二极管，目前市场应用的主流产品是双异质结构的镓铝砷（AsAlGa）激光二极管，它是一种近红外半导体激光管，工作波长有 650nm 左右和 780nm 左右两种，额定功率为 3～5mW，LD 正向工作电压 2～3V，PD 反向工作电压 30V，工作电流 50mA。

激光二极管可以采用模拟或数字电流直接调制输出光的强弱，因为输出光功率与输入电流之间多为线性关系，所以可以省掉昂贵的调制器，使激光二极管的应用更加经济实惠。但它对过电流、过电压及静电干扰极为敏感，因此，在使用时，要特别注意不要使其工作参数超过最大允许值，可采用的方法如下：

（1）用直流恒流源驱动激光二极管。

（2）在激光二极管电路上串联限流电阻器和并联旁路电容器。

（3）由于激光二极管温度升高将增大流过它的电流值，因此，必须采用必要的散热措施，以保证器件工作在一定的温度范围之内。

（4）为了避免激光二极管因承受过大的反向电压而造成击穿损坏，可在其两端反并联上快速硅二极管。

3　激光二极管技术参数

（1）波长λ。即激光二极管的工作波长，目前激光二极管波长有 635、650、670、690、780、810、860、980nm 等。

（2）阈值电流 I_{TH}。即激光二极管开始产生激光振荡的电流，对一般小功率激光管而言，其值约在数十毫安，具有应变多量子阱结构的激光二极管阈值电流可低至 10mA 以下。

（3）工作电流 I_{OP}。即激光二极管达到额定输出功率时的驱动电流，此值对于设计调试激光驱动电路较重要。

（4）垂直发散角$\theta\perp$。激光二极管的发光带在与 PN 结垂直方向所张开的角度，一般在 15°～40°左右。

（5）水平发散角θ//。激光二极管的发光带在与 PN 结平行方向所张开的角度，一般在 6°～10°左右。

（6）监控电流 I_M。即激光管在额定输出功率时，在光电二极管上流过的电流。

4　激光二极管检测

（1）激光二极管电极判别。

1）电极的判别方法。判别激光二极管电极时，可按照检测普通二极管正、反向电阻的方法，测出激光二极管三个引脚任意两引脚之间的阻值。当测出两次正向电阻时，正向电阻小的（约 5kΩ 左右）那个二极管就是光电二极管 PD，正向电阻大的（约 8～20kΩ）那个二极管是激光二极管 LD。

将万用表置于 R×1kΩ 挡，检测方法见图 9－21，两表笔测出的阻值大约在几千欧。此时黑表笔所接的引脚为阳极端 3，红表笔所接的引脚为 LD 和 PD 的公共端 2（一般与管子的金属外壳相连），剩下的引脚为阳极端 1。

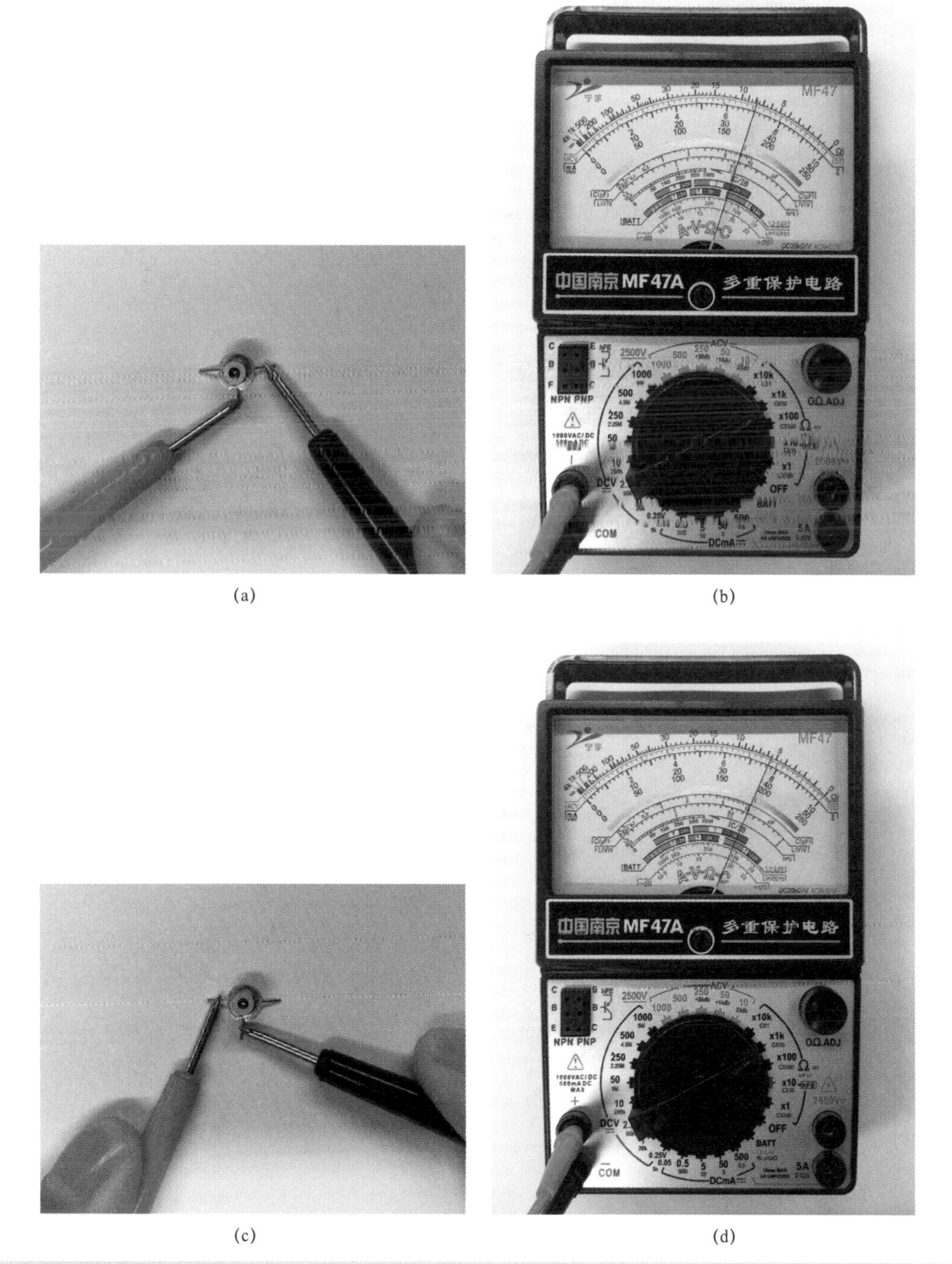

(a) (b)

(c) (d)

图 9－21 激光二极管电极判别

（a）检测 LD 极正向电阻；（b）正向电阻示数；（c）检测 PD 极正向电阻；（d）正向电阻示数

2）检测注意事项。由于激光二极管的正向压降比普通二极管要大，所以检测正向电阻时，万用表指针仅略微向右偏转而已，而反向电阻则为无穷大。

（2）激光二极管好坏判别。判别激光二极管好坏时要分别检测 LD 和 PD 两部分。

1）检测激光二极管 LD 部分。将万用表置于 R×1kΩ 挡，红表笔接激光二极管 1 脚，黑表笔接 2 脚。

测出 LD 的正向阻值，一般为 10～30kΩ（具体阻值须视管型及万用表型号而异）。如测得的阻值为零或无穷大，说明 LD 已损坏，若测得的正向阻值已超过 55kΩ，则说明 LD 部分的性能已下降，若测得的正向阻值大于 100kΩ，则说明激光二极管已严重老化，不可使用。交换表笔测 LD 反向阻值，应是无穷大。

2）检测激光二极管 PD 部分。由于 PD 实际上是光电二极管，因此通常正向阻值为几千欧，反向阻值无光照时为无穷大，其检测参见光电二极管的检测方法。若正向电阻为零或无穷大，则表明 PD 部分已损坏。若反向电阻为几百千欧或几千千欧，则说明 PD 部分已反向漏电，激光二极管质量已变差或已损坏。

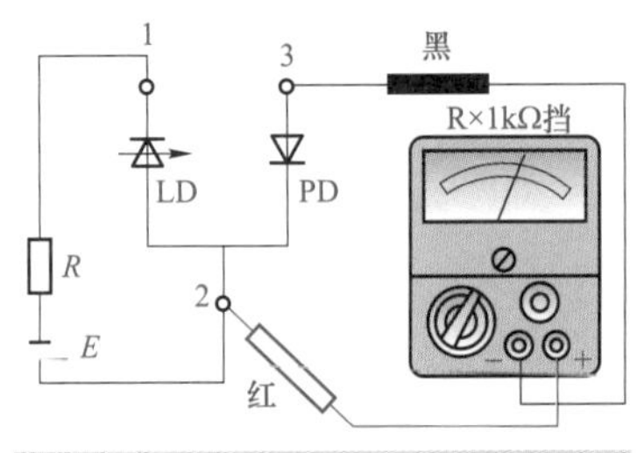

图 9－22 激光二极管性能检测

（3）激光二极管性能检测。激光二极管的性能主要是指 LD 的发光情况和 PD 的接收情况是否正常，检测方法见图 9－22。

在激光二极管的两端加正向电压，2 脚接直流电源 E（电源 E 应符合激光二极管的典型工作电压）的正极，1 脚接直流电源的负极，限流电阻 R 使通过 LD 的电流在规定值之内。将万用表置于 R×1kΩ 挡，红表笔按 2 脚、黑表笔接 3 脚，测试 PD 的阻值。通电后，若阻值变化较大，说明 LD 的发光情况和 PD 的接收情况完好。

第三节 光电耦合器

一、光电耦合器分类及作用

光电耦合器（OC）亦称光电隔离器或光耦合器，简称光耦，是以光为媒介来传输电信号的一种“电－光－电”转换器件，目前已成为种类最多、用途最广的光电器件之一。光电耦合器具有信号单向传输、输入端与输出端完全实现电气隔离、抗干扰能力强、传输效率高、容易与逻辑电路配合、寿命长、体积小、耐冲击、响应速度快及无触点等优点，广泛用于电平转换、信号隔离、级间隔离、驱动电路、开关电路、斩波器、多谐振荡器、脉冲放大电路、数字仪表、远距离信号传输、脉冲放大电路、固态继电器及微机接口等。

1 光电耦合器分类

光电耦合器的品种和类型非常多，通常可以按以下项目进行分类：

（1）按光路径分类。可分为外光路光电耦合器（又称光电断续检测器）和内光路光电耦合器，外光路光电耦合器又分为透过型和反射型光电耦合器。

（2）按输出形式分类。

1）光敏器件输出型：包括光电二极管输出型、光电三极管输出型、硅光电池输出型、光控晶闸管输出型等。

2）NPN 三极管输出型：包括交流输出型、直流输出型、互补输出型等。

3）达林顿三极管输出型：包括交流输出型、直流输出型等。

4）逻辑门电路输出型：包括门电路输出型、施密特触发输出型、三态门电路输出型等。

5）低导通输出型：输出低电平为毫伏数量级。

6）光开关输出型：导通电阻小于 10Ω。

7）功率输出型：IGBT、MOSFET 等输出。

（3）按封装形式分类。可分为同轴型、双列直插型、TO 金属封装型、扁平封装型、贴片封装型以及光纤传输型等。

（4）按传输信号分类。可分为非线性（数字型）光电耦合器（可分为 OC 门输出型，图腾柱输出型、三态门电路输出型等）和线性（模拟型）光电耦合器（可分为低漂移型，高线性型，宽带型，单电源型，双电源型等）。

（5）按速度分类。可分为低速光电耦合器（光电三极管、光电池等输出型）和高速光电耦合器（光电二极管带信号处理电路或者光电集成电路输出型）。

（6）按通道分类。可分为单通道，双通道和多通道光电耦合器。

（7）按隔离特性分类。可分为普通隔离光电耦合器（一般光学绝缘胶灌封耐压低于 5kV，空气封耐压低于 2kV）和高压隔离光电耦合器（耐压可分为 10、20、30kV 等）。

（8）按工作电压分类。可分为低电源电压型光电耦合器（一般 5～15V）和高电源电压型光电耦合器（一般大于 30V）。

2　光电耦合器作用

由于光电耦合器种类繁多，结构独特，优点突出，因而应用十分广泛，主要应用在以下场合：

（1）逻辑电路。光电耦合器可以构成各种逻辑电路，由于光电耦合器的抗干扰性能和隔离性能比晶体管好，因此由它构成的逻辑电路更可靠。

（2）固体开关。在开关电路中，往往要求控制电路和开关之间要有很好的电隔离，对于一般的电子开关来说是很难做到的，但用光电耦合器却很容易实现。

（3）触发电路。将光电耦合器用于双稳态输出电路，由于可以把发光二极管分别串入两管发射极回路，可有效地解决输出与负载隔离的问题。

（4）脉冲放大电路。光电耦合器应用于数字电路，可以将脉冲信号进行放大。

（5）线性电路。线性光电耦合器应用于线性电路中，具有较高的线性度以及优良的电隔离性能。

（6）开关电源。利用线性光电耦合器可构成光耦反馈电路，通过调节控制端电流来改变占空比，达到精密稳压的目的。

（7）特殊场合。光电耦合器还可应用于高压控制、取代变压器、代替触点继电器以及用于 A/D 电路等多种场合。

二、光电耦合器结构及特性

1　光电耦合器结构

光电耦合器由发光器和受光器两部分组成，并将其共同封入一个密闭的壳内，彼此间用透明绝缘体隔离，发光器的引脚为输入端，受光器的引脚为输出端。当输入端加电信号时发光器发出光线，受光器接受光照后产生光电流输出，控制受控器件（如放大器、继电器等），实现“电－光－电”转换。目前大多数发光器是采用砷化镓红外发光二极管，受光器是采用硅光电二极管、硅光电三极管、光控晶闸管等，这是因为峰值波长900～940nm的砷化镓红外发光二极管能与硅光电器件的响应峰值波长相吻合，可获得较高的信号传输效率。

通常光电耦合器的外形有两种，一种是双向同轴的结构，另一种是集成电路双列直插式结构，其外形及电路中符号见图9－23。目前使用最多的是集成电路双列直插式结构，其引脚有4、6、8、12、16、24等多种。光电耦合器的封装形式有同轴型、双列直插型、TO封装型、扁平封装型、贴片封装型、光纤传输型等，但经常用到的封装形式是双列直插型、扁平封装型和贴片封装型。

(a)　(b)

图9－23　光电耦合器外形及符号
（a）外形；（b）符号

2　光电耦合器特性

光电耦合器的主要特性是输入端和输出端之间绝缘，其绝缘电阻一般都大于$10^{10}\Omega$，耐压一般可超过1.5kV，有的甚至可以达到10kV以上。由于光电耦合器的外壳是密封的，它不受外部光的影响，加上内部光传输的单向性，所以光源信号从输入端传输到光接收器时不会出现反馈现象，其输出信号也不会影响输入端，故能够很好地消除噪声。另外输入端和输出端之间的极间电容极小（仅几皮法），故能够很好地抑制电路性耦合产生的电磁干扰。

光电耦合器信号传输特性分为非线性和线性两种，非线性光电耦合器的电流传输特性曲线是非线性的，在直流输入电流较小时，非线性失真尤为严重，因此这类光电耦合器只能传输数字（开关）信号，不适合传输模拟信号。近年来问世的线性光电耦合器的电流传输特性曲线具有良好的线性度，特别是在传输小信号时，其交流电流传输比很接近直流电流传输比，因此它适合传输连续变化的模拟电压或模拟电流信号，使其应用领域大为拓宽。

三、光电耦合器技术参数及型号

1　光电耦合器技术参数

（1）输入参数。是指输入端发光器件的主要参数，有正向压降、正向电流、反向电流、反向击穿电压、发光强度等。

（2）输出参数。是指输出端受光器件的主要参数，有光电流、暗电流、饱和压降、最高工作电压、响应时间、光电灵敏度等。

（3）传输参数。

1）电流传输比 C_{TR}。是表示光电耦合器传输信号能力的重要参数，通常用直流电流传输比来表示。当输出端工作电压保持恒定时，输出端电流与输入端发光二极管正向工作电流之比为电流传输比。

2）极间耐压 U_{IO}。指光电耦合器的输入端与输出端之间的绝缘耐压值，当发光器件与受光器件的距离较大时，其极间耐压值就高，反之就低。

3）极间电容 C_{IO}。指光电耦合器的输入端与输出端之间的分布电容，一般为几皮法。

4）隔离阻抗 R_{IO}。指光电耦合器的输入端与输出端之间的绝缘电阻值，其值可达 $10^{12}\Omega$ 以上。

此外，在传输数字信号时还需考虑上升时间、下降时间、延迟时间和存储时间等参数。

2　光电耦合器型号

光电耦合器型号的命名目前没有统一的标准，只有生产商自定的厂标。国产光电耦合器产品型号有双向同轴的 GD（GD211～215、GD311A～315A、GO101～103、GO211～213）系列、双列直插的 GH（GH4020～4023）系列等，常见的进口光电耦合器产品型号有美国安华高科技（AVAGO）的 6N 系列、美国仙童（FAIRCHILD）的 K 系列、日本 NEC（NEC）的 PS 系列、日本夏普（SHARP）的 PC 系列、日本东芝（TOSHIBA）的 TLP 系列、美国摩托罗拉（MOTOROLA）的 4N 系列等。

目前国内应用十分普遍的光电耦合器型号是双列直插四脚线性光耦 PC817A～C、PC111、TLP521 等、双列直插六脚线性光耦 TLP632、TLP532、PC614、PC714、PS2031 等、双列直插六脚非线性光耦 4N25、4N26、4N35、4N36 等。

四、光电耦合器检测

1　光电耦合器电极判别

（1）光电耦合器的检测方法。光电耦合器中的发射管与接收管是相互独立的，可用万用表对这两部分进行单独检测，先找出发射管的两个管脚，再根据光电耦合器的种类确定接收管的管脚。

1）将万用表置于 R×100Ω或 R×1kΩ 挡检测发射管的正、反向阻值，检测方法见图 9－24。通常正向阻值几百欧，反向阻值几千欧或几十千欧。若正、反向阻值非常接近，说明发射管性能欠佳或已损坏。

2）将万用表置于 R×100Ω或 R×1kΩ 挡检测接收管的电阻，对于无基极引线的光电耦合器，把黑表笔接 C 端，红表笔接 E 端。如测得的电阻在上百千欧以上，再调换一下表笔，测得的电阻应为无穷大。对于有基极引线的光电耦合器，还应测量接收管的 C－B、E－B 极间的正、反向电阻，均应单向导电。

3）将万用表置于 R×10kΩ 挡检测发射管与接收管的绝缘电阻，应为无穷大。

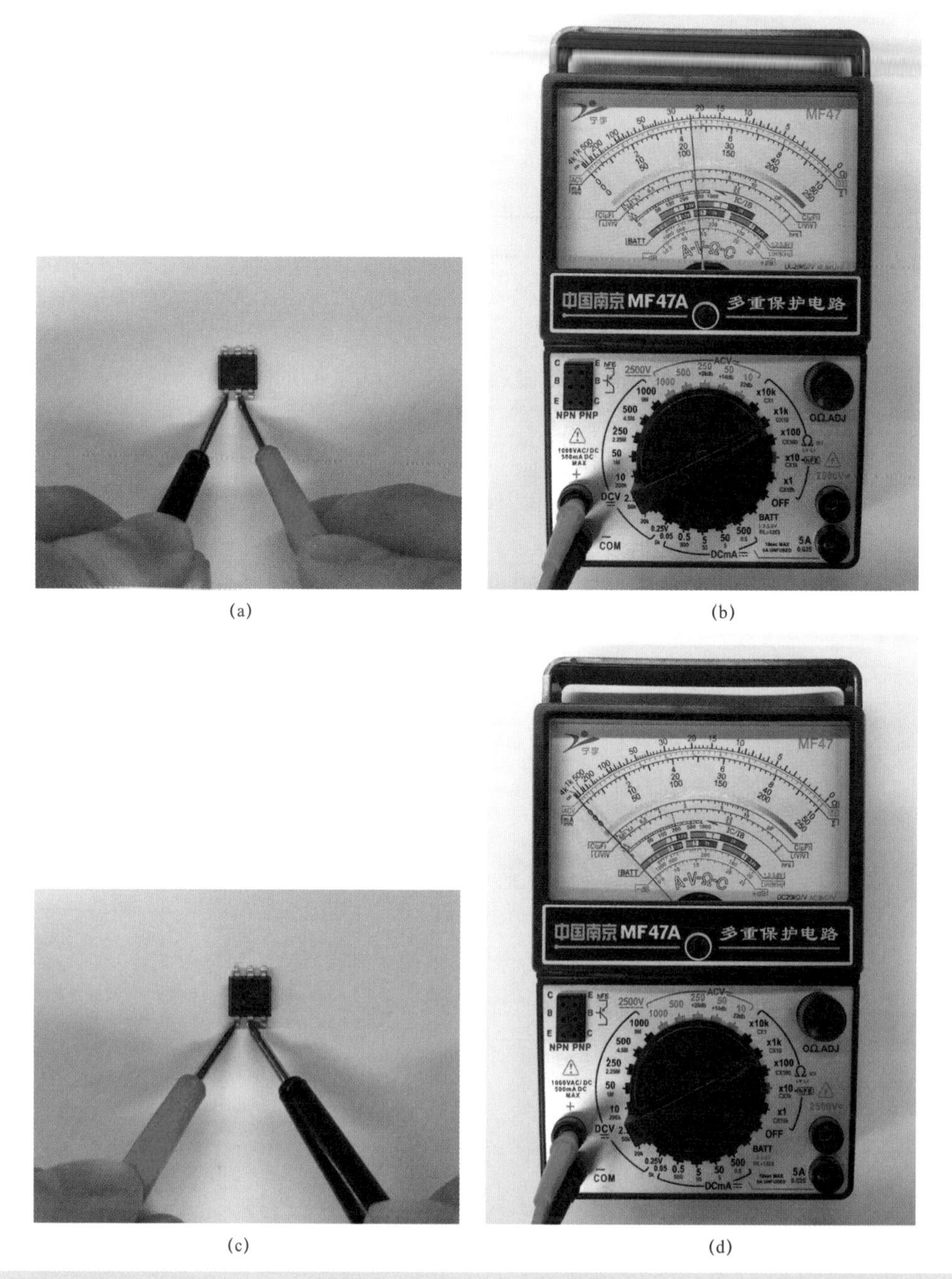

(a)　(b)　(c)　(d)

图 9－24　光电耦合器电极判别

（a）检测发射管的正向电阻；（b）正向电阻示数；（c）检测发射管的反向电阻；（d）反向电阻示数

（2）检测注意事项。万用表不能使用 R×10kΩ 挡检测发射管，因为发射管工作电压一般为 1.5～2.3V，而 R×10kΩ 挡电池电压为 9V 或 15V，会击穿发射管。

2　光电耦合器好坏判别

光电耦合器好坏判别方法很多，下面介绍一种两（万用）表判别法，即给光电耦合器输入端加一电压，使发光二极管发光，同时检测输出端光电三极管有无电流产生，以此来检测该光电耦合器的好坏。

检测时可用两块万用表，将一块万用表置于 R×1Ω 挡，黑表笔接发光二极管的正极，红表笔接发光二极管的负极，为发光二极管提供驱动电流，使二极管发光。将另一块万用表置 R×100Ω 挡，黑表笔接光电三极管的集电极，红表笔接发射极，检测方法见图 9－25。

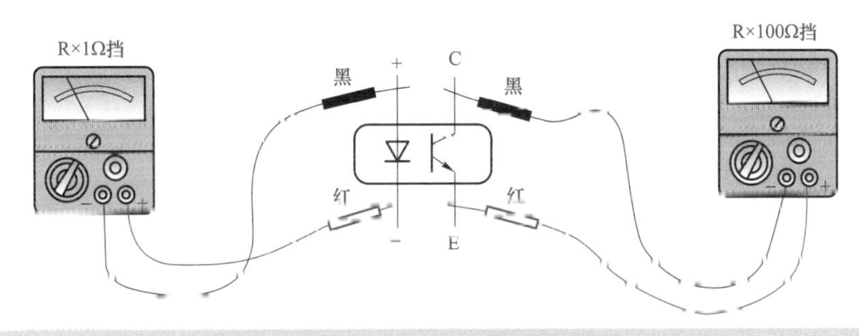

图 9－25　光电耦合器好坏判别

当发光二极管发光时，光电三极管集电极、发射极间的阻值，应由无穷大变为大约几十欧。保持这种连接，将与发光二极管连接的万用表换成 R×100Ω 挡，降低驱动电流。由于发光二极管发出的光减弱了，因此光电三极管产生的电流就小了，表现在万用表指示的电阻值就大了，大约由几十欧变为几千欧。

如果光电三极管输出端的阻值变化不大，说明该光电耦合器已损坏，则不能使用。

3　数字式万用表检测光电耦合器

（1）检测光电耦合器。采用数字式万用表检测光电耦合器同样可对发射管和接收管分别进行检测。

1）将数字万用表置二极管挡，黑表笔接发射管的负极，红表笔接正极，直接测发射管的正向压降，一般正常为 1V 左右。如显示“000”或溢出“0L”，说明发射管内部短路或开路。

2）对于有基极引线的光电耦合器（如 4N35 型），可以用数字万用表的 h FE 插孔，测量接收管的电流放大系数。通用型的接收管 h_{FE} 值一般在一百至几百，达林顿型的接收管可达数千。

（2）检测注意事项。此测量方式对于无基极引线的光电耦合器不再适用。

第四节　LED 数码管

一、LED 数码管分类及结构

LED（发光二极管）数码管又称半导体数码管，它是由若干个发光二极管按一定图形排列并封装在一起构成的，是取代荧光数码管（VFD）、辉光数码管（NRT）的一种新型节能绿色数字显示器件，显示的颜色有红、黄、蓝、绿、白、橙色等。它具有体积小、功耗低、可靠性高、寿命长、响应速度快、显示清晰、亮度高、色彩鲜艳、频率特性好、易于与集成电路（如 TTL、CMOS）直接匹配等优点，广泛应用于各种数显仪表、数字控制设备、时钟、车站、家电等场合，用来显示时间、日期、温度等所有可用数字表示的参数。

单色、分段全彩数码管主要用于楼体墙面、广告招牌、立交桥、河湖护栏、建筑物轮廓等大型动感光带之中，可产生彩虹般绚丽的效果。数码管若均匀排布形成大面积显示区域，还可显示图案及文字，并可播放不同格式的视频文件等。

1　LED 数码管分类

目前国内外生产的 LED 数码管种类繁多，品种五花八门，大致可以按以下项目进行分类：

（1）按控制方式分类。可分为内控方式（内部有单片机，通电自动变色）数码管和外控方式（需要外接控制器才能变色）数码管。

（2）按变化方式分类。可分为固定色彩、七彩和全彩数码管，固定色彩的是用来勾划轮廓，七彩、全彩的既可以勾划轮廓也可以组成屏幕显示文字、视频等。

（3）按显示字形分类。可分为数字数码管和符号数码管，可以根据实际需要进行选择。

（4）按内部可控性分类。可分为 1m 6 段、8 段、12 段、16 段、32 段数码管等，也就是 1m 的数码管内有几段可以独立受控，段数越多，视频效果越好。

（5）按供电分类。可分为高压供电（220V 供电）和低压供电（12V 供电） 数码管两种，高压供电容易烧毁数码管，一般选择通过 220V 经开关电源转换成 12V 的低压供电，这样比较可靠稳定。

（6）按显示位数分类。可分为一位、双位、多位数码管，一位即通常的单个数码管，双位是将两个数码管封装成一体，多位即两个以上数码管构成的显示器。

（7）按内部 LED 连接方式分类。可分为共阴极（负极）数码管或共阳极（正极）数码管两种。

（8）按显示颜色分类。可分为红、黄、蓝、绿、白、橙色数码管。

（9）按显示亮度分类。可分为普通亮度、高亮度、超高亮度数码管。

2　LED 数码管结构

（1）数字数码管结构。数字数码管实际上是由八个发光二极管按照共阴极（负极）或共阳极（正极）的方法连接构成的，其中七个条状发光二极管组成“8”字形用作显示笔段（a～g），一个点状发光二极管用作显示小数点（DP）。数字数码管可以显示 0～9 一系列数字和小数点以及“A～F”6 个英文字母，可用于 2 进制、10 进制及 16 进制数字的显示，使用非常广泛。

常用小型 LED 数码管几乎全部采用了双列直插结构及环氧树脂封装，其内部是以印制电路板为基板焊固发光二极管，并装入带有显示窗口的塑料外壳，然后在底部引脚面用环氧树脂封装，其一位、双位、多位 LED 数码管的外形及内部结构见图 9–26。

（2）符号数码管结构。LED 数码管除了常用的“8”字形数字数码管外，还有“＋”“±1”和“米”字形符号数码管。“米”字形符号数码管外形见图 9–27。“＋”符号数码管可显示“＋”“－”极性。“±1”符号数码管可显示“＋1”“－1”和小数点“.”。“米”字形符号数码管功能最全，除显示数学运算符号“＋”“－”“×”“÷”之外，还可显示 A～Z 共 26 个英文字母，常用作单位符号显示。

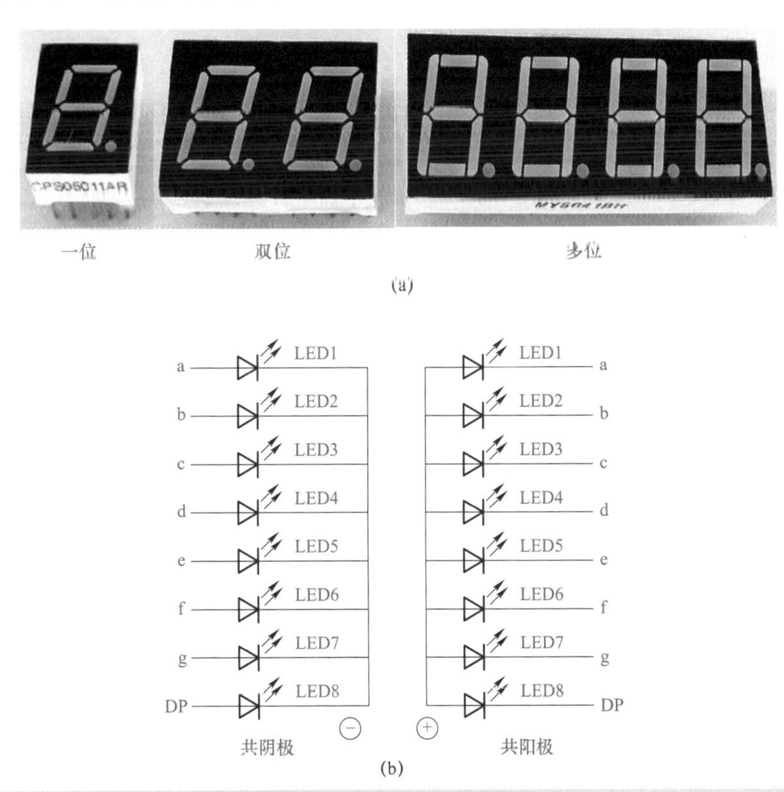

图 9–26　LED 数字数码管外形及内部结构

（a）外形；（b）内部结构

图 9–27　“米”字形 LED 符号数码管外形

二、LED数码管特性、技术参数及型号

1　LED数码管特性

LED数码管等效于多只具有发光性能的PN结，在正向导通之前，正向电流近似于零，笔段不发光。当电压超过开启电压时，电流就急剧上升，笔段发光。因此，LED数码管属于电流控制型器件，其亮度与正向电流成正比。共阳极LED数码管其工作特点是：当笔段电极接低电平，公共阳极接高电平时，相应笔段发光。共阴极LED数码管则与之相反，当笔段电极接高电平，公共阴极接低电平时，才能发光。

LED数码管的发光颜色以及光辐射纯度由半导体材料的特性决定，常用半导体材料有磷化镓（GaP）、砷化镓（GaAs）、磷砷化镓（GaAsP）、氮化镓（GaN）等，它们可发出绿光、红光、黄光、蓝光等。在LED数码管的产品中，由于红光、绿光这两种颜色比较醒目，因此用得较多。

小型LED数码管常用一个发光二极管显示笔段，而大型的LED数码管由两个或多个发光二极管显示笔段。单个小型LED数码管正常工作时，工作电压小于2V，全亮工作电流为60mA，每笔段工作电流在5～10mA之间，这样既保证亮度适中，延长使用寿命，又不会损坏器件。如果在大电流下长期使用，容易使数码管亮度衰退，降低使用寿命，过大的电流（指超过内部发光二极管所允许的极限值）还会烧毁数码管。为了防止过大电流烧坏数码管，使用时一定要注意给它串联上合适的限流电阻器。

2　LED数码管技术参数

LED数码管各项性能指标的参数主要有光学参数和电学参数，它们均取决于内部发光二极管，除此之外，还有下面几个技术参数：

（1）“字高”。“字高”也称“8”字高度，即“8”字上沿与下沿的距离，它比外形尺寸小，是衡量LED数码管显示字符大小的重要参数。国外型号的LED数码管常用英寸作为“字高”的单位，国产则用毫米作单位，范围一般为0.32～20英寸。

常见小型LED数码管的字高有0.32英寸（8.12mm）、0.36英寸（9.14mm）、0.39英寸（9.90mm）、0.4英寸（10.16mm）、0.5英寸（12.70mm）、0.56英寸（14.20mm）、0.8英寸（20.32mm）、1英寸（25.40mm）等。

（2）长×宽×高。长为数码管正放时，水平方向的长度；宽为数码管正放时，垂直方向上的长度；高为数码管的厚度。

（3）时钟点。四位数码管中，第二位“8”与第三位“8”字中间的两个点，一般用于显示时钟中的秒。

3　LED数码管型号

目前国产LED数码管的型号命名由四部分组成，其各部分含义见表9－1。例如，BS12.7 R－1表示字符高度为12.7mm的红色共阳极LED数码管。进口LED数码管的型号命名各厂家不统一，无规律可循，要想知道某一型号产品的结构特点和有关参数等，一般只能查看厂家说明书或相关的参数手册。

表 9－1　　国产 LED 数码管的型号命名及含义

第一部分：主称		第二部分：字符高度	第三部分：发光颜色		第四部分：公共极性	
字母	含义		字母	含义	数字	含义
BS	半导体发光数码管	用数字表示数码管的字符高度，单位是 mm	R	红	1	共阳
			G	绿		
			OR	橙红	2	共阴

三、LED 数码管检测

1　LED 数码管显示功能检测

（1）LED 数码管的检测方法。检测 LED 数码管各段是否能显示的方法与检测单只发光二极管的方法类似，以共阴极数码管为例说明，检测方法见图 9－28。

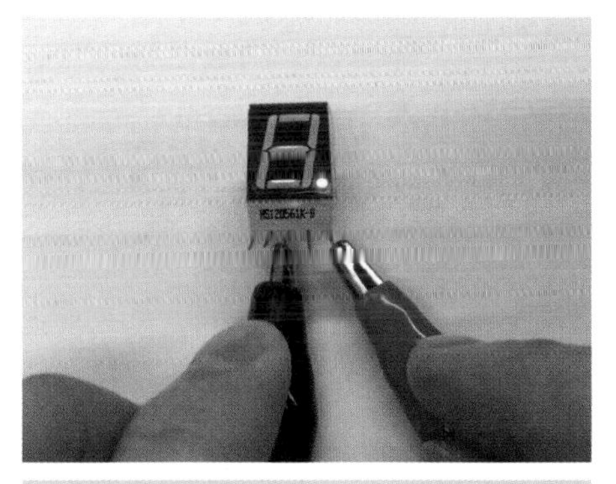

图 9－28　LED 数码管显示功能检测

将直流稳压电源负极接共阴公共端，电源正极接 DP 端，可以看到小数点发光。

（2）检测注意事项。

1）对于共阳极 LED 数码管，只需将万用表表笔对调一下检测。

2）由于 LED 数码管全亮工作电流为 60mA，而万用表所提供的工作电流一般小于 60mA，因此数码管发出的红光稍暗些，这属于正常现象。若发光太暗，就说明数码管质量不佳，发光效率低。

3）由于 LED 数码管每笔段工作电流在 5～10mA 之间，因此不允许用电池直接检测数码管的发光情况。因为在没有限流电阻的情况下，发光笔段可能过电流而损坏。

2　数字式万用表检测 LED 数码管的显示功能

（1）LED 数码管的检测方法。将数字式万用表置于 NPN 挡，这时 hFE 插口的 C 孔带正电，E 孔带负电。对于共阴极 LED 数码管，在 E 插孔插入一根导线，连接到数码管的公共阴极，再在 C 插孔内插入另外一根导线，依次去接触其他笔段电极引脚。这时应该看到各个笔划段分别发光，根据发光情况就可以判断 LED 数码管的好坏。

对于共阳极 LED 数码管，则应该选择 hFE 测试的 PNP 挡，这时 C 插孔与 E 插孔的电压极性交换，其他测试方法与步骤相同。也可以仍然保持在 NPN 挡，而将插在 C 孔的导线接数码管的公共阳极，用 E 孔插的导线依次去接触其他笔段电极，其效果是相同的。

（2）检测注意事项。数字式万用表 hFE 挡不适合于检测大型 LED 数码管，因这种管将多个发光二极管按串、并联方式构成一个数字笔段，驱动电压高，驱动电流大。应该采用 20V 的直流稳压电源供电，并且在回路中串联一个滑动变阻器（限流并调节数码管亮度），检测 LED 数码管的发光情况。

第五节 液晶显示器

一、液晶显示器分类及结构

液晶是一种介于固态和液态之间的一种晶状物质，它具有分子排列规则的特点，在一定的温度范围内，既具有液体的流动性和连续性，又具有某些固态晶体的各向异性的光学性质。在外加电场的作用下，液晶分子排列会发生变化，从而产生特殊的干涉、散射、衍射、旋光、吸收等电光效应。液晶显示器（LCD）就是利用液晶的电光效应制成的一种平面超薄的平板型显示器件，它由一定数量的彩色或黑白像素组成，依靠背部光线在显示部位上选择性通过，从而实现画面的显示。

液晶显示器具有功耗小（约为其他显示器件的1/10）、响应速度较快、质量轻、厚度薄、图像逼真、画质精细、无闪烁、无辐射、工作电压低及能直接与CMOS集成电路匹配等优点，但它亮度和对比度不高，容易产生影像拖尾，低温工作性能较差。液晶显示器广泛应用于手表、计算器、测量仪器、汽车仪表、文字处理机、移动电话、数码相机、数字摄像机、计算机显示器和液晶电视等产品中，促进了微电子技术和光电信息技术的发展。

1 液晶显示器分类

（1）按电光效应分类。

1）动态散射型（DS）。动态散射型液晶显示器结构简单，成本较低，但驱动电压较高（15～40V），难以同集成电路相匹配。

2）向列型（TN）。向列型液晶显示器结构复杂，但驱动电压低（1.5～6V），易于用CMOS电路驱动，因此得到广泛应用。

（2）按液晶分子排列方式分类。

1）扭曲向列型（TN）。TN型是目前市场上主流的液晶显示器，它采用液晶分子扭曲角度为90°的排列方式，主要用于电子手表和计算器及各种字码、符号或图形的黑白显示。

2）超扭曲向列型（STN）。STN型是在TN型的基础上将液晶分子的扭曲角度加大，呈180°或270°，从而达到更优良的显示效果（因对比度加大），主要用于大型彩色点阵液晶显示。

3）双层超扭曲向列型（DSTN）。DSTN型是由STN型发展而来的，由于它采用了双扫描技术，因此画质更为细腻，显示效果与STN相比有大幅度提高。

4）薄膜晶体管型（TFT）。扭曲向列型的液晶显示器其液晶分子一般都在垂直－平行状态间切换，属于窄视角显示器。为了提高可视角度，TFT型将液晶分子改进为垂直－双向倾斜的切换方式，这样不管在何种状态下液晶分子的排列始终都与屏幕平行，属于宽视角显示器。

（3）按照采光方式分类。

1）透射型。透射型液晶显示器由屏幕背后的光源照亮，光线经过液晶而透射到屏幕的另一边（前面）显示。这种类型的液晶显示器多用在需高亮度显示的应用中，例如计算机显示器、液晶电视和手机中。

2）反射型。反射型液晶显示器是由后面的散射的反射面将外部的光反射回来照亮屏幕，这种类型的液晶显示器具有较高的对比度，常用于电子钟表和计算器中。

3）半穿透反射型。半穿透反射型液晶显示器既可以当作透射型使用，也可当作反射型使用。外部光线很足的时候，液晶显示器按照反射型工作，而外部光线不足的时候，它又能当作透射型使用。

（4）按驱动方式分类。

1）静态驱动型。静态驱动型液晶显示器每个字段是单独驱动，只要在某字段加上与公共电极相反的电压即可显示，适用于显示位数不多的仪表中，对于显示位数较多或显示字段较多的场合，静态驱动则不合适。

2）动态驱动型。动态驱动型液晶显示器采用多路寻址动态扫描方式显示，适用于多字段的驱动，可以减少显示器字段的引出线数目和驱动回路数目，以便降低成本，提高可靠性。显示器分为几个公共电极，N 个显示字符段连在一起引出。每个显示周期中，各显示字符段依次地在 1/N 的时间里闪亮并反复循环。

2 液晶显示器结构

液晶显示器的基本结构是由玻璃基板、液晶材料、偏振片等组成，其内部结构见图 9-29。

（1）玻璃基板。玻璃基板是一种采用浮法工艺生产的薄玻璃片，其表面极其平整且蒸镀有一层 In_2O_3 或 SnO_2 的透明导电层，再经光刻加工制成透明导电图形，这些图形由像素图形和外引线电极组成。

（2）液晶材料。液晶材料是液晶显示器件的主体，不同器件所用液晶材料大都是由几种至十几种单体液晶材料混合而成，它装填在两块平板玻璃构成的液晶盒中，厚度约 1μm。

（3）偏振片。偏振片又称偏光片，是由塑料薄膜材料制成，其表面涂有一层光学压敏胶，贴在玻璃的上下表面，两个偏振片的偏振方向相互垂直。下偏振片底部常常再放一块高效的反射器件，以获得良好的清晰度。上偏振片表面还有一层保护膜，使用时应撕去。

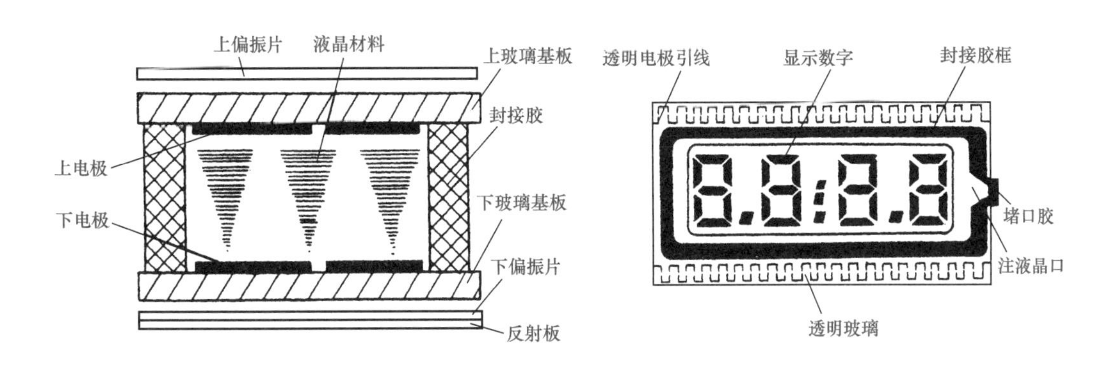

图 9-29 液晶显示器基本结构

二、液晶显示器检测

1 加电显示法检测液晶显示器

（1）液晶显示器检测方法。从液晶显示器的外观上看，它应颜色均匀、无局部变色、无气泡、无液晶泄漏到笔画以下等现象。液晶显示器平时主要检测有无断笔或连笔现象及显示的清晰程度，下面以应用广泛的三位半$\left(3\frac{1}{2}\right)$静态液晶显示器为例，介绍加电显示法检测其性能的方法。

将万用表置于 R×10kΩ 挡，任一表笔固定接液晶显示器公共电极 BP（也称背电极，一般为显示器边缘最后一个引脚且较宽），另一表笔依次移动接各笔段电极引脚，检测方法见图 9－30。

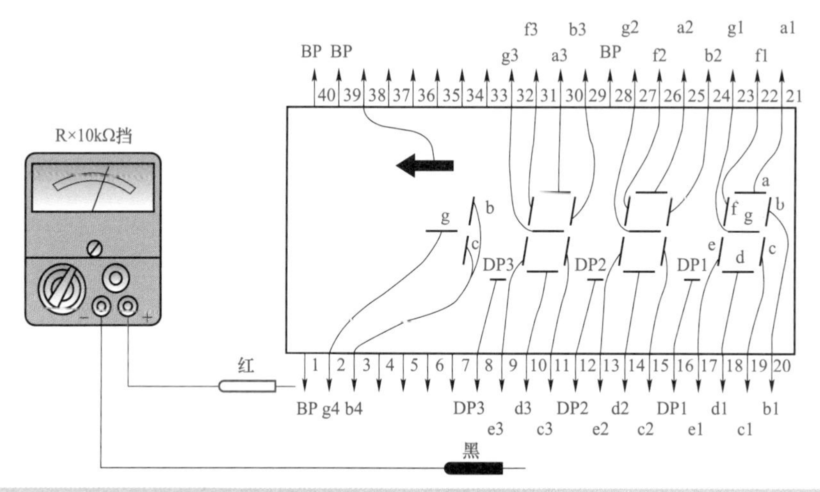

图 9－30 加电显示法检测液晶显示器

此时，相应的笔段应显示出来，而且显示的笔段清晰、无毛边，说明液晶显示器质量良好。若存在笔段不显示（断笔）、连笔（某些笔段连在一起）或显示不好，说明液晶显示器质量不佳或已损坏。若虽显示笔段，但表针颤动，说明该笔段存在短路故障。

（2）检测注意事项。

1）三位半$\left(3\frac{1}{2}\right)$静态液晶显示器的驱动电压为 5～7V，由于万用表的 R×10kΩ 挡内部有 9 或 15V 的电池，为了避免损坏显示屏，最好在表笔上串联一个 40～60kΩ 的电阻器。

2）在检测中，若遇到不显示的引脚，则该引脚为公共电极 BP。通常情况下，液晶显示器的公共电极 BP 有 1～4 个。

3）有时测某笔段时，会出现显示邻近笔段，这是感应显示，不是故障。

4）液晶显示器不宜长时间在直流电压下工作，因此用万用表的 R×10kΩ 挡检测时，时间不要过长。

5）在检测时，万用表表笔与器件的外引线要小心接触，不得划破引线膜，否则容易使被测的液晶显示器变成废品。

2 感应显示法检测液晶显示器

（1）液晶显示器的检测方法。感应显示法检测液晶显示器的方法有两种：

1）将万用表置交流 250V 或 500V 挡，任一表笔（如红表笔）接市电的火线插孔，检测方法见图 9－31。另一表笔（如黑表笔）依次接液晶显示器各电极引脚，用手指接触公共电极引脚 BP，应清晰显示相应笔段，否则说明该电极引脚有故障。

2）取一段几十厘米长的软导线，靠近正在工作的台灯或电视机的 50 Hz 交流电源线，用手指接触液晶显示器公共电极引脚 BP，软导线的一端线芯接触各电极引脚，导线另一端悬空（手指不要碰导线线芯），应清晰显示相应笔段。这是由于 50 Hz 交流电在导线上的感应电位与人体电位有零点几伏到十几伏的电位差（视软导线与交流电源线的距离而定），足以驱动液晶显示器。只要适当调整软导线与交流电源线的距离，就能很清晰地显示出笔段。

（2）检测注意事项。

1）检测时，手或人体的其他部位不得碰到黑表笔的金属头。

2）软导线与交流电源线的距离不要靠得太近，以免显示过强。

3）有时测某笔段时，会出现显示邻近笔段，这是感应现象，不是故障。

4）当出现笔段残缺现象时，多是显示器侧面引线断裂引起的，可用削尖的铅笔（笔芯为石墨）在断线处划几下，将断线接通。

5）在检测中，若发现显示器有气泡、变色、显示混乱的现象，这是因为交流感应电压或交流脉冲电压中有直流分量，此时应立即停止检测，否则会损坏液晶显示器。

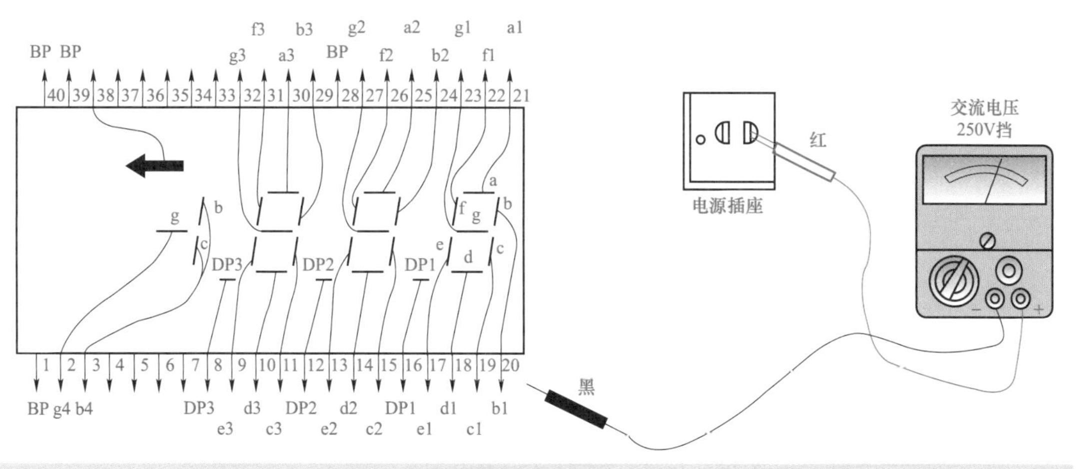

图 9－31 感应显示法检测液晶显示器

第十章　电声换能器件

电声换能器件是将电信号转换为声音信号或将声音信号转换为电信号的换能器件，它是利用电磁感应、静电感应或压电效应来完成的。电声器件的种类很多，如扬声器、传声器、耳机、蜂鸣器等，其应用范围很广，如用于扩音机、电视机、计算机、通信设备及其他放声设备中。

第一节　扬声器与耳机

一、扬声器与耳机分类

扬声器与耳机都是能将模拟音频电信号转换成失真小并具有足够声压级的声音信号的换能器件，不同的是扬声器向空间辐射声能，耳机只向人耳小空间辐射声能。

1　扬声器分类

扬声器又称喇叭，在音响设备中是一个最重要的部件，它种类繁多，而且价格相差很大，其性能优劣直接影响到音质和音响效果。扬声器在电路中常用字母 B 或 BL 表示，其外形及电路中符号见图 10－1。

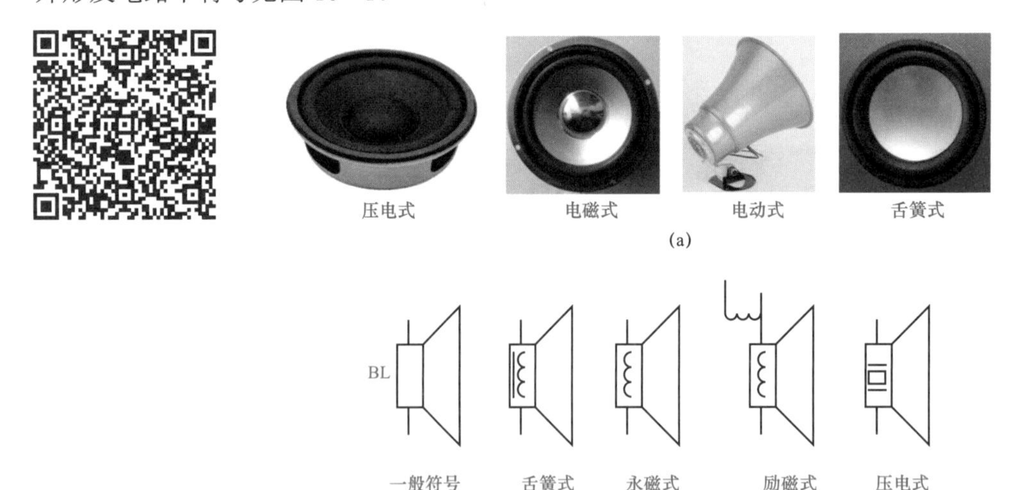

图 10－1　扬声器外形及符号

（a）外形；（b）符号

（1）按换能方式分类。扬声器可分为电动式（动圈式）、静电式（电容式）、晶体式（压电式）、电磁式（舌簧式）扬声器等，后两种多用于农村有线广播网中。

（2）按音圈阻抗分类。扬声器可分为高阻抗（如电磁式、压电式）扬声器和低阻抗（如电动式、号筒式）扬声器等。

（3）按声波辐射方式分类。扬声器可分为纸盆式（直接辐射式）、号筒式（间接辐射式）、膜片式等。

（4）按工作频率分类。扬声器可分为低频、中频、高频扬声器，这些常在音箱中作为组合扬声器使用。

（5）按外形分类。扬声器可分为锥盆、球形、平板和号筒扬声器等。

（6）按纸盆形状分类。扬声器可分为圆形、方形、椭圆形和双纸盆扬声器等。

2 耳机分类

耳机又称耳塞、听筒或个人音响，它利用贴近耳朵的扬声器将电信号转化成可以听到的声音，其特点是在不影响旁人的情况下，独自聆听音响。耳机具有宽频响、低失真、省电、音频分辨力强、环绕立体声清晰、音乐节奏细腻等优点，所以多用于手机、MP3、可携式电玩、计算机和 Hi－Fi 音响之中，如今根据不同的场合选择合适自己的耳机已经成为一种生活潮流。耳机在电路中常用字母 EJ 表示，其外形及电路中符号见图 10－2。

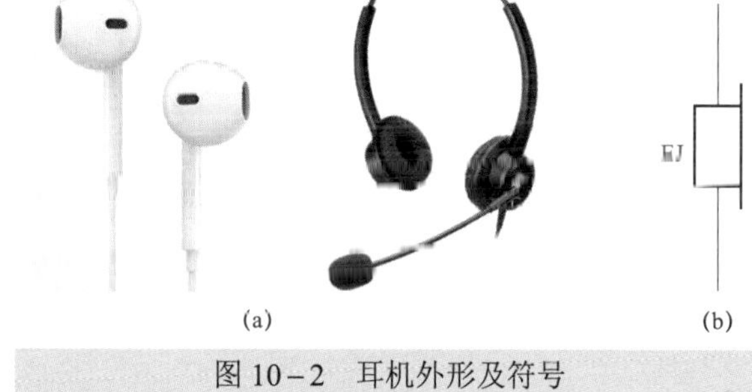

图 10－2 耳机外形及符号
（a）外形；（b）符号

（1）按换能方式分类。耳机可分为电动式（动圈式）、静电式（电容式）和组合式耳机，其中电动式是最普通、最常见的耳机，它的驱动单元基本上就是一只小型的电动式扬声器。

（2）按声道分类。耳机可分为单声道和立体声耳机。

（3）按音圈阻抗分类。耳机可分为高阻抗和低阻抗耳机，通常单声道耳机有低阻抗（8、10、16Ω 等）和高阻抗（800、2000Ω）两种，立体声耳机多为低阻抗（20Ω ×2 或 32Ω ×2）。

（4）按放音方式分类。耳机可分为封闭式（位移型）、全开放式（过速型）和半开放式（速度型）耳机，其中封闭式耳机适用于专业监听领域；全开放式耳机是目前比较流行的耳机，适用于欣赏高保真音乐；半开放式耳机是综合了封闭式和全开放式耳机优点的新型耳机，属于高档高保真耳机。

（5）按使用方式分类。耳机可分为塞入式、耳挂式、后挂式、头戴式耳机。

二、扬声器与耳机结构

1 扬声器结构

（1）电动式扬声器结构。电动式扬声器具有电声性能好、结构牢固、成本低、品种齐全、音质柔和、低音丰满、频率特性好等优点，是目前使用最广泛的扬声器。电动式扬声器可分为恒磁式（外磁式）和永磁式（内磁式）两种，主要由磁路系统和振动系统组成，其结构见图 10-3。

电动式扬声器的磁路系统由磁铁和软铁心柱组成，振动系统由纸盆（振动膜）、纸盆支架、音圈、音圈支架和防尘罩等组成。当音频电流通入音圈后，音圈便产生了随音频电流而变化的交变磁场。这一变化磁场与永久磁铁的磁场发生相斥或相吸作用，导致音圈产生机械振动，并且带动振动膜一起振动。振动膜振动将引起周围空气的振动，从而发出声响。通过音圈的音频电流越大，振动膜振动的幅度也就越大，扬声器发出的声音则越响。

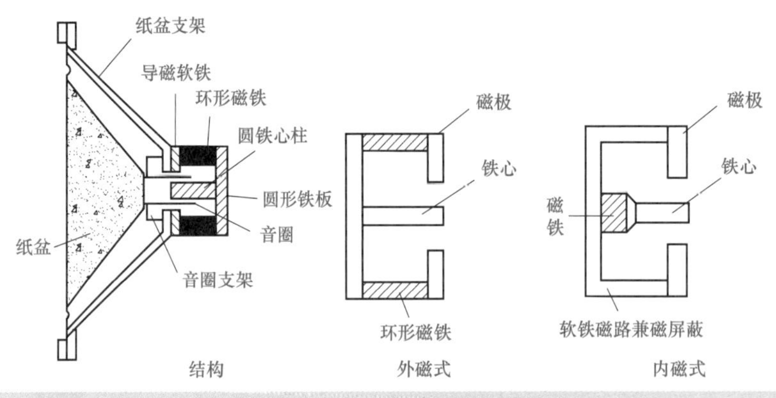

图 10-3 电动式扬声器结构

（2）球顶式扬声器结构。在音响系统中一般把电动式扬声器用于中、低音单元，而高音单元多采用球顶式扬声器。球顶式扬声器可分为软球顶和硬球顶两种，其外形及结构见图 10-4。

球顶式扬声器属于高音扬声器，它的音圈和振动膜都很小，它将球顶式振动膜粘在音圈上，当音圈振动时带动球顶式振动膜在永久磁铁的磁路气隙中做高速运动，引起周围空气的振动，从而发出声响。软球顶扬声器的振动膜制作材料一般为蚕丝、丝绢、浸渍酚醛树脂棉布、化纤及复合材料，其特点是音质柔美。硬球顶扬声器的振动膜制作材料一般为铝合金、钛合金及铍合金等材料，其特点是具有较好的瞬间响应特性、发声清晰、层次分明、重放音质清脆。

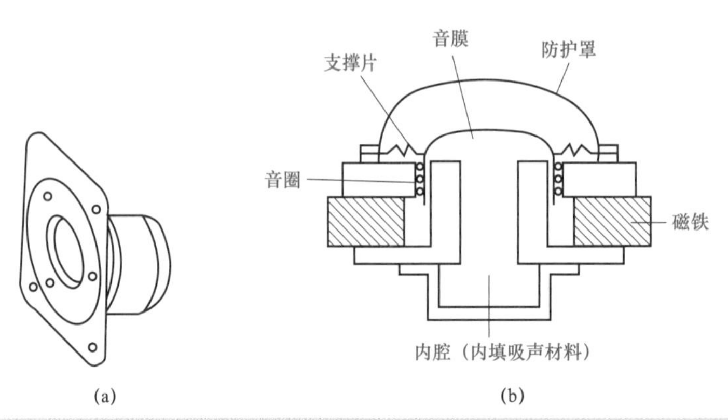

图 10-4 球顶式扬声器外形及结构
（a）外形；（b）结构

2 耳机结构

电动式耳机其实就是一个微缩的电动式扬声器，其结构及发音原理与电动式扬声器基本相同，也是由磁铁、音圈、振动膜片及外壳构成，但音圈大多是固定的。当电流通过音圈时，音圈作为电磁体，它与永磁体产生排斥或者相吸的作用，从而驱动振膜振动产生声音。

随着音响和耳机技术的发展，目前广泛采用的是具有频率响应宽、灵敏度高、音质好、失真小和可靠耐用等突出优点的平膜电动式耳机，其性能更接近扬声器。平膜电动式耳机多数为低阻抗类型，如 16Ω×2 和 32Ω×2 等。

三、扬声器与耳机技术参数

1 扬声器技术参数

（1）标称阻抗。标称阻抗又称额定阻抗，是厂家规定的交流阻抗，一般印在磁钢上，大小通常是音圈直流电阻的 1.2～1.5 倍。常见的标称阻抗有 4、8、16、32Ω 等几种，选用扬声器时，其标称阻抗应与音频功率放大器的输出阻抗匹配。

（2）标称功率。标称功率又称额定功率，是扬声器能长时间正常工作而无明显失真的平均输入电功率，常用扬声器标称功率有 0.1、0.25、1、3、5、10、60、120W 等。

（3）频率响应。频率响应又称有效频率范围，是扬声器重放音频的有效工作频率范围，它反映了扬声器灵敏度随频率变化的特性。扬声器的频率响应范围越宽越好，一般低音扬声器的频率范围为 20Hz～3kHz，中音扬声器的频率范围为 500Hz～5kHz，高音扬声器的频率范围为 2kHz～20kHz。

（4）灵敏度。灵敏度又称输出声压级，反映扬声器的电声转换效率。高灵敏度的扬声器，用较小的电功率即可推动它发声。

（5）失真度。扬声器的失真度分为谐波失真、互调失真、相位失真和瞬态失真，它反映了重放声音与原始声音的还原程度，直接影响到音质和音色。失真度常以百分数表示，数值越小表示失真度越小。由于人耳对 5%以内的失真度不敏感，因此要求扬声器的失真度为 1%左右为宜，而音箱的失真度普遍较大，应为 5%以内。

（6）指向性。指向性是表征扬声器在空间各个方向辐射的声压随频率而变化的分布特性，它随着音频频率的增高或扬声器纸盆口径的增大而增强。

2 耳机技术参数

耳机的技术参数主要有标称阻抗、灵敏度、频率响应和失真度，其内容可参见扬声器的技术参数。一般耳机会注明前三项参数，而失真度往往不会被厂商注明，需要消费者自己通过试听判断。

耳机的阻抗都在 100Ω 以下，有些专业耳机阻抗可达 200Ω 以上，通常应选择容易驱动的低阻抗耳机。电动式耳机的灵敏度一般都在 90dB/MW 以上，如果是随身听耳机，灵敏度最好在 100dB/MW 左右或更高，灵敏度越高，耳机阻抗越小，越容易驱动。耳机的频率响应范围是相当宽的，优秀的耳机已经可以达到 5Hz～45kHz，完全可以满足人的听觉范围 20Hz～20kHz。耳机的失真一般很小，在最大承受功率时其失真度小于 1%，基本上是不可察觉的。

四、扬声器与耳机检测

1　扬声器好坏判别

（1）扬声器的检测方法。判别扬声器的好坏可以先检查其外观，主要是观察扬声器纸盆有无破损、发霉，硬度和弹性是否良好，磁铁有无破裂，引线有无脱焊或霉断等。再用起子接触磁铁，判断其磁性强弱。然后，检查音圈，用拇指推动纸盆时，如果感到有明显的摩擦，说明音圈与铁心相碰，使用时会产生失真。

进一步判别扬声器好坏，可以采用万用表对其进行检测，将扬声器口朝下平放在桌面上，万用表置于 R×1Ω 挡，两表笔分别碰触两接线端子，检测方法见图 10－5。

正常时扬声器发出“咯咯”声，万用表指针作相应摆动，声音越大说明扬声器灵敏度越高。若声音很小，且万用表指针摆动幅度也小，说明扬声器性能较差，可能音圈局部短路。若无声，且万用表指针不摆动，可能音圈引出线霉断或烧断。若无声，万用表指针有摆动，说明音圈、引出线正常，但音圈卡住了。万用表两表笔紧紧与扬声器两接线端子接触时，扬声器应不发声，若仍有“咯咯”声，说明扬声器音圈、引出线接触不良。

（2）检测注意事项。对于低阻小功率的扬声器，检测时间不宜过长，因为万用表 R×1Ω 挡测试电流较大，容易烧毁扬声器的音圈。

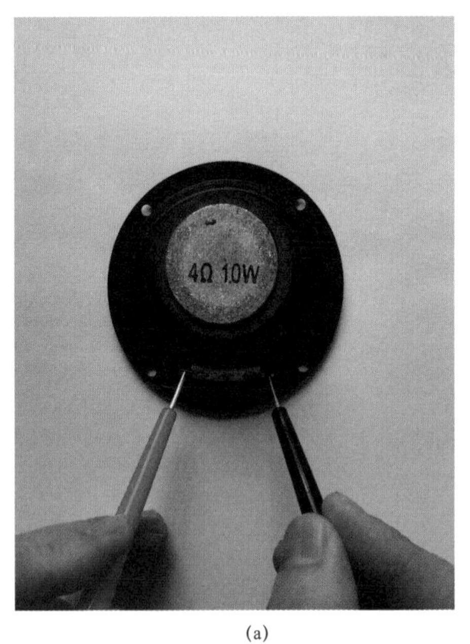

(a)

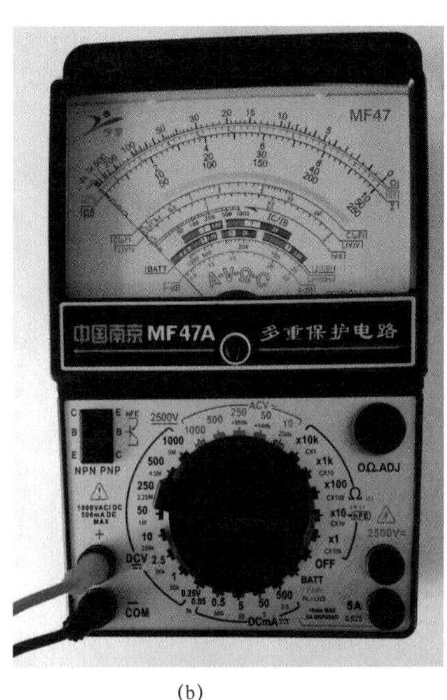

(b)

图 10－5　扬声器好坏判别

（a）检测扬声器；（b）万用表挡位选择

2　扬声器阻抗检测

（1）扬声器阻抗的检测方法。目前，世界各国的扬声器厂家每天都在制造出千万只品种与性能各异的扬声器，以满足市场需要，但扬声器的标称阻抗却都遵循4、8、16、32Ω这样一个国际化的标准系列。当功率放大器输出阻抗和扬声器一样时，输出功率最大，效果最好。

一般扬声器磁体上的铭牌都标有阻抗，扬声器的标准阻抗是8Ω，耳机的标准阻抗是32Ω。若标记不清或脱落，可用万用表进行估测，通常电动式扬声器直流电阻值约为其标称阻抗的80%～90%。

检测时，将万用表置R×1Ω挡，并进行准确校零，两表笔分别与扬声器的两个接线端子紧紧接触，检测方法见图10－6。如测得直流电阻值为3.5Ω，则扬声器阻抗约为4Ω。用同样方法，可估测出其他扬声器的阻抗，如8、16Ω等。

（2）检测注意事项。

1）由于测量的是低阻值，所以万用表 R×1Ω挡必须进行准确校零，不能省略，否则测量误差较大。

2）对于低阻小功率的扬声器，检测时间不宜过长。因为万用表R×1Ω挡测试电流较大，容易烧毁扬声器的音圈。

(a)

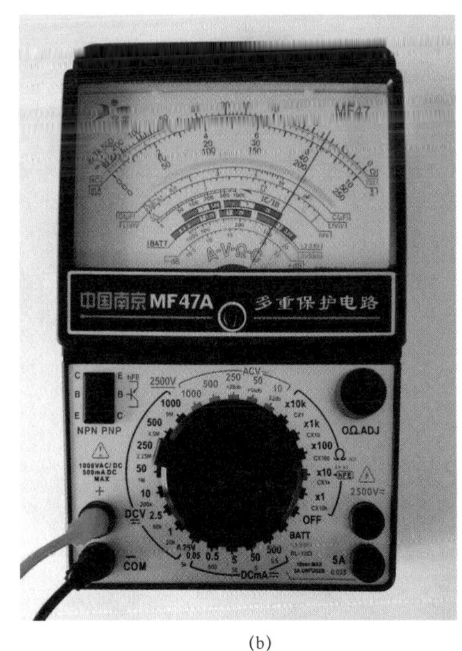

(b)

图10－6　扬声器阻抗检测

(a) 阻抗检测；(b) 阻抗示数

3　扬声器相位检测

（1）扬声器相位的检测方法。扬声器相位是指扬声器在串联、并联使用时的正极、负极的接法。当使用两只以上的扬声器时，要设法保证流过扬声器的音频电流方向的一致性。为了满足这一要求，就要求串联使用时一只扬声器的正极接另一只扬声器的负极，依次连接起来。并联使用时，各只扬声器的正极与正极相连，负极与负极相连，这就是说达到了同相位的要求。

两只或两只以上扬声器同相位工作时，产生的声波叠加，波幅增大，从而使声音洪亮，在低频段音质更好。若扬声器相位接相反时，产生的声波互相抵消，波幅减小，声音低沉，听起来失真、刺耳。

判断相位的方法见图 10－7，将万用表置于直流 0.5mA 挡，两表笔接两接线端，用食指指尖快速按一下纸盆，并及时观看万用表指针的摆动方向。若万用表指针向右摆动一定的幅度，说明红表笔所接的一端为负端，黑表笔所接的一端则为正端；若指针向左摆，说明红表笔所接的为正端，黑表笔所接的为负端。

再以同样的方法检测其他扬声器，并做好标注，这样按正极、负极串联或并联使用后就可以达到同相位了。

（2）检测注意事项。

1）在按扬声器纸盆时，用力要短促而适度，不要用力过大，以免扬声器纸盆破裂损坏。

2）在按扬声器纸盆时，不要按扬声器音圈的防尘保护罩，以免扬声器纸盆凹陷损坏。

3）在按扬声器纸盆时，若万用表指针不动，则说明扬声器有故障，可能是音圈霉断或引线开路。

(a)

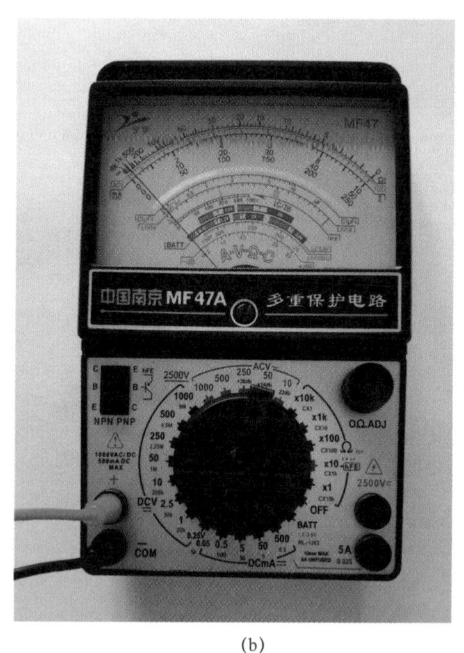

(b)

图 10－7 扬声器相位检测

（a）相位检测；（b）万用表指针示意

4 立体声耳机检测

（1）立体声耳机的检测方法。目前立体声耳机使用较多，其插头是全封闭一次性的，不能拆卸。立体声耳机插头有三个引出点，一般后端的接点为公共点，前端和中间接点分别为左、右声道引出点。

检测立体声耳机时，万用表置于 R×1Ω挡，任一表笔接耳机插头的公共点，另一个表笔分别触碰另外两个引出点，检测方法见图 10－8。

相应声道的耳机应发出“咯咯”声，万用表指示值为 20Ω或 30Ω 左右，且两声道的耳机阻值应对称。若无声或万用表指针不偏转，则说明相应耳机引线断裂或内部焊点脱开。若万用表指针摆至零位附近，则说明相应耳机内部引线或插头处短路。若阻值正常，但声音很小，一般是耳机振动膜片与磁铁间的间隙不对称所致。

（2）检测注意事项。

1）对单声道耳机的检测方法与检测立体声耳机的方法相同。

2）也可用数字式万用表的蜂鸣器挡对立体声耳机进行检测，其方法同上。

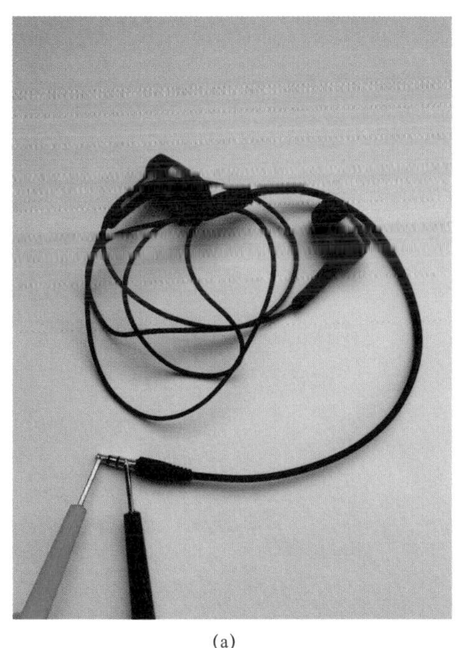

(a)

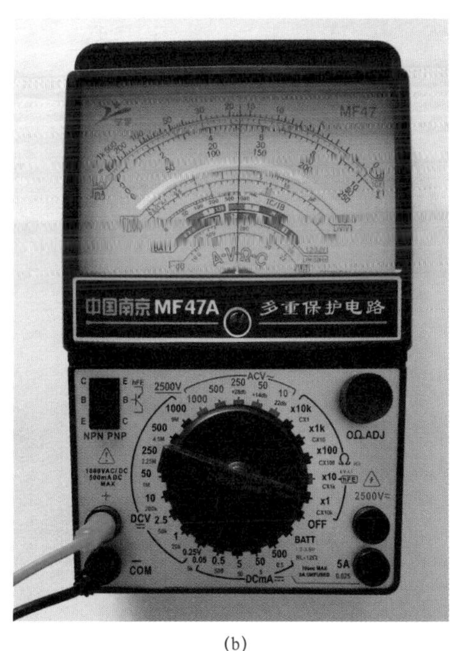

(b)

图 10－8　立体声耳机检测

(a) 耳机检测；(b) 电阻示数

第二节　传声器

一、传声器分类及特性

传声器（MIC）又称为话筒、麦克风、送话器等，是音响系统中最为广泛使用的一种电声器件之一，其作用与扬声器相反，是将声音信号转换成电信号，再送往调音台或放大器进行功率放大，可用来广播、扩音、录音、语音通话等。

1　传声器分类

（1）按换能原理分类。传声器可分为电动式（动圈式、铝带式）、电容式（驻极体式）、压电式（晶体式、陶瓷式）、电磁式、碳粒式、半导体式话筒等。

（2）按声场作用力分类。传声器可分为压强式、压差式、组合式、线列式话筒等。

（3）按电信号的传输方式分类。传声器可分为有线话筒、无线话筒。

（4）按用途分类。传声器可分为测量话筒、人声话筒、乐器话筒、录音话筒等。

（5）按指向性分类。传声器可分为无指向性（全向性）、单指向性（心性、锐心性、超心性）、双指向性（8 字形性）话筒。

2　常用传声器特性

（1）电动式话筒。电动式话筒又称动圈式话筒，是利用电磁换能原理制造的话筒，它具有结构简单、稳定可靠、使用方便、音质较好、固有噪声小等优点，在语言广播和扩声系统中应用最为广泛。早期的电动式话筒灵敏度较低、频率范围窄，随着制造工艺的成熟，近几年出现了许多专业电动式话筒，其特性和技术指标都很好。

（2）铝带式话筒。铝带式话筒也是一种利用电磁换能原理制造的话筒，它具有非常优异的音质，广泛应用在专业领域。铝带式话筒在结构上没有振动膜，它的铝带既是振动膜又是线圈。当声波到达铝带双面的路程不同时，由于相位不同，可以造成声压差，依靠这个声压差铝带就在磁场中产生振动，从而感应出电流。由于铝带厚度只有几个微米，质量很轻，因此对声波很敏感，所以音质很好，但很容易损坏，使用时要注意防风。

（3）驻极体式话筒。驻极体式话筒（ECM）采用驻极体材料作为振动膜片，由于这种材料经特殊电处理后，表面被永久地驻有极化电荷，故名为驻极体式话筒。它是目前性能相对较好的话筒，其特点是体积小、结构简单、性能优越、频率特性好、灵敏度高、价格低、使用方便，常用于录音机、电话机、手机、助听器、无线话筒和声控设备中。

（4）碳粒式话筒。碳粒式话筒是依靠碳粒之间的接触电阻的变化而工作的，具有灵敏度高、结构简单、价格便宜、输出功率大等优点，但其频率特性较差、噪声大。

（5）无线话筒。无线话筒实际上是一种小型的扩声系统，由一台微型发射机组成，使用时还必须与接收系统配套使用。无线话筒采用了调频方式调制信号，调制后的信号经话筒的短天线发射出去，其工作频段按国家规定为调频 78～82MHz、88～108MHz、155～167MHz，每隔 2MHz 为一个频道，避免互相干扰。无线话筒具有体积小、使用方便、音质良好、话筒和扩音机之间无连线、移动自如等特点，一般佩带在演员、播音员、主持人身上，在教室、舞台、电视节目摄制方面得到了广泛的应用。

（6）近讲话筒。近讲话筒又称歌手话筒，是近几年用于舞台的一种新型话筒。其特点是在近距离使用该话筒时，低频部分的响应明显，使声音更加纯厚，增加了临场的亲切气氛，可获得较好的演唱效果。

二、传声器结构及技术参数

1　传声器结构

目前，市场上销售的话筒主要有两大类：一类是电动式话筒，其特点是音质好、无需直流工作电压，但价格相对较高；另一类是驻极体话筒，其特点是耐用、灵敏度较高，需要 1.5～3V 的直流工作电压，价格相对较低，但音质比电动式话筒要差一些。下面介绍电动式话筒和驻极体话筒的结构及工作原理。

（1）电动式话筒结构及工作原理。电动式话筒主要由振动膜片、音圈、永久磁铁和输出变压器等组成，音圈直接附在振动膜片上，并悬浮在由永久磁铁形成的磁间隙中。电动式话筒在电路中常用字母 B 或 BM 表示。

当人对着话筒讲话时，就会振动周围的空气而形成声波，膜片就会在声波的作用下前后振动，从而带动音圈在磁场中作切割磁力线的运动。于是在音圈两端就会产生感应音频电动势，从而完成了声电转换。由于音圈圈数很少，输出电压和阻抗都很低。

为了提高传声器的输出灵敏度和满足与扩音机的输入阻抗相匹配，在话筒中还装有一个输出变压器（有自耦和互感两种）。输出变压器的输出阻抗有高阻（10000Ω 以上）和低阻（600Ω以下）两种，一般国产高阻电动式话筒输出阻抗为 20000Ω，低阻电动式话筒输出阻抗为 200Ω。应注意，有些话筒的输出变压器二次侧有两个抽头，即有高阻又有低阻输出，改变接头就能改变输出阻抗。

（2）驻极体式话筒结构及工作原理。驻极体式话筒是一种电容式话筒，它由声电转换和阻抗变换两部分组成。声电转换的关键元件是一片超薄的驻极体振动膜，振动膜的前表面蒸发有一层驻极体材料（聚全氟乙丙烯或聚四氟乙烯树脂），然后再经过高压电场驻极永久性电荷，振动膜的另一面与金属极板之间用薄的绝缘衬圈隔离开。这样，振动膜的两面分别驻有异性电荷，使振动膜的前表面与金属极板之间形成了一个电容。当驻极体振动膜受到声波的作用而振动时，电容两极之间的距离发生改变，于是就改变了静态电容值。电容量的改变引起电容两端的电场发生变化，使电容器的输出端产生了随声波变化的交变电压，从而完成了声电转换任务。

驻极体振动膜与金属极板之间的电容量比较小，一般为几十皮法，因而它的输出阻抗很高（可达 10^8Ω以上）。这样高的阻抗是不能直接与音频放大器相匹配的，因此在话筒内还装有场效应管，它与外接电阻、电容、电源一起共同完成阻抗变换，将输出阻抗降至 1～3kΩ。场效应管通常采用内部源极（S）和栅极（G）之间复合一只二极管的低噪声专用结型场效应管，目的是在场效应管受强信号冲击时起保护作用。场效应管的栅极 G 接金属极板、漏极 D 一般用红色塑线引出，源极 S 一般用蓝色塑线与编织屏蔽线一起接地。驻极体式话筒在电路中常用字母 B 或 BM 表示。

驻极体式话筒有三条或两条引出线，引出线与外电路的连接方法有两种：即源极 S 输出与漏极 D 输出。源极输出需三条引出线，输出阻抗小于 2kΩ，电路比较稳定，动态范围大，但输出信号比漏极输出小。漏极输出只需两条引出线，输出信号有一定的电压增益，因而话筒灵敏度比源极输出要高，但电路动态范围略小。

目前市售的驻极体式话筒大多是两条引出线式，其型号有 ZCH－12、CRZ2－11、CRZ2－9、CZ、CNZ 等。灵敏度通常分为 4 挡，用蓝、白、黄、红色点来表示，红点灵敏度最低；也有的用绿、红、蓝 3 点表示，其中绿色的灵敏度最高；也有的用 A、B、C 字母表示，A 为最低，其他依此提高。

2 传声器技术参数

（1）灵敏度。灵敏度指的是传声器的声电转化的能力。普通的传声器灵敏度一般在－70dB 左右，高一些的有－60dB，专业用的高灵敏度传声器可以达到－40dB 左右。

（2）指向性。指向性指的是传声器对于来自不同角度声音的灵敏度，是传声器最重要的一种特性。

1）无指向性。无指向性又称全指向性，对于来自不同角度的声音，传声器的灵敏度是相同的。常见于需要收录整个环境声音的录音工程，如演讲者在演说时配带的领夹式话筒等，其缺点在于容易收到四周环境的噪声。

2）单指向性。单指向性又称心形指向性，随着指向性角度的变化还可成为超心形和锐心形指向性，它对于来自传声器前方的声音有最佳的收音效果，而来自其他方向的声音则会被衰减，常见于手持式话筒和卡拉 OK 话筒。

3）双指向性。双指向性又称 8 字形指向性，可接受来自传声器前方和后方的声音，实际应用场合不多。

（3）信噪比。信噪比指的是传声器在输出时，信号成分和噪声成分的比例。信噪比越高，传声器的质量越好。

（4）频率响应。频率响应是指传声器接收到不同频率声音时，输出信号会随着频率的变化而发生灵敏度的改变，表达的方法为一条频率响应曲线。一般在中音频（如 1kHz）时灵敏度高，而在低音频（如几十赫）或高音频（如十几千赫）时灵敏度降低。

（5）输出阻抗。在传声器规格中，都会列出输出阻抗值（单位为Ω）。传声器的输出阻抗分成三类：高阻（10～20kΩ）、中阻（600Ω～10kΩ）、低阻（600Ω以下），高阻的传声器更容易吸收噪声，专业传声器多用低阻方式输出信号。

三、传声器检测

1 电动式话筒性能检测

（1）电动式话筒性能的检测方法。电动式话筒检测方法与电动式扬声器相似。检测低阻抗话筒时，万用表置于 R×1Ω 挡，高阻抗时置于 R×100Ω 挡或 R×1kΩ 挡，两表笔分别接话筒插头芯线与屏蔽线，检测方法见图 10－9。

一般低阻抗话筒的电阻值在 100～500Ω 之间，高阻抗话筒的电阻值在 0.5～1.5kΩ 之间。同时正常话筒会发出“咯咯”声，低阻抗的比高阻抗的声音大些。如果发出的声音生硬、干涩，则说明话筒性能较差；如果声音比较柔和、细腻，则可初步认为话筒性能较好。

若测得的阻值为 0 或∞，或话筒不发声，说明话筒故障（短路或断线）；若测得的阻值比正常值小或大很多，表明话筒性能变差或已损坏。

检测电动式话筒灵敏度时，万用表接法同上。对着话筒吹气，万用表指针若摆动，说明话筒是好的，指针摆动幅度越大，话筒灵敏度越高。若指针无摆动或摆动幅度极小，说明话筒质量差或已损坏。

（2）检测注意事项。当用 R×100Ω 或 R×1kΩ 挡测量时，由于测量时流过话筒的电流值太小，话筒发出的声音相当微弱，可能听不到。

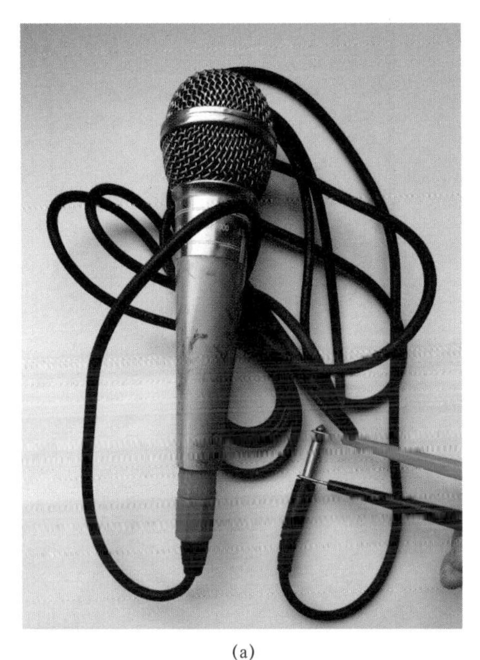

(a)

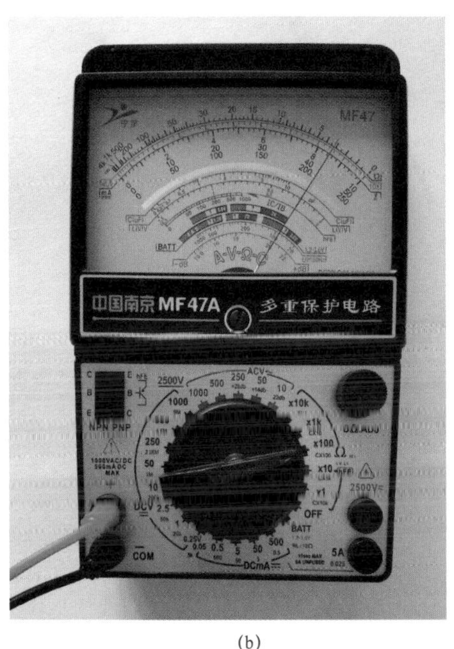

(b)

图 10-9　电动式话筒性能检测

（a）话筒检测；（b）电阻示数

2　电阻法检测驻极体式话筒性能

（1）驻极体式话筒的检测方法。检测性能时，将万用表置于 R×100Ω 或 R×1kΩ 挡，检测方法见图 10-10。测得的阻值应为 1～5kΩ，阻值为无穷大表明话筒开路，阻值接近零表明话筒有短路性故障，阻值比正常值小或大很多表明话筒性能变差或已损坏。

（2）检测注意事项。万用表红、黑表笔的具体接法要视话筒型号的不同而定。

3　吹气法检测驻极体式话筒性能

（1）驻极体式话筒的检测方法。吹气法检测驻极体式话筒的性能方法见图 10-11。将万用表置于 R×100Ω 挡，正对着话筒吹气。万用表指针应有较大幅度的摆动，摆动幅度越大说明话筒灵敏度越高，否则说明话筒灵敏度低，使用效果不佳。若指针不动，交换表笔再试，指针仍不动，说明话筒已损坏。若在未吹气时，指针漂移不定，说明话筒热稳定性差，不宜使用。

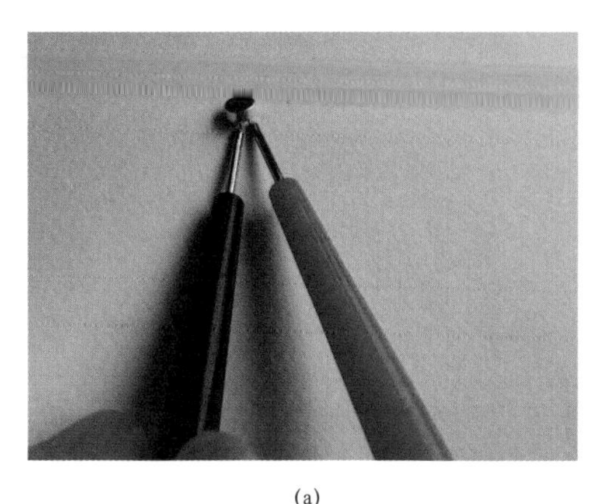

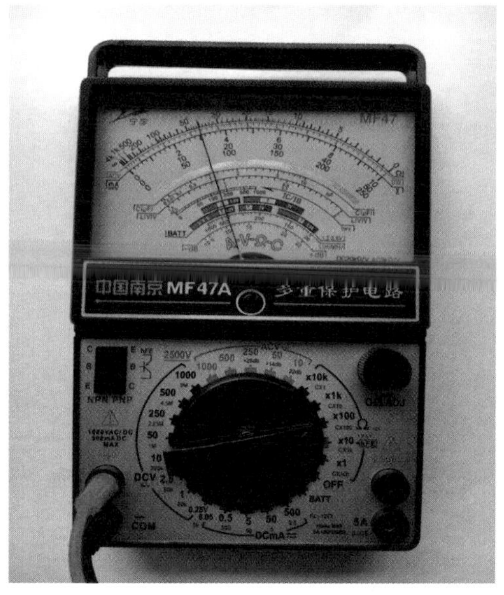

(a)　　　　(b)

图 10－10　电阻法检测驻极体式话筒性能

（a）驻极体式话筒检测；（b）电阻示数

对于有三个引出端的驻极体话筒，只要正确区分三个引出线的极性，将黑表笔接正电源端，红表笔接输出端，接地端悬空，采用上述方法便可判别话筒性能。

（2）检测注意事项。

1）有些带引线插头的话筒，可直接在插头处进行测量。

2）有的话筒上装有开关（ON/OFF），检测时要将开关拨到“ON”位置，否则会造成误判。

3）实际上，将红、黑表笔对调检测时，也应有类似的现象。

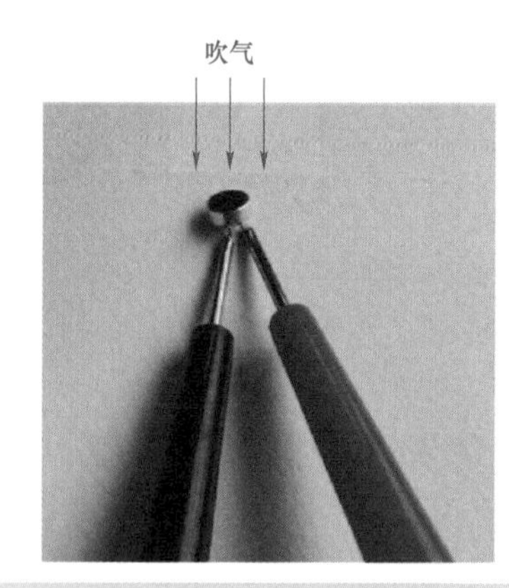

图 10－11　吹气法检测驻极体式话筒性能

4　电压法检测驻极体式话筒性能

电压法检测适用于检测装在录放音设备上的驻极体式话筒，测试电路见图 10－12。

正常时，话筒的工作电压约是电源供电电压 E 的 1/3～1/2。例如电源供电电压为 6V，则话筒的工作电压约为 2～3V。这是因为电源电压加到负载电阻 R 及话筒上时，要有数毫安的工作电流，此电流使电源电压 E 在 R 上产生一定的压降。

检测时，将万用表置于直流 10V 挡，测量话筒上的工作电压。如果话筒上的工作电压接近于电源电压，则说明话筒处于开路状态。如果测得话筒工作电压近于 0V，则表明话筒处于短路状态。如果话筒工作电压高于或低于正常值，但不等于电源电压或也不为零，则说明内部场效应管性能变差。

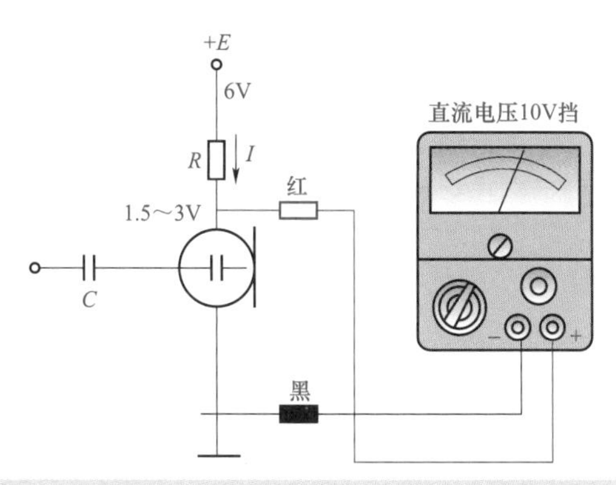

图 10－12　电压法检测驻极体式话筒性能

第三节　压电陶瓷蜂鸣片与蜂鸣器

一、压电陶瓷蜂鸣片结构及特性

压电陶瓷蜂鸣片简称蜂鸣片，是利用陶瓷材料在电场作用下能发生机械振动的逆压电效应制成的一种发声器件。它是压电陶瓷中应用最广的产品之一，具有结构简单、能量转换效率高、体积小、质量轻、耗电省、可靠性高、价格低等优点，适合在电子钟表、袖珍计算器、电子仪器、玩具、门铃、定时器等电子产品上作音响器，也可用作振动传感器、压电陶瓷滤波器和陷波器等。

1　压电陶瓷蜂鸣片结构

压电陶瓷蜂鸣片通常采用锆钛酸铅或铌镁酸铅压电陶瓷材料与极少量的稀有金属混合后，填入两片铜制圆形电极的中间经烧结而制成。陶瓷片的两面还要镀上银电极，并经极化和老化处理后，用环氧树脂将黄铜片（或不锈钢片）粘在一起。压电陶瓷蜂鸣片质脆易碎，要放在助音腔中，这也有助于改善低频响应。压电陶瓷蜂鸣片在电路中常用字母 B 表示，其外形及电路中符号见图 10－13。

2　压电陶瓷蜂鸣片特性

当在压电陶瓷蜂鸣片的两片电极上施加振荡电压（交流音频信号）时，交变的电信号会使压电陶瓷片根据信号的大小和频率发生振动，从而产生相应的声音，声响可达 120dB。压电陶瓷蜂鸣片的阻抗很高，约 10MΩ，便于和放大电路匹配。压电陶瓷蜂鸣片的规格，按其直径大小有 12、15、20、27、35mm 等。

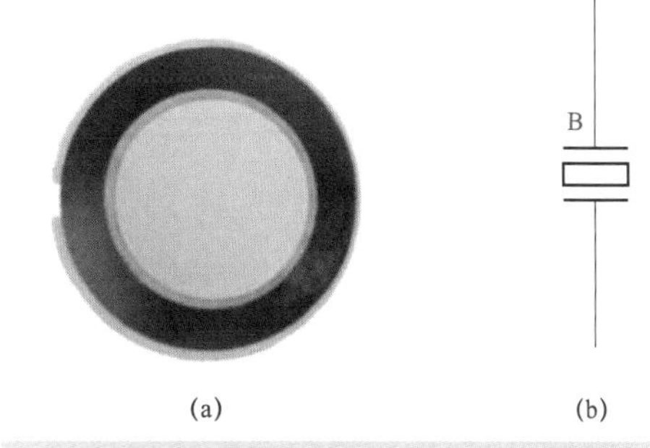

图 10－13　压电陶瓷蜂鸣片外形及符号
(a) 外形；(b) 符号

二、压电陶瓷蜂鸣器结构及特性

压电陶瓷蜂鸣器简称蜂鸣器，主要部件是压电陶瓷蜂鸣片，是一种一体化结构的电子元件，采用直流电压供电，广泛应用于计算机、打印机、复印机、报警器、电子玩具、汽车电子设备、电话机、定时器等电子产品中作发声器件。

1　压电陶瓷蜂鸣器结构

压电陶瓷蜂鸣器由主要由多谐振荡器（由晶体管或集成电路构成）、阻抗匹配器（电感构成）、压电陶瓷蜂鸣片及微型共鸣箱、塑料外壳等组成，有的外壳上还装有发光二极管。压电陶瓷蜂鸣器有两条引出线，分别接直流电源的正、负极，工作电压有 1.5、3、6、9、12V 等规格。压电陶瓷蜂鸣器在电路中常用字母 H 或 HA 表示，其外形及电路中符号见图 10－14。

图 10－14　压电陶瓷蜂鸣器外形及符号
（a）外形；（b）符号

2　压电陶瓷蜂鸣器特性

当给压电陶瓷蜂鸣器接通直流工作电压后，多谐振荡器起振，输出 1.5～2.5kHz 的音频信号，经阻抗匹配器推动压电陶瓷蜂鸣片发声。

市场上压电陶瓷蜂鸣器有无源和有源两种，这里的源不是指电源，而是指振荡源。无源蜂鸣器内部不带振荡源，如果用直流电源驱动无法令其发声，必须要接在音频输出电路中才能发声。有源蜂鸣器内部带振荡源，只要直接接上额定电源就可连续发声，其优点是使用方便，缺点是发声频率固定，只发一个单音。

从外观上看，两种蜂鸣器好像一样，但仔细看，两者的高度略有区别。有源蜂鸣器的高度为 9mm，而无源蜂鸣器的高度为 8mm。如果将两种蜂鸣器的引脚都朝上放置时，可以看到内部有绿色电路板的是无源蜂鸣器，没有电路板而用黑胶封闭的是有源蜂鸣器。

三、压电陶瓷蜂鸣片与蜂鸣器检测

1　压电陶瓷蜂鸣片性能检测

（1）压电陶瓷蜂鸣片的检测方法。在业余条件下，可用万用表检测压电陶瓷蜂鸣片的性能。

将万用表置于直流 1V 挡，轻按压电陶瓷蜂鸣片，黑表笔接金属片，红表笔接陶瓷表面上，检测方法见图 10－15。轻按压时，万用表指针会向右摆，接着回零，随后向左摆一下，指示值为 0.01～0.10V。其原因是：当用手指轻按压电陶瓷片时，就会在其上产生电压信号，从而使万用表的指针按上述规律摆动。在所施加的压力相同的情况下，指针摆幅越大说明其灵敏度越高，指针不动说明其内部漏电或破损。

（2）检测注意事项。

1）不可用湿手指捏压电陶瓷蜂鸣片，否则相当于压电陶瓷蜂鸣片漏电。

2）检测时，不可用交流电压挡，否则观察不到万用表指针摆动，这是由于所产生的电压信号变化较缓慢。

3）检测之前，先用万用表 R×1kΩ 或 R×10kΩ 挡测量压电陶瓷蜂鸣片的两极电阻，正常时应为无穷大，否则存在漏电。

4）检测时，手指按压电陶瓷蜂鸣片的用力不宜过大、过猛，更不得弯折压电陶瓷蜂鸣片，不要使表笔尖划伤陶瓷片，以免损坏片子。

5）若在压电陶瓷蜂鸣片上一直加恒定的压力，由于电荷不断泄漏，指针摆动一下就会慢慢地回零。

6）也可用万用表的直流 50μA 挡来检测压电陶瓷蜂鸣片的性能，其检测方法同上，但万用表的指针偏转约 1～3μA。

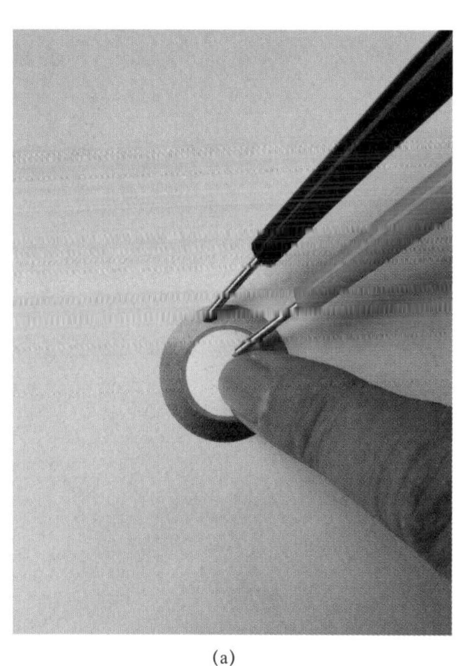

(a)

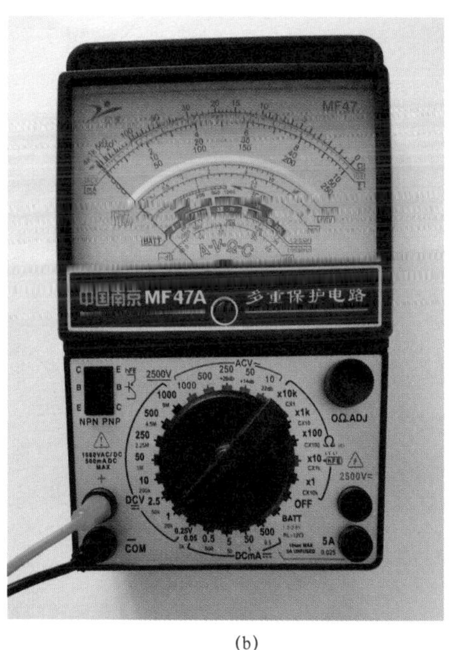

(b)

图 10-15　压电陶瓷蜂鸣片性能检测

（a）蜂鸣片检测；（b）指针示意

2　压电陶瓷蜂鸣器性能检测

（1）压电陶瓷蜂鸣器检测。将一稳压直流电源的输出电压调到 6V 左右，把正、负极用导线引出。当正极接有源压电陶瓷蜂鸣器的正极，负极接压电陶瓷蜂鸣器的负极时，若蜂鸣器发出悦耳的响声，说明器件工作正常。如果通电后蜂鸣器不发声，说明其内部有元件损坏或引线断线，应对内部振荡器和压电陶瓷蜂鸣片进行检查修理。

（2）检测注意事项。检测时不得使加在压电陶瓷蜂鸣器两端的电压超过规定的最高工作电压，以防止烧坏压电陶瓷蜂鸣器。

第十一章　滤波器与霍尔元件

滤波器是一种频率选择电路，它允许一定频率范围内的信号无衰减地通过，而对不需要传送的频率范围内的信号能够实现有效的抑制。在实际电子技术应用中，滤波器的种类很多，如石英晶体滤波器、声表面波滤波器、陶瓷滤波器、陶瓷陷波器等。这些滤波器具有体积小、质量轻、选择性好、频带宽、抗干扰性好、不用调整等优点，被广泛地应用于各种电子设备中。

霍尔元件是应用霍尔效应制作的磁电传感器，一般用于检测电机转子的转速，如电动车轮子的转速、计算机中散热风扇电机的转速等，现已发展成为一个品种多样的磁电传感器产品系列，并已得到广泛的应用。

第一节　石英晶体谐振器与振荡器

一、石英晶体谐振器

石英晶体谐振器简称石英晶体，它是利用石英单晶材料（又称水晶）的压电效应，并以特定的切割方式制成的一种电谐振（频率控制）电子元件，主要是用来产生高精度振荡频率。它具有体积小、质量轻、可靠性高、频率稳定度高等优点，广泛应用于石英钟表、移动电话、载波通信、卫星通信、家用电器、数字仪器仪表及各种遥控器的振荡电路中，还可提供频率要求十分稳定的数据处理设备中的时钟信号及特定系统的基准信号等。

1　石英晶体谐振器结构

石英晶体谐振器主要由石英晶片、基座、外壳、银胶、银等构成，核心材料是石英晶片，它是由硅原子和氧原子组合而成的具有各向异性的结晶体，并以特定的方式切割下来的一种薄片。若切割方位不同，便可得到不同切型（正方形、矩形、圆形、音叉形）的晶片，这些切型不同的晶片其固有参数各不相同。如果在石英晶片的两个对应表面涂覆银层并作为两个电极，再加以金属、塑料或玻璃封装，即成为石英晶体谐振器，其结构见图 11－1。

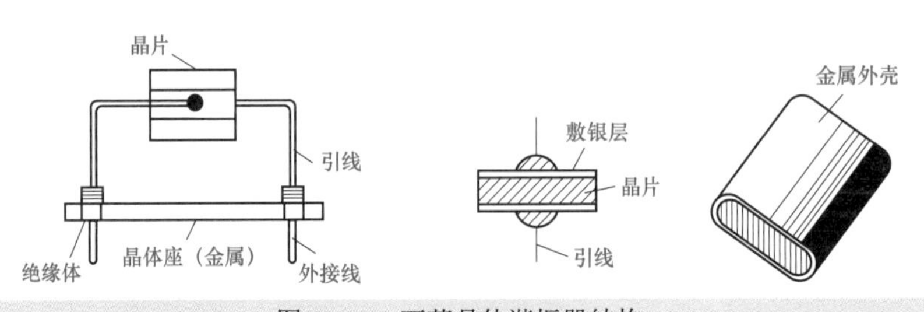

图 11－1　石英晶体谐振器结构

石英晶体谐振器通常有两个无极性引脚，但有少数是三引脚的，它是由石英晶片和两个电容复合构成的，其中间的一个脚是两个电容连接一起的公共端，其余两个脚才是石英晶体谐振器的引脚。四引脚石英晶体谐振器通常是贴片式，其中两个引脚不起任何作用。石英晶体谐振器在电路中常用字母 X（或 Y、G）表示，各种常见的外形及电路中符号见图 11－2。

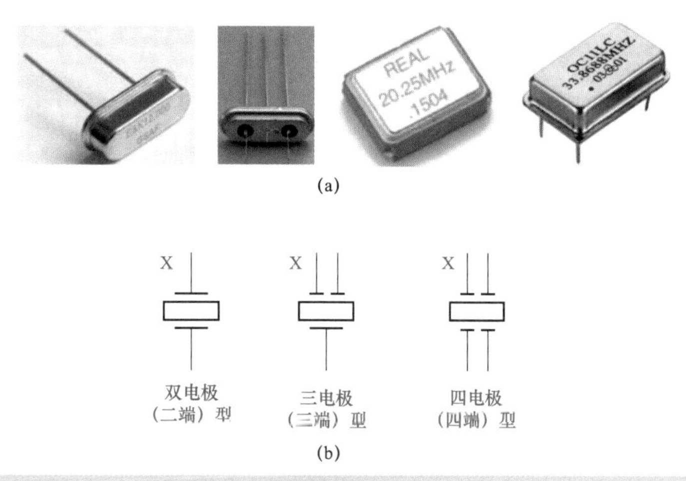

图 11－2　石英晶体谐振器外形及符号

（a）外形；（b）符号

2　石英晶体谐振器特性

石英晶体受到外加交变电场的作用时会产生机械振动，当交变电场的频率与石英晶片的固有频率相同时，产生谐振，此时机械振动最强，外电路高频电流也最大，这就是石英晶体的压电谐振特性。利用这种特性，就可以用石英晶体谐振器取代 LC（线圈和电容）谐振回路、滤波器等。

由于石英晶片化学性能非常稳定，热膨胀系数非常小，因此石英晶体谐振器的谐振频率非常稳定。谐振频率大小取决于石英晶片的几何尺寸、形状和切割方向等，高频用的晶片通常是切成简单的形状（如正方形、矩形），低频用的晶片则常切成复杂的形状（如圆形、音叉形）。石英晶体谐振器按频率精度和稳定度的不同，可分为高精度型（频率稳定度达到 10^{-8}）、中精度型（频率稳定度达到 10^{-6}）及通用型（频率稳定度达到 10^{-5}），其中通用型最为常用。

由于石英晶体谐振器的损耗非常小，具有很高的品质因数（Q），可达 10000～500000，在实际应用中可当作高 Q 值的电磁谐振回路。当它作为振荡器时，可以产生非常稳定的振荡信号。当它作为滤波器时，带通范围很窄，可以获得非常陡峭的带阻曲线，适用于窄带滤波的场合，常用来构成窄带带通、带阻滤波器，如语言通信机中的中频滤波、边带滤波等。

3　石英晶体谐振器技术参数

（1）标称频率。指石英晶体谐振器的谐振中心频率，当电路工作在这个标称频率时，频率稳定度最高。通常标称频率标明在外壳上，如常用的标称频率有 48kHz、500kHz、503.5kHz、1MHz～40.50MHz 等。

（2）负载电容。指石英晶体谐振器的两条引线连接内部及外部所有有效电容之和，常用标准值有 12pF、16pF、20pF、30pF 等。

（3）激励电平（功率）。指石英晶体谐振器工作时所消耗的有效功率，应大小适中，一般激励电平不应大于额定值（会造成频率稳定度变差），但也不要小于额定值的 50%（会造成振幅减小、不稳定）。激励电平可选值有 2mW、1mW、0.5mW 、0.2mW、0.1mW、50μW、20μW、10μW、1μW、0.1μW 等。

（4）温度频差。指石英晶体谐振器在工作温度范围内的工作频率相对于基准温度（25±2）℃下工作频率的最大偏离值，反映了晶体谐振器的频率温度特性。

二、石英晶体振荡器

在电子学上通常将含有晶体管元件的电路称作有源电路，而仅由阻容元件组成的电路称作无源电路，石英晶体振荡器也分为无源和有源石英晶体振荡器两种，它们统称为石英晶振。

无源石英晶体振荡器简称无源晶振，属于单纯的石英晶体被动式元件（石英晶体谐振器），它本身不能产生振荡信号，必须配合外加时钟电路才能产生振荡信号，通常有两个无极性引脚。

有源石英晶体振荡器简称有源晶振，属于石英晶体主动式元件，它由石英晶体谐振器和电子振荡电路（内含变容二极管、三极管、电阻和电容）组合成一个完整的晶体振荡电路，并封装在一个屏蔽盒内。当加上工作电源后，可直接产生高精度和高稳定度的振荡信号输出。有源晶振通常有四个引脚，其中两个为电源端（V_{CC}、GND），一般为 3.3V 或 5V，一个为振荡信号输出端（OUT），另一个为晶振工作控制端（AFC），当不需要晶振工作时，可以通过它关掉晶振以降低功耗，其引脚排列见图 11－3。

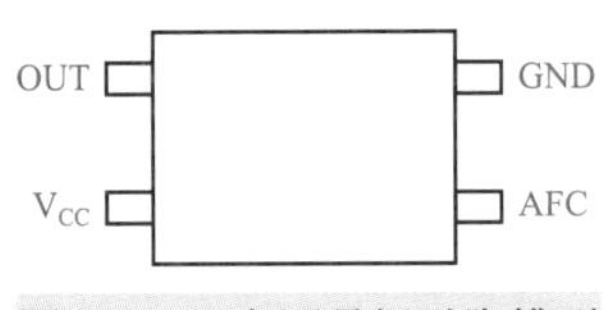

图 11－3　有源晶振引脚排列

三、石英晶体谐振器检测

1　电阻法检测石英晶体谐振器性能

根据外观，能够判断石英晶体谐振器是否断线或有无裂纹等故障。用一般万用表只能粗略检测其质量好坏，代换法是判断石英晶体谐振器好坏的最好方法。

采用电阻法检测石英晶体谐振器时，将万用表置于 R×10kΩ 挡，检测方法见图 11－4。检测石英晶体谐振器两引脚间的阻值，若所测阻值为无穷大，则说明石英晶体谐振器没有击穿漏电，但不能断定石英晶体谐振器是否损坏。此时，可根据不同频率的晶体的电容量采用电容法检测。若所测阻值不为无穷大甚至接近于零，说明石英晶体谐振器漏电或击穿。

2　电容法检测石英晶体谐振器性能

采用数字式万用表的电容挡检测石英晶体谐振器非常方便。

先将数字式万用表置于 20MΩ 挡，按常规检测电阻的方法检查石英晶体谐振器有无漏电、短路。然后再将万用表置于电容挡，检测方法见图 11－5。

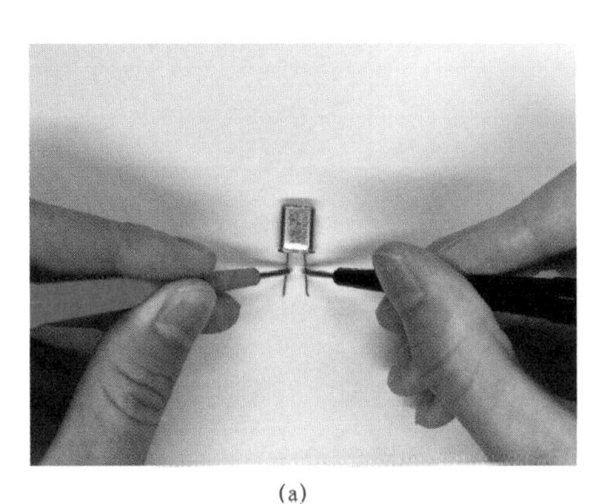

(a)

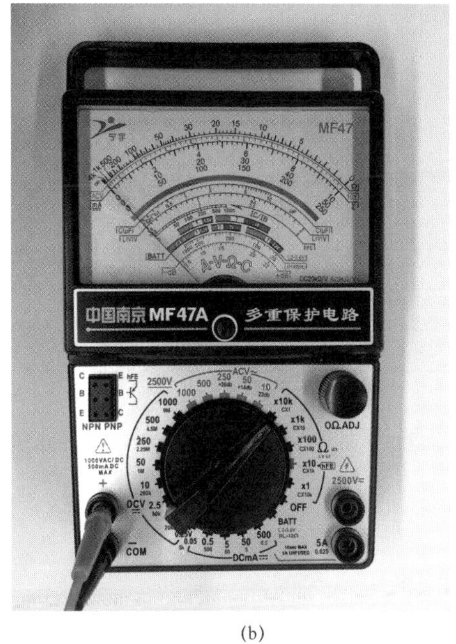

(b)

图 11-4　串阻法检测石英晶体谐振器性能

（a）检测电阻；（b）电阻示数

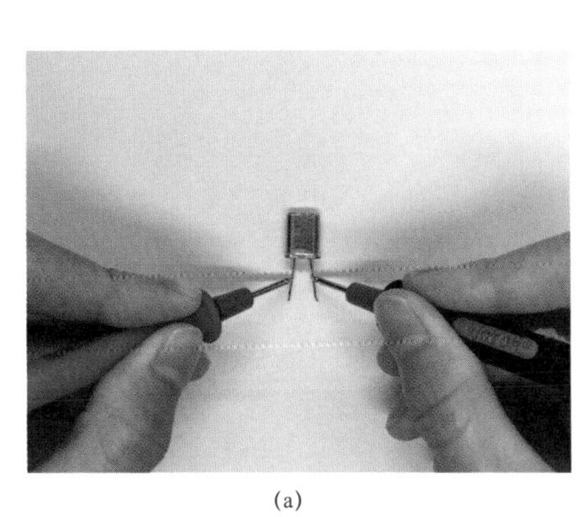

(a)

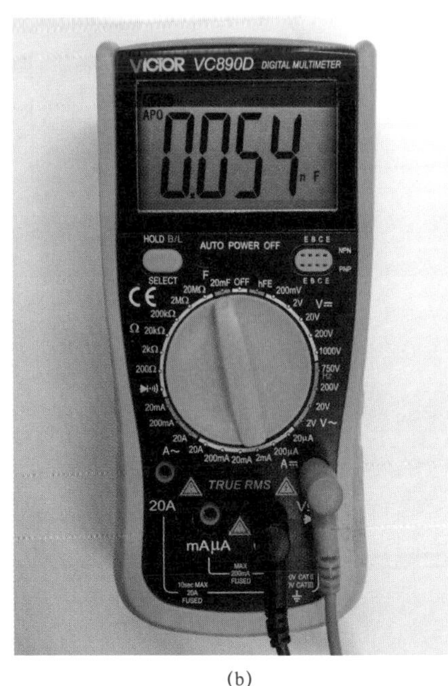

(b)

图 11-5　电容法检测石英晶体谐振器性能

（a）检测电容；（b）电容示数

若石英晶体谐振器电容比正常值小许多，甚至为零，说明石英晶体谐振器内部断路或晶片碎裂。若万用表显示“0L”，说明石英晶体谐振器漏电或短路。若万用表显示不稳定，说明石英晶体谐振器电极引线接触不良。

表 11－1 是用电容法测得的部分石英晶体谐振器引脚间的电容，若石英晶体谐振器的电容在上述范围内，则质量良好，否则石英晶体谐振器有问题。

表 11－1　　　　几种石英晶体谐振器实测电容

频率（Hz）	塑料或陶瓷封装（pF）	金属封装（pF）
400k～503k	300～900	—
4.40M	40	3
4.40M	42	3.2
3.58M	56	3.7

3　在路测压法检测石英晶体谐振器性能

现以遥控器石英晶体谐振器为例介绍在路测压法。

将万用表置于直流电压 10V 挡，黑表笔接遥控器电池负端，检测方法见图 11－6。

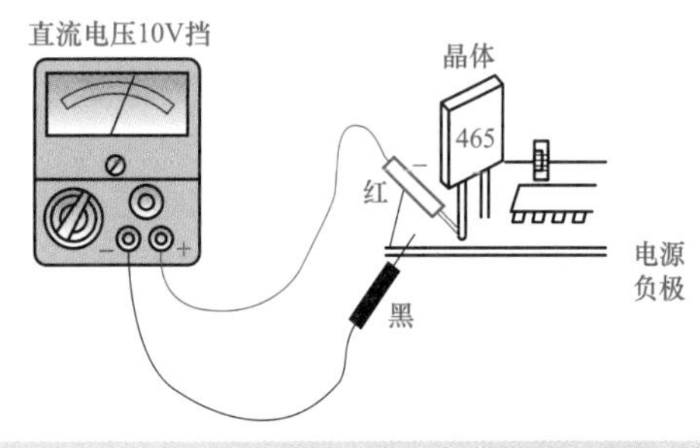

图 11－6　在路测压法检测石英晶体谐振器性能

在不按遥控键的状态下，红表笔分别接石英晶体谐振器两引脚，正常时电压分别为 0 和 3V（电池电压）左右。按下遥控器上的任一功能键，表笔接法不变，正常时电压均为 1.5V（电池电压的一半）左右。若测得的值与正常值差异较大，说明石英晶体谐振器工作不正常。此方法也适合检测电风扇、DVD 和空调等遥控器中的石英晶体谐振器。

第二节　陶瓷滤波器

一、陶瓷滤波器结构及特性

陶瓷滤波器与晶体谐振器（无源晶振）一样，也是利用压电效应实现电信号—机械振动—电信号的转化而制成的选频滤波元件，它具有体积小、质量轻、成本低、插入损耗小、选择性好、幅频特性和相频特性好、性能稳定、信噪比高、Q 值高、抗干扰性能优等特点，广泛应用于电视机伴音中频电路、便携式电话、汽车电话、无绳电话、无线电台、录像机、收音机等各种电子产品中，部分取代电子电路中传统的 LC 滤波网络，使其工作更加稳定。

1　陶瓷滤波器结构

陶瓷滤波器是采用锆钛酸铅压电陶瓷作为材料，将这种陶瓷材料制成片状，然后两面镀上银层，经过直流高压极化后使其具有压电效应，再焊上引线或夹上电极板作为电极，用塑料封装而成的。陶瓷滤波器的电极有两端、三端和四端（组合型）等几种形式，它在电路中常用字母 DL 表示，其外形及电路中符号见图 11－7。

图 11－7　陶瓷滤波器外形及符号
（a）外形；（b）符号

两端陶瓷滤波器是由单个陶瓷片构成，只有两个不分极性的引脚，它存在谐振曲线尖锐、谐振电阻小、选择性较差、通频带窄、矩形系数差等缺点，相当于一个 LC 单调谐回路，常用于中放的发射极电路代替其旁路电容，有助于提高对中频的选择性。

三端陶瓷滤波器是由两端陶瓷滤波器的单面电极分割成互相绝缘的两部分构成，有三个引脚，1 脚是信号输入端，3 脚是信号输出端，2 脚是接地端（可不用），它可以等效为一个 LC 双调谐回路，其通频带宽、选择性较好、矩形系数较好，性能比两端陶瓷滤波器优越，可用于代替中频变压器。

四端陶瓷滤波器由多个两端或三端陶瓷滤波器连接成 L 型网络、T 型网络和桥式网络三种形式。四端陶瓷滤波器有四个引脚，1 脚是信号输入端，4 脚是信号输出端，2 脚和 3 两脚是接地端，它具有更好的通频带特性、选择性和矩形系数，是性能接近理想的陶瓷滤波器，适用于中、高级调频晶体管收音机中。

2　陶瓷滤波器特性

陶瓷滤波器的基本结构、工作原理、特性及应用范围与晶体谐振器很相似，但由于陶瓷材料的有些性能不及石英晶片，所以在要求较高（主要是频率精度和稳定度）的电路中尚不能采用陶瓷滤波器，必须使用晶振器件。陶瓷滤波器与常规的 LC 滤波器相比，其插入损耗比较大。然而随着插入损耗的增大，其噪声电平也相应地下降，因此最终还是可以得到和 LC 滤波器相同的信噪比。陶瓷滤波器的不足之处是频率特性的一致性较差，通频带不够宽等。

几种常用的陶瓷滤波器特性如下：

（1）小型中频陶瓷滤波器。这种陶瓷滤波器特点是体积小、质量轻、价格低、温度特性良好，可供收音机、收录机和通信设备作中频选频之用。

（2）10.7MHz 陶瓷滤波器。这种陶瓷滤波器特点是体积小、质量轻、耐高温、无调整、可靠性高，能获得优良的幅频特性和群延特性，主要供调频收音机、立体声收录机和通信设备作中频滤波之用。

（3）6.5MHz 陶瓷滤波器。这种陶瓷滤波器特点是体积小、质量轻，可使整机易于实现集成化和无调整化，主要供黑白、彩色电视机伴音电路作中频滤波器之用。

（4）陶瓷带通滤波器。这种陶瓷滤波器特点是具有优良的频率选择性和稳定性，不需调整即可获得预期的频率衰减特性，主要适用于收音机、通信设备、雷达等电子设备中作中频滤波或选频之用。

二、陶瓷滤波器型号标注及检测

1　陶瓷滤波器型号标注

国产陶瓷滤波器型号由 5 部分组成。其中，第一部分用字母 L 表示滤波器；第二部分用字母 T 表示材料为压电陶瓷；第三部分用字母 W 和下标数字表示外形尺寸，也有部分型号仅用 W 或 B 表示，无下标数字；第四部分用数字和字母 M 或 K 表示标称频率，如 700K 表示标称频率为 700kHz，10.7M 表示标称频率为 10.7MHz；第五部分用字母表示产品类别或系列。如 LTW6.5M 是表示标称频率为 6.5MHz 的陶瓷滤波器。

国产陶瓷滤波器中，6.5MHz 系列伴音中频滤波器常用型号有 LT6.5M、LT6.5MA、LT6.5MB、LT6.0M、LTB6.5、LTW6.5 等，10.7MHz 系列中频滤波器常用型号有 LT10.7、LT10.7MA、LT10.7MB、LT10.7MC、LTB10.7，AM 调幅收音机的中频滤波器常用型号有 LTX1A、3L465、LT465、LT465MA、LT465MB 等。

2　陶瓷滤波器检测

万用表对电视陶瓷滤波器的测试方法见 11－8。将万用表的量程开关拨至 R×10kΩ 挡，由于电视陶瓷滤波器内部各引脚间均不相连，因此，无论是三端器件还是二端器件，测得电视陶瓷滤波器各引脚间的阻值应是无穷大。如有一定的阻值，则被测电视陶瓷滤波器有漏电现象，若为零则表明其内部短路。

需要说明的是，测得正、反向电阻均为无穷大不能完全确定该陶瓷滤波器完好，业余条件下可用代换法试验。

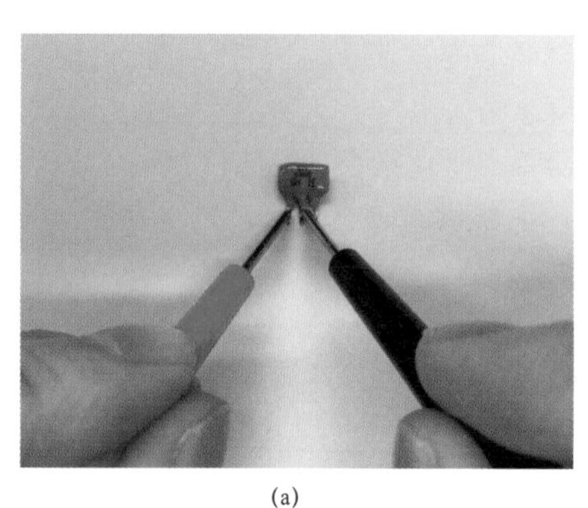

(a)

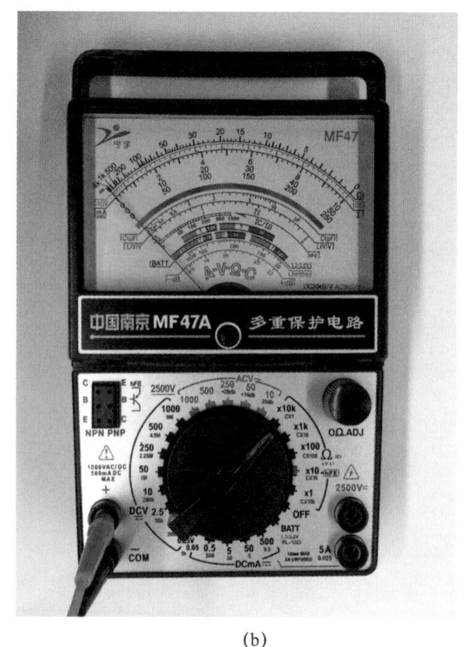

(b)

图 11－8　陶瓷滤波器性能检测

（a）检测电阻；（b）电阻示数

第三节　声表面波滤波器

一、声表面波滤波器结构及工作原理

声表面波滤波器（SAWF）是采用石英晶体或压电陶瓷等压电材料，利用其压电效应和声表面波传播的物理特性而制成的一种换能式无源带通滤波专用器件，它具有工作频率高、通频带宽、选频特性好、制造简单、成本低、体积小和质量轻等特点，广泛应用于雷达、军用通信系统、敌我识别、电子对抗、测距、定位、导航、遥测遥控等军事装备领域，以及广播、电视、录音、录像、仪器仪表、移动电话、无绳电话、可视电话等民用领域。

1　声表面波滤波器结构

声表面波滤波器主要由压电晶体基片、叉指换能器、吸声材料等制成。压电晶体基片由石英晶体、铌酸锂或钽酸锂等压电材料组成，晶体基片经表面抛光后（减少传输损耗），再采用集成电路的平面工艺蒸发一层金属铝膜覆盖，并通过光刻、腐蚀工艺制成一对具有能量转换功能的梳子状金属电极（叉指换能器），分别作为输入换能器和输出换能器，其外形、结构及电路符号见图 11－9。

声表面波滤波器大多为金属和陶瓷封装的圆形或矩形扁平结构，具有 5 只引脚，其中输入回路有两根引脚，输出回路也有两根引脚，第五根引脚是外壳的接地引脚。无论声表面波滤波器有几根引出线，除输入和输出四根外，其余引出线均属屏蔽电极或接金属外壳。

(a)

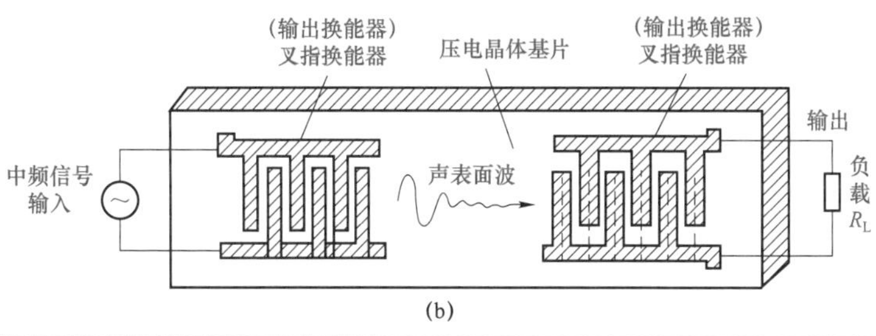

(b)

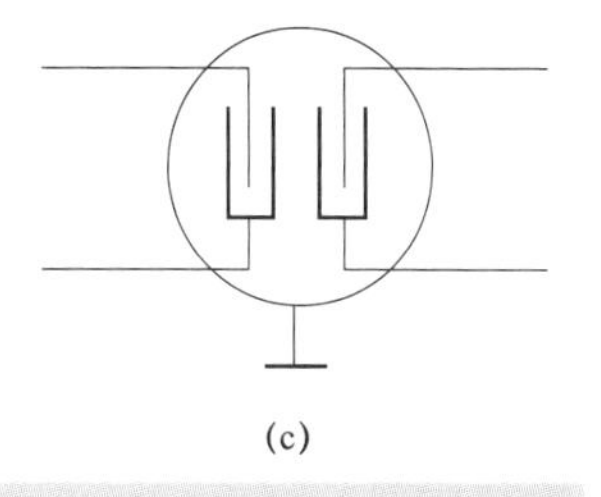

(c)

图 11－9　声表面波滤波器外形、结构及符号

（a）外形；（b）结构；（c）符号

2　声表面波滤波器工作原理

当给声表面波滤波器的输入叉指换能器接上交流电压信号时，在交流电场的作用下，压电晶体基片的表面就产生与外加信号同频率的振动，并激发出以声波速度在压电基片表面向左右两个方向传播的振动波，故称为声表面波。其中向左方向传播的声表面波被吸声材料吸收而衰减，不能利用，实现对某一频率信号的滤波。向右方向传播的声表面波则传送到输出叉指换能器上，再经过压电效应，将声波转换成交变电信号，然后输出至外接负载，完成电能－声能－电能的转换过程。由此可见，声表面波滤波器在转换过程中将输入信号的有用成分选出，衰减和滤除无用的干扰信号，即完成了选频滤波作用。

二、声表面波滤波器特性

声表面波滤波器具有较好的选频滤波，并能抑制频带外无用信号及噪声，在电路和电子高频系统及众多领域中被广泛应用。当输入信号的频率等于声表面波滤波器的固有频率时，产生的声波幅度最强，输出端的输出信号最大，传输效率也最高。当输入信号的频率与声表面波滤波器的固有频率有偏差时，输入信号引起的声波幅度就减弱，输出端的输出信号就很小，这就体现了声表面波滤波器具有滤波的特性。

声表面波滤波器选频滤波特性取决于声表面波滤波器的叉指换能器电极的形状、间距、交叉长度和电极数目等，这些因素对不同频率信号的发送和衰减能力不同。因此，改变叉指换能器叉指的几何形状，即可改变声表面波滤波器的固有频率、频带宽度、幅频特性等，只要设计合理，便可获得接近理想的中频幅频特性。

声表面波滤波器虽为模拟器件，但设计灵活性大，可以模拟、数字兼容，能够实现多种复杂的功能。其不足之处主要有两个，一是对输入信号衰减（即插入损耗）较大，这对于要求低功耗的通信设备是不利的。声表面波滤波器插入损耗一般在 15dB 以上，目前通过开发高性能的压电材料和改进叉指换能器设计，使插入损耗降低到 3～4dB，最低可达 1dB。二是由于受工艺的限制，声表面波滤波器的工作频率不能太低，可选频率范围局限在 10MHz～3GHz。

三、声表面波滤波器检测

声表面波滤波器的输入电极叉指间、输出电极叉指间，以及输入、输出间，正常情况下都是绝缘的，以型号 F1036H 为例，在业余条件下检测方法见图 11－10。

将万用表置于 R×10kΩ 挡，检测声表面波滤波器两个输入电极（1、2）间、两个输出电极（3、4）间及输入与输出电极（1－3、1－4、2－3、2－4）间阻值，应为无穷大。除了与屏蔽（接地）相连的电极外，其余输入和输出电极与屏蔽电极（1－5、3－5、4－5）间阻值应为无穷大，而屏蔽电极与金属外壳（2－5）应呈通路。

若测得的极间阻值很小或等于零，说明声表面波滤波器内部电极短路，不可使用。声表面波滤波器交错的叉指形电极间距很小，容易被击穿而形成短路。若检测中发现万用表指针摆动，哪怕指示值为数百千欧，说明声表面波滤波器漏电，一般不能使用。

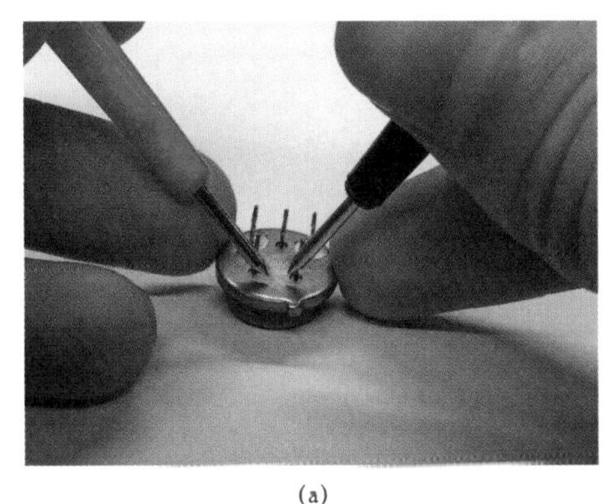

(a)

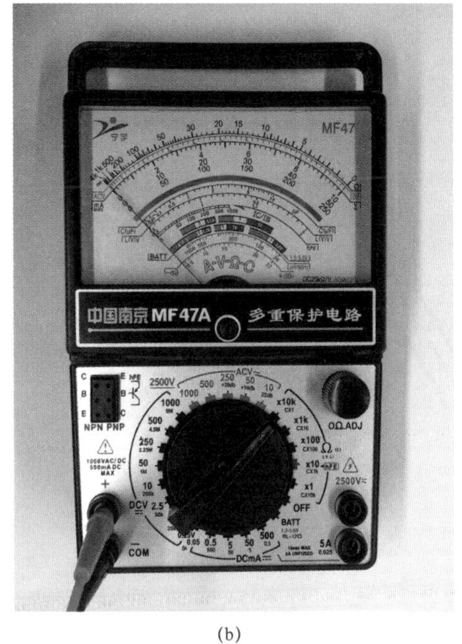

(b)

图 11－10　声表面波滤波器性能检测

（a）检测 4－5 脚间的电阻；（b）电阻示数

第四节　霍尔元件与霍尔传感器

一、霍尔元件结构及工作原理

霍尔元件是根据美国物理学家霍尔（A.H.Hall）发明的霍尔效应制成的一种磁电转换元件，它具有结构简单牢固、安装方便、体积小、质量轻、寿命长、功耗小、频率高（可达 1MHz）、频率特性好（从直流到微波）、灵敏度高、噪声低、易于微型化和集成电路化等优点，广泛应用于工业自动化技术、检测技术及信息处理等方面，在磁场测量、位移测量、接近开关、限位开关及各种与磁场有关的场合中使用。其不足之处是转换率较低，受温度影响大，要求转换精度较高时必须进行温度补偿。

1　霍尔元件结构

霍尔元件是由衬底、十字形霍尔材料、电极引线及磁性体顶端等构成，它采用溅射工艺将霍尔材料蒸发到衬底材料上，然后引出四个引线，壳体采用非磁导金属、陶瓷或环氧树脂封装，外形有立式和卧式两种，均为长方形，其外形、结构及电路符号见图 11－11，电路符号中“×”表示磁场强度 B 的方向是垂直并指向纸面。

（1）衬底。衬底是由磁导性能良好的弱磁铁氧化物构成。

（2）霍尔材料。由于金属导体的霍尔系数较小，故霍尔材料一般采用锗、硅、砷化镓、锑化铟及砷化铟等半导体单晶材料制作。N 型锗材料易加工制作，虽输出较小，但它的温度性能和线性度却比较好。N 型硅材料的工作温度范围较宽，一般在－100～＋170℃。砷化镓材料的霍尔系数大，温度稳定性好，但电子迁移率较高，禁带宽度大。锑化铟材料电子迁移率高，输出较大，灵敏度最高，但受温度的影响也较大。砷化铟材料电子迁移率高，输出信号没有锑化铟大，但是受温度的影响却比锑化铟要小，而且线性度也较好。因此，目前普遍采用锑化铟和砷化铟作为霍尔材料。

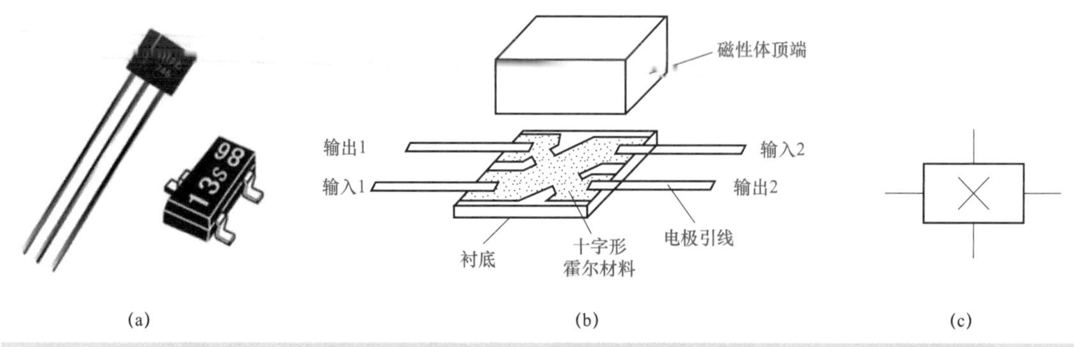

图 11－11 霍尔元件外形、结构及符号
（a）外形；（b）结构；（c）符号

（3）电极引线。霍尔元件的四个引出线由矩形霍尔材料上引出，其中一对引线是在霍尔材料的长度方向两个端面上焊接两根导线，作为霍尔元件的电流输入端（通常用红色导线），一般由外部的基准电压源提供。另一对引线是在霍尔材料的宽度方向两个端面中心引出两个电极，作为霍尔元件的电压输出端（通常用绿色导线）。如果电压输出端构成外回路，就会产生霍尔电流。

（4）磁性体顶端。磁性体顶端是为了集中磁力线和提高霍尔元件灵敏度而设置的，它的体积越大，霍尔元件的输出灵敏度越高。

霍尔元件转换率较低，受温度影响大，且本身不带放大器，为了克服霍尔电动势较小（一般在毫伏数量级）及其他性能的不足，目前常用的是将霍尔元件和放大电路、温度补偿电路及稳压电路集成在一起的霍尔集成电路，显然它具有较高的性价比。国产霍尔元件主要有 HZ（锗霍尔元件）、HS（砷化镓霍尔元件）、HT（锑化铟霍尔元件）系列，其中 HZ 系列功耗低，HT、HS 系列功耗高。

2 霍尔元件工作原理

利用霍尔效应制成的元件称为霍尔元件，其工作原理是建立在霍尔效应的基础上的。所谓霍尔效应，是指在处于外加磁场中的半导体材料两端通过控制电流 I，当电流 I 的方向与磁场强度 B 的方向垂直时，则在半导体中的两侧面将产生电动势，这个电动势称为霍尔电动势，这种物理现象就称为霍尔效应。

二、霍尔元件特性及技术参数

1 霍尔元件特性

霍尔元件属于四端器件，其基本使用电路见图 11－12。图中 E 是直流电源，控制电流

I（一般为几十至几百毫安）由电源 E 供给，R_P 用来调节控制电流的大小，输出端接负载电阻 R_L，它也可以是放大器的输入电阻或测量仪表的内阻等。I 的两端为输入端，其内阻为输入电阻。E_H 的两端为输出端，其内阻为输出电阻。

在实际使用中，可以把控制电流 I 或外加磁场感应强度 B 作为输入信号，或同时将两者作为输入信号，而输出信号则正比于 I 或 B 或两者的乘积。由于建立霍尔效应的时间很短，因此控制电流为交流时，频率高达 10^9Hz 以上。

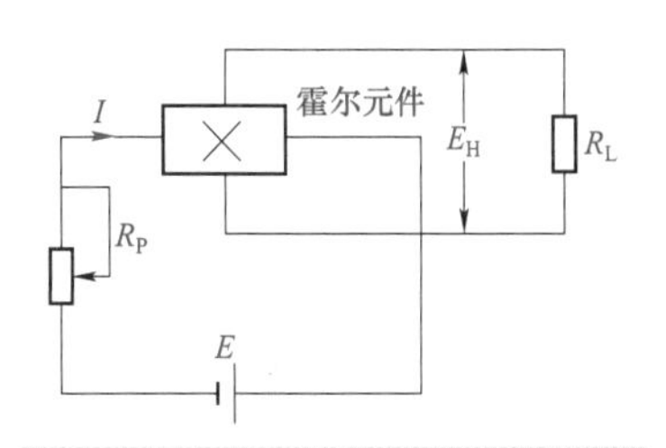

图 11－12　霍尔元件基本使用电路

2　霍尔元件技术参数

（1）输入电阻 R_i 和输出电阻 R_o。霍尔元件输入电极之间的电阻称为输入电阻，输出电极间的电阻值称为输出电阻。

（2）霍尔系数 R_H。霍尔常数等于霍尔材料的电阻率 ρ 与电子迁移率 μ 的乘积，即 $R_H=\mu\times\rho$，它表示霍尔效应的强弱。

（3）霍尔灵敏系数 K_H。在单位控制电流和单位磁感应强度作用下，霍尔元件输出端的开路电压，称为霍尔灵敏系数。

（4）额定控制电流 I_N。当霍尔元件自身温升 10℃时所流过的控制电流称为额定控制电流。

（5）最大允许控制电流 I_{MAX}。以霍尔元件允许最大温升为限制所对应的控制电流称为最大允许控制电流。

三、霍尔传感器

霍尔传感器又称霍尔集成电路，是在霍尔元件的基础上发展而来的电子器件，它将霍尔元件与放大器、温度补偿电路及稳压电源集成在同一个芯片上，因而能产生较大的电动势，克服了霍尔元件电动势较小的不足，它具有灵敏度高、可靠性好、无触点、功耗低、寿命长等优点，适用于自动控制、仪器仪表及测量物理量的传感器。霍尔传感器分为线性型和开关型两种，均属于三端器件，其中 V_{CC} 为正电源端，GND 为地端，U_o 为输出端，因磁场是由空间输入的，所以没有输入端，其外形及电路中符号见图 11－13。

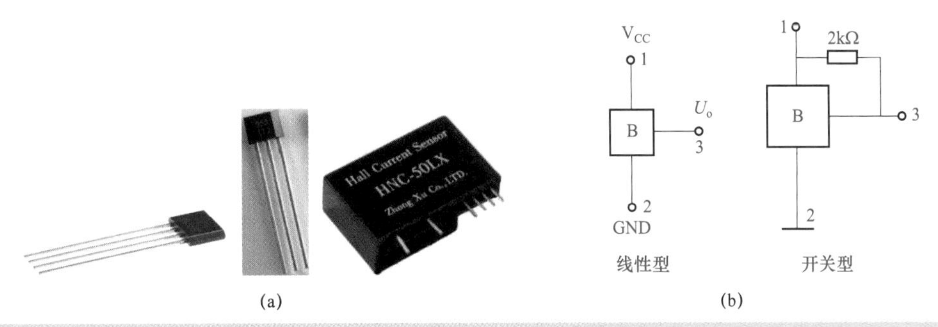

图 11－13　霍尔传感器外形及符号
（a）外形；（b）符号

线性型霍尔传感器是一种模拟信号输出的磁传感器，它由霍尔元件、放大器和其他附加电路等组成，输出电压与外加磁场强度呈线性关系。它可以直接检测出受检测对象本身的磁场或磁特性，一般用于测量电压、电流、功率、厚度、线圈匝数及调速等。

开关型霍尔传感器是一种数字信号输出的磁传感器，它由霍尔元件、放大器、稳压电源、施密特整形电路等组成，分为单极性、双极性、全极性霍尔开关三种。它只能间接检测，用人为设置的磁场作为被检测的信息载体，通过它将许多非电、非磁的物理量转变成电量来进行检测和控制，一般用于测量力、力矩、压力、应力、位置、位移、速度、加速度、角度、角速度、转数、转速及工作状态发生变化的时间等。

四、霍尔元件及霍尔传感器检测

1　霍尔元件的输入电阻和输出电阻检测

利用万用表可检测霍尔元件的输入电阻和输出电阻，检测时，要正确选择万用表的电阻挡量程，以保证检测准确度。万用表置于 R × 1kΩ 挡，以 ATS277H 为例，检测方法见图 11－14。检测结果应与有关手册中的参数或好的元件实测值对照，如果实测阻值为无穷大或零，说明被测霍尔元件已损坏。

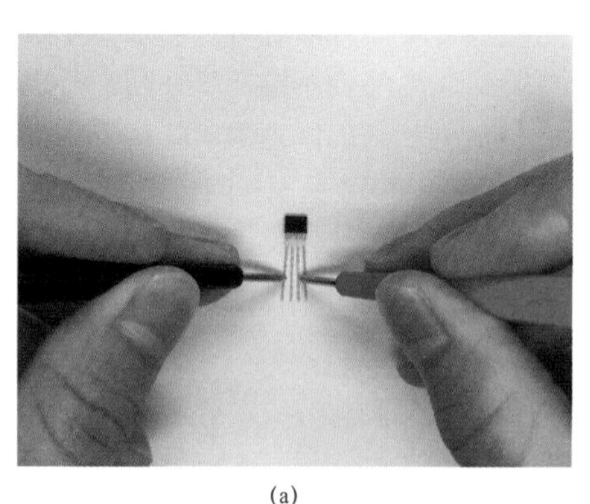

(a)

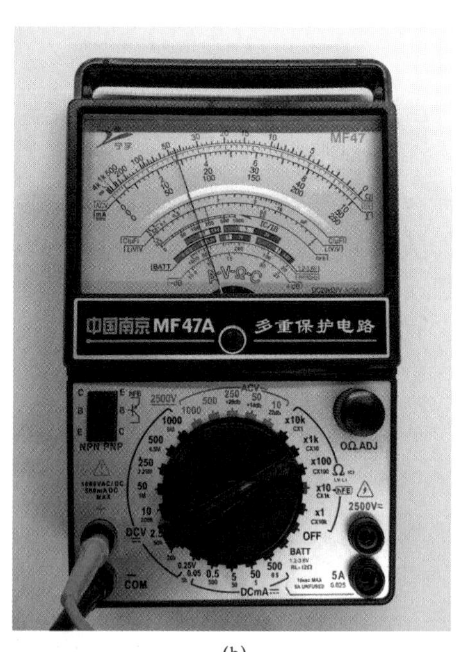

(b)

图 11－14　霍尔元件的输入电阻和输出电阻检测（一）

(a) 检测输入电阻；(b) 电阻示数

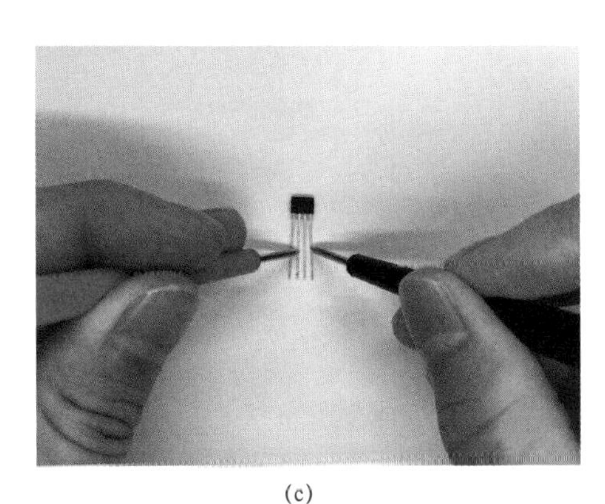

(c)

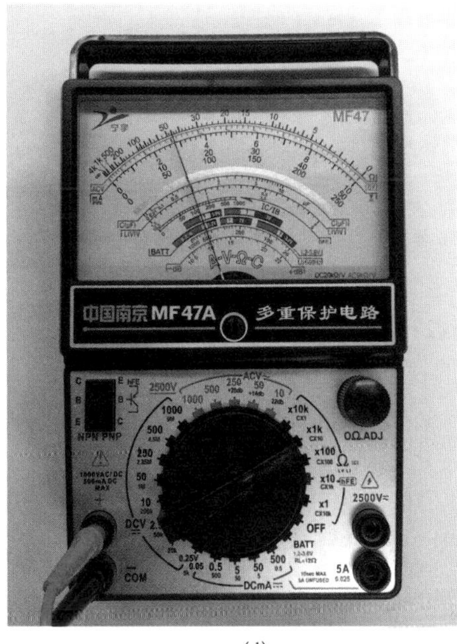

(d)

图 11－14　霍尔元件的输入电阻和输出电阻检测（二）
（c）检测输出电阻；（d）电阻示数

2　霍尔元件灵敏度检测

（1）霍尔元件灵敏度检测。检测霍尔元件的灵敏度可采用双表法，检测方法见图 11－15。

将万用表 1 置于 R×1Ω 或 R×10Ω 挡（根据控制电流大小而定），为霍尔元件提供控制电流。将万用表 2 置于直流电压 2.5V 挡，用来检测霍尔元件输出的电动势。用一块条形磁铁 N 极沿垂直方向靠近霍尔元件的表面，直到观察到万用表 2 的指针发生明显的向右偏转，偏转的角度越大，说明霍尔元件的灵敏度越高。

（2）检测注意事项。

1）检测时勿将霍尔元件的输入、输出端引线接错，否则测不出正确结果。

2）应排除外界杂散磁场的干扰，必要时可采取屏蔽措施。

3）如果万用表 2 的指针向左偏转，则要将条形磁铁的 N、S 极调换一下。

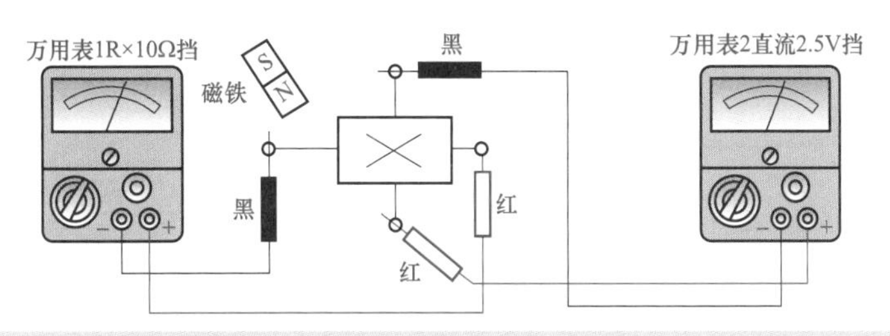

图 11－15　霍尔元件灵敏度检测

3 开关型霍尔传感器性能检测

（1）开关型霍尔传感器性能的检测。常用的开关型霍尔传感器有美国产的 UGN3000 系列，如 UGN3020、UGN3030 等，现以 UGN3113U 开关型霍尔传感器为例说明霍尔传感器的检测，检测电路见图 11－16，对其他型号开关型霍尔传感器也适用。

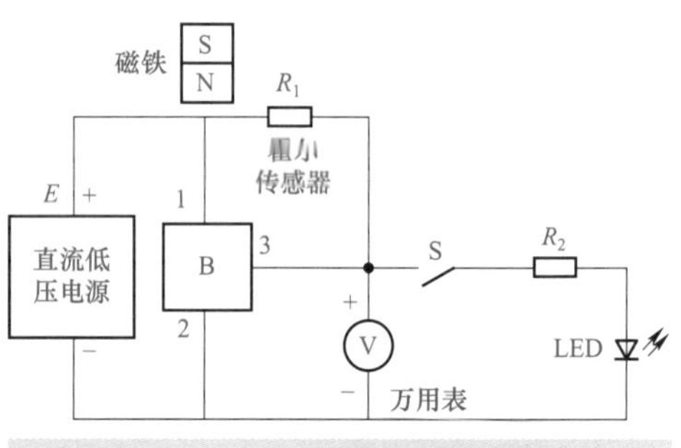

图 11－16 开关型霍尔传感器性能检测

将 12V 的直流电源 E 的正极接于开关型霍尔传感器的 1 脚，负极接于 2 脚。R_1（阻值可选为 2kΩ）接于 1、3 脚之间，R_2 作发光二极管 LED 回路的限流电阻（阻值可选 1kΩ）。

将万用表置于直流 50V 挡，红表笔接 3 脚，黑表笔接 2 脚。S 开关闭合时测得的电压是负载电压，记为 U_o；S 断开时测得的电压是开路电压，记为 U_i。将磁铁 N 极靠近霍尔传感器敏感面，相距约 3cm（实际距离与磁铁的磁通密度有关）。通过调节直流电源 E 输出（3～12V），可得到一系列值，见表 11－2。

由表 11－2 可知，该霍尔传感器的电源电压范围很宽，即使在 3V 电压下也能工作。当 E=12V 时，LED 发出红光。如果磁铁 N 极接近或远离霍尔传感器敏感面时万用表的指针均不偏转，则说明该霍尔传感器已损坏，应及时更换。

（2）检测注意事项。开关型霍尔传感器标有型号的一面为其敏感面，检测中应正对磁铁的磁极（即 N 型器件正对 N 极，S 型器件正对 S 极），并且两者间的距离也不是固定的，否则被测霍尔传感器的灵敏度将降低，甚至不工作。

表 11－2 UGN3113U 开关型霍尔传感器实测数据 单位：V

电源 E	3	5	6	8	10	12
负载电压 U_o	2.2	3.2	3.8	4.7	5.6	6.7
空载电压 U_i	2.9	4.9	5.9	7.8	9.8	11.8

第十二章　集成电路

集成电路英文缩写为 IC（integrated circuits），是将晶体管、电阻、电感及电容器等电子元件，按电路结构的要求，利用不同的加工技术制作在一块硅片上，然后封装而成的。与分立元件相比，集成电路由于其元件密度高，生产工艺先进，因此具有体积小、质量轻、功耗小、外部连线少等优点，广泛应用于家用电器、电子计算机、航空、卫星、雷达等电子设备中。

集成电路品种繁多、功能各异。按功能分类有：数字集成电路、模拟集成电路、接口集成电路、特殊集成电路，按集成度分类有：小规模集成电路（SSI）、中规模集成电路（MSI）、大规模集成电路（LSI）、超大规模集成电路（VLSI）、特大规模集成电路（ULSI）。

第一节　集成稳压器

集成稳压器又叫集成稳压电路，其功能是当输入电压或负荷发生变化时，能使输出电压保持不变。现在国际上集成稳压器的品种已有数百多个，常见的有三端固定集成稳压器、三端可调式集成稳压器、固定式低压差集成稳压器、三端并联可调基准稳压器等。

一、三端固定集成稳压器

1　三端固定集成稳压器特性

三端固定集成稳压器是一种典型的串联调整式稳压器，它采用了线性集成电路的通用线路理论和技术，将启动、取样、基准、比较放大、调整电路，以及过电流、过电压和过热等保护电路全部都制作在一块硅晶片上，其工作原理与分立元器件构成的串联调整式稳压器电路完全相同。三端固定集成稳压器只有三个引出端子，即电压输入端、电压输出端和公共接地端，因而它具有外接元件少、安装调试方便、稳压精度高、性能稳定、价格低廉等优点，现已成为集成稳压器的主流产品，得到了广泛的应用。

三端固定集成稳压器包含 78××和 79××两大系列，78××系列是三端固定正输出稳压器，79××系列是三端固定负输出稳压器，其中××表示固定电压输出的数值。两大系列的稳压器外形相同，但管脚排列顺序不同，对于金属封装的 78××系列稳压器，金属外壳为公共地端，而同样封装的 79××系列稳压器，金属外壳是负电压输入端，对于塑料封装的稳压器，使用时一般要加装散热片。三端固定集成稳压器外形见图 12－1，使用时应对照封装外形图，引脚不能接错。

三端固定集成稳压器两大系列的典型接线电路见图 12－2，图中稳压器输入端 U_i 接整流滤波电路的输出电压，输出端 U_o 接负载，公共端接输入、输出端的公共连接点。为了使稳压器工作更加稳定和改善瞬变响应，在输入、输出端与公共端之间分别并接陶瓷或钽电

容 C_1（0.33μF）和 C_2（0.1μF）。C_1 用来防止稳压电路的自激振荡，并抑制高频干扰。C_2 用来改善负载的瞬变响应，并抑制高频干扰稳压电路的自激振荡。C_3（几十微法）为电解电容，并在稳压器的输出端，用来进一步减小输出电压的纹波。使用时应对照封装外形图，最好先参阅生产厂家的产品说明，在三个引脚的名称判别无误后再接入电路。否则，反接电压超过 7V 时将会击穿稳压器内部的功率调整管，损坏稳压器。

图 12－1　三端固定集成稳压器外形

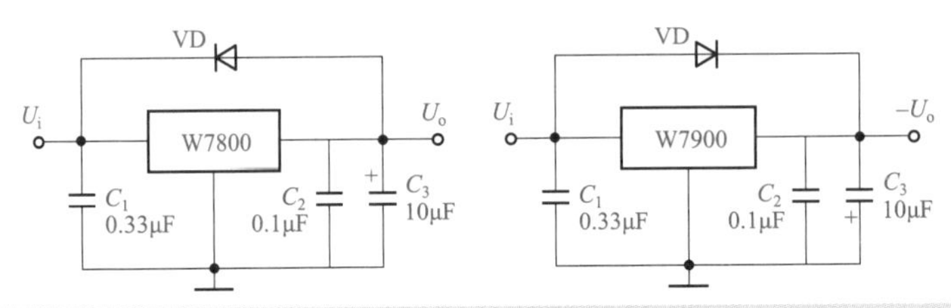

图 12－2　三端固定集成稳压器接线

目前，以美国仙童公司的μA7800（正输出）和μA7900（负输出）系列产品作为通用系列标准，国产对应的有 CW7800 和 CW7900 系列稳压器。各系列的输出电压有 5、6、7、8、9、10、12、15、18、20、24V 共 11 个挡次。输出电流有 5（CW78H、CW79H）、3（CW78T、CW79T）、1.5（CW7800、CW7900）、0.5（CW78M、CW79M）、0.1A（CW78L、CW79L）共 5 个挡次。由于稳压器内部设有可靠的保护电路，使用时不易损坏，但不足之处是输出电压不能调整，不能直接输出非标称值电压，电压稳定度还不够高，应用起来不太方便。

2　三端固定集成稳压器检测

（1）电阻法检测三端固定集成稳压器性能。

1）电阻法检测。三端固定集成稳压器可以采用电阻法检测，就是用万用表电阻挡测出三端固定集成稳压器各引脚间阻值，然后与正常值比较，若出入较大，说明性能有问题。表 12－1 是用万用表 R×1kΩ挡实测的 78××系列 7805、7812、7815、7824 各引脚间正常阻值，以及 79××系列 7905、7912、7924 各引脚间正常阻值，可供检测时参考。

2）检测注意事项。三端固定集成稳压器各脚间阻值随生产厂家不同、稳压值不同及批号不同有一定的差异，检测时要具体分析。

表 12－1 78××、79××系列稳压器各引脚间正常阻值

系列	红表笔所接引脚	黑表笔所接引脚	正常阻值（kΩ）
78××	GND	U_i	15～50
	GND	U_o	5～15
	U_i	GND	3～6
	U_o	GND	3～7
	U_o	U_i	30～50
	U_i	U_o	4.5～5.5
79××	GND	$-U_i$	4～5
	GND	$-U_o$	2.5～3.5
	$-U_i$	GND	14.5～16
	$-U_o$	GND	2.5～3.5
	$-U_o$	$-U_i$	4～5
	$-U_i$	$-U_o$	18～22

（2）电压法检测三端固定集成稳压器性能。

1）电压法检测。电压法检测就是不必将待测的三端固定集成稳压器从电路上拆下来，直接用万用表电压挡检测稳压器的输出端电压，此法既简单又可靠。

以 L7812 三端固定集成稳压器为例，检测方法见图 12－3。测试时，在稳压器的 1、2 脚加上直流电压 U_i，电压正极接输入端，万用表置直流电压挡，测量 2、3 脚间的电压，若所测输出端电压与标称稳压值相差在±5%内，则稳压器是好的，否则稳压器性能不良或已损坏。

2）检测注意事项。

a）在检测时，为防止发生误判，三端固定集成稳压器的输入端电压应比输出端标称电压高 4～6V，以抵消稳压器的内部压降。

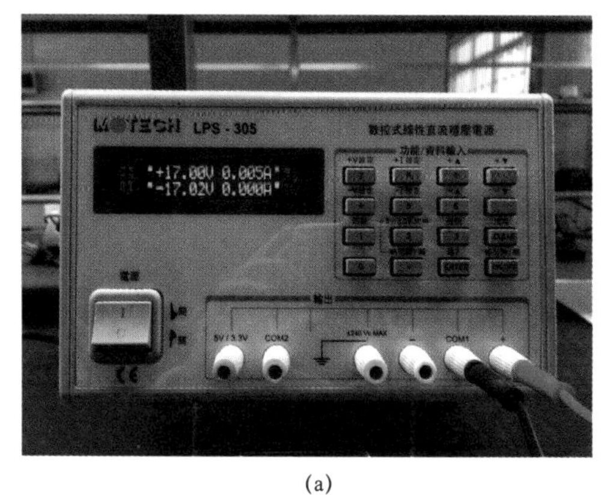

(a)

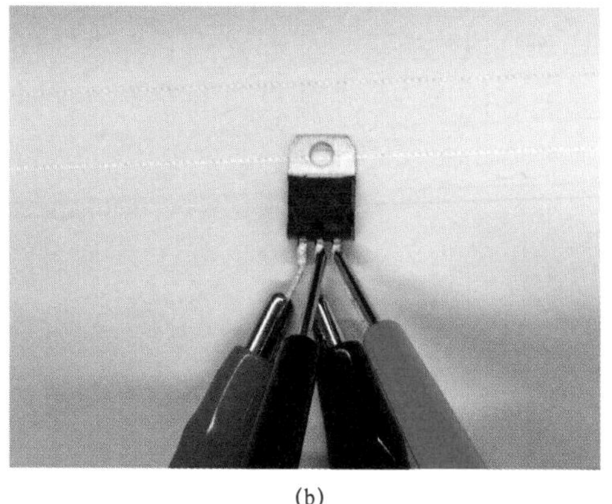

(b)

图 12－3 电压法检测三端固定集成稳压器性能（一）

（a）直流输入电压 U_i 示数；（b）检测输出电压 U_o

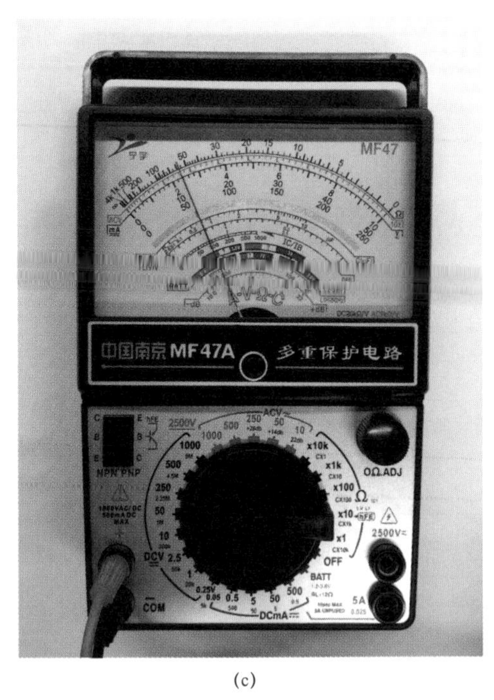

(c)

图 12－3　电压法检测三端固定集成稳压器性能（二）
（c）电压示数

b）对于有些型号字迹不清的三端固定集成稳压器，可通过检测输出端电压来确定其实际稳压值。

c）检测 79××系列三端固定集成稳压器时，要将电压负极接输入端。

二、三端可调集成稳压器

1　三端可调集成稳压器特性

三端可调式集成稳压器是在三端固定式集成稳压器的基础上发展起来的，它从内部电路设计到集成化工艺方面都采用了先进的技术，使性能指标有很大的提高，特别是电压稳定度比前者提高了一个数量级。它不仅保留了固定集成稳压器的优点，而且还弥补了固定式输出电压不可调的缺点，输出电压可在 1.25～37V 或－1.25～－37V 之间连续可调。三端可调集成稳压器具有全过载保护功能，包括限流、过热和安全区域的保护，同时还具有稳压精度高、输出纹波小、价格便宜等优点，适合用于制作实验室电源及多种供电方式的直流稳压电源，也可以设计成固定式来代替三端固定式稳压器，以进一步改善稳压性能，现已成为生产量大、应用面广的产品。

三端可调集成稳压器的输入电流几乎全部流到输出端，流到公共端的电流非常小，因此可以用少量的外部元件方便地组成精密可调的稳压电路，应用更为灵活。使用时只需改变两只外接电阻的阻值比，就可对输出电压进行调整，从而获得所需的稳定电压。这种稳压器可以几个并联使用，在保证原有稳压精度下使输出电流得到扩展（可达 10A）。

三端可调集成稳压器分正压输出和负压输出两种，国产主要型号 CW317、CW337（与美国国家半导体公司的 LM317、LM337 的技术标准相近）。其中 CW317 输出电压 1.2～37V 连续可调，CW337 输出电压 –1.2～–37V 连续可调，输出电流有 0.1、0.5、1、1.5、10A 等。

CW317、CW337 外形及引脚排列见图 12–4，图中 U_i、U_o、ADJ 分别为输入、输出、调整端。调整端用于外接取样电阻分压器，以实现输出电压可调。稳压器没有公共接地端，接地端往往通过电阻接地。

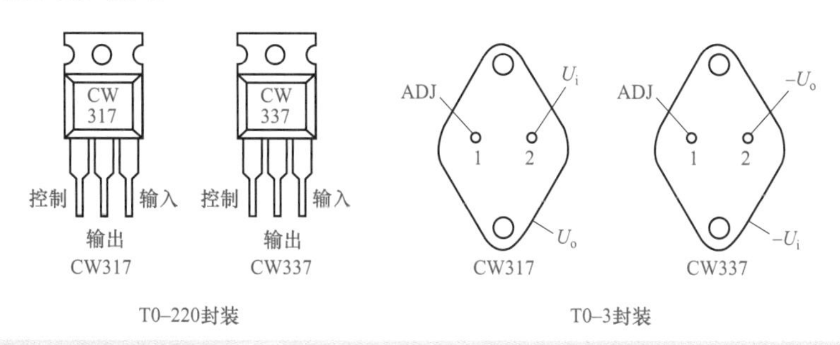

图 12–4　三端可调集成稳压器外形及引脚排列

2 三端可调集成稳压器检测

（1）电阻法检测三端可调集成稳压器性能。电阻法检测三端可调集成稳压器的方法与检测 78××系列三端固定集成稳压器的方法一样，即用万用表电阻挡检测各引脚间阻值，并与正常值比较。若出入不大，说明稳压器性能良好，若偏差较大，说明稳压器性能不良或已损坏。

表 12–2 是用万用表 R×1kΩ 挡测得的三端可调集成稳压器典型产品各引脚间阻值，供检测时参考。

表 12–2　　　　LM317、LM350、LM338 稳压器各引脚间正常阻值

表笔位置		正常阻值（kΩ）		
黑表笔所接引脚	红表笔所接引脚	LM317	LM350	LM338
U_i	ADJ	150	75～100	140
U_o	ADJ	28	26～28	29～30
ADJ	U_i	24	7～30	28
ADJ	U_o	500	几十至几百	约 1000
U_i	U_o	7	7.5	7.2
U_o	U_i	4	3.5～4.5	4

（2）电压法检测三端可调集成稳压器性能。

1）电压法检测。以 LM317 型三端可调集成稳压器为例，说明电压法的检测方法。

检测电路见图 12–5，图中的 R_1 为取样电阻，R_P 是可调电阻，C_1 是防止输出端产生自激振荡电容，要求使用 1μF 的钽电容。C_2 是滤波电容，可滤除 R_P 两端的纹波电压，一般取 10μF。V1 和 V2 是保护二极管，可防止输入端及输出端对地短路时烧坏稳压器的内部电路。

通电后，一边用万用表直流电压 10V 挡检测稳压器输出端电压，一边将 R_P（电压调节电位器）从最小值调到最大值，输出电压应在标称电压调节范围内变化，若输出电压不变或变化范围偏差较大，说明稳压器性能不良或已损坏。

2）检测注意事项。

a）C_1 若采用普通铝壳电解电容，则容量需增加到 22μF。

b）若取样电阻 R_1、可调电阻 R_P、滤波电容 C_2 发生故障，则会导致输出电压异常。

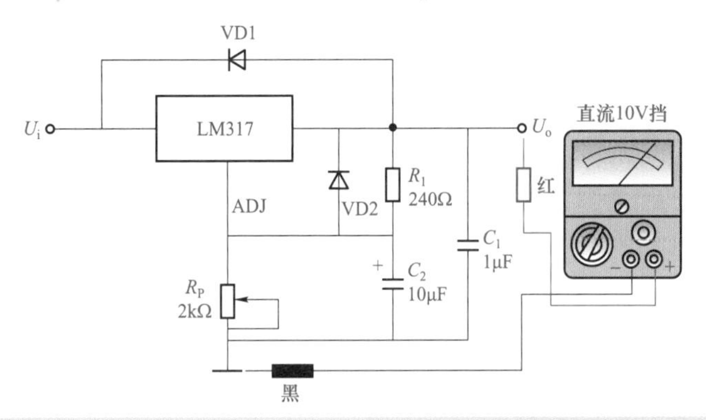

图 12－5　电压法检测 LM317 稳压器

三、固定式低压差集成稳压器

1　固定式低压差集成稳压器特性

目前使用的三端固定式集成稳压器普遍采用电压控制型，为了保证稳压效果，稳压器的输入与输出压差一般要取 4～6V，这是造成电源效率低的主要原因。而固定式低压差集成稳压器是近年来问世的高效率线性稳压集成电路，属于电流控制型稳压器，它选用低压降的 PNP 型晶体管作为内部调整管，从而把输入与输出电压差降低到 0.5～0.6V 以下，显著地提高了稳压电源的效率，它广泛应用在笔记本计算机、小型数字仪表和测量装置及通信设备中。

固定式低压差集成稳压器也有正压输出和负压输出两种，典型产品有美国国家半导体公司生产的 LM2930、LM2937、LM2940C、LM2990 四个系列，与它们相对应的国内产品是 CW 系列，它们都属于三端稳压器，其中仅 LM2990 和 CW2990 为负压输出。常见固定式低压差稳压器的外形见图 12－6。

图 12－6　固定式低压差稳压器外形

2　固定式低压差集成稳压器检测

现以国产 CW2930 固定式低压差集成稳压器为例，介绍检测其性能的方法。

检测 CW293 时可采用测量各管脚间的电阻值来判断其好坏，表 12－3 是用万用表 R×1kΩ 挡实测的 CW2930 稳压器各管脚之间的正常阻值，可供检测时对照参考。

表 12-3　　CW2930 各管脚间正常电阻值

红表笔所接引脚	黑表笔所接引脚	正常电阻值（kΩ）
GND	U_i	24
GND	U_o	4
U_i	GND	5.5
U_o	GND	4
U_o	U_i	32
U_i	U_o	6

四、三端并联可调基准稳压器

1　三端并联可调基准稳压器特性

三端并联可调基准稳压器（俗称可调稳压管）自带内部基准电压源（2.5V）、内部并联晶体管及运算放大器，可以精确地控制供电电压，相当于一只可调式稳压二极管。它与简单的外电路相组合就可以构成一个稳压电路，其输出电压在 2.5～36V 之间可调，广泛地应用于开关电源的稳压电路中。

三端并联可调基准稳压器最具有代表性的型号是 TL431，它是由美国德州仪器（TI）公司和摩托罗拉（Motorola）公司联合生产的，其性能优良、功能多样、价格低廉。另外还有很多公司生产的类似产品，其型号前面的字母视生产公司不同而不同，但型号中都带有“431”。

TL431 三端并联可调基准稳压器除了可用作基准电压源外，还能构成电压比较器、电源电压监视器、延时电路、精密恒流源等。目前在单片机精密开关电源中，普遍用它来构成外部误差放大器，再与线性光耦合器组成隔离式光耦反馈电路。

TL431 稳压器外形酷似三极管，其外形及内部结构见图 12-7。三个引脚分别为：阴极（K）、阳极（A）和取样端（R 或 G）。从内部电路图中可以看出，A 为比较放大器，R 端接在比较放大器的同相输入端。当 R 端电压升高时，比较放大器的输出端电压也上升，即内部三极管 VT 基极电压上升，导致其集电极电压下降，即 K 端电压下降。它的输出电压可以通过取样端 R 外接的两个取样电阻 R_1、R_2 任意地设置从 2.5～36V 范围内的任何值。NPN 型晶体管 Q，它起到调节负载电流的作用。保护二极管 VD，可防止因 K、A 间电源极性接反而损坏 TL431 稳压器。

2　三端并联可调基准稳压器检测

（1）TL431 稳压器检测。对 TL431 稳压器的检测，主要采用电阻法。因为 TL431 稳压器等效于一只可调式稳压二极管，因此在 A、K 之间应呈现单向导电性。

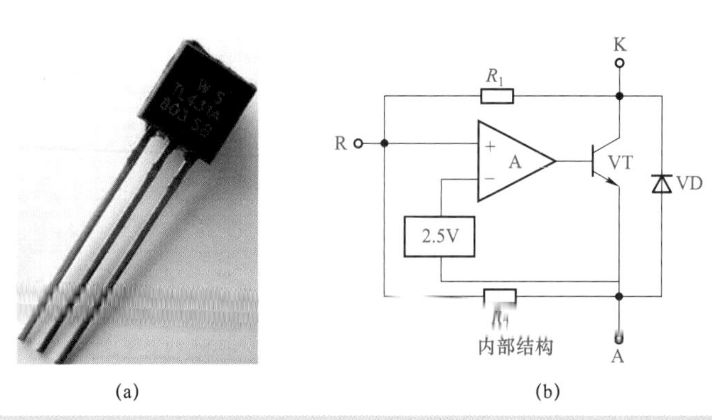

图 12－7 TL431 外形和内部结构
（a）外形；（b）内部结构

表 12－4 是用万用表 R×1kΩ 挡实测的 TL431 各引脚间的正常电阻值，供检测时参考。

（2）检测注意事项。若两个取样电阻 R_1、R_2 发生故障，则会导致输出电压异常。

表 12－4　　TL431 引脚间正常电阻值

红表笔所接引脚	黑表笔所接引脚	正常电阻值（kΩ）
K	A	∞
A	K	5～5.1
R	K	7.5～7.6
K	R	∞
R	A	26～29
A	R	34～36

第二节 集成运算放大器

一、集成运算放大器分类

集成运算放大器简称集成运放，又称计算放大器（因为它能完成信号的计算功能）或差动放大器（因为它有两个输入端），它是采用半导体集成工艺制造的一种由多级直接耦合放大电路组成的高增益模拟集成电路。由于早期应用于模拟计算机中，用以实现数学运算，故得名“运算放大器”。

集成运算放大器可以取代分立器件，成为电子电路的组成单元，它具有输入电阻高（几十千欧至几百兆欧）、输出电阻低（几十欧）、电压放大倍数大（十万倍以上）、共模抑制比高（高达 60～170dB）及零点漂移低等优点，目前已经广泛应用于计算机、自动控制、精密测量、通信、信号处理及电源等电子技术应用的所有领域，用它可构成加法器、比例放大器、电压跟随器、比较器、积分器、振荡器、有源滤波器等，可以非常方便地完成信号放大、信号运算（加、减、乘、除、对数、反对数、平方、开方）、信号处理（滤波、调制）及波形的产生和变换等。

1 按性能特点分类

集成运算放大器按性能特点可分为通用型和专用型两大类，通用型就是以通用为目的而设计的，主要特点是价格低廉、产品量大面广，其性能指标能满足一般性使用，是目前应用最为广泛的集成运算放大器。专用型就是专门为适应某些特殊需要而设计的，主要特点是在某些单项指标达到比较高的要求，适用于某些特殊的电子设备。

（1）通用型。

1）通用Ⅰ型：是第一代集成运放，以μA709（国产 FC3）为代表，增益较低（小于 10^4），大致能够达到中等精度的要求。

2）通用Ⅱ型：是第二代集成运放，以μA741（国产 F007 或 5G24）为代表，增益较高（10^4～10^5），电路中还有短路保护措施，防止过流造成损坏。

3）通用Ⅲ型：是第三代集成运放，以 AD508（国产 4E325）为代表，增益高（10^5 以上），其特点是输入级采用了超 β 晶体管（β 为 1000～5000 倍）和热对称设计，使失调电压、失调电流、开环增益、共模抑制比和温漂等方面的指标都得到改善。

4）通用Ⅳ型：是第四代集成运放，以 HA2900（国产 LF356）为代表，其特点是制造工艺达到大规模集成电路的水平，采用了斩波稳零和动态稳零技术，使性能更加接近理想化，输入级采用 MOS 场效应管，输入电阻可达 100MΩ以上。

（2）专用型。

1）高阻型集成运放：输入级往往采用 MOS 场效应管，输入阻抗非常大，输入电流非常小，而且具有高速、宽带和低噪声等优点，但输入失调电压较大，常见的有 LF356、LF355、LF347、AD549、OPA128 及更高输入阻抗的 CA3130、CA3140 等，适用于测量放大电路、采样保持电路、带通滤波器、模拟调节器以及某些信号源内阻很高的电路中。

2）低温漂型集成运放：它采用热匹配设计和低温度系数的精密电阻，或在电路中加入自动控温电路以减小温漂，使失调电压下降且不随温度的变化而变化，常用的有 OP－07、OP－27、AD508 及由 MOSFET 组成的斩波自稳零型低漂移器件 ICL7650 等，适用于精密仪器、弱信号检测等自动控制仪表中。

3）高速型集成运放：它具有很高的输出电压转换速率（2～3kV/μS）和单位增益带宽（大于 20MHz），常用的有 LM318、FX318、μA715 、EL2030C、AD8001A 等，适用于快速 A/D 和 D/A 转换器、视频放大器、有源滤波器、高速采样保持电路、模拟乘法器、精度比较器及高频高带宽的电子设备中。

4）低功耗型集成运放：它工作时的电流非常小（50～250mA），工作电压也很低（±2～±18V），功耗仅为几十微瓦，常用的有μPC253、F011、TL－022C、TL－060C、OP90G、LP324 等，适用于便携式电子产品和航空、航天仪器中。

5）高压型集成运放：集成运放的输出电压主要受供电电源的限制，工作电源电压越高，输出电压的动态范围就越宽。一般集成运放的供电电压在 15V 以下，而高压型集成运放的电源电压为±15～±40V，最高可达±150V（D41），最大输出电压可达±145V，常用的有 F1536、BG315、F143 等，适用于某些需要输出高电压的场合。

6）功率型集成运放：它不但能输出较高的电压，还能提供较高的输出电流，因而可向负载提供较大的输出功率，常用的有 TDA2007、LM1875、OPA541（输出电流可达 10A、输出功率达 125W）、μA791（输出电流可达 1A）等，适用于音频功放及电机驱动电路中。

7）高精度集成运放：它具有失调电压小、温度漂移小、稳定性高、增益高、共模抑制比高、噪声小及对频率特性要求不高等特点，常用的有 LM308、F308、OP07、OP177 等，适用于毫伏量级或更低的微弱信号的精密检测、精密模拟计算、高精度稳压电源及自动控制仪表中。

2 按结构分类

（1）双极型集成运放。双极型集成运放的输入差分极使用的是双极型晶体管。

（2）结型场效应管集成运放。结型场效应管集成运放的输入差分极使用的是结型场效应管，其余部分仍使用双极型晶体管。

（3）MOS 型集成运放。MOS 型集成运放的输入差分极使用的是 MOS 型场效应管，输入偏流极小，输入阻抗高达 $10^{12}\Omega$。

（4）CMOS 型集成运放。CMOS 型集成运放完全由 CMOS 型场效应管构成，输入阻抗极高，静态电流小，功耗较低。

3 按封装的单元数量分类

根据集成运放封装所包含的运放单元数量，可分为单运放（TL081、LM318、NE5539 等）、双运放（TL082、LM158、NE5532、μPC4072/4 等）、四运放（LM324、TL084、LF347 等）。

二、集成运算放大器特性及技术参数

1 集成运算放大器特性

（1）集成运算放大器组成。集成运放内部电路非常复杂，通常是将几十个甚至上百个的晶体管、少量电阻及个别小电容集成在一块 P 型硅半导体材料上，以构成输入级、中间放大级、输出级及偏置电流源等，见图 12－8。

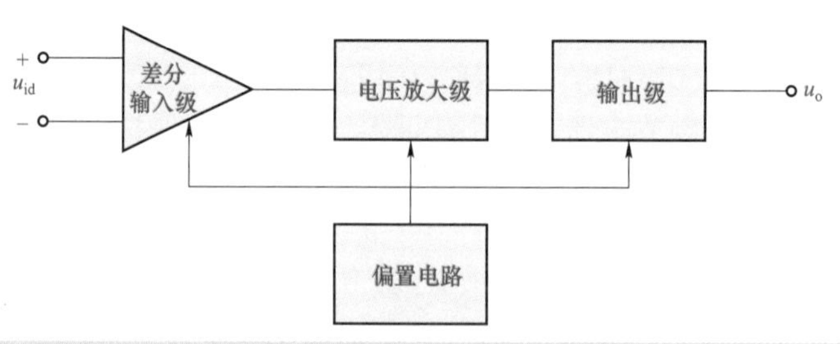

图 12－8 集成运算放大器组成

1）输入级：使用高性能的差分放大电路，要求输入阻抗高、零点漂移小，必须对共模信号有很强的抑制力，采用双端输入、双端输出的形式。

2）中间放大级：一般由共发射极组成多级耦合放大电路，主要用于高增益的电压放大，提供足够大的电压与电流，以保证运放的运算精度。输出级与负载相连，要求输出阻抗低，带负载能力强。

3）输出级：为了提高电路驱动负载的能力，一般采用由 PNP 和 NPN 两种极性的三极管或复合管组成互补对称输出级电路，以提供大的输出电压或电流。

4）偏置电流源：一般由各种恒流源电路组成，给上述各级电路提供稳定合适的偏置电流，以稳定工作点，此外电路还备有过流保护电路。

（2）集成运算放大器外形及封装。集成运放型号很多，封装形式多样，内部运放单元数量有 1、2、4 等几种，常用封装形式有金属外壳（TO）封装、双列直插（DIP）封装、陶瓷扁平（CFP）封装、片状（SOP）封装等。集成运放在电路中常用字母 A 或 N 表示，其外形、封装及电路中符号见图 12－9。

集成运放符号中有两个输入端（U_i）和一个输出端（U_o），其中标有“＋”的为同相输入端（输出电压的相位与该输入电压的相位相同），标有“－”的为反相输入端（输出电压的相位与该输入电压的相位相反）。还有两个电源端，即正电源端（$+V_{CC}$ 或 $+V_{DD}$）和负电源端（$-V_{EE}$ 或 $-V_{SS}$）。“▷”表示信号的传输方向，“∞”表示理想的开环电压放大倍数。

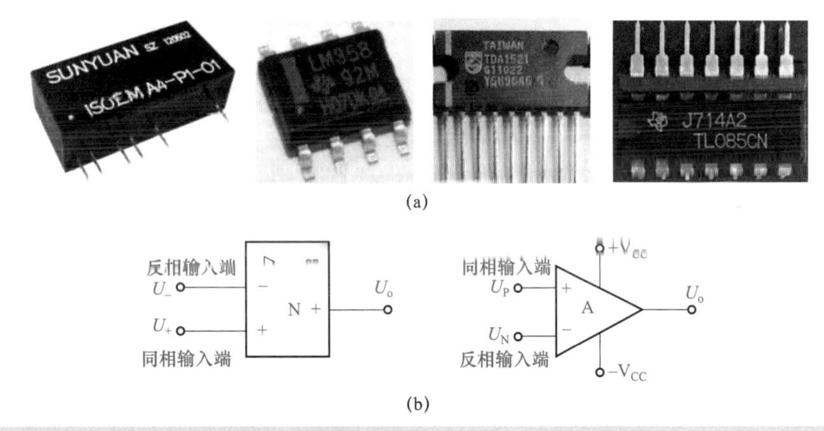

图 12－9 集成运算放大器外形、封装及符号

（a）外形和封装；（b）符号

（3）集成运算放大器供电方式。集成运放有两个电源接线端$+V_{CC}$和$-V_{EE}$，因而有不同的电源供给方式，而不同的电源供给方式对输入信号的要求是不同的。

1）对称双电源供电方式。集成运放大多采用这种方式供电，在这种方式下，正与负电源分别接于集成运放的$+V_{CC}$和$-V_{EE}$管脚上，把信号源直接接到集成运放的输入脚上，而输出电压的振幅可达到正负对称电源电压。

2）单电源供电方式。单电源供电方式是将集成运放的$-V_{EE}$管脚连接到地上，此时为了保证运放内部单元电路具有合适的静态工作点，输入端一定要加入某一值的直流电位。此时集成运放的输出是在某一值的直流电位基础上随输入信号变化。静态时，输出电压近似为$V_{CC}/2$。

2 集成运算放大器技术参数

（1）开环差模电压放大倍数 A_{OD}。它是指集成运放在无外加反馈回路的情况下，输出开路电压与输入差模电压之比，即差模电压的放大倍数。

（2）最大输出电压 U_{OPP}。它是指额定的电源电压下，集成运放的最大不失真输出电压的峰－峰值。

（3）差模输入电阻 R_{id}。它是指开环和输入差模信号时，集成运放的输入电阻，它反映了输入端向信号源索取电流的大小，要求越大越好。

（4）差模输出电阻 R_{od}。它是指开环和输入差模信号时，集成运放的输出电阻，它反映了集成运放在输出信号时的带负载能力。

（5）共模抑制比 K_{CMR}。它反映了集成运放对共模输入信号（通常是干扰信号）的抑制能力，其值越大越好，理想的集成运放为无穷大。

（6）转换速率 S_R。转换速率又称压摆率，它表示集成运放输入为大信号时输出电压随时间的最大变化率。其值越大，集成运放的高频性能越好。

三、集成运算放大器检测

1 集成运算放大器好坏检测

检测集成运放要有专用仪器（如 RZ3180 线性集成电路自动测试仪、RJ3190 集成运放测试仪等），下面介绍业余条件下用万用表检测的方法。

将万用表置于 R×1kΩ 挡，检测各引脚间阻值，见图 12－10。然后分别与正常的同型号同规格的集成运放的正常阻值对照。若相同或接近，说明集成运放是好的；若为零或无穷大，说明集成运放有问题。

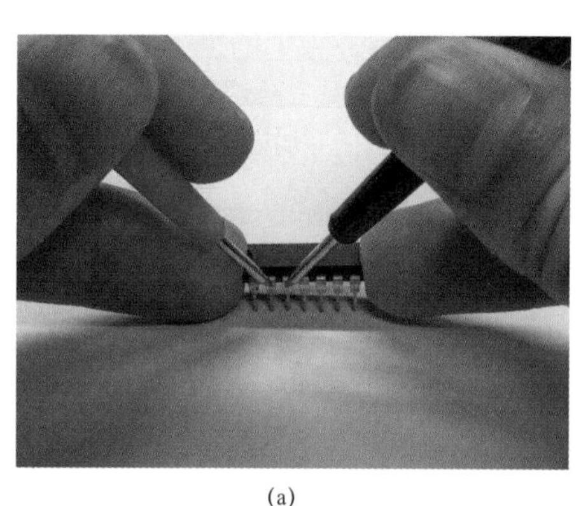

(a)

(b)

图 12－10 集成运放好坏检测

（a）检测电阻；（b）电阻示数

2　集成运算放大器有无自激振荡检测

（1）集成运算放大器自激振荡特性。运算放大器是一个高放大倍数的多级放大器，虽然接成负反馈电路工作，但由于它在高频区所产生的附加相移，有可能使它从负反馈变成正反馈。这时如果负反馈深度较深，就会产生自激振荡。一个集成运算放大器自激振荡时，表现为即使输入信号为零，亦会有输出，使各种运算功能无法实现，严重时还会损坏器件。为了使运算放大器能稳定地工作，就需外加一定的频率补偿网络，以消除自激振荡。

（2）集成运算放大器有无自激振荡的检测方法。判别集成运算放大器有无自激振荡的方法就是将集成运算放大器接成一个简单的跟随电路，见图12-11。

将万用表置于交流电压10V挡，红表笔与一只电容串联后接在输出端上，黑表笔接地。万用表指示值应为零，若指示值较大，说明集成运放出现自激振荡，应通过改进频率补偿网络（即更换阻容元件）消除，若无法消除，说明集成运放有问题，不能使用。

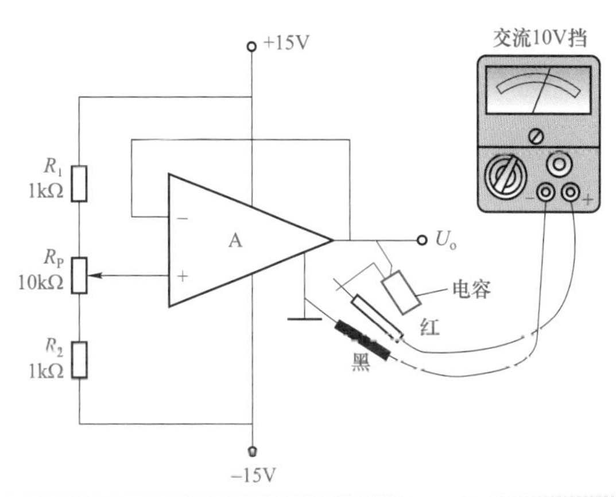

图12-11　集成运放有无自激振荡检测

（3）检测注意事项。消除集成运算放大器的自激振荡，常采用如下措施：

1）若运放有相位补偿端子，可利用外接RC补偿电路，产品手册中有提供补偿电路及元件参数。

2）电路布线、元器件布局应尽量减少分布电容。

3）在正电源的进线端与地之间同时接入一个10～30μF的电解电容（防止低频干扰）和一个0.01～0.1μF的独石滤波电容（防止高频干扰），负电源的进线端与地之间也同样做法，以减小电源引线的影响。

3　集成运算放大器有无放大能力检测

判别集成运放有无放大能力可以将万用表置于直流电压挡，红表笔接集成运放输出端，黑表笔接地，检测方法见图12-12。

调节电位器R_P，万用表指示值应随之变化，若调节R_P过程中，U_o无变化或变化太小，说明集成运放没有放大能力或输出动态范围太小，不宜使用。

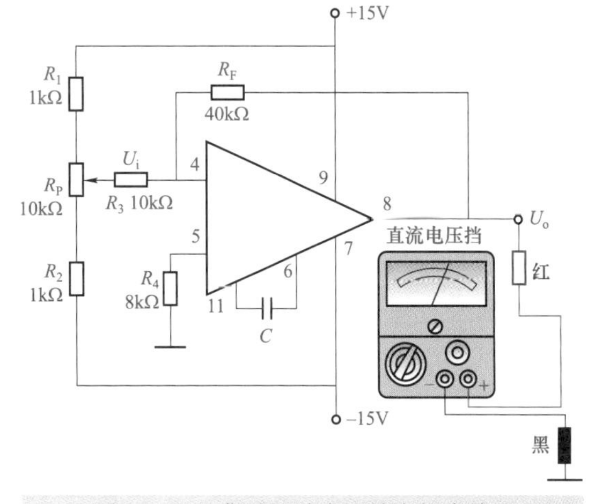

图12-12　集成运放有无放大能力检测

4　集成运算放大器放大能力估测

（1）集成运算放大器放大能力的检测。在业余条件下，可以用万用表来估测集成运放的放大能力，以F007（5G24、μA741）集成运放为例说明，检测方法见图12-13。

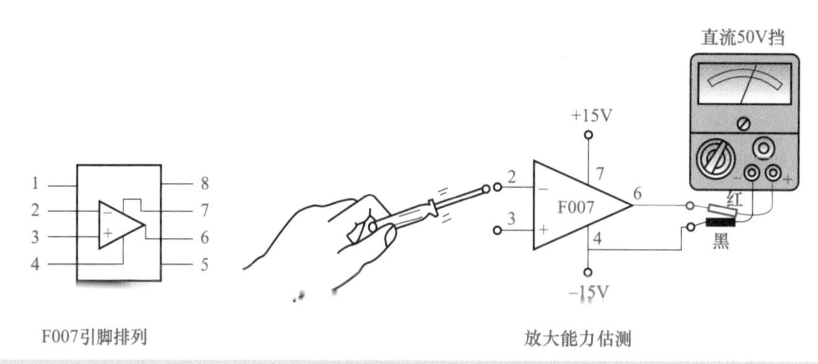

图 12－13　集成运放放大能力估测

F007 是八脚双列直插式组件，其 1 脚、5 脚为调零端，2 脚为反相输入端，3 脚为同相输入端，4 脚、7 脚为静态直流工作电压电源端，6 脚为输出端，8 脚为空脚。当接上±15V 电源后，万用表置于直流电压 50V 挡，输入端 2 脚、3 脚开路，集成运放处于正向截止状态，万用表指示为 28V。用手握螺钉旋具绝缘柄，用其金属杆依次碰触同相输入端 3 脚和反相输入端 2 脚，这样相当于把人体感应的 50Hz 交流电压加至运放的输入端。因为这时手并未接触金属杆，故输入的电压信号很弱，仅为几十毫伏至几百毫伏。

此时万用表指针若从 28V 摆动到 15～20V（一般螺钉旋具碰触 2 脚时指针摆动幅度较大，碰触 3 脚时指针摆动幅度较小），说明集成运放增益高。若指针摆动很小，说明集成运放放大能力差。若指针不动，说明集成运放已损坏。

（2） 检测注意事项。

1）假如按上述方法用螺钉旋具碰第 2 脚时输入信号太弱，指针摆动很小，也可直接用手捏住第 2 脚（或第 3 脚），指针应指在 15V 左右。这是由于人体感应的 50Hz 电压较高，一般为几伏至几十伏，所以即使集成运算放大器的增益很低，输出电压仍接近于方波。

2）该方法适合检测各种集成运算放大器的放大能力，只是电源电压应符合规定值。

第三节　TTL 数字集成电路

一、TTL 数字集成电路分类

TTL（transistor-transistor logic）电路全称晶体管－晶体管逻辑电路，是以双极型三极管作为开关元件的一种性能优良的逻辑门电路，因其输入级和输出级都采用三极管而得名。TTL 数字集成电路分类的基本单元是具有与非功能的逻辑电路，它可组成各种功能的单元电路，如门电路、编译码器、触发器、计数器、寄存器等，它们具有工作速度高、驱动能力强、结构简单、可靠性高、抗干扰能力强、品种丰富、互换性强、微型化等优点，是目前应用最广泛的集成电路之一。不足之处是功耗较大、集成度低，随着集成度的不断提高，目前已有能实现各种较复杂逻辑功能的单块集成电路。

1　按内部结构分类

（1） 标准型 7400 系列。它是早期产品，因其内部结构简单，故特性不理想，虽然仍在使用，但正逐步被淘汰。

（2）高速型 74H00 系列。它是 7400 系列的改进型，特点是速度较快、输出较强，但静态功耗较高，目前使用得越来越少。

（3）低功率型 74L00 系列。它是 7400 系列的改进型，特点是静态功耗较低，但速度慢，目前正逐步退出市场。

（4）高速肖特基型 74S00 系列。主要是采用了肖特基二极管和肖特基晶体管，改善了切换速度，其特点是速度较高，但功耗较大、品种较少，是目前应用较多的产品之一。

（5）低功率肖特基型 74LS00 系列。这是现代 TTL 的主要应用产品系列，其主要特点是功耗低、品种多、价格便宜、性价比高，在中小规模逻辑电路中应用非常普遍。

（6）先进低功率肖特基型 74ALS00 系列。这是 74LS00 系列的改进型，其特点是速度比 74LS00 系列提高了 1 倍以上，功耗降低了 1/2 左右，已成为 LS 系列的更新换代产品，但它价格较高。

（7）先进超高速肖特基型 74AS00 系列。这是 74S00 系列的改进型，其特点是速度比 74S00 系列提高近 1 倍，功耗降低 1/2，它与 74ALS00 系列共同成为市场的主要标准产品。

（8）快速型 74F00 系列。这是美国仙童公司开发的有别于肖特基型的高速 TTL 产品，性能介于 ALS 和 AS 之间，已成为 TTL 的主流产品之一。

2 按输出形态分类

（1）图腾式输出。此种输出可以输出高电位与低电位，被称为图腾式则是因为电路形式（推挽输出形式）像图腾一样配置。大部分 74 系列的 TTL 组合逻辑电路，都是采用图腾式输出。

（2）开集电极式输出。此种输出不能输出高电位，只有开路与低电位两种状态。它可以承受较高的电压或与不同工作电压的电路连接，有时开集电极式输出可用来驱动比较重的负载（如继电器）。

（3）三态式输出。在数字电路中除了低电平（0）和高电平（1）这两种状态外，还有另一种高阻状态（禁止态），高阻状态对电路来说即是断路状态。

二、TTL 数字集成电路结构及特性

1 TTL 数字集成电路结构

TTL 数字集成电路的基本结构是一个多输入端的与非门电路，电路结构见图 12－14，它由输入级、倒相级、输出级三部分组成。输入级由多发射极三极管 VT1、R1、VD1、VD2、VD3 构成，多发射极三极管的每一个发射极都能各自独立地形成正向偏置的发射结，并可促使三极管进入放大或饱和区，VD1、VD2、VD3 为输入端的钳位二极管，作用是限制输入端出

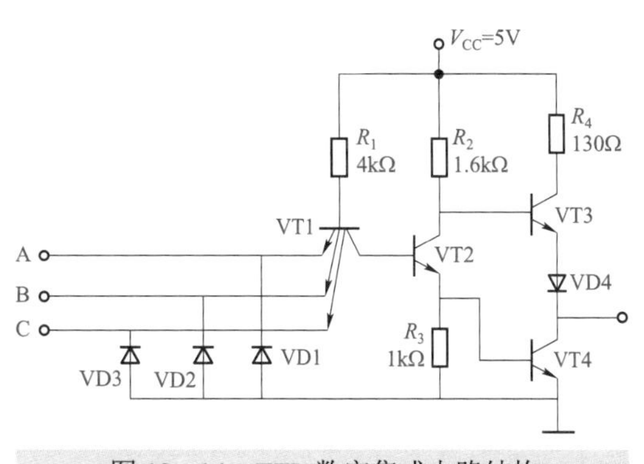

图 12－14　TTL 数字集成电路结构

现的负极性干扰脉冲，以保护多发射极三极管 VT1。倒相级由三极管 VT2、R_2、R_3 构成，通过 VT2 的集电极和发射极提供两个相位相反的信号，以满足输出级互补工作的要求。输出级由 VT3、VT4、VD4、R4 构成推挽式互补输出电路（又称图腾式输出），当 VT3 导通时，VT4 和 VD4 截止；反之 VT3 截止时，VT4 和 VD4 导通，VD4 的作用是当 VT4 饱和导通时，VT3 能够可靠地截止。

当电源电压 V_{CC}=＋5V 时，A、B、C 输入端信号的高电平为 3.4V，低电平为 0.2V，PN 结的开启电压为 0.7V。当 A、B、C 输入端任一端为低电平时，VT1 的发射结都将正向偏置而导通，VT2 将截止，结果将导致输出为高电平。只有当 A、B、C 输入端全部为高电平时，VT1 将转入倒置放大状态，VT2 和 VT4 均饱和导通，输出为低电平。

2 TTL 数字集成电路特性

TTL 数字集成电路为正逻辑电路，即高电平“1”大约为 3.6V，低电平“0”为 0.2～0.35V，当输入端输入低电平时，输出端即为高电平；当输入端全部输入高电平时，输出端为低电平，实现了与非逻辑功能。

TTL 数字集成电路有 54 系列（军用）和 74 系列（民用）两种，一般工业设备和消费类电子产品多用后者。对于同一功能编号（尾数相同）的各系列 TTL 数字集成电路，它们的引脚排列与逻辑功能完全相同，比如：7404、74LS04、74AS04、74F04、74ALS04 等各集成电路的引脚排列与逻辑功能完全一致，但它们在电路的速度和功耗方面存在着明显的差别。

TTL 数字集成电路的一般有以下几项特性：

（1）工作电源电压范围。74 系列中 S、LS、F 系列为 5.0V（1±5%），AS、ALS 系列为 5.0V（1±10%）。

（2）频率特性。74 系列中的工作频率标准型小于 35MHz，LS 系列小于 40MHz，ALS 系列小于 70MHz，S 系列小于 125MHz，AS 系列小于 200MHz。

（3）电压输出特性。当工作电压为＋5V 时，逻辑“1”的输出电平大于 2.4V，逻辑“0”的输出电平小于 0.4V；逻辑“1”的输入电平大于 2.0V，逻辑“0”的输入电平小于 0.8V。

（4）最小输出驱动电流。74 系列中的最小输出驱动电流标准型为 16mA，LS 系列为 8mA，S 系列为 20mA，ALS 系列为 8mA，AS 系列为 20mA。

（5）扇出能力。74 系列中的扇出能力标准型为 40，LS 系列为 20，S 系列为 50，ALS 系列为 20，AS 系列为 50。

三、TTL 数字集成电路检测

在一般情况下，可用万用表的电阻挡来判断 TTL 电路的好坏。将万用表置于 R×1kΩ 挡，黑表笔接待测 TTL 电路的接地脚，红表笔依次接其他各端，检测方法见图 12－15。

当红表笔接电源电压引脚时，若测得的阻值大约为几千欧，并且当红表笔接其他引脚时，测得的阻值也是大约为几千欧，则说明该被测 TTL 电路的质量性能良好。在测量的过程中，若测得某引脚与接地脚之间的电阻值小于 1kΩ，甚至为零，或大于十几千欧时，则说明该被测 TTL 电路已损坏（即不能正常工作）。

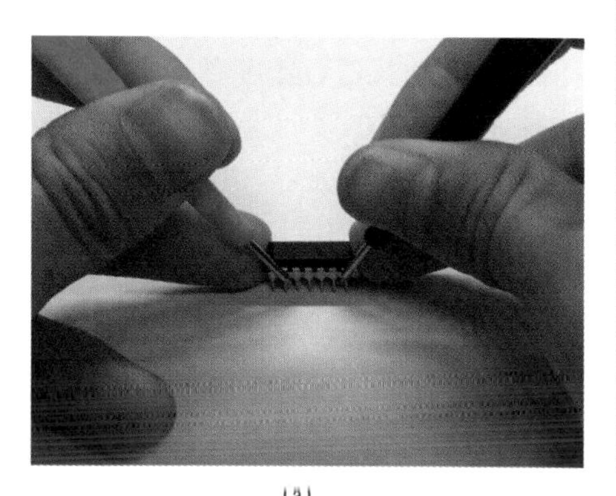
(a)

(b)

图 12－15 TTL 数字集成电路好坏判别
(a) 检测电阻；(b) 电阻示数

接下来把红表笔接待测 TTL 电路的地端，黑表笔依次接其他各引脚。若测得的阻值在几十千欧（如 40kΩ）以上，则说明该被测 TTL 电路是好的。但电源引脚与地端引脚之间的阻值仍为几千欧，均比其他引脚与地端引脚之间的阻值要小。若测得的阻值在 1kΩ 以下（甚至为零）或无穷大，则说明该被测 TTL 电路已损坏。

据此，也可以判别出其电源端引脚与地端引脚，一般电源引脚与地端引脚之间的正、反向阻值最大不超过 10kΩ 。

第四节 CMOS 数字集成电路

一、CMOS 数字集成电路系列

CMOS 数字集成电路是互补金属氧化物半导体数字集成电路的简称，这里的“C”表示互补的意思，“MOS”表示由绝缘栅场效应管构成，它是在 TTL 数字集成电路问世之后开发出的第二种数字集成电路器件。CMOS 数字集成电路具有制造工艺比较简单、成品率较高、功耗低、集成度高、工作电压范围宽、抗干扰能力强等特点，广泛应用于大规模集成电路、微处理器、单片机、超大规模存储器件、可编程逻辑（PLD）器件及其他数字逻辑电路中。从发展趋势来看，由于制造工艺的不断改进，CMOS 电路的工作速度已经达到或接近 TTL 电路的水平，其中功耗、噪声容限、扇出系数等参数优于 TTL，有可能超越 TTL 而成为占主导地位的器件。不足之处是耐静电能力差，有“自锁效应”，影响电路正常工作。

CMOS 数字集成电路有以下几种系列：

（1）基本型 4000 系列。这是早期的 CMOS 数字集成电路产品，主要特点是工作电源电压范围宽（3～18V）、功耗低、工作速度较低、噪声容限大、扇出系数大、平均传输延迟时间为几十纳秒、最高工作频率小于 5MHz，已得到普遍使用。

（2）标准型 4000B/4500B 系列。这是 4000 系列的标准型，主要特点是工作电源电压范围宽（3～18V）、功耗最小、工作速度较低、品种多、价格低廉，是目前 CMOS 数字集成电路的主要应用产品。

（3）高速型 74HC（HCT）系列。该系列突出优点是功耗低、速度高，平均传输延迟时间小于 10ns，最高工作频率可达 50MHz，电源电压范围 74HC 系列为 2～6V，74HCT 系列为 4.5～5.5V。74HCT 系列与 TTL 器件（74LS 系列）电压完全兼容，只要最后 3 位数字相同，则两种器件的逻辑功能、外形尺寸、引脚排列顺序也完全相同，这样就为以 CMOS 产品（74HCT 系列）代替 TTL 产品（74LS 系列）提供了方便。

（4）先进高速型 74AC（ACT）系列。该系列的工作频率得到了进一步的提高，同时保持了 CMOS 超低功耗的特点，电源电压范围 74AC 系列为 1.5～5.5V，74ACT 系列为 4.5～5.5V。74ACT 系列与 TTL 器件（74AS 系列）电压完全兼容，只要最后 3 位数字相同，则两种器件的逻辑功能、外形尺寸、引脚排列顺序也完全相同，这样就为以 CMOS 产品（74ACT 系列）代替 TTL 产品（74AS 系列）提供了方便。

二、CMOS 数字集成电路结构及特性

1 CMOS 数字集成电路结构

CMOS 数字集成电路由增强型绝缘栅场效应晶体管（MOS）组成，其基本单元是由一个 NMOS 管（N 沟道 MOS 管）和一个 PMOS 管（P 沟道 MOS 管）组成的反相器电路，它以推挽形式工作，可实现一定的逻辑功能，其电路结构见图 12－16。

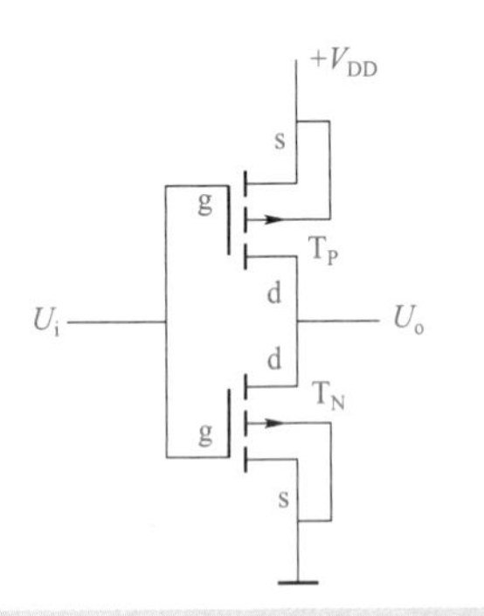

图 12－16　CMOS 数字集成电路结构

由于两个 MOS 管栅极工作电压极性相反，故若将两管栅极相连作为输入端，两个漏极相连作为输出端，两个管子正好互为负载，处于互补工作状态。当输入为低电平（$U_i=V_{SS}$）时，PMOS 管导通，NMOS 管截止，输出为高电平；当输入为高电平（$U_i=V_{DD}$）时，PMOS 管截止、NMOS 管导通，输出为低电平。由此可知，CMOS 反相器的两个管子总是一个管子导通，另一个管子截止，输入与输出之间存在着“非”的逻辑关系。

2 CMOS 数字集成电路特性

（1）功耗。CMOS 数字集成电路采用了互补结构的场效应管，电路静态功耗理论上为零，但实际上由于存在漏电流，故尚有微量静态功耗。一般小规模集成电路的静态功耗 <10μW，动态功耗（在 1MHz 工作频率时）也仅为几毫瓦，而 TTL 数字集成电路的平均功

耗为 10mW。

（2）工作电压范围。CMOS 数字集成电路供电简单，供电电源体积小，基本上不需稳压。国产 CC4000 系列的集成电路，可在 3～18V 电压下正常工作。

（3）逻辑摆幅。CMOS 数字集成电路在空载时，输出高电平 $U_{OH} \geqslant V_{DD} - 0.05V$，输出低电平 $U_{OL} \leqslant 0.05V$。因此，CMOS 数字集成电路的电压利用系数在各类集成电路中指标是较高的。

（4）抗干扰能力。CMOS 数字集成电路的电压噪声容限为电源电压的 45%，且高电平与低电平的噪声容限基本相等。

（5）输入阻抗。CMOS 数字集成电路的输入端一般都是由处于反向偏置的保护二极管和串联电阻构成的保护网络，在正常工作电压范围内，等效输入阻抗高达 10^{3}～$10^{11}\Omega$，因此 CMOS 集成电路几乎不消耗驱动电路的功率。

（6）温度稳定性能。由于 CMOS 数字集成电路的功耗很低，内部发热量少，因而温度特性非常好。一般陶瓷金属封装的电路，工作温度为 −55～＋125℃，塑料封装的电路工作温度范围为 −45～＋85℃。

（7）扇出能力。扇出能力是用电路输出端所能驱动的输入端数目来表示的，当在低频工作时，如不考虑速度，CMOS 数字集成电路一个输出端可驱动同类型 50 个以上的输入端。

（8）抗辐射能力。CMOS 集成电路中的基本器件是 MOS 晶体管，各种射线、辐射对其导电性能的影响都有限，因而特别适用于制作航天及核试验设备。

（9）接口。因为 CMOS 数字集成电路的输入阻抗高和输出摆幅大，所以接口方便，易于被其他电路所驱动，也容易驱动其他类型的电路或器件。

（10）自锁效应。自锁效应又称闩锁效应、可控硅效应，是 CMOS 数字集成电路的特有现象，它是由器件内部的绝缘栅场效应管的结构形成了双结型寄生晶闸管引起的。该效应会在低电压下导致大电流，这不仅能造成电路功能的混乱，还会使电源和地线间短路，引起器件的永久性损坏。

三、CMOS 数字集成电路检测

1　CMOS 数字集成电路好坏判别

（1）CMOS 数字集成电路的检测方法。现以 CC4069 型反向器（非门）为例介绍 CMOS 数字集成电路好坏的判别方法。

检测时，将万用表置于直流电压 10V 挡，黑表笔接 7 脚，红表笔分别依次接到待测门的输出引脚（如 2、4、6、8、10 或 12）上，检测方法见图 12－17。若用 A 端依次相应地去接触被测门的输入引脚（如 1、3、5、9、11 或 13），则万用表的读数应为 0V。若用 C 端依次相应地去接触被测门的输入引脚（如 1、3、5、9、11 或 13），则万用表的读数应为 4V 左右。满足这两个条件，则说明被测 CMOS 数字集成电路的质量性能良好，否则说明其已损坏。

（2）检测注意事项。

1）这种检测方法对于其他类型的逻辑门（如或门、与门等）也适用。

2）在检测其他类型的逻辑门时，要根据不同逻辑门的特性做一些适当的改变。如检测或门时，当用 A 端分别接触或门的两个输入引脚时，在输出引脚上，两次测得的应都是高电平的电压值。只有当 C 端同时接触或门的两个输入引脚时，才在其输出端引脚上输出低电平的电压值。

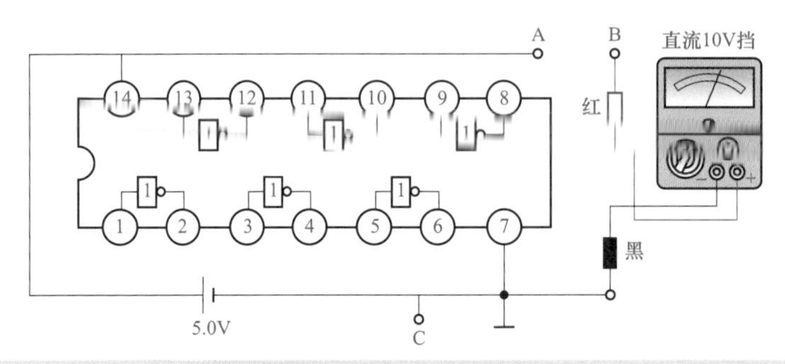

图 12－17　CMOS 数字集成电路好坏判别

2　TTL 与 CMOS 集成电路区分

（1）TTL 与 CMOS 集成电路的主要区别。

1）CMOS 是由场效应管构成（单极型电路），属于电压控制型器件。TTL 是由双极晶体管构成（双极型电路），属于电流控制型器件。

2）CMOS 的工作电压范围比较大（3～18V），而 TTL 只能在（5±0.5）V 下工作。

3）CMOS 的高低电平之间相差比较大，抗干扰性强，而 TTL 则相差小，抗干扰能力差。

4）CMOS 功耗很小（约 10nW/门），TTL 功耗较大（约 20mW/门）。

5）CMOS 的工作速度较低（平均传输延迟时间几百纳秒），而 TTL 较高（平均传输延迟时间数几纳秒），但是高速 CMOS 的工作速度与 TTL 差不多相当。

6）CMOS 电路不使用的输入端不能悬空，否则会造成逻辑混乱。TTL 电路不使用的输入端可以悬空，视为高电平。

（2）TTL 与 CMOS 集成电路的区分。对型号明确的集成电路，可根据国内、外集成电路的命名方法区分 TTL 与 CMOS 电路。型号上标有 CC4069、CD4011、HD14069 等型号的为 CMOS 集成电路，型号上标有 CT033、74× ×的为 TTL 型集成电路。

对型号不明的集成电路，可采用万用表对其工作电压或输出电平进行测试，就能区别是 CMOS 还是 TTL 电路。

1）根据电源电压区分。CMOS 集成电路能在 3～18V 电源电压下正常工作，而 TTL 集成电路的电源电压为（5±0.5）V。此时只要给集成电路加上 3～4V 的低压电源，能正常工作的是 CMOS 集成电路，不能正常工作的是 TTL 型的集成电路。

2）根据输出电平区分。CMOS 型的集成电路输出端为高电平时，接近电源电压的数值，输出端为低电平时接近 0V，动态范围基本上是电源电压的数值。而 TTL 型集成电路输出端高电平时为 3.6V，低电平时为 0.1V 左右，动态范围为 3.5V。

以最简单的门电路为例，检测时电源电压选用 5V，将万用表置于直流电压 10V 挡，检测方法见图 12－18。输入端依次接高、低电平，然后分别测得输出端所对应的电压值，其差接近 5V 的为 CMOS 电路，接近 3.5V 的为 TTL 电路。

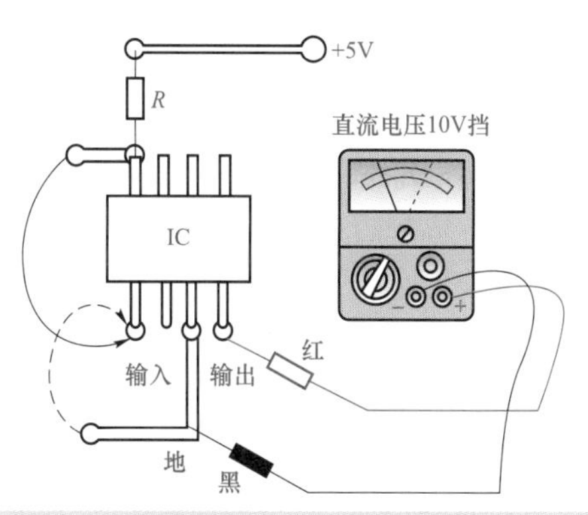

图 12－18　TTL 与 COMS 集成电路区分

第五节　555 时基集成电路

一、555 时基集成电路分类

555 时基集成电路是一种将模拟电路与数字电路巧妙结合在一起的中规模组合集成电路，它能够产生精确的时间延迟和振荡。它刚出现时是用来取代体积大、定时精度差的机械式热延迟继电器等，故也称为 555 定时器。后来人们发现这种电路凭借着数模结合的优势，其应用远远超出原设计的使用范围。555 时基集成电路具有设计新颖、构思奇巧、电路功能灵活、延时范围极广（几微秒至几小时）、计时精度高、温度稳定度佳、电源适应范围大、价格低廉、使用方便、工作可靠、寿命长、体积小、驱动电流大等优点，广泛应用于脉冲波形的产生与变换、电子控制、电子检测、仪器仪表、家用电器、音响报警、电子玩具等，几乎涉及电子技术的各个领域，只要外接几个阻容元件就可组成精度较高的多谐振荡器、单稳态触发器、施密特触发器、脉宽调制器等。

1　按内部结构分类

（1）TTL 型（双极型）。TTL 型是采用双极性工艺制作，内部元件采用的是晶体管，其特点是电源电压为 4.5～16V、电路静态电流约为 10mA、输出电流为 100～200mA、定时精度为 1%，适用于负载较重的场合，能直接驱动继电器、小电机、扬声器等低阻抗负载，还可方便地与 TTL 电路、集成运放及三极管电路接口。

TTL 型的产品后三位标注 555 或 556，国产的代表型号为 CB555、5G1555、CD555 等，国外的代表型号为 NE555、LM555、A555 等。

（2）CMOS 型（单极型）。CMOS 型是采用单极性工艺制作，内部元件采用的是场效应管，其特点是电源电压为 3～18V、电路静态电流约为 0.12mA、输出电流为 5～20mA、定时精度为 2%，适用于负载较轻的场合，驱动大电流负载需外接功放三极管。

CMOS 型的产品后四位标注 7555 或 7556，国产的代表型号为 CB7555、CC7555、5G7555、CH7555 等，国外的代表型号为 ICM7555 等。

2 按内部定时器的个数分类

（1）单时基电路。在一块集成芯片中只有一个时基电路，采用双列直插 8 脚塑脂封装，其引脚排列见图 12－19（a），产品型号后三位标注 555。

（2）双时基电路。在一块集成芯片中包含有两个完全相同、又各自独立的时基电路，采用双列直插 14 脚塑脂封装，其引脚排列见图 12－19（b），产品型号后三位标注 556。

（3）四时基电路。在一块集成芯片中包含有四个完全相同、又各自独立的时基电路，采用双列直插 16 脚塑脂封装，其中电源、接地和复位引脚共用，放电与阈值引脚合并为同一个引脚，产品型号后三位标注 558。

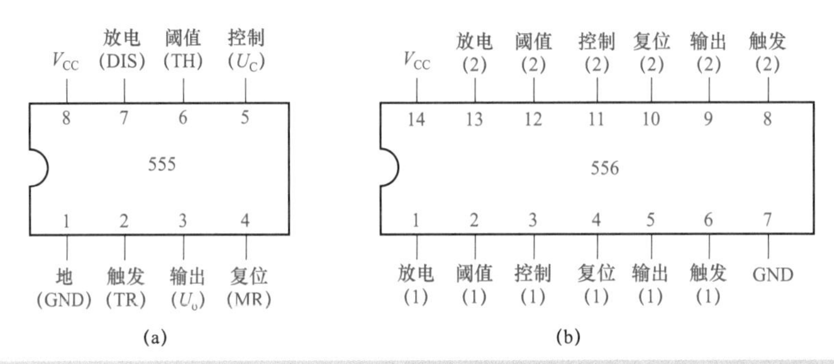

图 12－19 555 和 556 时基电路引脚排列

（a）单时基 555；（b）双时基 556

二、555 时基集成电路结构及工作模式

1 555 时基集成电路结构

TTL 型和 CMOS 型 555 时基集成电路的内部电路尽管不同，但都是由分压器、比较器、RS 触发器、输出级和放电开关等组成，其工作原理、外部特性也都相似。TTL 型的内部结构见图 12－20。

（1）分压器。分压器由三个误差极小的 5kΩ（或 100kΩ）电阻串联组成（555 由此得名），其上端接电源 V_{CC}（8 端），下端接地（1 端），作用是将电源电压 V_{CC} 分压后分别为两个比较器 A1、A2 提供基准门限电压，精度极高。

（2）比较器。比较器由两个集成运放 A1（反相）、A2（同相）构成，其作用是将输入电压和分压器形成的基准电压进行比较，把比较的结果用高电平“1”或低电平“0”两种状态在其输出端表现出来。当高电平触发端（6 脚）的触发电平大于 $2V_{CC}/3$ 时，比较器 A1 的输出为低电平，反之输出为高电平。当低电平触发端（2 脚）的触发电平略小于 $V_{CC}/3$ 时，比较器 A2 的输出为低电平，反之输出为高电平。

（3）RS 触发器。RS 触发器由两个与非门 G1、G2 交叉构成，比较器 A1 和 A2 的输出端就是 RS 触发器的输入端 R 和 S。因此，RS 触发器的输出状态受 6 脚和 2 脚的输入电平控制。

（4）输出级。输出级由反相器 G3 构成，起放大作用，以提高电路输出端（3 脚）带负载的能力，并隔离负载与时基集成电路之间的影响。

（5）放电开关。放电开关由晶体三极管 VT 构成，其作用是为外接定时电容器提供一个接地的放电通路。使用时将其集电极接放电端（7 脚），基极接 RS 触发器的 Q 端。当 Q=“0”时，VT 截止，电容器不能放电。当 Q=“1”时，VT 饱和导通，放电端（7 脚）相当于接地，电容器对地放电。可见 VT 作为放电开关，其通断状态由 RS 触发器的输出状态决定。

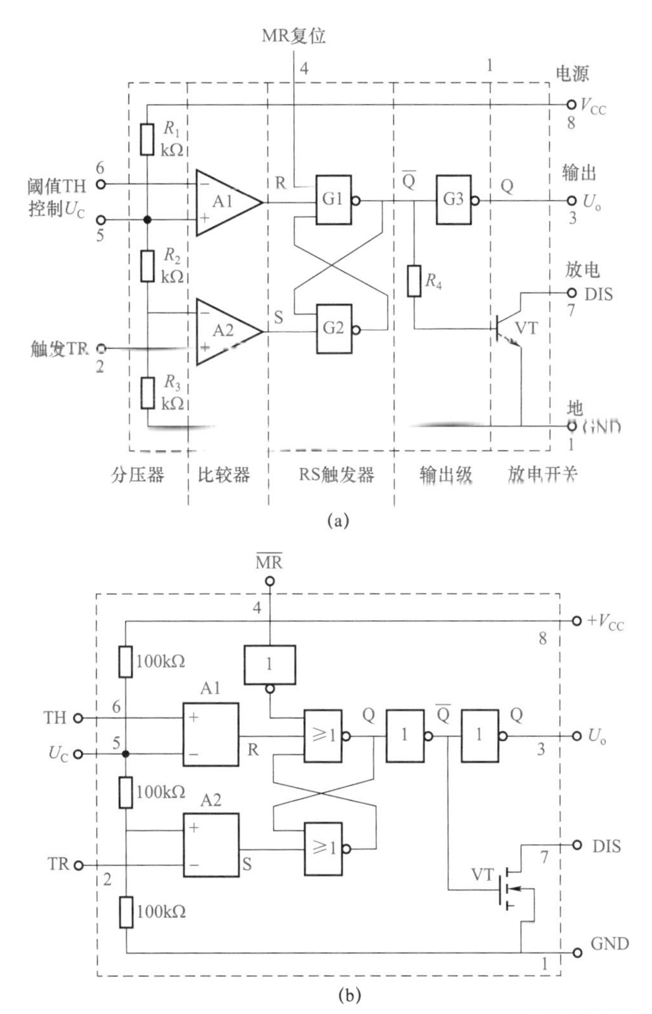

图 12-20　TTL 型 555 时基集成电路结构

（a）TTL 型；（b）CMOS 型

2　555 时基集成电路工作模式

555 时基集成电路的应用十分广泛，用它可以组成各种性能稳定的实用电路，但无论电路如何变化，其基本工作模式不外乎为单稳态、双稳态、无稳态及定时这四种模式。

（1）单稳态模式（延迟模式）。单稳态模式是指时基电路只有一个稳定状态，功能为单次触发，也称单稳态触发器。在稳定状态时，时基电路处于复位态，即输出低电平。当电路受到低电平触发时，时基电路翻转置位进入暂稳态，在暂稳态时间内，输出高电平，经过一段延迟后，电路可自动返回稳态。它适用于并不总是需要连续重复波，有时只需要电路在一定长度时间内工作的场合，应用范围包括定时器、脉冲丢失检测、反弹跳开关、轻触开关、分频器、电容测量、脉冲宽度调制（PWM）等。

（2）无稳态模式（自激多谐振荡器模式）。无稳态模式是指时基电路没有固定的稳定状态，输出端交替出现高电平与低电平，时基电路以振荡器的方式工作，输出波形为矩形波。由于矩形波的高次谐波十分丰富，所以无稳态模式又称为自激多谐振荡器模式。常被用于频闪灯、脉冲发生器、逻辑电路时钟、音调发生器、脉冲位置调制（PPM）等电路中。如果使用热敏电阻作为定时电阻，时基电路可构成温度传感器，其输出信号的频率由温度决定。

（3）双稳态模式（施密特触发器模式）。双稳态模式是指时基电路有两个输入端和两个输出端的电路，它的输出端有两个稳定状态，即置位态和复位态。这种输出状态是由输入状态、输出端原来的状态和 RS 触发器自身的性能来决定的。在 DIS 引脚空置且不外接电容的情况下，时基电路以类似于一个 RS 触发器的方式工作，常被用于比较器、锁存器、反相器、方波输出及整形等。

（4）定时模式。定时模式实质上是单稳态模式的一种变形，由于在应用电路中使用得较为广泛，所以可以作为一种基本工作模式。定时模式主要用于定时或延时电路中，其稳态时 V_O=“0”，暂稳态时 V_O=“1”，输出脉冲的宽度等于暂稳态持续的时间，而此时间取决于外接电阻和电容的大小。

三、555 时基集成电路检测

1 555 时基集成电路好坏判别

（1）555 时基集成电路的检测方法。555 时基集成电路损坏后，必然反映在各管脚间电阻值发生变化上。所以用万用表电阻挡将各管脚间电阻值测出，并和正常阻值加以比较，就很容易判别出电路是否好坏。

表 12－5 是双极型 5G1555 或 NE555 时基集成电路用万用表置于 R×1kΩ 挡测得的各脚对地脚的正常阻值，第一组为黑表笔接地的数据，第二组为红表笔接地的数据，5 脚与 8 脚间阻值应保持为 5 脚与 1 脚间阻值的 1/2 才是正常。

（2）检测注意事项。

1）555 时基集成电路体积较小，检测时用手捏住封装壳体不得碰到管脚，否则将对测量阻值产生影响。

2）因 CMOS 型 555 时基集成电路输入阻抗很高，所以不宜用万用表电阻挡去测试。

3）根据一般使用经验，555 时基集成电路损坏时，多数表现为输出级击穿。所以用万用表电阻挡应重点检测其 1 脚与 3 脚间的电阻值是否正常，从而做出正确的判断。

表 12－5　555 时基电路各脚对地正常电阻值

引脚	1（地）	2（触发）	3（输出）	4（复位）	5（控制）	6（阈值）	7（放电）	8（正电源）
黑表笔接地	0	6.2kΩ	6.0kΩ	7kΩ	8kΩ	∞	6kΩ	5.3kΩ
红表笔接地	0	∞	30kΩ	∞	10kΩ	60kΩ	∞	15kΩ

2　555 时基集成电路静态参数检测

（1）静态功耗电流 I_{CC} 的检测方法。静态功耗是指电路无负载功耗。检测时，将一只万用表置于直流电压 50V 挡测电源电压 V_{CC}（测试条件 V_{CC}=15V），将另一只万用表置于直流 10mA 挡并串入电源与⑧脚之间，检测方法见图 12－21（a）。

测得静态功耗电流 I_{CC}（小于 15mA 为合格），静态电流乘以电源电压即为静态功耗。业余检测，15V 电源不易获得时可用 6V 电源，这时静态功耗电流不大于 8mA 为合格。

（2）输出高电平和输出低电平的检测。将万用表置于直流电压 50V 挡，黑表笔接地，红表笔接输出端，测输出电平，检测方法见图 12－21（b）。断开 S 时，3 脚输出高电平，应大于 14V；闭合 S 时，③脚输出低电平，应为 0V。

（3）输出电流的检测。将万用表置于直流电流 1000mA 挡，给 2 脚加一个低于 V_{CC}/3（15V/3=5V）的电压，也可用一只 100kΩ电阻将 2 脚与 1 脚碰一下，这时万用表读数即为输出电流，检测方法见图 12－21（c）。当 V_{CC}=15V 时，读数为 200mA 左右。当 V_{CC}=6V 时，读数为 80mA 左右。用这只电阻（100kΩ）将 6 脚与 8 脚碰一下，若万用表读数为零。说明 555 时基集成电路可靠复位。

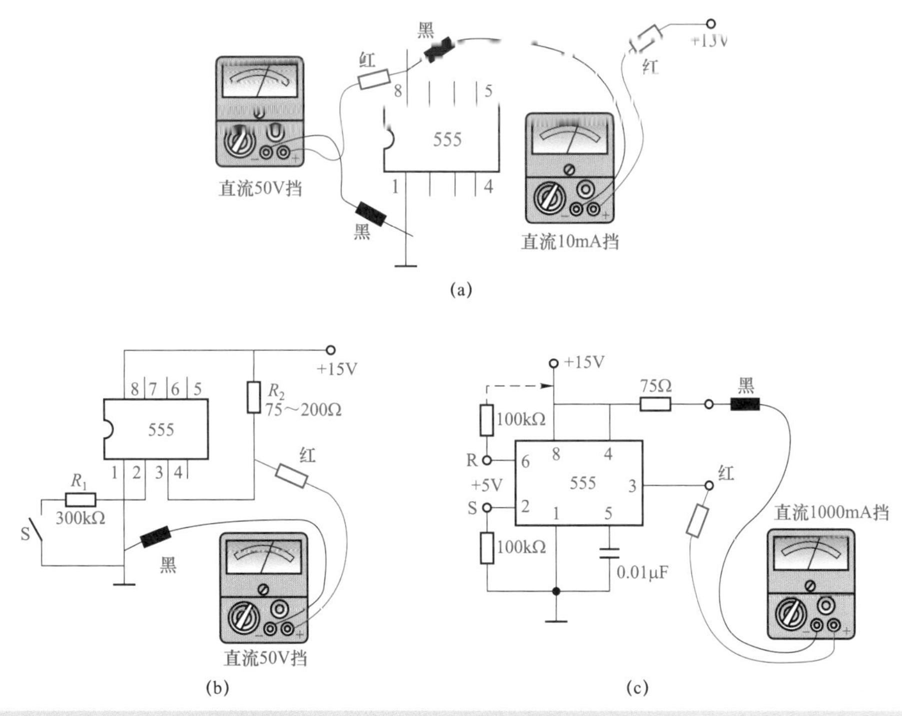

图 12－21　555 时基集成电路静态参数检测

（a）静态功耗电流检测；（b）输出电平检测；（c）输出电流检测

第六节　音乐集成电路

语音集成电路是近年来出现并获得迅猛发展的新颖电子器件，它无需磁带和机械传动装置，即能较简单地实现语音的存储和还原功能。目前，语音集成电路已形成了系列化，大致可分为语音合成电路、语音录放电路及语音识别电路三大系列。

音乐集成电路是一种大规模 CMOS 数字集成电路，它可以向外输出固定存储的乐曲、声响或简短语句，属于语音合成电路系列。它具有价格便宜、体积小、功耗低、无磨损、抗干扰能力强、电路结构简单、工作稳定可靠、外围元件少、掉电不失语音、寿命长、音质好，工作电压范围宽（3～6V）等特点，在电子贺卡、音乐门铃、玩具、报时电子钟、电话机及报警装置中得到广泛应用。

一、音乐集成电路分类

1　按发音时长分类

（1）短时长型。短时长型音乐集成电路有 10、20、40、80、170s 等，常用型号有 WTC 系列、ISD1700 系列和 NY3 系列等。

（2）长时长型。长时长型音乐集成电路有 340、500、1000、2000s 以上等，常用型号有 WTC 系列、ISD4000、NY5 系列等。

（3）长短通用型。长短通用型音乐集成电路时长为 3～640s，常用型号有 WTC020 系列、NY3 系列、NY4 系列、NY5 系列等。

2　按发音通道分类

（1）单通道（单音片）型。单通道型音乐集成电路在同一时间内只能发出一种音乐或语音，是一种最基本的音乐集成电路，它应用场合广，价格极其低廉，其典型产品为动物叫声等。

（2）双通道（双音片）型。双通道型音乐集成电路在同一时间内可以通过两个通道同时发出音乐和语音，其典型产品为圣诞音乐等系列。

（3）三通道以上型。三通道以上型音乐集成电路又称为和弦音乐集成电路，常说的 4 和弦音乐集成电路就是指 4 通道的音乐集成电路。

3　按封装形式分类

（1）双列或单列直插封装（硬封装）型。双列或单列直插封装型音乐集成电路采用普通集成电路的封装形式，易于检测和更换，通常引脚数有 8 脚、14 脚、16 脚等，每个引脚都有不同的功能，其外形见图 12－22（a～b）。引脚越多，音乐集成电路的体积越大，电路功能也越强，价格当然也就越高。

（2）印刷板封装（软封装）型。印刷板封装型音乐集成电路是采用抗光线干扰的黑色环氧树脂（黑膏）将集成电路直接封装在印刷电路板上，并由铜箔取代各引脚，分布在印刷电路板四周，其外形见图 12－22（c）。此封装形式电路工艺简单、生产周期短、成本较低、可以多次修复以及有利于保护音乐集成电路和引脚的接线，是目前消费类音乐集成电路普遍采用的封装形式。

（3）三极管封装型。三极管封装型音乐集成电路是储存单首音乐的三引脚集成电路，外形与普通塑封三极管（如 9013）相似，所以也称为音乐三极管，其外形见图 12－22（d）。

它的三个引脚排成一列，即电源正极、电源负极、音乐输出级，另外自身还带有一块金属散热片。

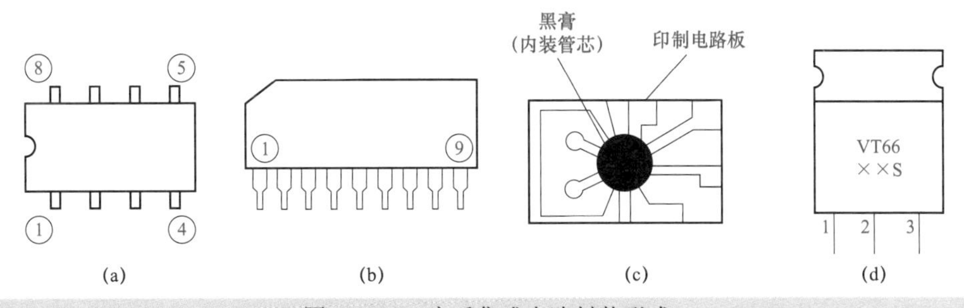

图 12－22 音乐集成电路封装形式
（a）双列直插封装；（b）单列直插封装；（c）印刷板封装；（d）三极管封装

二、音乐集成电路结构及检测

1 音乐集成电路结构

音乐集成电路有许多系列，且在控制功能上也各不相同，但它们的基本电路结构和工作原理大都是相同的，一般由控制电路、振荡电路、曲调存储器（ROM）、音阶发生器、节拍发生器、音色发生器、音色和节拍选择器、前置放大器等几个部分组成，其典型电路见图 12－23。

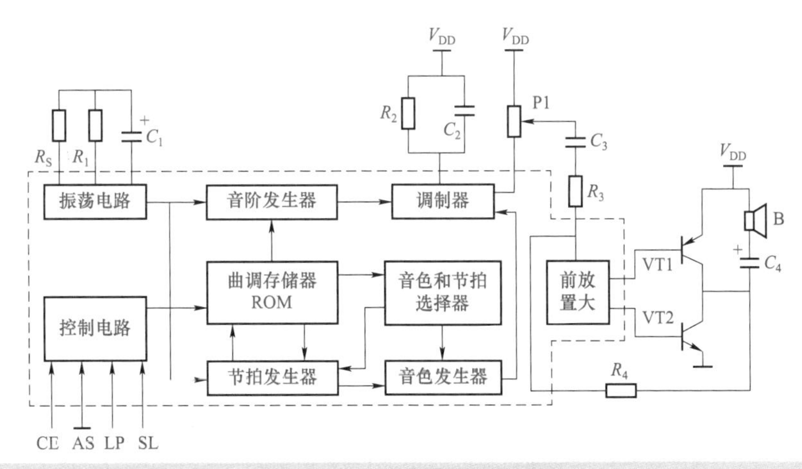

图 12－23 音乐集成电路结构

（1）振荡电路。振荡电路由外接电阻 R_S、R_1、C_1 构成一个完整的振荡器，可产生 50～120kHz 的振荡电压信号，配合节拍发生器为整个电路协调工作提供时间基准。

（2）曲调存储器（ROM）。曲调存储器是音乐集成电路的核心部分，里面按顺序储存着乐曲的音阶、节拍等信息。存储容量有 64 字七位和 512 字七位，其中四位用于控制音阶发生器，三位用于控制节拍发生器，同时也提供自停信号。

（3）音阶发生器。音阶发生器用于产生乐曲的基音信号，内部分频电路按 ROM 的数据分配产生不同的音调频率。

（4）节拍发生器。节拍发生器按 ROM 的数据分配，可提供八种节拍去控制 ROM 地址时钟。

（5）音色发生器。音色信号由生产厂家事先录入 ROM 并设定之。

（6）音色和节拍选择器。音色信号和节拍信号经音色和节拍选择器形成合成音乐信号，然后输送给驱动电路。

（7）前置放大器 前置放大器用于放大微弱的合成音乐信号，以驱动由三极管 VT1 和 VT2 组成的 OCL 功率放大器，最终输出较强的音乐信号，使扬声器发声。

（8）控制电路。工作时，控制电路的 CE 端首先被外来电压触发，而后振荡电路就会产生供各个电路使用的信号，此时控制电路会按照一定的次序和方式读取 ROM 中的曲调信息代码，然后根据代码控制节拍器和音阶器使之协调工作，最后经调制器输出微弱的合成音乐信号。

2 音乐集成电路检测

判别音乐集成电路的好坏时，将万用表置于 R×1Ω 挡或 R×10Ω 挡，黑表笔同时与集成电路电源正极端和触发端接触，红表笔接集成电路负极端，检测方法见图 12－24。

然后把音乐集成电路靠近收音机，将收音机调到中波段无电台位置，并调大音量。如果此时收音机的磁性天线能感应到音乐集成电路内部工作信号产生的电波，则便能从收音机中听到相应的音乐声音，说明音乐集成电路是好的。

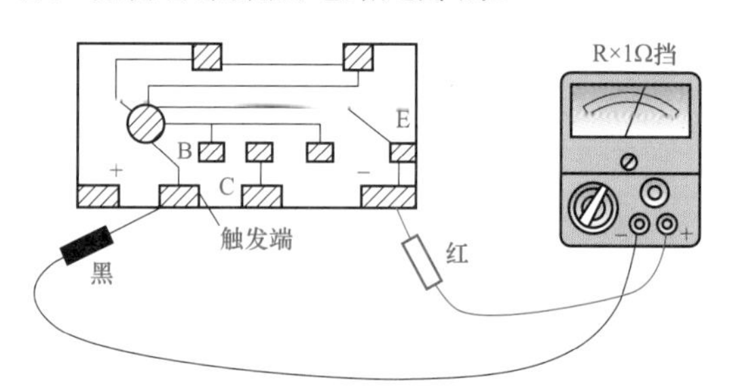

图 12－24 音乐集成电路好坏检测

第十三章　家用电器专用元器件

家用电器（简称家电）是以电为核心的机电一体化（甚至机电光一体化）的高档家用设备。由于近代电子技术已渗透到各个方面，家用电器的新产品正在不断问世，更新换代的速度也不断加快。因此，旧产品的淘汰、故障产品的检修、新产品性能的好坏，都给我们带来了测试判断问题。利用万用表检测家用电器，实际上就是对家电中的电工电子元器件进行检测。

家用电器可分为大家电、小家电和家电配件三大类。

大家电一般是指占用电力资源较多（大功率）、体积较大或价格较高的产品，如电视机、照相机、组合音响、电冰箱、空调机、洗衣机等。

小家电一般是指除了大家电以外的家电，这些家电占用比较小的电力资源（小功率），机身体积也比较小，如厨房电器、卫生间电器、环境清洁用电器、保健电器和文化娱乐电器等。

家电配件是指家用电器的辅助物品，如直流电源、交流稳压器、电池、充电器、电器插头插座、漏电保护器和电源遥控开关等。

第一节　开关电源器件

1　开关电源变压器结构

开关电源变压器是一种加入了开关管的电源变压器，它具有效率高、功耗低、工作频率较高等特点，是电器开关稳压电源中的重要器件。在电路中，它除了为整机提供所需的电源电压外，还兼具有输入与输出的可靠电绝缘隔离与功率传送功能，它一般用在开关电源等涉及高频电路的场合。开关电源变压器主要由磁性材料、导线材料和绝缘材料构成，其外形见图 13－1。

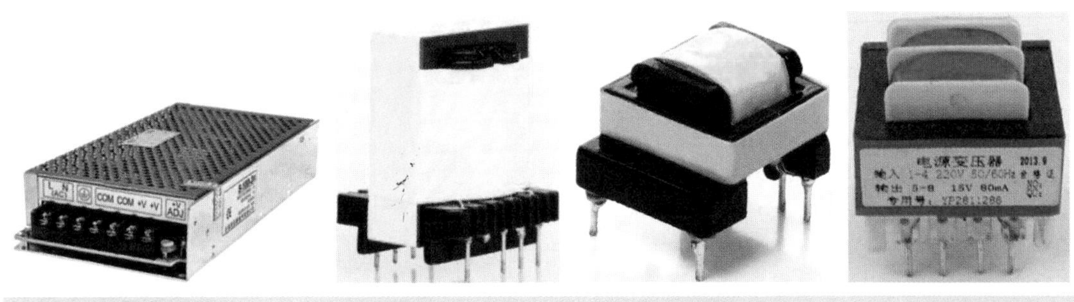

图 13－1　开关电源变压器外形

（1）磁性材料。磁性材料为软磁铁氧体，按其成分和应用频率可分为 Mn－Zn 和 Ni－Zn 两大系列，形状有 E 型、EI 组合型、EC 组合型等。Mn－Zn 铁氧体具有高的磁导率和高的饱和磁感应，在中频和低频范围具有较低损耗，一般在 100kHz 以下的频率使用。Ni－Zn 铁氧体的电阻率大，在高频范围具有较低损耗，一般在 100kHz 以上的频率使用。

（2）导线材料。漆包线一般采用高强度聚酯漆包线（QZ）和聚氨酯漆包线（QA）两种，根据漆层厚度分为Ⅰ型（薄漆型）和Ⅱ型（厚漆型）。Ⅰ型的绝缘涂层为聚酯漆，具有优越的耐热性和绝缘性，抗电强度很高，可达 60kV/mm。Ⅱ型绝缘层为聚氨酯漆，自粘性强，可不去除漆膜直接焊接。

（3）绝缘材料。绝缘胶带具有阻燃、耐高温、黏性好、抗剥离、绝缘性能好、耐压性能好、机械性能（拉伸强度）好等优点，广泛应用在开关电源变压器线圈的层间绝缘、绕组间绝缘和外包层绝缘。

（4）骨架材料。开关电源变压器的骨架具有抗拉强度好、阻燃性能好、加工性好等优点，其热变形温度高于 200℃，易于加工成各种形状。

2 开关电源变压器工作原理

开关电源变压器和开关管一起构成一个自激（或他激）式的间歇振荡器，从而把输入直流电压调制成一个高频脉冲电压，起到能量的传递和转换作用。开关电源变压器分单激式和双激式两种，其工作原理是不一样的。

（1）单激式开关电源变压器工作原理。单激式开关电源变压器电路只用一只开关管控制开关变压器与输入电源的通、断，输入的电压是单极性脉冲，输出的电压分正激式和反激式。由于在一个工作周期内，变压器的一次绕组只被直流电压激励一次，因此变压器二次绕组只有半个周期向负载输出电压，其输出功率比较小，适用于小功率电子设备中。

在正激式输出电路中，当开关管正好把开关变压器的一次绕组与输入电源接通时，开关变压器的二次绕组有电压输出。在反激式输出电路中，当开关管正好把开关变压器的一次绕组与输入电源接通时，开关变压器的二次绕组没有电压输出，此时开关变压器只存储能量（磁能）。当开关管正好把开关变压器的一次绕组与输入电源由接通转为关断时，开关变压器则将存储的能量释放出来，二次绕组才有电压输出。

（2）双激式开关电源变压器工作原理。双激式开关电源变压器采用推挽式结构，电路中采用两只开关管轮流控制开关变压器与输入电源的通、断，输入的电压是双极性脉冲，输出电压波形非常对称。由于在一个工作周期内，一次绕组分别被直流电压正、反激励一次，因此二次绕组在整个工作周期内都向负载输出电压，其输出功率一般很大，是单激式输出功率的 4 倍，可以达 300W 以上，甚至可以超过 1000W，一般用于功率较大的大、中型电子设备中。

3 开关电源变压器特性参数

（1）电压比：指变压器的一次电压与二次电压的比值。

（2）直流电阻：即铜阻。

（3）绝缘电阻：变压器各绕组之间及对铁心之间的绝缘能力。

（4）抗电强度：变压器在 1s 或 1min 之内能承受规定电压的程度。

4　开关电源变压器检测

（1）开关电源变压器检测。检测开关电源变压器之前，应先观察变压器各引脚间是否有污物，是否有烧焦的痕迹，外观是否太脏，紧贴印制电路板安装处是否有积灰、受潮，发现上述现象时应逐一排除。

开关电源变压器常见故障是绕组之间漏电、断路或短路，造成电视机无光栅无伴音，用万用表检测时，应先测试绕组通断情况，检测方法见图 13－2（a）。

将万用表置 R×1Ω 挡，按照开关电源变压器各绕组引脚排列图，逐组进行通断检测。若发现该通的绕组不通，多是引脚断裂或接触不良造成的，可视情况进行修理。

然后再检测绕组线圈有无短路，见图 13－2（b）。检测时用万用表 R×1Ω 挡，以判别有无内部短路性故障。

（2）检测注意事项。

1）应将开关电源变压器从印制电路板上取下再进行检测。

2）各绕组间阻值只能粗略估测，绕组轻微短路时阻值无太大偏差，但匝间或层间绝缘击穿的往往不能正常工作，此时只能用替换法（换上新的或正常使用的开关电源变压器）进行判别。

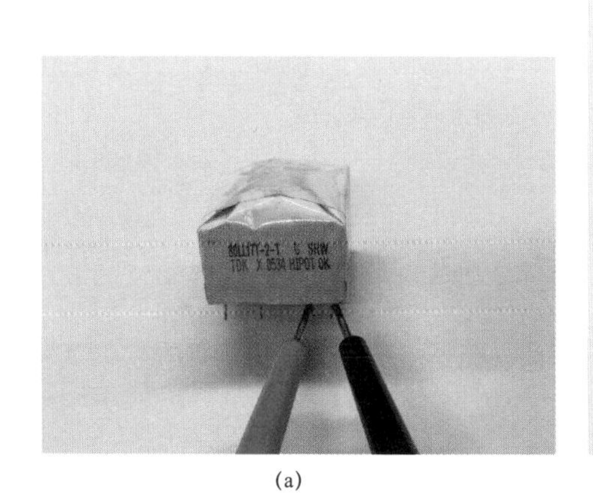

(a)

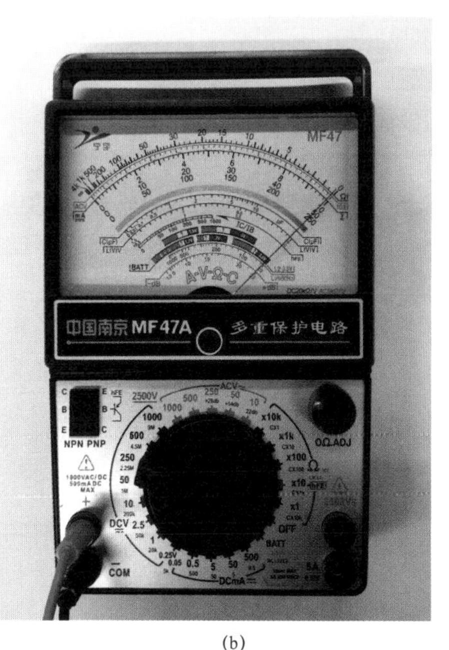

(b)

图 13－2　开关电源变压器检测

（a）检测绕组电阻；（b）电阻示数

第二节　电冰箱元器件

一、电冰箱压缩机 PTC 启动器

1　电冰箱压缩机 PTC 启动器特性及作用

电冰箱压缩机 PTC 启动器又称无触点启动器，可代替电流型启动继电器用作延时启动开关，它具有无运动零件、无噪声、无火花、无电磁波干扰、可靠性较好、结构简单、安装方便、成本低、寿命长、对电压波动的适应性较强等特点，广泛地应用在全封闭小功率压缩机（30～150W）中，其外形及结构见图 13－3。

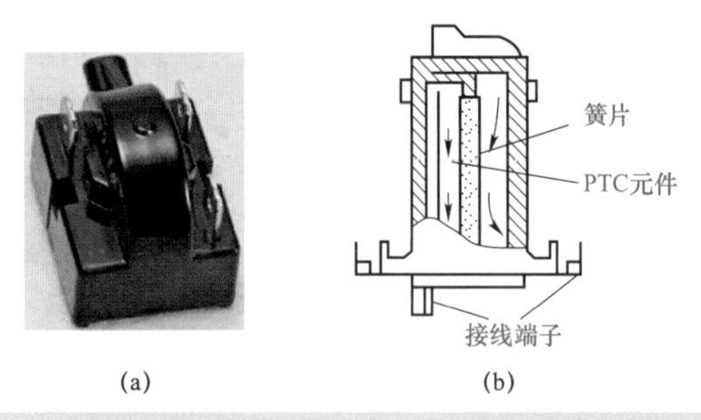

图 13－3　电冰箱压缩机 PTC 启动器外形及结构
（a）外形；（b）结构

PTC 材料为正温度系数热敏电阻，是以钛酸钡为主，掺以微量的稀土元素，用陶瓷工艺法，经高温烧结，再引出电极，并由树脂密封而成。在常温下其内阻极小（15～30Ω），与压缩机启动绕组的阻抗相比可视为短路。当有电流通过时，PTC 温度迅速上升，而在温度超过 110℃以后，其阻值极高（几兆欧至十几兆欧），与启动绕组阻抗相比可视为开路。

电冰箱压缩机 PTC 启动器使用时它直接插在压缩机启动与运行绕组的接线柱上，与电容启动或电阻启动电机的副绕组串联。通电后，在启动初期，因 PTC 热敏电阻尚未发热，阻值很低，副绕组处于通路状态，电机开始启动。随着时间的推移，电机的转速不断增加，PTC 元件的温度也急剧上升，当超过居里点（即电阻急剧增加的温度点）时，电阻剧增，副绕组电路相当于开路。此时只要很小的电流便可维持其高阻状态，并有 2～3W 的功率损耗。当电机停止运行后，PTC 元件温度不断下降，约 2～3min 其电阻值降到居里点以下，这时又可以重新启动。

PTC 启动器有一定的热惯性，不管压缩机启动成功与否，PTC 元件的温度都将达到 100～150℃，要想再次启动必须要等 2～3min 使 PTC 元件恢复到常温阻值，否则会因压缩机启动绕组没有启动电流而无法启动，造成压缩机处于卡死状态，严重时将烧毁压缩机。

2　电冰箱压缩机 PTC 启动器检测

将万用表置 R×1Ω挡，见图 13－4，检测 PTC 元件冷态阻值，应很小，否则说明有故障。通电后灯会持续亮 1～2s，然后熄灭，说明 PTC 元件是好的。若灯一直亮或一直不亮，说明 PTC 元件是坏的。检测时注意，勿使 PTC 元件受潮，受潮通电会引起破裂而损坏。如不慎受潮，可置于烘箱（温度 100℃）中烘 2h 复原。

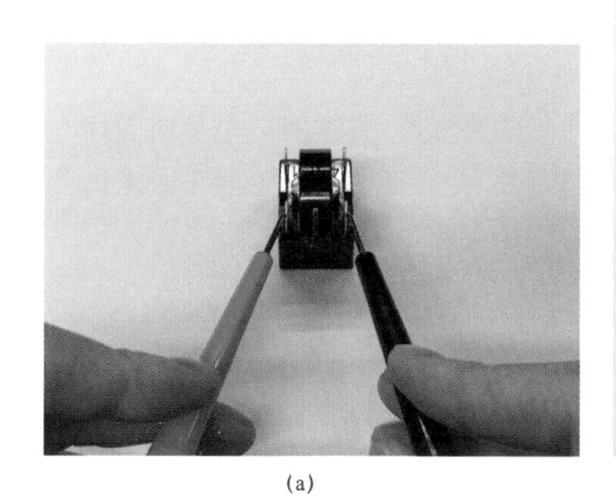

(a)

(b)

图 13-4　电冰箱压缩机 PTC 启动器检测

（a）检测冷态电阻；（b）电阻示数

二、电冰箱压缩机热保护器

1　电冰箱压缩机热保护器特性及作用

热保护器是电冰箱压缩机的安全保护装置，它串联在压缩机的主绕组线路中。当压缩机负荷过大或发生某些故障（如制冷剂泄漏，压缩机连续运转），以及电源电压过低或太高而不能正常启动时，电机工作电流可能超出允许范围，此时热保护器能自动切断电源，使压缩机绕组不致烧毁。

常见的 JRT 系列碟形热保护器是目前小型全封闭压缩机中使用最多的外置式热保护器，具有过电流和过热保护双重功能。它一般装在压缩机接线盒内，并紧贴于压缩机表面，能直接感受到机壳温度。它具有结构简单、工作可靠、使用方便、成本低等优点，其外形及结构见图 13-5。

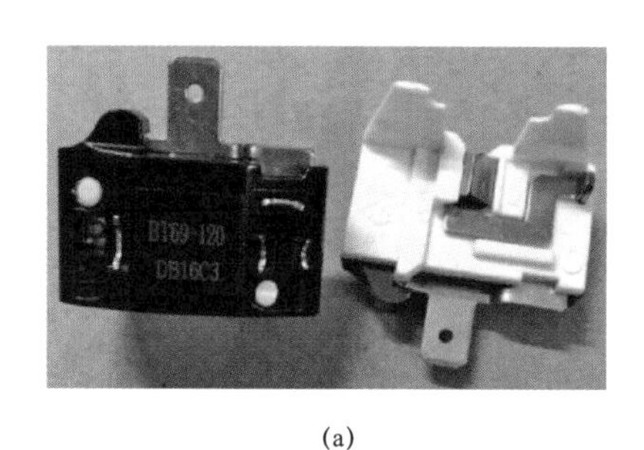

(a)

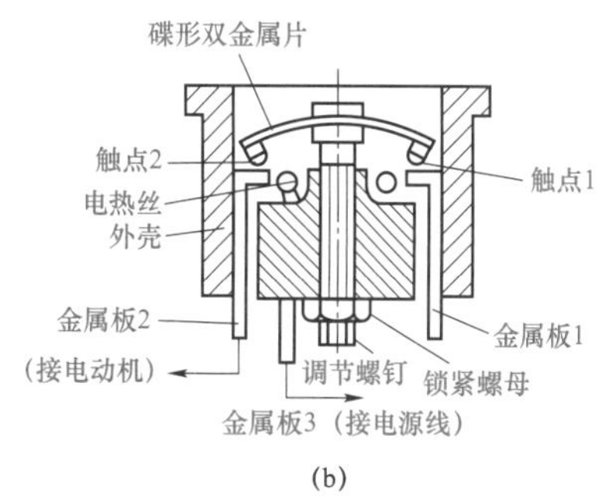

(b)

图 13-5　JRT 系列碟形保护器外形及结构

（a）外形；（b）结构

碟形热保护器由碟形双金属片、触点、电热丝、胶木外壳等组成，电热丝与压缩机共用接线柱串联，双金属片紧贴压缩机壳体。常温下，保护器触点呈接通状态，当压缩机工作电流过大时，电热丝急剧温升，在 10s 内使双金属片受热弯曲将触点断开，切断压缩机电源，起到过电流保护作用。同时因双金属片紧压在压缩机外壳上，所以它又能检测机壳温度。若压缩机工作不正常，导致机壳温度过高（100～135℃）时，双金属片也会受热弯曲将触点断开，切断电源，起到过热保护作用。保护器动作后，经过 3～5min，温度自然会降低至 55～84℃，此时双金属片会复位下翘，接通电源。

组合式保护器是将 PTC 启动器和碟形热保护器组合后，装在同一个塑料壳体中，既能完成压缩机启动任务，又起热保护作用。组合式保护器安装时，直接插在压缩机三个接线柱上，安装、拆卸方便，但只能与有专用固定架的压缩机配套使用。

2 电冰箱压缩机热保护器检测

电冰箱压缩机热保护器检测时，将万用表置于 R×1Ω 挡，两表笔分别接热保护器两引线，阻值应为零。然后用 30W 电烙铁加热双金属片，应听到“啪”的断开声，这时阻值应为无穷大。停止电烙铁加热，过 2min 以上，阻值变为 0（复位）。若不到 2min 就复位，说明质量不好。

三、电冰箱压缩电动机

1 电冰箱压缩电动机特性及作用

压缩机是电冰箱最核心的部件，也是技术含量最高的部件，一般情况下压缩机对制冷效率与噪声等因素有较大影响。而电动机又是压缩机的原动力，它带动压缩机的曲轴旋转，使连杆推动活塞在汽缸内做往复运动，将低温低压制冷剂蒸汽压缩后变为高温高压的过热蒸汽，从而建立起使制冷剂液化的条件。

各类型电冰箱的压缩机绝大部分为全封闭式，即压缩机与电动机都密封在同一钢质壳体内。电动机一般采用功率较小（65～120W）、转速较高（300r/min）的分相式单相感应电动机，这类电动机的定子线圈中，除有一套粗线径的运行线组外，还特设一套线径较细的启动绕组。两个绕组的一端接在一起，另一端通过启动器接入电路。启动时，两绕组共同作用，从而产生较大的启动转矩，使电动机转子运行旋转。

由于电动机密封在压缩机钢壳体内，电机转速又高，加上启动绕组线径很细，电阻值较大，温升也相应较高，因此电动机若长时间超负荷运行则容易产生电动机发热温升过高导致绕组绝缘下降、漏电等故障。

2 电冰箱压缩电动机检测

测试前须将 PTC 元件拆卸下来，然后将万用表置于 R×1Ω挡，检测方法见图 13－6。国内外很多压缩电动机的接线柱旁都有 C、M、S 标记，其中 C 为公共端，M 为运行绕组引出端，S 为启动绕组引出端。

将万用表的黑表笔接在压缩电动机的公共接线柱 C 上，红表笔分别与另外两接线柱 S、M 相接触，测得阻值小的是运转绕组，阻值大的是启动绕组。运转绕组的阻值多为 10～15Ω，启动绕组的阻值多为几十欧至一百多欧。若实测阻值为无穷大则是开路，若实测阻值为零则是短路，倘若实测阻值大大低于上面的典型阻值，则表明是局部短路。

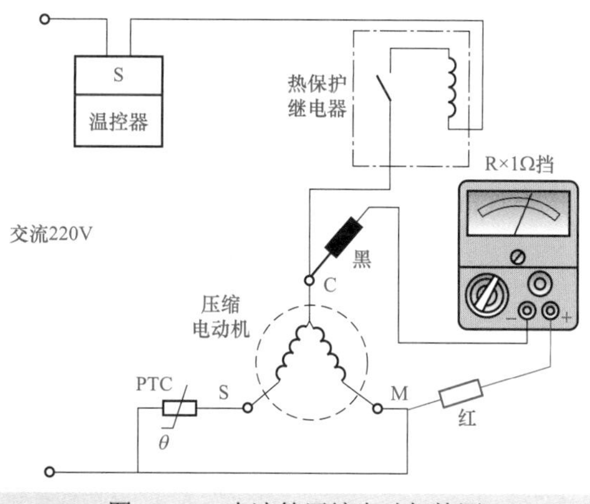

图 13－6　电冰箱压缩电动机检测

四、电冰箱除霜定时器

1　电冰箱除霜定时器特性及作用

无霜电冰箱的除霜方式有人工化霜、半自动化霜和全自动化霜三种，除霜定时器是全自动化霜装置中控制时间的控制元件，它与双金属化霜控制器、蒸发器化霜加热器、蒸发器加热化霜超热保护器（又称化霜保护熔断器）一起构成全自动化霜装置。除霜定时器的作用是对冰箱制冷与除霜进行自动转换，其除霜时间与动作时间间隔是恒定的，除霜时间大约 30min，动作时间间隔在 8h、12h 或 24h 可调。

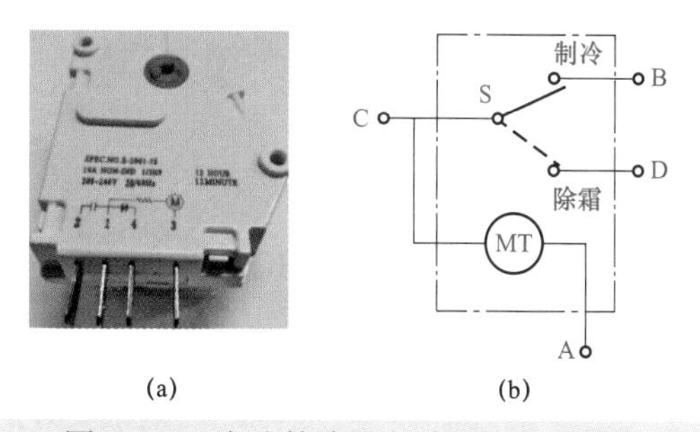

图 13－7　电冰箱除霜定时器外形及电路
（a）外形；（b）电路

除霜定时器主要由微型电机 MT、齿轮转动箱、双掷开关和触点凸轮机构等组成，四个引出端分别定为 A、B、C、D，其外形及电路接线见图 13－7。工作时，微型电机 MT 与压缩机是同步运转的，并通过它驱动凸轮机构使开关触点 S 位置发生变化。运转 8h（或 12、24h）后开关 S 转到除霜位置上，除霜时间大约 30min。除霜后 2min 开关 S 转到制冷位置上，如此反复，进行自动除霜。

2　电冰箱除霜定时器检测

电冰箱除霜定时器可拆下或切断电路进行检测，检测方法见图 13－8。

用万用表 R×100Ω 挡或 R×1kΩ 挡检测微型电机 MT 阻值，即测 A、C 间阻值应为 5～10kΩ。将旋钮旋至“制冷”位置时，用万用表 R×1Ω 挡检测，B、C 间应导通，D、C 间应不通。将旋钮旋至“除霜”位置时检测，B、C 间应不通，D、C 间应导通。如果测得的阻值较大说明开关 S 接触不良，若阻值为无穷大说明已断路。

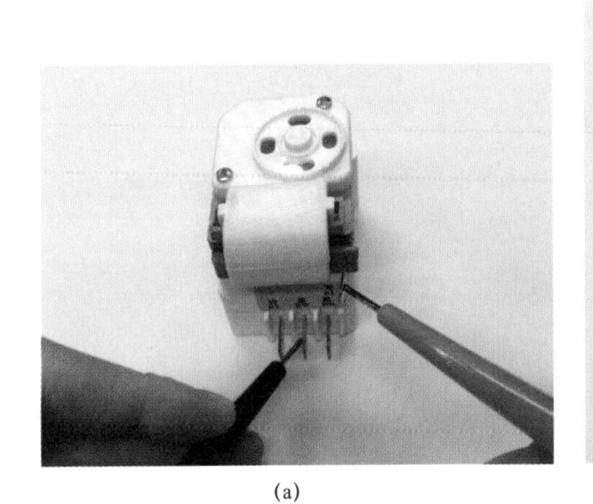

(a)

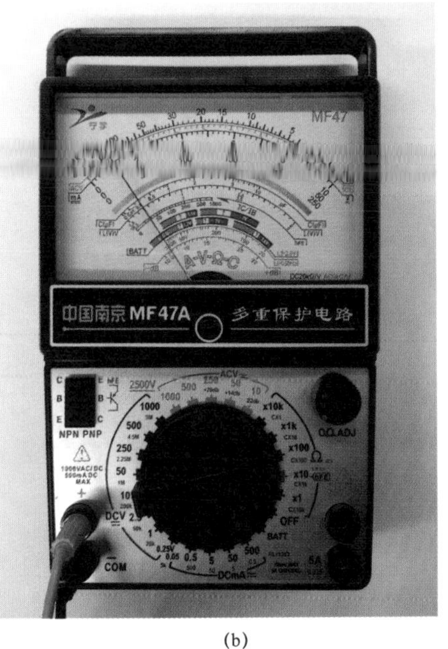

(b)

图 13－8　电冰箱除霜定时器检测

（a）检测 A、C 间阻值；（b）阻值示数

第三节　洗衣机元器件

一、半自动洗衣机定时器

1　半自动洗衣机定时器特性及作用

半自动洗衣机又称自动波轮式双桶洗衣机，主要由洗衣机构和脱水机构两大部分组成，其中洗涤定时器和脱水定时器是构成洗衣机电气控制系统的关键部件，它们分别对洗衣机构和脱水机构进行控制，以决定电动机的正、反转时间和停止时间，同时也决定电动机运转的总时间。洗衣机定时器通常分为两类：一类为发条式定时器，另一类为电动机式定时器。

发条式定时器又叫机械式定时器，它以发条为动力源，具有制造容易、成本低廉、操作手感好、维修方便等优点，是目前我国普通型单桶和双桶洗衣机以及半自动洗衣机应用最多的定时器，其外形及电气接线见图 13－9。它有两种规格：一种是 15min 洗涤定时器（包括带蜂鸣触点），定时范围为 0～15min，是用来控制洗衣机的全部洗涤时间、电动机正反转时间和间歇时间。另一种是 5min 脱水定时器，定时范围为 0～5min，其作用单一，只用来控制脱水电动机的运转时间。电动机式定时器是以小型同步电动机或罩极式电动机为动力源，具有工作性能稳定、定时精度高等优点，主要在大波轮新水流洗衣机上使用。

市场上洗衣机定时器产品引出线数目有 3、5、6、7、8 等，其中 5 根引出线的定时器较为常用，它能控制电动机正转、反转、强洗（连续）、中洗（标准）、弱洗（轻柔）等。半自动洗衣机定时器容易损坏，更换定时器时要正确接线，以 5 引出线定时器为例，正确接法如下：红色线接 220V 电源火线，灰色线（有的是橙色线）连接中洗和弱洗按钮一端，棕色线连接中洗和弱洗按钮另一端，两根黄色线连接启动电容的两端。

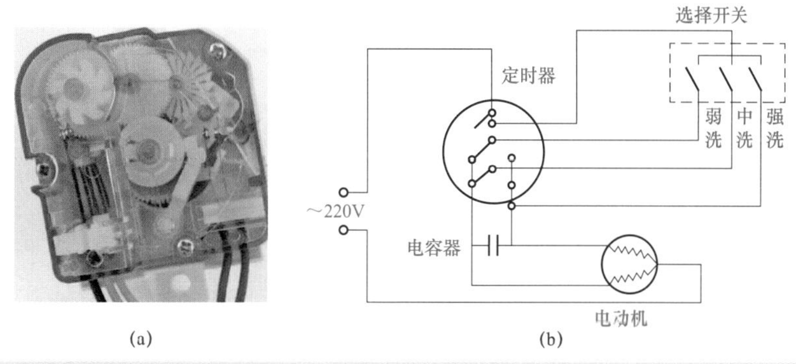

图 13－9　机械式定时器外形及电路
（a）外形；（b）电路

2　半自动洗衣机定时器检测

洗衣机定时器检测时不通电，洗衣机不开盖，将万用表置于 R×10Ω挡，检测方法见图 13－10。有的洗衣机洗涤分强、中、弱三挡，这只不过是正转、反转、停转的时间比例不同，而检测方法相同。具体检测步骤如下：

（1）检测洗涤电机 M1 主绕组。

1）旋动洗涤定时器 S1 旋钮到 3～5min 处，此时 1－2、3－4 均接通，M1 处于正转通路状态。万用表两表笔接电源插头两极，测得 M1 主绕组阻值，一般为几十欧。

2）当 S1 回到某个位置时，正转通路状态结束，3－4 断开，听到“嗒”的一声，M1 断路，万用表指示无穷大，否则说明有漏电现象。

3）十几秒后，3－5 接通，再听到“嗒”的一声，M1 处于反转通路状态，万用表指示为几十欧。

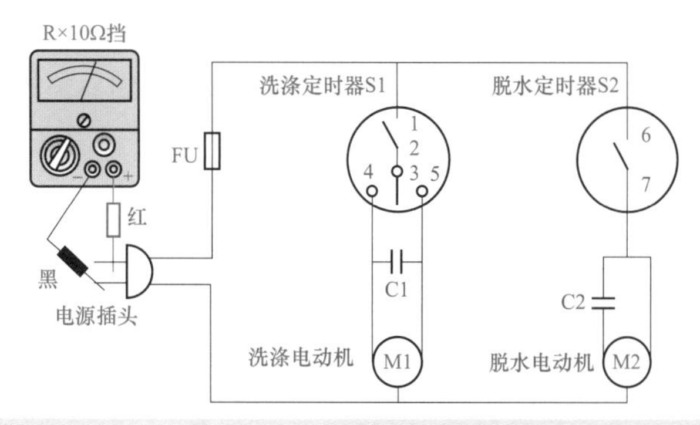

图 13－10　洗衣机定时器检测

4）以后 M1 又断路，万用表指示无穷大。再重复检测一遍，若结果一样，说明 S1 和 M1 主绕组正常。

（2）检测脱水电机 M2 主绕组。

1）旋转脱水定时器 S2 旋钮至 1min 位置，6－7 接通，M2 通路，测得 M2 主绕组阻值，一般为几十至一百欧，比 M1 阻值大些。

2）如果同时旋动 S1、S2 旋钮至几分钟处，万用表指针应不断交替摆动，否则有故障

二、洗衣机电磁进水阀

1　洗衣机电磁进水阀特性及作用

洗衣机是通过水位开关与电磁进水阀配合来控制进水、排水以及电机的通断，从而实现自动控制的。电磁进水阀起着通、断水源的作用，它是由过滤网、阀体、膜片、移动铁心、弹簧、隔水套和电磁线圈等部件组成，见图 13－11。电磁进水阀进水有两个条件，一是通电，二是自来水有一定压力（0.05～1MPa）。电磁进水阀的额定工作电压可以根据客户要求而定，一般为直流 6、12、24、110V，以及交流 6、12、24、110、220V。

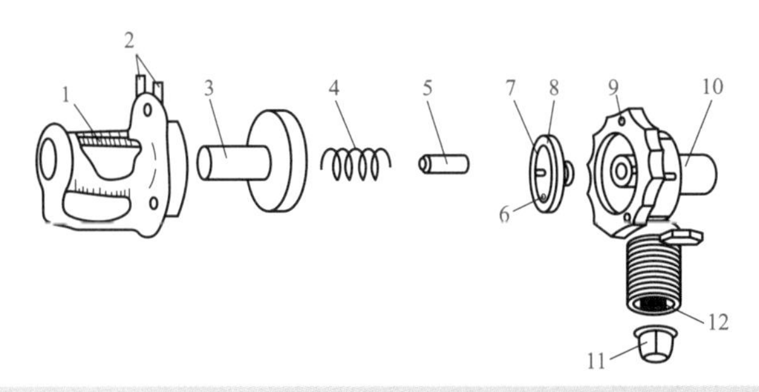

图 13－11　洗衣机电磁进水阀结构

1—电磁线圈；2—接线圈；3—隔水套；4—弹簧；5—移动铁心；6—平衡小孔；7—中心流通孔；8—膜片；9—阀体；10—阀体出水口；11—滤网；12—进水口

当电磁进水阀不通电时，线圈周围没有磁场，移动铁心在重力和弹簧力的作用下，顶住膜片中间的流通孔，堵塞小孔。进水管的水先经过过滤网过滤、减压圈减压后，流入阀室下腔。由于膜片边缘上还有一个平衡小孔，水会流过平衡小孔进入膜片的上方，使膜片上方的水压增大，把膜片紧紧压在阀体上，电磁阀处于关闭状态，洗衣机不进水。

当电磁进水阀通电后，线圈即产生磁场，吸引移动铁心向上移动而离开膜片，中心流通孔被打开，于是膜片上方的水就经阀体流入洗衣机。由于中心流通孔的孔径比边缘平衡小孔大，膜片上方的压强小于膜片下方进水管的压强，于是在水压的作用下，膜片被顶起，阀门开启，洗衣机进水。

电磁进水阀的进水口一般有一个过滤网罩，用以防止污垢堵塞进水阀。此外还有一个止逆装置，用于防止一旦停水时洗衣机脏水倒灌，污染水源。

2　洗衣机电磁进水阀检测

检测时，可将程控器调到进水程序，接通电源和自来水，用手摸进水阀塑料进水口，若

无振动感，则无电或进水阀损坏。此时可打开上盖，用万用表交流电压 250V 或 500V 挡检测进水阀两接线端是否有 220V 电压，若有则进水阀损坏。也可在断电后用万用表电阻挡检测进水阀接线端间阻值，正常时约为 5kΩ，若为无穷大或 0，说明进水阀已损坏。

第四节　电风扇元器件

一、电风扇电动机

1　电风扇电动机特性及作用

电风扇简称电扇，是一种利用电动机驱动扇叶旋转，使室内空气加速流通的家用电器，它广泛用于家庭、办公室、商店、医院、宾馆等场所和各种环境的通风散热、空气循环和防暑降温。

电风扇的种类很多，常用的有台扇、吊扇、壁扇、落地扇、换气扇等。台扇的结构主要由扇头、风叶、网罩和控制装置等部件组成，其中扇头还包括交流电动机、前后端盖和摇头机构等。交流电动机除了带动风叶送风外，还起着带动摇头机构使扇头作周期性左右摆动的作用。

台扇电动机可分为单相电容式、单相罩极式、直流及交直流两用式等。其中单相罩极式电动机生产工艺简单，适合大批量生产，但它启动转矩小、耗电量大，目前只有在小规格电风扇中采用。直流及交直流两用电动机多用于汽车、火车、轮船等移动场所。单相电容式电动机启动性能和运行性能较好，并具有结构简单、启动转矩大、启动电流小、效率高、功率因数高、过载能力强、温升低和噪声小等优点，市场上的电风扇几乎都采用单相电容式电动机。

单相电容式电动机有一个主绕组、一个副绕组，前者圈数少，后者圈数多，一般前者比后者阻值小 20%～40%。由于线圈电阻的存在，因此有一部分电能要转化为热能。单相电容式电动机采用的电容器容量通常为 1～2μF，它可以是油浸纸介质电容器，也可以是金属膜电容器，前者较耐用，后者体积小，并且有击穿自复的作用。

2　电风扇电动机检测

（1）电风扇电动机检测。检测时，先找出电动机的主绕组和副绕组，电动机的电路见图 13－12。

在电路中，串联电容 C 的绕组 L_1 是副绕组，L_2 是主绕组，这很容易从接线处将 L_1 两端 A、B，L_2 两端 A、D 找出来，其中 A 为公共端。

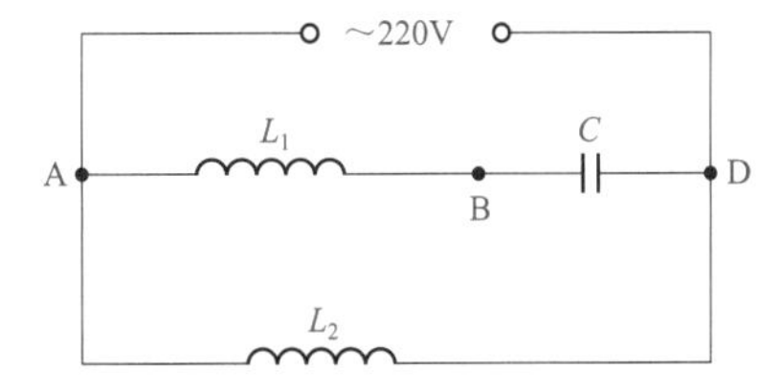

图 13－12　电风扇电动机电路

用万用表 R×1kΩ 挡检测 A、B（L_1）间阻值，应为 280～480Ω，如为无穷大或零，说明已开路或短路。

检测 A、D（L_2）间阻值，根据 L_1 阻值比 L_2 小 20%～40%判断是否正常。再用万用表

R×10kΩ 挡检测 L_1 与 L_2 间、L_1 与铁心间、L_2 与铁心间阻值，若为无穷大，表明绝缘良好，否则绝缘不良，则不宜使用。

（2）检测注意事项。

1）检测 L_1 与 L_2 间绝缘电阻时，应从 A 点将 L_1 与 L_2 断开。

2）以上测量均应断电并对 C 放电后进行。

二、吊扇电抗调速器

1　吊扇电抗调速器特性及作用

吊扇主要由扇叶、扇头、悬吊装置及调速器组成，多用于礼堂、会场、食堂及客厅等场所，其风速较低，但风量和送风范围大。

吊扇一般采用调速器与扇头分装的形式，调速器多为电抗式调速开关。它的外形与小型电源变压器相似，是由线圈、支架、铁心三部分组成。线圈绕在支架上，中间按调速比的要求抽出若干个抽头。铁心用厚度为 0.5mm 的硅钢片冲压成斜 E 字型，然后交叉插入支架内叠合而成。线圈绕好后，将铁心插入支架内，并经烘干、浸漆处理。

电抗调速器之所以能够调速是根据电动机在一定的转速范围内，其转速与施加于电动机两端的电压平方成正比的原理，只要改变外加电压就可以改变电动机的转速。当交流电流经过部分或全部调速器线圈时，根据楞次定律，因自感电动势而产生阻力－电抗（又称感抗），于是在线圈两端产生感抗电压。线圈越多，感抗越大，感抗电压也越大。由于加在电动机两端的电压是交流电源电压与感抗电压之差，因此线圈越多，电动机两端的电压越低，速度就越慢，反之速度就越快。

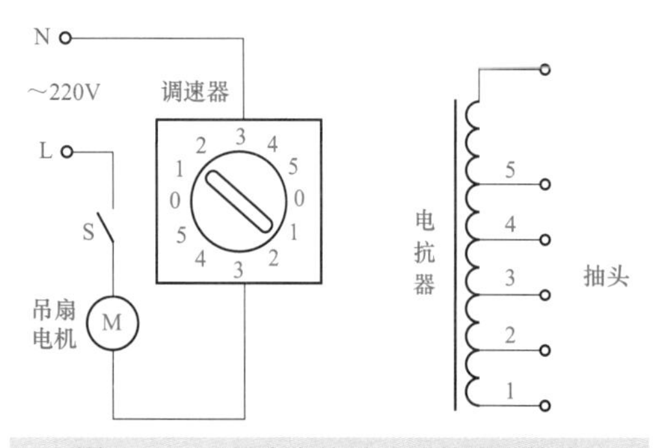

图 13－13　吊扇电抗调速器外形及接线

吊扇电抗调速器外形及接线见图 13－13，线圈抽头分别与琴键开关或旋钮开关各挡连接，一般抽头常为 4 个，故有 5 挡。变换开关挡位，可以改变加于电风扇电动机两端的工作电压，从而得到不同的转速。

2　吊扇电抗调速器检测

（1）电阻检测法。吊扇断电后，用万用表 R×10Ω 挡检测调速器线圈总阻值，正常为 20～40Ω（依型号不同而异）。再用万用表分别检测每两个引出抽头间阻值，一般为几欧，见图 13－14（a）。如果测得线圈总阻值正常，而某抽头间阻值为零或无穷大，说明该线圈短路或引线断路。

（2）电压检测法。调速器接入吊扇电路，接通 220V 市电，将万用表置交流电压 250V 挡，检测调速器各挡电压，见图 13－14（b）。正常电压应为 110、120、130、150、160V 左右。检测中若发现线圈冒烟或用手摸时烫手，说明调速器有短路故障，不可使用。

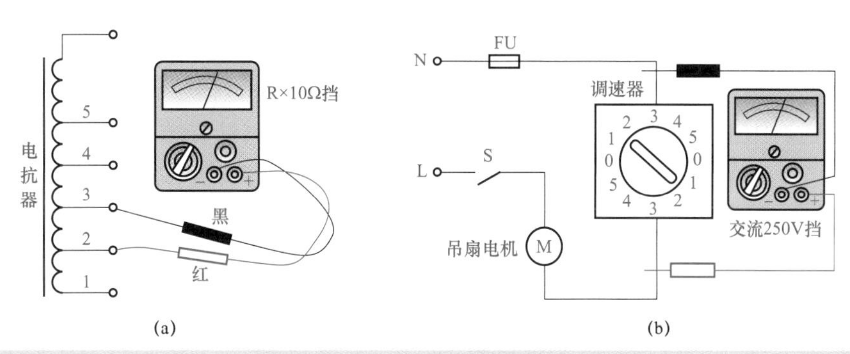

图 13－14 吊扇电抗调速器检测
（a）电阻法；（b）电压法

三、吊扇无级调速器

1 吊扇无级调速器特性及作用

大多数吊扇电抗调速器调速效果不明显，最低挡位转速过高，无法满足人们在夜间对吊扇低转速的要求。吊扇无级调速器是电风扇调速器的升级产品，它具有体积小、电路简单、无级调压范围宽（调速范围大）等特点，应用十分广泛。

吊扇无级调速器通常采用晶闸管无级调速器，其外形及电路见图 13－15。调速器电路中，电位器 R_P、电阻 R_1 和 R_3、限流电阻 R_2、电容 C_1 和双向触发二极管 VD 构成阻容移相触发电路，电源开关 S、双向晶闸管 BCR 和吊扇电机 M 构成交流开关电路。C_2 和 R_4 构成电压吸收回路，用来保护晶闸管。C_3 和 L 构成滤波电路，用来克服和抑制高频电磁波串入电网对其他电器的干扰。

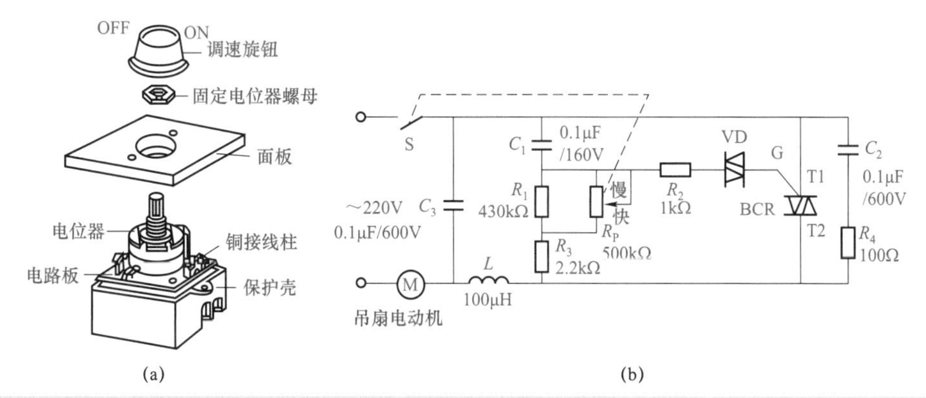

图 13－15 吊扇无级调速器外形及电路
（a）外形；（b）电路

接通电源后，当交流电压为正半周时，经 R_P、R_1 和 R_3 向 C_1 正向充电，当 C_1 两端电压上升到 VD 正向导通电压时，VD 中的一个二极管导通发出脉冲，经 BCR 的控制极 G 触发 BCR 导通，使吊扇电机 M 通电运转。当电压由正半周转为负半周的瞬间时，电压为零，BCR 关断，M 瞬间断电，此时 M 依靠转子的惯性继续运转。当电压为负半周时，由 R_P、R_1 和 R_3 给 C_1 反向充电，当 C_1 两端电压上升到一定数值时，VD 另一个二极管导通，触发 BCR

导通，M 恢复通电运转。而后，电路不断重复上述工作过程。

使用时，顺时针旋转电位器旋钮，S 闭合接通电源，电位器阻值随之增大，C_1 的充电速率随着降低，BCR 导通角变小，M 转速变慢。反之，逆时针旋转电位器，其阻值逐渐变小，C_1 的充电速率跟着升高，BCR 导通角变大，M 转速变快。再继续逆时针旋转旋钮，S 打开关断电源。

2 吊扇无级调速器检测

吊扇无级调速器在使用中，经常会出现两种故障，即吊扇不转和吊扇转速不能调节，此时可用万用表检测找出故障原因。

（1）吊扇不转。首先应先判断吊扇电机是否完好，可以将接到调速器的两导线短接，将市电加在吊扇电机两端，观察电机运转情况：电机不运转，说明故障在电机；电机运转，说明故障在调速器。

在确认吊扇电机完好之后，用万用表 R×1kΩ挡检测双向晶闸管 BCR 的 G 极与 T1 极正、反向阻值，正常时为 40～700Ω。然后用万用表 R×10kΩ挡检测 BCR 的 G 极与 T2 极，T1 极与 T2 极正、反向阻值，正常时为无穷大。检测中若发现实测值与上述不符，说明管子已损坏。如 BCR 完好，则用万用表电阻挡检测双向触发二极管和移相电路中的电阻和电容的性能。

（2）吊扇转速不能调节。用万用表电阻挡检测电位器滑动点的接触情况，如完好，应检测 BCR 是否击穿短路。断开触发二极管 VD 后接通电源，如吊扇仍会运转，则说明 BCR 击穿短路；如吊扇不转，则说明电位器损坏。

第五节　微波炉与电磁灶元器件

一、微波炉磁控管

1 微波炉磁控管特性及作用

微波炉是一种新型灶具，它是利用电磁微波来传递能量对食物加热的家用电器，具有加热速度快、热量损耗少、无污染的特点，是最受欢迎的家电产品之一。

家用微波炉最主要的器件是一个能发出连续微波（2450MHz）的磁控管，它由管芯和磁铁两部分构成，使用寿命约 1000～3000h，其外形及结构见图 13－16。管芯由阴极、灯丝、阳极、天线等构成，而永久磁铁则在阳极与阴极之间的空间形成恒定的竖直方向的强磁场。阴极（分为直热式和间热式）被加热时能发射足够的电子，以维持磁控管工作时所需的电流。

磁控管阳极电压有 3～4kV，用来接收发自阴极的电子，通常采用导电性能和气密性能良好的无氧铜制成。在阳极上一般有偶数个空腔，称为谐振腔，腔口对着阴极。每个谐振腔就是一个微波谐振器，其谐振频率取决于谐振腔的尺寸。

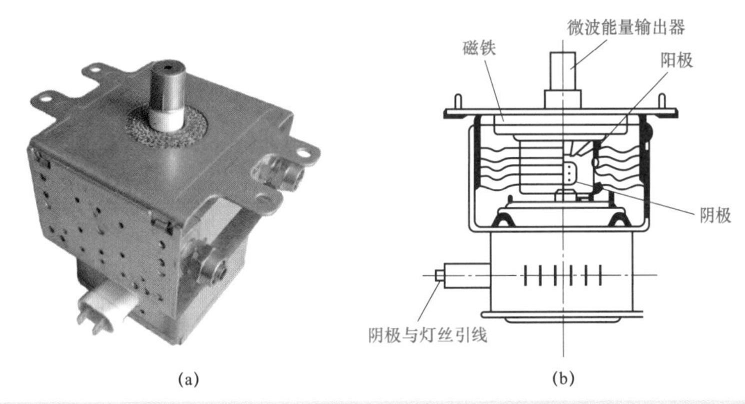

(a)　　(b)

图 13－16　微波炉磁控管外形及结构

（a）外形；（b）结构

2　微波炉磁控管检测

（1）微波炉磁控管的检测方法。微波炉磁控管的检测方法。由于灯丝电压为 3.35V（型号不同而各有高低），电流有 1～20A，所以灯丝电阻值很小。用万用表的 R×1Ω 挡则可测出灯丝冷态直流电阻值，其阻值在 0.3Ω 以下（一般应是 0.17～0.34Ω）。如果电阻值较大，则灯丝已老化。如果电阻值为无穷大，则灯丝已断。在这两种情况下灯丝均不可再用。

之后测量磁控管的绝缘电阻值，将万用表的量程开关拨到 R×10kΩ 挡，测灯丝对外壳、灯丝对阳极、阳极对外壳间的绝缘电阻值，均应为无穷大，见图 13－17。如果测得的绝缘电阻值为零或万用表指针略有偏转，说明此磁控管短路或漏电。有短路、漏电、灯丝老化断丝的磁控管，均应报废。

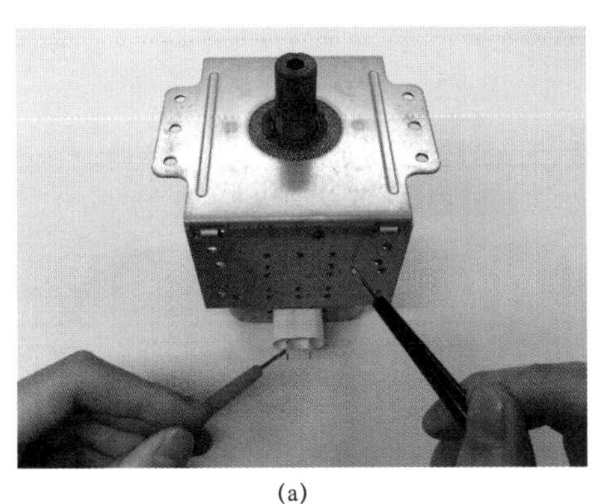

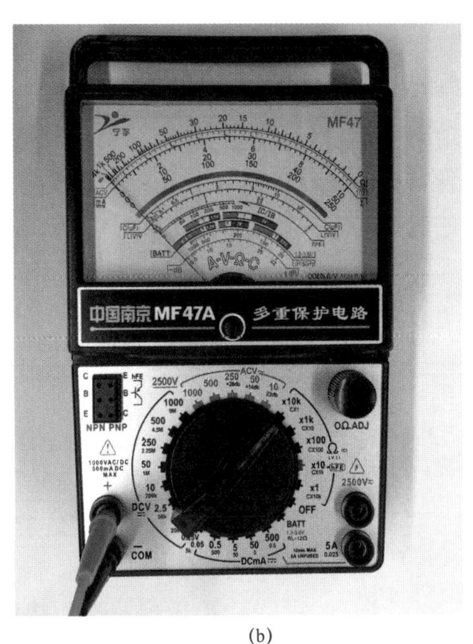

(a)　　(b)

图 13－17　微波炉磁控管检测

（a）检测灯丝对外壳的绝缘电阻；（b）电阻示数

（2）检测注意事项。接在微波炉上的磁控管，在测试前应断开电路，并对高压电容器进行放电，防止电击或误判。

二、微波炉高压电源变压器

1　微波炉高压电源变压器特性及作用

微波炉高压电源变压器（升压变压器）是一种专用漏磁变压器，一般有一次绕组、二次磁控管灯丝绕组、二次高压绕组，有的还有功率调整绕组，其外形及结构见图 13－18。

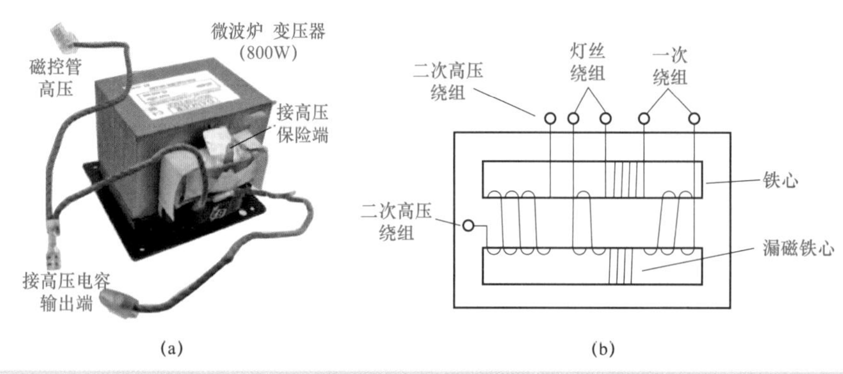

图 13－18　微波炉电源变压器外形及结构

（a）外形；（b）结构

当交流 220V 市电电压施加在一次绕组中时，二次磁控管灯丝绕组输出交流 3.3V 的灯丝电压，二次高压绕组输出交流 2100V 左右的高压。在一次、二次绕组之间插有一定厚度的多片硅钢片，使变压器中形成一个具有高磁阻间隙的磁分路。

当高压电源变压器工作时，磁分路中将产生一定量的漏磁通，它控制着变压器的输出电流，使磁控管工作电流保持相对稳定。可见，高压电源变压器主要是靠漏磁通使磁控管工作电流保持稳定的，因此也被称作漏磁变压器。这种变压器可在市电波动范围较宽的情况下，保持磁控管工作电流的稳定，因而在微波炉中获得了广泛应用，除特种产品外，几乎所有的微波炉均采用这类变压器。

2　微波炉高压电源变压器检测

（1）电阻检测法。用万用表 R×1Ω 挡，检测一次绕组阻值，约 2Ω，如远小于 1.5Ω，则匝间严重短路，若为无穷大，则断路。检测灯丝绕组阻值，应接近 0Ω，否则不正常。用 R×10Ω 挡或 R×100Ω 挡检测高压绕组阻值，应为 130～160Ω，若为无穷大，则断路，若比 130Ω 小很多，则匝间局部短路。

用万用表 R×10kΩ 挡检测三个绕组间及它们与铁芯间的绝缘电阻，应为无穷大，否则绝缘不良，不应使用。

（2）电压检测法。接通 220V 市电，用万用表交流电压挡检测变压器灯丝绕组和高压绕组，应分别为 3.4、1840V（因变压器机型不同而异，如有的为 3.34、2050V）。

（3）检测注意事项。

1）检测时应把变压器有关引线断开（如高压绕组一端与铁心、底盘等接地断开）否则会误判。

2）检测前还应将与绕组相连的高压电容放电，以免被电击。

3）微波炉高压电源变压器为一种要求高、价格贵的元件，有的国内产品性能不及进口产品。如有损坏，一定要用同型号的高压电源变压器代换，以保证其工作可靠性。

三、电磁灶 IGBT 管

1 电磁灶 IGBT 管特性及作用

电磁灶是利用电磁感应原理加热和烹饪食物的一种灶具，它具有安全可靠、无明火、热效率高、清洁卫生、温度控制准确、使用方便等优点，作为现代家庭灶具，颇受消费者的欢迎。

在电磁灶中，IGBT 管是非常重要的一个器件。IGBT 管又称门控管，是绝缘栅型双极晶体管的英文缩写，它是由绝缘栅型场效应管和双极性达林顿管复合而成的。IGBT 管可在高电压、大电流状态下长期安全工作，并表现出极好的开关特性，输出功率可达 1000W 以上。目前，IGBT 管的电流/电压等级已达 1800A/1600V，关断时间已缩短到 40ns，工作频率可达 50kHz。

IGBT 管至今尚无统一的电路符号标准，其外形及较常用的电路符号见图 13－19。IGBT 管的管脚排列顺序与大功率三极管一致，即引脚朝下，标注面朝向自己，从左到右依次是门极（G）、集电极（C）、发射极（E）。

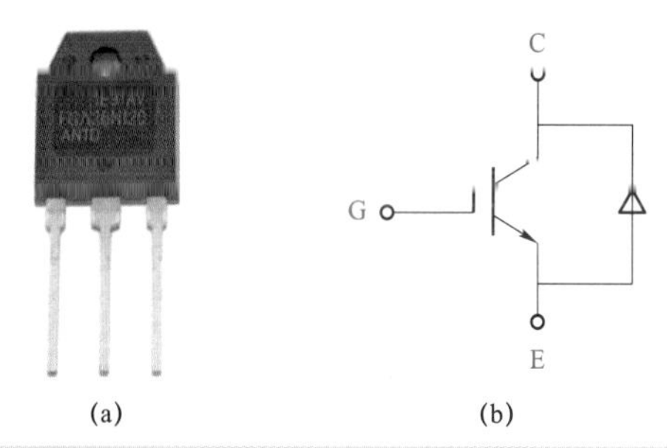

图 13－19　电磁灶 IGBT 管外形及电路符号

（a）外形；（b）符号

2 电磁灶 IGBT 管检测

IGBT 管的好坏可用指针式万用表的 R×1kΩ挡来检测，或用数字式万用表的二极管挡来测量 PN 结的正向压降，检测方法见图 13－20。

检测前先将 IGBT 管三只引脚短路放电，避免影响检测的准确度。然后用指针式万用表的两只表笔测 G、E 两极及 G、C 两极的正反向电阻，对于正常的 IGBT 管，上述所测值均为无穷大。

最后用指针式万用表的红表笔接 C 极，黑表笔接 E 极，若所测得的值在 3.5kΩ 左右，则所测管为含阻尼二极管的 IGBT 管，若所测得的值在 50kΩ 左右，则所测管为不含阻尼二极管的 IGBT 管。如果测得 IGBT 管三个引脚间电阻均很小，则说明该管已击穿损坏。若测得 IGBT 管三个引脚间电阻均为无穷大，说明该管已开路损坏。

若用数字式万用表的二极管挡来检测，正常情况下，IGBT 管 E、C 极间正向压降约为 0.5V。实际检测中，IGBT 管多为击穿损坏。

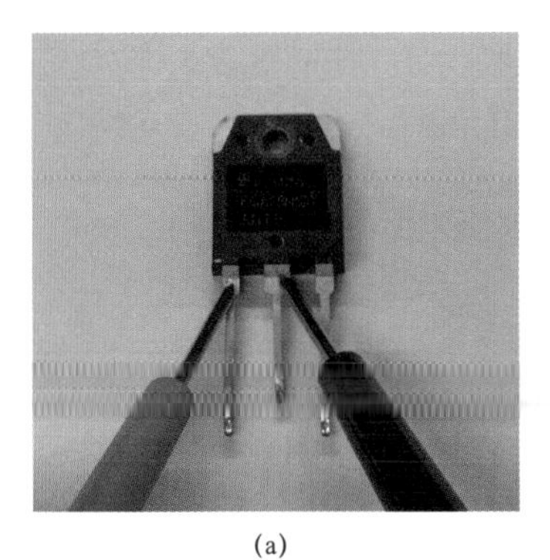

(a)

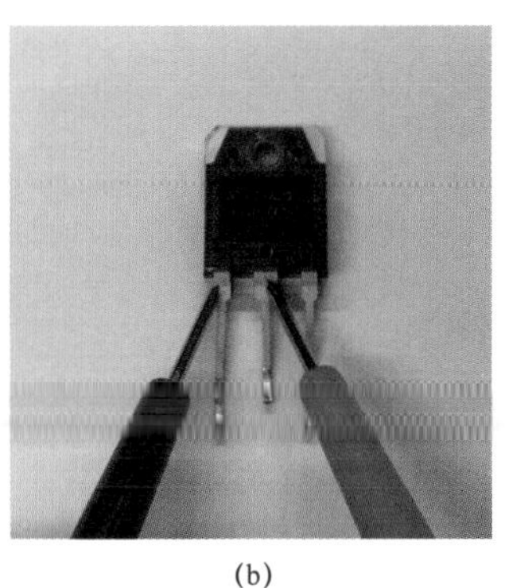

(b)

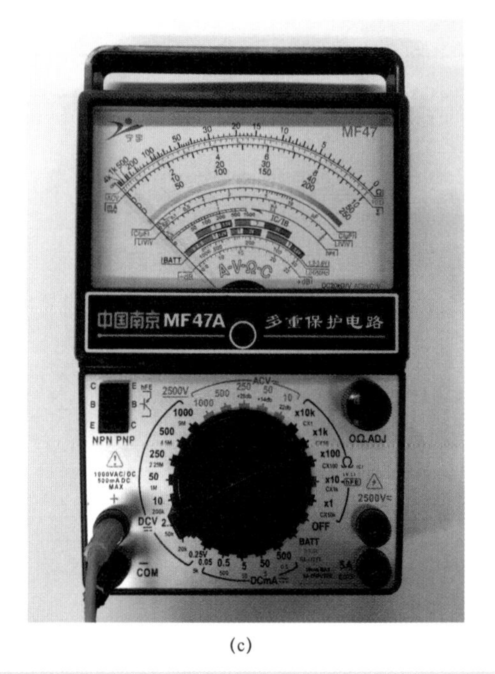

(c)

图 13－20　电磁灶 IGBT 管检测

（a）检测 G、C 间的正向电阻；（b）检测 G、C 间的反向电阻；（c）电阻示数

四、电磁灶 LM339 集成电路

1　电磁灶 LM339 特性及作用

电磁灶电路中的 LM339 称四电压比较器，内含有四个相同的电压比较器，在电磁灶电路中主要用作检测信号的比较判断，是很重要的集成芯片。

LM339 内部框图见图 13－21，其中“＋”表示运算放大器的同相输入端，“－”表示运算放大器的反相输入端。该集成芯片的特点是，只要两相输入电压相差 10mV，输出状态即可翻转。当其反相输入电压比同相输入电压高时，输出为低电平。当其反相输入电压比同相输入电压低时，LM339 输出端内部处于开路状态。要输出高电平，必须加上拉电阻，高电平的幅值大小取决于该上拉电阻的接法及其对地分压电阻的大小。

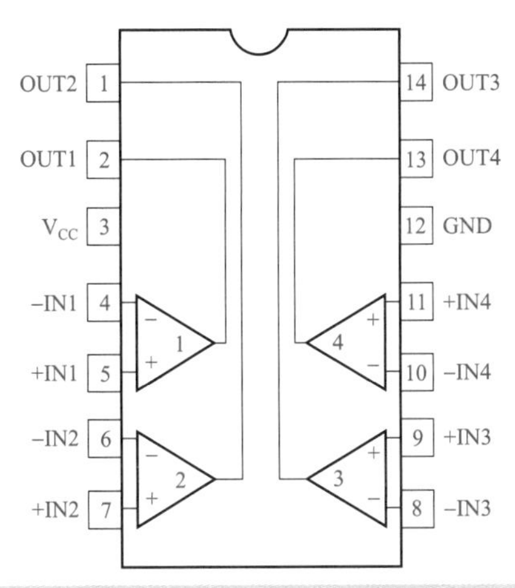

图 13－21　LM339 内部框图

2 电磁灶 LM339 检测

由于 LM339 在不同型号电磁灶中用途不尽相同，外围电路相差也较大，加之供电电压也不完全相同，所以在路判断其好坏较困难，因此可采用测量开路电阻和测量压降来判断其好坏。

表 13－1 是 LM339 芯片的各脚开路正常电阻值和各脚正常压降。

表 13－1　　LM339 技 术 数 据

脚号	名称	功能	万用表 R×1kΩ挡（kΩ）		万用表“—▷|—”挡（V）	
			红笔 12 脚	黑笔 12 脚	红笔 12 脚	黑笔 12 脚
1	OUT2	输出 2	∞	5.8	0.641	∞
2	OUT1	输出 1	∞	5.8	0.653	∞
3	V_{CC}	电源	9.6	6.0	0.739	1.366
4	IN1－	反向输入 1	∞	7.0	0.763	∞
5	IN1＋	同向输入 1	∞	7.0	0.764	∞
6	IN2－	反向输入 2	∞	7.0	0.776	∞
7	IN2＋	同向输入 2	∞	7.0	0.773	∞
8	IN3－	反向输入 3	∞	7.0	0.772	∞
9	IN3＋	同向输入 3	∞	7.0	0.773	∞
10	IN4－	反向输入 4	∞	7.0	0.758	∞
11	IN4＋	同向输入 4	∞	7.0	0.755	∞
12	GND	地	0	0	0	0
13	OUT4	输出 4	∞	5.8	0.644	∞
14	OUT3	输出 3	∞	5.8	0.635	∞

第六节　小家电

一、自动抽油烟机气敏传感器

1　自动抽油烟机气敏传感器特性及作用

自动抽油烟机又称吸油烟机，是一种净化厨房环境的厨房电器。它安装在厨房炉灶上方，能将炉灶燃烧后产生的废气和烹饪过程中产生的对人体有害的油烟迅速抽走，排出室外，已成为现代家庭必不可少的厨房设备。

气敏传感器可分为半导体和非半导体两类，目前在自动抽油烟机中使用最多的是半导体气敏传感器，主要用它来检测有害气体的类别、浓度和成分，用以控制设备自动报警和接通排气设备，将有害气体排出室外，其外形见图 13－22。

半导体气敏传感器的特点是遇到有害气体时阻值减小，遇到氧化性气体时阻值增大。传感器中的灯丝对气敏元件进行加热，一般控制电流在 120～150mA 之间。当烹饪时的油烟被气敏传感器检测到时，其内阻降低，使抽油烟机电机启动进行抽排油烟。油烟排尽后，气敏传感器内阻升高，电机电源切断，停止抽排油烟。

2　自动抽油烟机气敏传感器检测

气敏传感器的检测方法见图 13－23。在气敏传感器接入电路的瞬间，电压表指针应向负方向偏转，经过几秒后回零，然后逐渐上升到一个稳定值，说明气敏传感器已达到预热时间，电流表应指示在 150mA 以内。只有预热后的气敏传感器，才能进入稳定状态。此时点燃香烟，并靠近气敏传感器，让烟雾飘向气敏传感器，电压表指示应大于 5V，电压越大说明其性能越好。

图 13－22　自动抽油烟机气敏传感器外形　　　　图 13－23　自动抽油烟机气敏传感器检测

二、电热梳

1　电热梳特性及作用

电热梳是一种简单的电加热美发器具，已进入越来越多的家庭。电热梳的外形像普通的梳子，它的内部有一个类似电烙铁心的发热元件，靠它产生的热量传到梳子上。主要用途是湿发梳干和卷曲造型，由于它结构简单、使用方便、价格低廉，因而受到家庭的普遍欢迎。

电热梳有单用型、兼用型和多用型三种，其中单用型不带夹发片，兼用型带有夹发片，多用型带有换头装置，可通过换头实现梳卷、整形等不同功能。电热梳消耗的电功率主要有 20、25、30、35、50、75W 等几种，目前国产的电热梳大多在 20～40W 之间，发热温度在 130℃左右。

2　电热梳检测

电热梳的测试方法见图 13－24，将万用表的量程开关拨至 R×100Ω 挡，测出电热梳电源插头两端的电阻值，正常时应为 2.4kΩ 左右。然后把万用表的量程开关拨至 R×10kΩ 挡，测出电热梳的金属外壳与电源插头之间电阻值，正常时测得的阻值应为无穷大，否则就说明被测电热梳的绝缘性能不佳，不能使用。

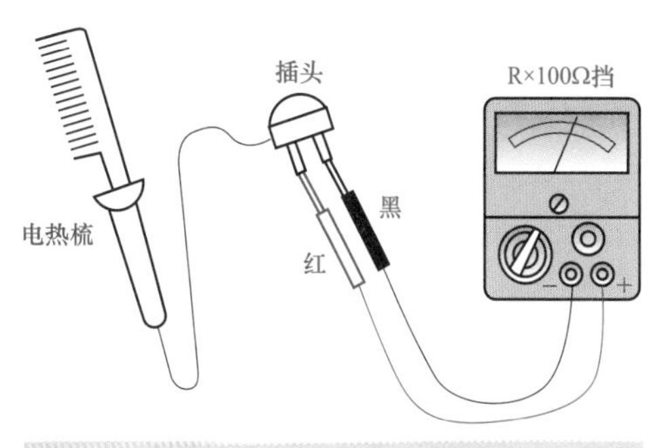

图 13－24　电热梳检测

二、电热驱蚊器

1　电热驱蚊器特性及作用

电热驱蚊器是利用其内部的 PTC 发热元件，通过散热片把热量传递给驱蚊药片，使药水或药片挥发出虫菊酯类杀虫剂以达到驱蚊的目的。该产品的优点是发热体无明火，安全可靠，能稳定在（125±10）℃下长期工作，耗电极微，使用寿命长。

电热驱蚊器接通电源后，PTC 发热元件的阻值较小，电流较大；随后由于温度增高，PTC 发热元件的阻值变大，电流减小，电流减小又使其发热量减小，发热量减小使阻值减小，阻值减小又使电流增大，而电流增大再次使发热增多，如此周而复始，使驱蚊器温度自动恒定在某温度值，将药水或药片加热。

2　电热驱蚊器检测

检测电热驱蚊器主要是检测 PTC 发热元件，检测方法见图 13－25。

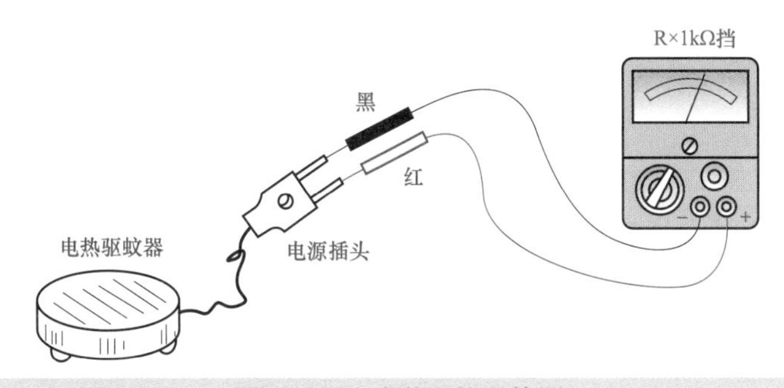

图 13－25　电热驱蚊器检测

用万用表的 R×1kΩ 挡测试其冷态电阻，将万用表的黑红表笔与电热驱蚊器的电源插头两脚接牢，正常时测得的阻值应在 2.5～4.5kΩ 之间。如果阻值太小，则 PTC 发热元件会剧烈发热，使药片挥发过快而不能持久工作。如果测得的阻值为几十千欧，则表明驱蚊器性能不好，会因发热不足使药片挥发过慢而达不到驱蚊目的。如果测得的阻值为无穷大，则不是驱蚊器断线就是 PTC 发热元件已经损坏。

四、电熨斗

1 电熨斗特性及作用

电熨斗是利用电热元件加热至适当高温来熨烫衣物的电热器具，当金属底板加热到一定温度时，将电熨斗的底板压到衣物上（喷水、喷雾），用手加一定压力，衣物便在热和压力的双重作用下变得平整和线条分明。电熨斗种类很多，我们接触最多的是调温型和喷汽型电熨斗。

调温型电熨斗的结构，主要由电热元件（云母电热芯和电热管两种）、底板、压铁、接线架、温控器、指示灯、上罩、手柄、电源线等组成，见图 13－26（a）。

喷汽型电熨斗又叫蒸汽电熨斗，它是在普通调温型电熨斗上增加了喷汽装置，具有调温喷汽两种功能，其结构见图 13－26（b）。这种电熨斗的水箱只作储水用，电热元件不直接对其加热，蒸汽当然也不会在其中产生。当熨烫需要喷汽时，按一下喷汽按钮，水箱中的水通过阀门滴入蒸发室，在炽热的底板上瞬间化成蒸汽从底板的喷汽口喷出。这种蒸汽由蒸发室直接从喷汽口喷出，结构比较简单，但当底板温度未达足够高时，水滴不能完全汽化，蒸汽中夹带水珠，被汽熨烫衣物上容易出现水渍。

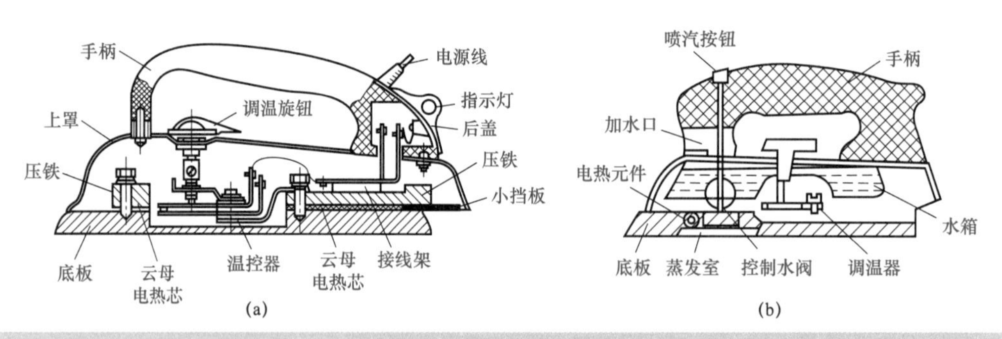

图 13－26　电熨斗结构
（a）调温型；（b）喷汽型

2 电熨斗检测

（1）电熨斗的检测方法。用万用表检测电熨斗的方法见图 13－27。将万用表的量程开关拨至 R×10Ω 挡，将红黑表笔与电熨斗电源插座两脚接牢。冷态时，电熨斗的电阻值正常时应与表 13－2 相吻合。

一般来说，电熨斗实测阻值若比表 13－2 所列阻值大 10%以上，则功率不足；如果比表 13－2 所列阻值小 10%以上，则表明电熨斗的实际功率会大于标称功率。

测定电熨斗绝缘电阻值的方法是将万用表的量程开关拨至 R×10kΩ 挡，一只表笔接电源插头的一脚，另一只表笔接电熨斗的熨斗板（金属部件），正常时绝缘电阻值应大于 1MΩ或 0.5MΩ，否则有可能漏电。

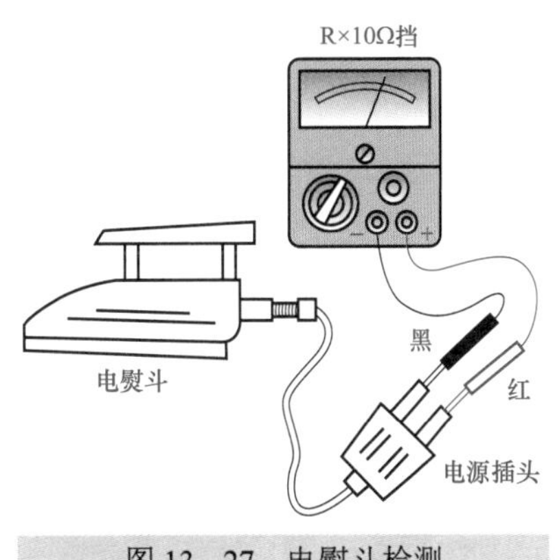

图 13－27　电熨斗检测

（2）检测注意事项。

1）对于用后立即拔下来的电熨斗，即热态电熨斗，在正常情况下其阻值一般要比其冷态时的阻值大 5%左右。

2）热态时电熨斗绝缘电阻值应为无穷大。

表 13－2　电熨斗冷态时功率与阻值对应关系

功率（kW）	1	0.75	0.5	0.4	0.3	0.2	0.15	0.1
冷态电阻值（Ω）	45	60	90	115	150	230	300	450

五、电热水壶

1　电热水壶特性及作用

电热水壶是一种用于室内供人们自助烧开水的大功率电热开水器具，一般由分体式电源底座（有的电源底座可以收纳电源线）和壶体构成。它具有水沸自动断电、加热速度快、自动控温、壶体水位指示、电源开关和指示灯、防干烧和防超温双重保护等功能，因其省时、节能、美观、便捷、安全的特点，在进入市场后，迅速受到广大消费者青睐。

电热水壶采用的是蒸汽智能感应控制，利用水沸腾时产生的水蒸气使蒸汽感温元件的双金属片变形，并利用变形通过杠杆原理推动电源开关，从而使电热水壶在水烧开后自动断电。其断电是不可自复位的，故断电后水壶不会自动再加热。

电热水壶一般技术指标为功率 1000～1500W 左右，水容量从 1～4L 均有，电源电压 220～240V。

2　电热水壶检测

用万用表检测电热水壶的方法。

（1）检测电热水壶发热元件的冷态电阻值。将万用表的量程开关拨至 R×10Ω 挡，壶体插入电源底座，把壶体上的电源开关接通，红黑表笔接电源线插头两脚，正常的冷态阻值为几欧到几十欧。

（2）检测发热元件与金属壶体外壳间绝缘电阻值。将万用表的量程开关拨至 R×10kΩ 挡，一只表笔接电源插头任意一脚，另一只表笔接金属外壳，正常时测得的绝缘电阻值应为无穷大，见图 13－28。

(a)

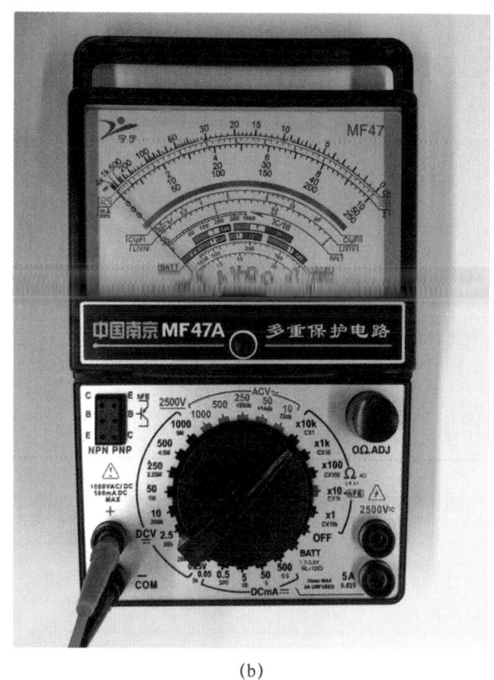

(b)

图 13－28　电热水壶检测

（a）检测绝缘电阻；（b）电阻示数

六、电热暖手宝

1　电热暖手宝特性及作用

进入冬季，小巧、实用、方便的各类电暖手宝开始受到消费者尤其是老年人的青睐，使用时只要插上电源，充电几分钟，断电后就可以取暖。目前，市场上常见的电暖手宝有电暖袋的、金属外壳的、陶瓷的，加热元件规格有 300、400、500、600W 多种。

电暖袋运用的是导线密封技术原理，优点是手感柔软，缺点是很容易发生漏水的现象。金属外壳的电暖宝也叫作电暖饼，这种电暖手宝比注水的实用而且耐用，不用担心会漏水，但这种产品在通电后温度会比注水的电暖袋要高，而且热的过程比较慢，所以通常都要套个袋子在外面以防烫手。还有一种电暖手宝，它是采用陶瓷为发热体，采用陶瓷制造工艺烧结而成的，具有温度升高电阻增大、功率降低的自控特性，而且省电。

2　电热暖手宝检测

电热暖手宝的检测方法见图 13－29，将万用表置 R×10Ω 挡测试电源插头两脚间阻值，在电热暖手宝冷态时，其阻值见表 13－3，冷态电阻值的正常误差在±10%范围内。

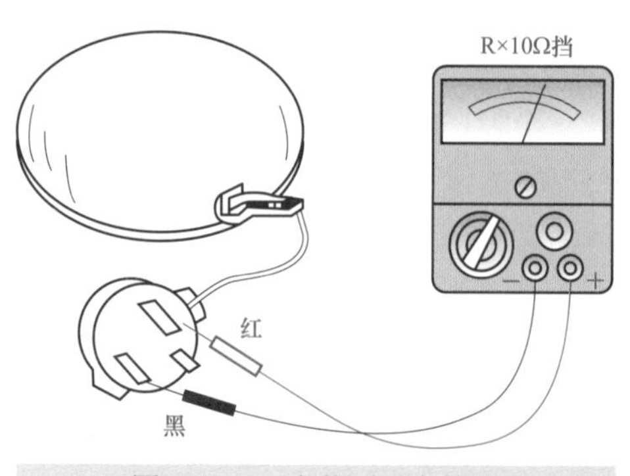

图 13－29　电热暖手宝检测

表 13-3 电热暖手宝冷态阻值与功率的对应关系

功率（W）	300	400	500	600
冷态电阻值（Ω）	150	115	90	70

七、电子钟

1 电子钟特性及作用

电子钟又称数字显示钟，是一种采用数字集成电路技术和先进的石英晶振技术实现时-分-秒计时的装置。与机械时钟相比，直观性为其主要显著特点，且因非机械驱动，具有更长的使用寿命。电子钟广泛用于定时自动报警、按时自动打铃、时间程序自动控制、定时广播及自动控制等各个领域。目前比较有名的品牌有：德国 techno Line 品牌电子钟、欧洲 01TIME 品牌电子钟、漳州吉美电子钟、烟台未来塔钟有限公司电子钟等。

电子钟的计时周期为 24h，显示满刻度为 23h59min59s，具有校时功能和报时功能。因此，一个基本的电子钟电路主要由译码显示器、秒信号发生器、时-分-秒计数器、校时电路、报时电路和振荡器组成。秒信号发生器是整个系统的时基信号，它直接决定计时系统的精度，一般用石英晶体振荡器加分频器来实现。

电子钟的品种很多，常见的有指针式石英钟（表）、数字式石英电子表（钟）、摆轮游丝式或音片式晶体管电子钟等，它们的整机正常工作电流依种类不同而不同。

2 电子钟检测

（1）电子钟检测。电子钟检测方法见图 13-30。

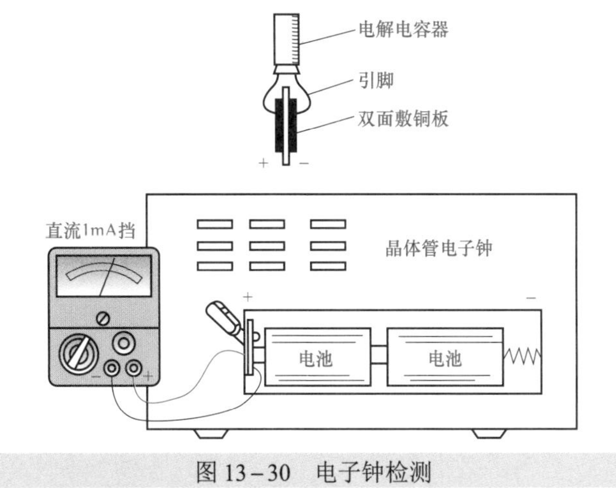

图 13-30 电子钟检测

测试之前，裁一小块双面敷铜板，插入电子钟电池组的正极与电子钟电池盒的压片（即正极）之间，将万用表的量程开关拨至直流电流挡（如测电子钟，拨至 1mA 或 5mA 挡；

如测电子表则拨至 10μA 或 50μA 挡）。然后将红表笔接双面敷铜板的压片侧，黑表笔接电池组的正极，万用表则显示出整机电流，正常时电流值见表 13－4。

如果实测的整机电流值比表 13－4 所列值大很多，表明电子钟表电路中有短路或受潮漏电现象。若实测的整机电流比表 13－4 所列值小很多，则说明电路中有断路故障，或者是有些部分已不工作，也有可能是电池电压太低。

（2）检测注意事项。由于电子钟表均工作于脉冲状态，所以测试时应在自制的敷铜板两面焊接一只容量为 1000μF 的电容器。

表 13－4　　电子钟（表）整机电流参考值

品种	电流（mA）
晶体管电子钟	约 0.1
指针式电子石英钟	约 0.1
指针式电子石英表	约 1～3
数字式石英电子表	约 1～5

八、负氧离子发生器

1　负氧离子发生器特性及作用

空气负氧离子，又称“空气维生素”，它如同阳光、空气一样是人类健康生活不可缺少的一种物质。空气中含有适量的负氧离子不仅能高效地除尘、灭菌、净化空气，同时还能够激活空气中的氧分子而形成携氧负离子。

自然界中负氧离子无处不在，打雷闪电、植物的光合作用、瀑布水流撞击等自然现象都可以产生大量的负氧离子。受到自然现象的启示，人们开始用人工的方法产生负氧离子，释放到周围的空气中，净化空气，改善人们的生活环境。这种用人工产生空气负氧离子的设备就称为空气负氧离子发生器。

2　负氧离子发生器检测

将万用表的量程开关拨至直流电流 50μA 挡，则可检测负氧离子发生器的负氧离子浓度，检测方法见图 13－31。

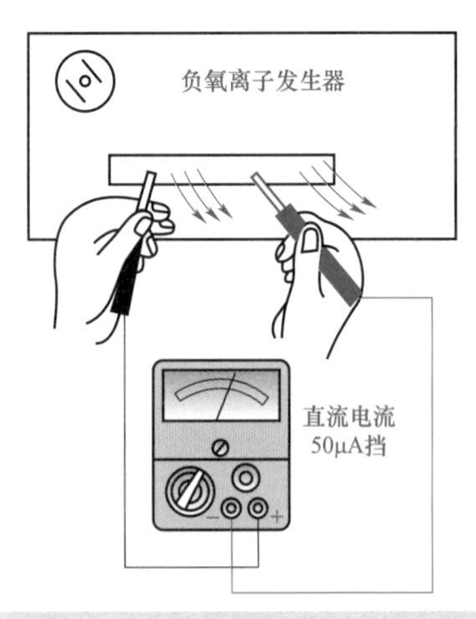

图 13－31　负氧离子发生器检测

测试时，左手握住万用表的红表笔金属尖，右手握住黑表笔的绝缘杆部位，再将黑表笔金属尖部位逐渐靠近正在工作的负氧离子发生器的排气口。当黑表笔金属尖部位与排气口距离减小到一定程度时，则可看到万用表指针向右偏转。这是因为负氧离子被黑表笔接收，而形成电流所致，越靠近，偏转越大。如果在距离排气口约 2cm 处万用表指针偏转至 5～10μA，则这时的排气口负氧离子浓度达 2×10^4 个/mm^3，其浓度合格，在面积为 $15m^2$ 的室内使用较为合适。

倘若万用表的量程开关在直流电流 50μA 挡时其指针不指示，或指示太小，则表明负氧离子浓度不够，负氧离子发生器不合格或失效。若万用表的指示值超过 50μA，则说明产生的负氧离子浓度太大，也是不好的。

第十四章　电动机

三相异步电动机能将电能转换为机械能，广泛应用于工农业和国民经济的各个部门，作为拖动机床、水泵、起重卷扬设备和农副产品加工设备的原动机，以及作为一般机械的动力，并且还作为农村小型电站的发电机。

第一节　交流电动机绕组

一、交流电动机绕组特性及作用

三相异步电动机应用广泛，判别电动机绕组的始末端是维修工作中常碰到的问题。三相电动机有三相绕组，它们互隔 120° 的空间，分别嵌放在定子铁心中，每一排绕组有两个出线端，即一首一尾。电动机绕组的始末端，又叫绕组的头尾，通常是从电动机的接线盒中引出，并有明确的标记。一般用 U1、V1、W1 记为电动机的始端，U2、V2、W2 记为其末端，见图 14－1（a）。

三相电动机的绕组有两种接线方法：一种是星形连接（Y），另一种是三角形连接（△），见图 14－1（b）。使用时，是将电动机绕组连接成星形还是连接成三角形，这不是由使用者主观决定的，而是要根据铭牌上的标记进行正确的连接。铭牌上若标有“220/380V、△/Y 接法”的电动机，表示当电源线电压为 220V 时，绕组接三角形；当电源线电压为 380V 时，绕组接成星形。

(a)

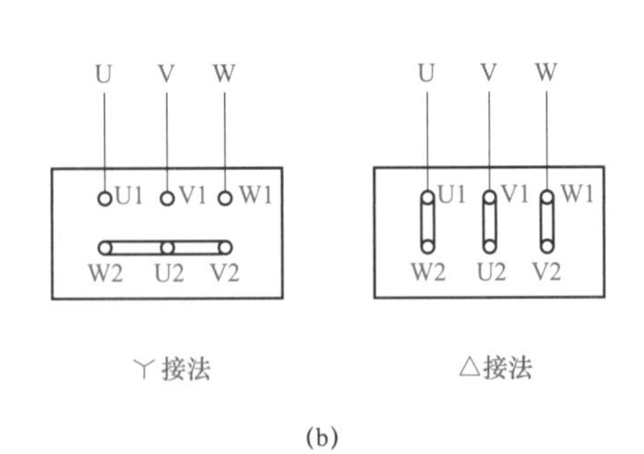

(b)

图 14－1　三相异步电动机接线盒及绕组接线

（a）接线盒；（b）绕组接线

近年出厂的国产三相电动机中，若功率大于 4kW，铭牌上一般标注“380V△接”，其含义是使用电源线电压为 380V 的三相电源，定子绕组连接成三角形。

不管是星形还是三角形连接，都必须正确判断绕组的始末端。当一些陈旧电动机的接线盒上的六根引出线即未连接又未标注时，若对连接规律不熟悉，极容易使定子绕组的始末端接错。一旦投入使用，就会形成不完整的旋转磁场，使启动困难，产生振动噪声，导致三相电流不平衡，极易烧毁定子绕组。

二、交流电动机绕组始末端判别

1　切割剩磁法判别电动机绕组始末端（方法一）

（1）电动机绕组始末端的判别。判别电动机绕组的始末端可以采用切割剩磁法，这一方法就是利用在交流电源的作用下已经工作过的电动机，在转子上会存在剩磁。当用手转动转子时，转子上的剩磁会切割定子绕组，在定子绕组中产生感应电动势，此时电动机就相当于发电机，若绕组是闭合回路时则要产生感生电流。

由于三相绕组的头（或尾）的感生电动势极性互差 120°，因此如果把三相绕组三个头（或尾）短接，这时三相感生电流的和为零，所以接在头和尾两个短接点之间的万用表毫安挡指针不动（电流为零）。如果不是三个头（或尾）短接，而是“头尾”短接，那么三相感生电流的和便不为零，所以接在头和尾两个短接点之间的万用表毫安挡指针会有摆动（电流不为零）。

判别前，先将万用表置于 R×100Ω挡，对电动机接线盒里的六根引出线，两条两条地分别进行测量，找出三相绕组，并给各相绕组假设编号为 U1－U2、V1－V2、W1－W2。然后再按图 14－2 进行接线，将用万用表置于直流电流 5mA 挡。

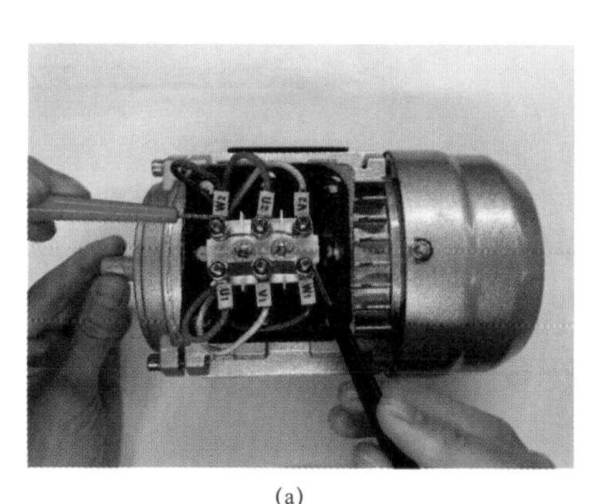

(a)

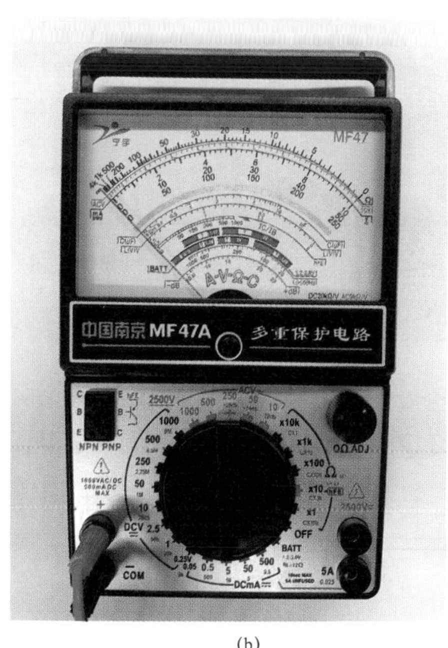

(b)

图 14－2　切割剩磁法判别电动机绕组始末端（方法一）
（a）检测电流；（b）电流示数

此时用手转动电动机转子，如果万用表指针不动，则说明绕组始末端连接是正确的。如果万用表指针摆动，则说明绕组始末端连接有错，应改接后重试，直到表针不动为止。

（2）检测注意事项。

1）应用剩磁法判别电动机绕组的始末端，电动机转子必须有剩磁，即电动机必须是运转过的或刚通过电的电动机。

2）由于电动机三相绕组不完全对称，连接正确时万用表指针也可能仍有极小幅度的偏转，但偏转幅度比不正确时小得多。

2　切割剩磁法判别电动机绕组始末端（方法二）

（1）电动机绕组始末端的判别。切割剩磁法判别电动机绕组始末端的另一种方法是：先用万用表的电阻挡找出三相绕组的两端，并给各相绕组假设编号为 U1－U2、V1－V2、W1－W2，再将它们按图 14－3 进行接线，并将万用表的量程开关拨至直流电流 5mA 挡。

(a)

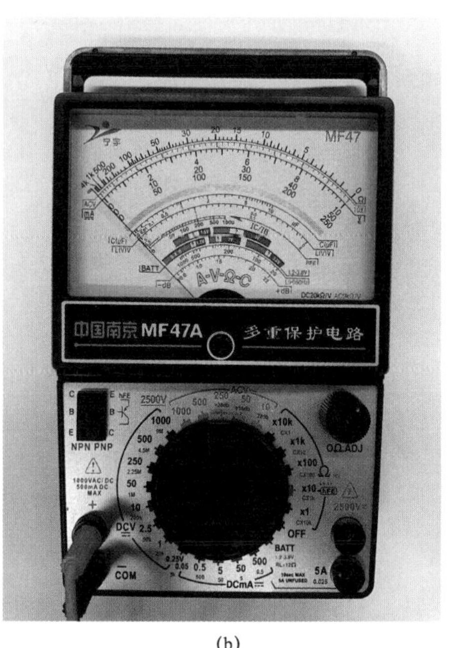

(b)

图 14－3　切割剩磁法判别电动机绕组始末端（方法二）
（a）检测电流；（b）电流示数

用手转动电动机的转子，观察万用表指针：如果指针不动，说明三相绕组正好是头尾相接（即三角形连接）。如果指针摆动，说明绕组中有一个绕组的头尾接反。轮流更换绕组的两端，直至指针不动为止，则说明三相绕组才是头尾相连。

（2）检测注意事项。

1）应用剩磁法判别电动机绕组的始末端，电动机转子必须有剩磁，即电动机必须是运转过的或刚通过电的电动机。

2）由于电动机三相绕组不完全对称，连接正确时万用表指针也可能仍有极小幅度的偏转，但偏转幅度比不正确时小得多。

3 电压法判别电动机绕组始末端（方法一）

判别前，先用万用表的电阻挡找出三相绕组的两端，并给各相绕组假设编号为U1－U2、V1－V2、W1－W2，然后将三相绕组接成星形。将其中一相通以36V交流电源，在另外两相之间接入万用表，量程开关拨至交流电压10V挡，检测方法见图14－4。

按图14－4（a）和图14－4（b）各测一次，若两次万用表指针均不动，则说明图中接线正确。若两次指针都偏转，则两次均未接电源的那一组始末端接反。若只有一次指针偏转，另一次指针不动，则指针不动的那一次接电源的那一相始末端接反。

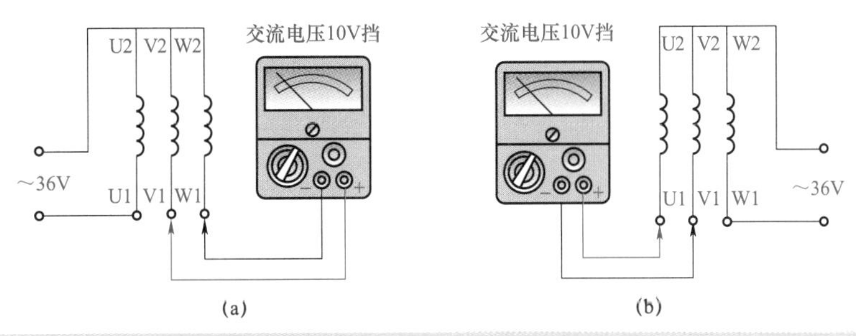

图14－4　电压法判别电动机绕组始末端（一）

（a）第一次测量电压；（b）第二次测量电压

4 电压法判别电动机绕组始末端（方法二）

判别前，先用万用表的电阻挡找出三相绕组的两端，并给各相绕组假设编号为U1－U2、V1－V2、W1－W2，任意挑选一个绕组如W1、W2，在这两端接上万用表，量程开关拨至交流电压50V挡。再把其余两相绕组任意串联起来，加上36V交流电压，检测方法见图14－5（a）。

如果万用表有指示（36V 左右），则表明串联的两相绕组是头尾相接（正串联），做好标记，始端为U1、V1，末端为U2、V2。如果万用表指针不动，则表明串联的两相绕组是头与头、尾与尾相接（反串联），见图 14－5（b）。在确定出任意两相绕组的始末端后，再用上述方法即可确定另一相绕组的始末端。

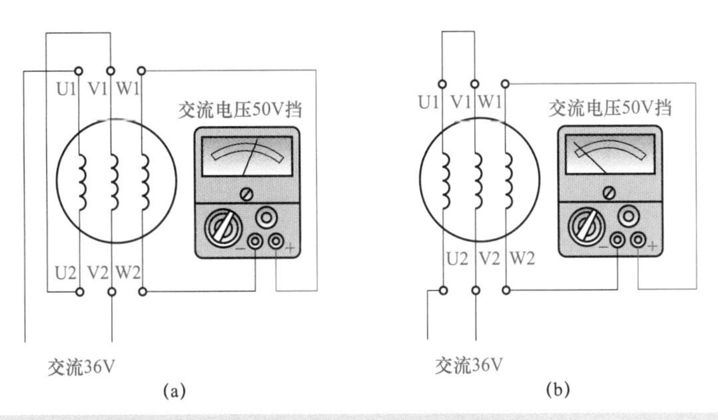

图14－5　电压法判别电动机绕组始末端（二）

（a）正串联；（b）反串联

5　绕组串联法判别电动机绕组始末端

（1）电动机绕组始末端的判别。绕组串联法，又称灯泡法。判别时，先用万用表的电阻挡找出三相绕组的两端，并给各相绕组假设编号为 U1－U2、V1－V2、W1－W2，然后将任意两相绕组的端子（引线）相互串联起来，并接一块万用表（量程开关拨至交流电压 250V 或 500V 挡）。在第二相串入一个白炽灯泡（220V/25W），并加上 220V 交流电压，检测方法见图 14－6。

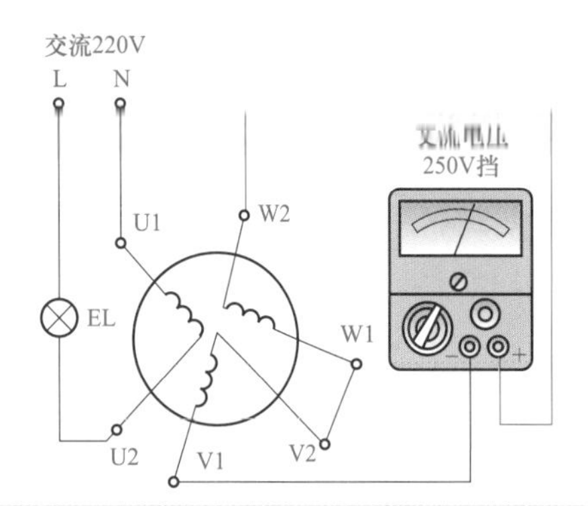

图 14－6　绕组串联法判别电动机绕组始末端

如果所串联的两相是不同的端头（即头、尾相连）接在一起（正串联），则第三相通电后，万用表有指示。如果是两相绕组的两个头或两个尾接在一起（反串联），那么在第三相加上电压时，万用表指针是无显著变化的。在确定出任意两相绕组的始末端后，再用上述方法即可确定第三相绕组的始末端。

（2）检测注意事项。

1）应注意所加电压应使绕组中电流不超过额定值。

2）应注意通电时间应尽量短，以免绕组过热损坏。

3）这种方法适用于对各种容量的三相异步电动机定子绕组的始末端的判别。

6　电源法判别电动机绕组始末端

（1）电动机绕组始末端的判别方法。判别前，先用万用表的电阻挡找出三相绕组的两端，并给各相绕组假设编号为 U1－U2、V1－V2、W1－W2，然后将万用表置于直流电流 5mA 挡，红、黑表笔接电动机其中一绕组的两个端点。再将电动机其他一相的两个端点（如 U1、U2）碰触直流电源（3V）的正极和负极，检测方法见图 14－7。

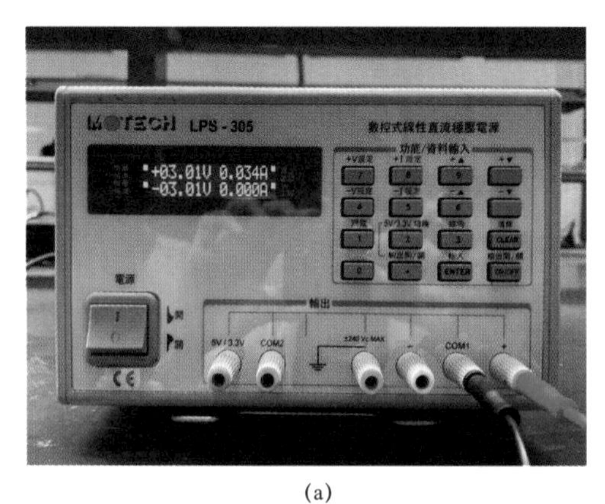

(a)

(b)

图 14－7　电源法判别电动机绕组始末端

（a）直流电源示数；（b）检测电流

在电源接通绕组的瞬间，若万用表指针正向偏转，则电源正极所接线头与万用表正端

（红表笔）所接线头为同名端，反之则电源负极所接线头与万用表正端（红表笔）所接线头为同名端。用同样的方法，再判定另一相的始末端。

（2）检测注意事项。检测时，应注意观察电源接通绕组那一瞬间的表针偏转方向，而不是电源断开绕组那一瞬间的表针变化。

第二节　电动机磁极数与转速

一、异步电动机磁极数与转速特性

三相异步电动机的极数是指定子磁场磁极的个数，磁极都是成对出现的，所以电动机有 2、4、6、8 等极数。电动机的极数是由负荷需要的转速来确定的，电动机的极数直接影响电动机的转速。极数越多、转速越低，极数越少，转速越高。两极为高速电机，转速为 2800～3000r/min；四极为中速电机，转速为 1400～1500r/min；六极为低速电机，转速为 900～1000r/min；等于或大于八极为超低速电机，转速为低于 760r/min。

二、异步电动机磁极数与转速检测

1　剩磁法判别异步电动机极数

（1）异步电动机的极数判别。在电动机铭牌模糊不清或丢失情况下，想知道电动机的极数时，可以利用万用表的直流电流挡来进行测试和判断，检测方法见图 14－8。

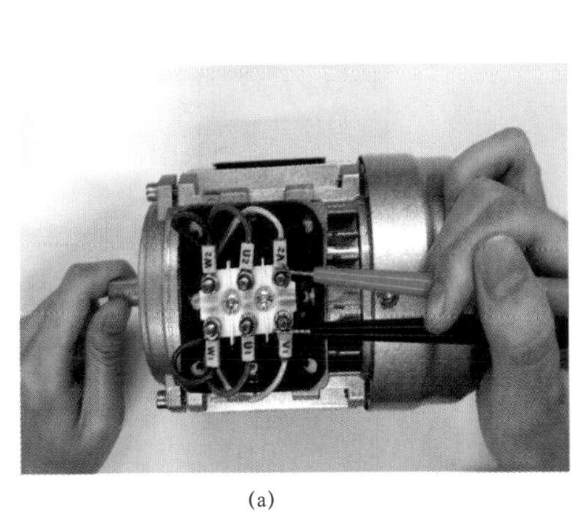

(a)

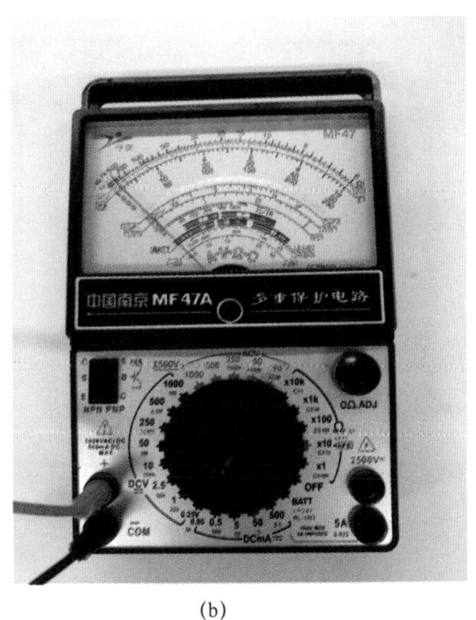

(b)

图 14－8　异步电动机磁极数判别

（a）转动电动机转轴；（b）观察指针摆动

打开电动机的接线盒，拆下原来的电源线以及星形或三角形接线，利用万用表的 R×100Ω 挡，从 6 根电动机引线中，找出任意一相绕组的两根引线。

再把万用表的量程开关拨至直流小电流 0.05mA 或 0.5mA 挡，并将表笔换成鳄鱼夹后牢固地夹住上述找出的绕组两根引线上。用手将电动机带轮或转轴慢慢地匀速转动一圈，仔细地观察万用表指针摆动的次数。

万用表指针每摆动一次，说明这相绕组中的电流正负变化一次，从而可以确定电动机有几对磁极数。若左右摆动一次，该电动机是 2 极电动机；若左右摆动两次，该电动机是 4 极电动机。也就是说，表针的摆动次数与电动机的极对数相等。

（2）检测注意事项

1）此方法利用的原理是：异步电动机转子匀速转动一周时，转子的剩磁磁通切割定子绕组而感应出微小的感应电动势，由此产生电流，使万用表指针摆动的。

2）长期未使用的电动机在采用上述方法进行测试时，万用表指针可能会毫无反应。这是因为电动机剩磁已消失的缘故。此时，只要将电动机按正规方法接上电源线，给电动机通电数分钟，断电后电动机定子绕组就获得了剩磁，然后再用上述方法即可判别出它的极数。

2 小型电动机转速测试

（1）小型电动机转速的测试方法。小型电动机是指直径小于 160mm 或额定功率小于 750W 的三相交流电动机。电工在使用和维修这一类电动机时，往往需要了解其转速，但经常会遇到电动机铭牌模糊不清，而手边又无测速表的情况，此时可用万用表来估测电动机的转速。

先将万用表的量程开关拨至电阻挡，从电动机引出端子中找出一个绕组。然后把万用表的量程开关拨至直流电流 50μA 挡，此时最好把表笔换成鳄鱼夹，与这个绕组两端夹牢，检测方法见图 14－9。

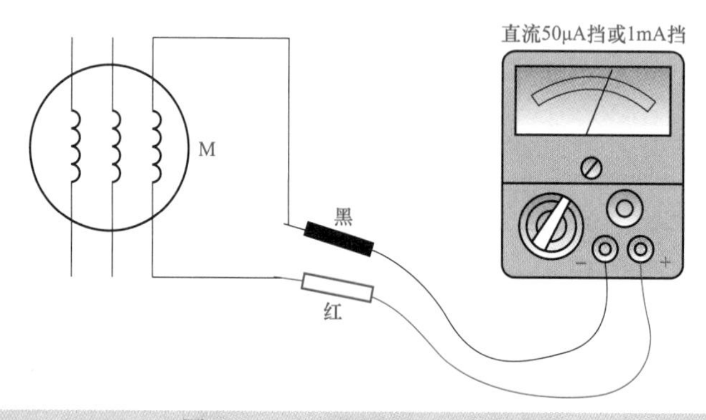

图 14－9 小型电动机转速测试

然后缓慢地转动电动机转轴，使之匀速地旋转 1 周。此时，万用表指针就会出现左右摆动，摆动的次数就是电动机的磁极对数 p。例如，转子旋转 1 周时万用表指针左右摆动 1 次（向右边摆动再回到左边，为 1 次摆动），即 $p=1$，这属于 2 极电动机。

在频率为 50Hz 的电网中，电动机的同步转速 n 由下式确定：

$$n = \frac{60f}{p} = \frac{3000}{p} \text{ r/min}$$

显然，同步转速与磁极对数成反比，磁极对数愈多，转速愈低。根据表 14－1 可大致判定电动机的转速。

对于三相异步电动机，当转子转速 n_1 略低于同步转速 n 时才能正常运行。一般来说，n_1=（0.94～0.985）n。

（2）检测注意事项。用以上方法估算三相电动机的转速，只能直接用于有剩磁的电动机。若电动机没有剩磁，可将电动机通电运行一段时间后，再用此法来测量其转速。

表 14－1　电动机磁极对数与转速对应表

转子旋转一周时万用表指针摆动次数	电动机极对数 p	电动机极数	电动机同步转数 n（r/min）
1	1	2	3000
2	2	4	1500
3	3	6	1000
4	4	8	750
5	5	10	600

第三节　直流电动机绕组与转子

一、直流电动机电枢绕组与转子特性

电枢绕组是直流电动机的一个重要部分，它由一定数目的电枢线圈按一定的规律连接组成，电动机中机电能量的转换就是通过电枢绕组而实现的，所以直流电动机的转子也称为电枢。电枢线圈用绝缘的圆形或矩形截面的导线绕成，分上下两层嵌放在电枢铁心槽内，上下层以及线圈与电枢铁心之间都要妥善地绝缘，并用槽楔压紧。线圈嵌入槽内的部分称为有效部分，伸出槽外的部分称为高连接端部，简称端部。

电动机转子由转子铁心、转子绕组、转轴等部分组成。转子铁心是电动机磁路的一部分，由 0.5mm 厚的硅钢片叠压而成，冲片外圆上有槽，槽内嵌转子绕组。转子绕组是电动机电路的一部分，绕组内产生感应电流，在磁场的作用下，转子受力旋转。笼型转子绕组有铸铝与铜条两种，铸铝绕组由浇铸在转子铁心槽内的铝条和两端的铝环组成。

电动机转子断条是指转子笼条断裂或端环开裂，是常见的电动机故障之一。电动机在运行过程中，转子笼条受到径向电磁力、旋转电磁力、离心力、热弯曲挠度力等交变应力的作用，加之转子本身制造的缺陷，导致断条故障。转子一旦出现断条故障，启动转矩下降，在带负荷运行时，其转速比正常时要低得多，而且机身振动剧烈且伴有强烈的噪声。随着负载的加重，情况更加严重。

二、直流电动机电枢绕组检测

1　直流电动机电枢绕组接地故障检测

直流电动机电枢绕组接地是常见的故障之一，用万用表可方便地对此故障进行检测。

检查时，将万用表的量程开关拨至 R×10kΩ 挡，黑表笔接转轴（也叫地，测前须清洁污垢等脏物，使黑表笔与转轴接触良好），红表笔触及换向片，检测方法见图 14－10。

如果万用表指针指在“∞”处，即说明绕组或换向片与转轴之间未形成通路，无接地故障。如果万用表的指示值在数十千欧，说明有漏电现象。若万用表的指示值为零或数欧，则表明绕组已接地。

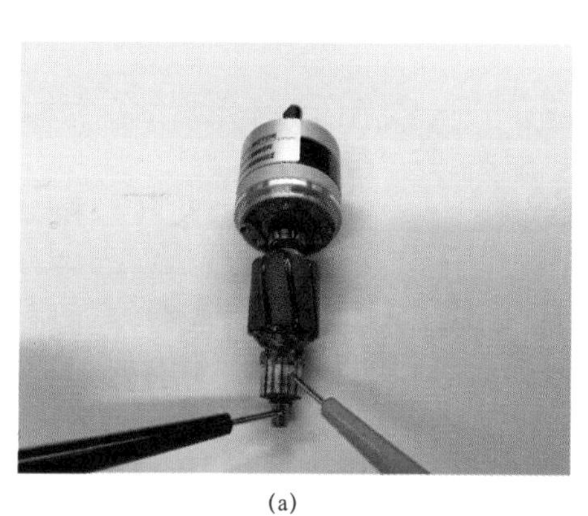

(a)

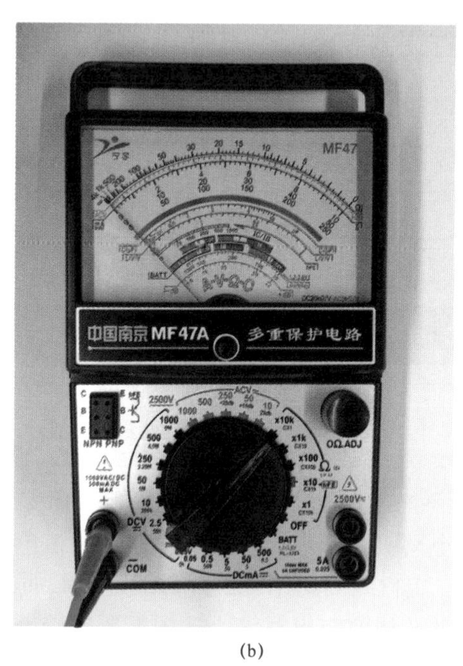

(b)

图 14－10　直流电机电枢绕组接地故障检测
（a）检测电阻；（b）电阻示数

2　直流电动机电枢绕组断路和短路故障检测

电枢绕组有许多个，它们被嵌入槽内后，其绕组的头、尾，与相邻的另一个绕组的头、尾串联起来（如图 14－11 中的虚线所示），一个串一个，直至将整个电枢布满（图中未全部绘出）。因此，若是某个绕组的头或尾脱焊（即断开）或某绕组有短路故障，则很容易被万用表检查出来，检测方法见图 14－11。

将万用表的量程开关拨至 R×1Ω 挡或 R×10Ω 挡，两只表笔与相邻的两片换向片接触，按图中箭头所指方向逐片进行接触，并同时逐片观察万用表的指针所指示的电阻值。正常状况下，万用表所指示的阻值应是相等的。如果阻值突然变大，说明所接触的换向片间的绕组脱焊（断开）。倘若万用表所测的电阻值突然变小或为零，则表明表笔所接触的换向片间绕组有部分线圈短路或整个绕组短路。

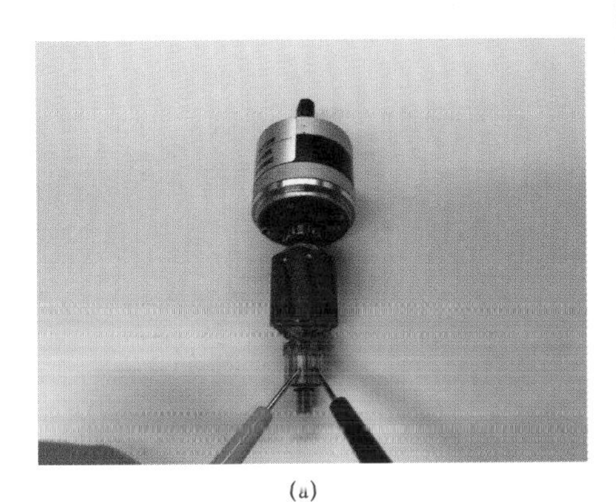

(a)

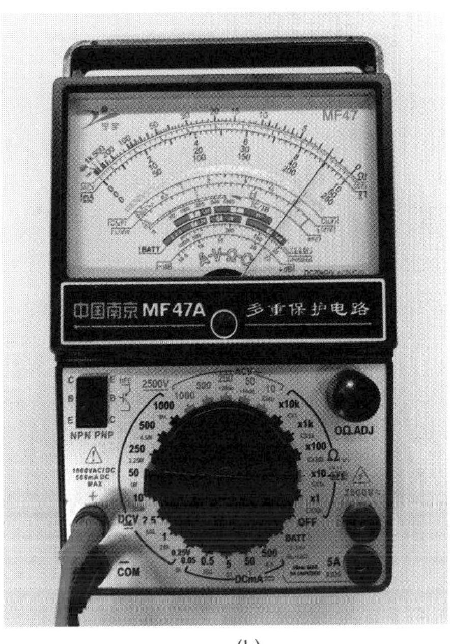

(b)

图 14-11　直流电机电枢绕组断路、短路故障检测

（a）检测电阻；（b）电阻示数

参 考 文 献

[1] 万英，等. 电子元器件检测选用快易通. 福州：福建科学技术出版社，2009.

[2] 万英. 万用表检测电子元器件 200 例. 北京：中国电力出版社，2013.

[3] 薛义，等. 电子元器件检测与使用速成. 福州：福建科学技术出版社，2006.

[4] 于海燕，等. 怎样使用新型电子元器件. 福州：福建科学技术出版社，2002.

[5] 郑凤翼. 新编电子元器件选用与检测. 福州：福建科学技术出版社，2007.

[6] 任致程，等. 万用表测试电工电子元器件 300 例. 北京：机械工业出版社，2003.

[7] 刘午平. 用万用表检测电子元器件与电路从人门到精通. 北京：国防工业出版社，2005.

[8] 刘行川，等. 新编维修电工速成. 福州：福建科学技术出版社，2008.

[9] 潘成林. 微特电机的维护与故障处理. 广州：广东科技出版社，2003.

[10] 麦汉光，等. 家用电器技术基础与维修技术. 北京：高等教育出版社，1998.

[11] 景曙光，等. 电磁炉图集与维修. 成都：电子科技大学出版社，2006.

[12] 万英. 万用表检测电子元器件从入门到精通. 北京：中国电力出版社，2014.

[13] 胡斌，等. 电子元器件检测全精通. 北京：人民邮电出版社，2014.

[14] 孙梯全，等. 电子技术基础实验. 2 版. 南京：南京东南大学出版社，2016.

[15] 梁伟生，等. 电工技术基础与技能. 重庆：重庆大学出版社，2015.